"十三五"国家重点出版物出版规划项目

现代机械工程系列精品教材

机器人机构学的数学基础

第 2 版

Mathematic Foundation of Mechanisms and Robotics

于靖军　刘辛军　丁希仑　编著

机 械 工 业 出 版 社

本书是在《机器人机构学的数学基础》的基础上经过缩减修订而成的，以近年来的研究成果为主干，讲述以李群、李代数和旋量理论为代表的现代数学工具在机器人机构学中的应用。

全书总共9章，第1章为绪论。第2、3章主要介绍刚体运动群的基本概念。第4章讲述刚体运动群的李代数及其指数映射。第5章主要讲解刚体运动群及其李代数在机器人运动学建模中的运用。第6章~第9章介绍旋量与旋量系基础理论及其在机器人机构学中的应用，包括复杂机构及机器人的自由度分析、构型综合、运动学分析、运动性能分析、静力学与刚度等问题。

本书所选机构与机器人种类丰富，不仅涵盖了传统串联机器人和并联机器人，还包括当前机构学及机器人领域一些较为热门的研究如柔性机构等。

本书可作为本科高年级或研究生教材，也可作为相关科研人员与工程技术人员的参考用书。

图书在版编目（CIP）数据

机器人机构学的数学基础/于靖军，刘辛军，丁希仑编著. —2版. —北京：机械工业出版社，2015.12（2024.7重印）
“十三五”国家重点出版物出版规划项目　现代机械工程系列精品教材
ISBN 978-7-111-52531-8

Ⅰ.①机…　Ⅱ.①于…②刘…③丁…　Ⅲ.①机器人-机构学-数学基础-高等学校-教材　Ⅳ.①TP24

中国版本图书馆CIP数据核字（2015）第307970号

机械工业出版社（北京市百万庄大街22号　邮政编码100037）
策划编辑：舒　恬　责任编辑：舒　恬　李　乐　版式设计：霍永明
责任校对：刘怡丹　封面设计：张　静　　　责任印制：单爱军
北京虎彩文化传播有限公司印刷
2024年7月第2版第5次印刷
184mm×260mm · 15.5印张 · 381千字
标准书号：ISBN 978-7-111-52531-8
定价：49.80元

电话服务　　　　　　　　　网络服务
客服电话：010-88361066　机　工　官　网：www.cmpbook.com
　　　　　010-88379833　机　工　官　博：weibo.com/cmp1952
　　　　　010-68326294　金　书　网：www.golden-book.com
封底无防伪标均为盗版　机工教育服务网：www.cmpedu.com

序

李群、李代数和旋量理论在现代物理学和刚体运动领域取得了成功的应用，也成为机构学和机器人学研究的有效分析工具，已被许多国内外学者所接受和采用，但是相关的教材却非常少，特别需要一本系统地介绍相关理论的专著，反映当前的研究和应用状况。很多工科高校都设置了机器人或高等机构学方面的课程，选择教材和讲授课程时，大都想增加有关微分流形和李群、李代数方面的内容，来增强课程的基础性和系统性。

《机器人机构学的数学基础》一书由几位中、青年学者合作撰写而成。书中汇集了他们多年来在该领域的部分研究成果和有关机器人机构学的最新研究进展，从理论的高度系统地介绍了机器人机构学的研究及应用。该书内容丰富、深入浅出、层次分明。同时该书应用对象涵盖面较广，涉及并联机器人、柔性机构、变胞机构等现代机构研究领域。该书比较系统地介绍了李群、李代数和旋量理论的基本知识，反映了李群、李代数与机器人机构学相结合的最新理论研究成果，介绍了一些典型应用实例。该书将为机器人机构的创新设计提供较系统的基础理论和有效方法。

我相信《机器人机构学的数学基础》的编写和出版会对我国机构学领域的本科生、研究生和教学科研人员有重要的参考价值，可以作为相关专业的本科高年级或研究生教材，也可作为相关科研人员的参考书。相信该书将为初学者提供一条很好的入门途径，受到广泛的赞许。

熊有伦

于武汉

前　言

机构学是一门十分古老的科学，机器人学的兴起，给传统机构学带来了新的活力，机器人机构学已逐渐演变成为机构学领域一个重要的分支。特别是当前，为了我国的科技进步，为了大力发展自主创新，机器人机构学正面临着一个空前的机遇。经验表明，任何机械系统的创新都离不开机构的创新。从目前国内外对机构学与机器人学的研究来看，可以用方兴未艾来形容，其范围已不再局限于科研院所，更逐渐向行业（如制造业）拓展，从业人员日益增加。

正像本书绪论中所说的，从机构学与机器人学的发展历史上来看，机构学与机器人学的发展与数学工具总是息息相关的，现代机构学的诞生更是离不开数学的推动作用。与机构学和机器人学联系紧密的数学工具中，人们比较熟悉的是线性代数与矩阵理论，但对旋量理论、李群李代数等现代数学工具还知之甚少，而后者在机构学与机器人学研究领域越来越受到重视，并得到了日益广泛的应用。以机构构型综合为例，旋量理论与李群理论的引入为曾经成为机构学难题的构型综合问题打开了一扇明亮的天窗。据不完全统计，在2000年以后的近15年间，在国内外机构学与机器人学相关的重要核心期刊和会议上发表的有关机构构型综合的学术论文不少于200篇，正所谓“工欲善其事，必先利其器”。

旋量理论和李群、李代数理论在现代物理学和刚体运动领域取得了成功的应用，也日渐成为现代机构学和机器人学研究的有效分析工具。虽然这些现代数学工具当前已被大量国内外学者所接受和采用，但与此相关的教材却非常少，特别是还没有能够比较系统介绍相关理论并反映当前研究和应用现状的论著。另一方面，科技的飞速发展促进了机构学与机器人学研究领域的不断拓新，对其理论支撑的要求也越来越高，如高速、重载、精微等，应用传统的数学工具解决这些问题有时变得十分困难甚至无能为力，而新的数学工具可以为之提供新方法、新思路、新途径。

本书定位为相关专业的本科高年级或研究生教材，也可作为科研人员的参考书。它是在北京航空航天大学机械工程专业研究生专业必修课（机器人学的现代数学基础）授课讲义和2008年出版的《机器人机构学的数学基础》版本基础上编写而成的。本书内容于2004—2013年间已在课堂中先后讲授过10次，根据多方的反馈意见进行了反复修改和改进。在此，向对本书提出修正意见的师生们表示诚挚的感谢。

特别需要指出的是，2008年出版的《机器人机构学的数学基础》在7年间得到了同行的积极反馈，但也指出总体偏难，自学入门比较吃力。另一方面，目前很多学校的研究生课程课时数都定位在30左右，原版内容较多，给教师授课带来了不便。因此，根据来自多方位（如网络、同行等）的反馈意见以及最近几年在北京航空航天大学的多次试讲效果，决定在保留原版精华的基础上对部分内容进行缩减，知识结构作局部调整。这便成了这本修订后的教材。

本书仍然比较系统地介绍了李群、李代数和旋量理论的基本知识，反映了最新的理论研究成果，并介绍了当前的一些典型应用实例，内容尽量做到深入浅出、生动新颖。主要修改如下：

1. 将原版的 14 章浓缩为 9 章，删减原版中有关流形、POE 运动学反解、旋量系分类、动力学等偏、难的内容。

2. 整合部分章节，例如将分离的位移群知识与其在构型综合中的应用整合为一章；将分离的李代数与运动旋量知识整合在一起等，便于案例式教学和学生自学。

3. 理论体系更加清晰。本书前 5 章主要描述李群、李代数与刚体运动之间的映射，偏重定量分析；后 4 章是经典的旋量理论与应用，偏重定性描述。

4. 增加了旋量与旋量系理论几何描述的内容，使抽象的概念更加形象化。

5. 各章都增加了扩展阅读文献环节，更为重要的是增加了大量的习题，部分习题从最新科研成果中转化而来，具有较强的时代性。

6. 为配合教学，开发了一套模块化、可重构的柔性教具，以帮助学生对旋量（系）理论知识产生更直观的理解。经过在北京航空航天大学几轮的尝试，这套教具取得了很好的效果。有兴趣的读者可与作者联系（jjyu@buaa.edu.cn），订购此教具。

本书有关内容的研究得到了很多同仁的大力支持，在此表示衷心的感谢。本书第 2~5 章有关李群、李代数与刚体运动的内容参考了 Murray 教授、李泽湘教授、Selig 博士和 Hervé 教授等学者的成果；第 6~9 章有关旋量理论与应用方面的内容则参考了 Ball 教授、Hunt 教授、戴建生教授、孔宪文教授、Hopkins 博士、黄真教授和赵铁石教授、方跃法教授、李秦川教授等学者的著作或论文。同时，本书也涵盖了三位作者多年来在该领域的部分研究工作。

本书所涉及的研究工作得到了国家自然科学基金（51175010，51375251，51075222）和北京航空航天大学校级精品课程建设经费的资助。在此表示特别感谢。

由于作者水平有限，书中难免有疏虞之处，敬请读者和专家批评指正。

作　者

目　　录

序

前言

符号表

第 1 章　绪论 ………………………………………… 1

1.1　机构学与机器人学的发展历史概述 …… 1

1.2　机构学及机器人学中的基本概念 ……… 5

1.2.1　机构与机器人的基本组成元素：构件与运动副 ………………………… 5

1.2.2　运动链、机构与机器人 …………… 7

1.2.3　自由度与约束 ……………………… 8

1.2.4　机器人机构的分类 ………………… 8

1.3　机器人机构学的主要研究内容 ………… 10

1.4　机构学与机器人学研究中的现代数学工具 …………………………………… 10

1.4.1　李群、李代数概述 ………………… 11

1.4.2　旋量理论概述 ……………………… 12

1.5　现代数学工具在机构学与机器人学中的应用举例 ……………………………… 14

1.6　机器人机构学研究中的几个经典问题 …………………………………… 16

1.7　文献使用与说明 ………………………… 16

1.8　扩展阅读文献 …………………………… 18

习题 ………………………………………… 19

第 2 章　李群与李子群 ……………………… 20

2.1　群与李群的定义 ………………………… 20

2.2　几种典型的群 …………………………… 21

2.3　李子群及其运算 ………………………… 24

2.4　SE（3）及其全部子群 ………………… 26

2.5　运动副与位移子群 ……………………… 27

2.6　位移子流形 ……………………………… 30

2.7　应用实例——构造运动链 ……………… 31

2.7.1　位移子群生成元——等效运动链 ……………………………… 32

2.7.2　位移子流形的生成元——等效运动链 ……………………………… 36

2.8　扩展阅读文献 …………………………… 37

习题 ………………………………………… 38

第 3 章　李群与刚体变换 …………………… 40

3.1　刚体运动与刚体变换 …………………… 40

3.1.1　刚体运动的定义 …………………… 40

3.1.2　刚体变换 …………………………… 41

3.2　刚体的位姿描述 ………………………… 41

3.3　刚体转动与三维旋转群 ………………… 42

3.3.1　刚体姿态的一般描述与旋转变换群 ……………………………… 42

3.3.2　刚体姿态的其他描述方法 ………… 44

3.4　一般刚体运动与刚体运动群 …………… 47

3.4.1　一般刚体运动与齐次变换矩阵 …… 47

3.4.2　SE（3）与一般刚体运动 ………… 48

3.5　扩展阅读文献 …………………………… 50

习题 ………………………………………… 51

第 4 章　刚体运动群的李代数 ……………… 53

4.1　李代数的定义 …………………………… 53

4.2　刚体运动群的李代数 …………………… 54

4.2.1　$SO(3)$的李代数 ………………… 54

4.2.2　$T(3)$的李代数 …………………… 55

4.2.3　$SE(2)$的李代数 ………………… 56

4.2.4　$SE(3)$的李代数 ………………… 56

4.2.5　刚体运动群的正则表达与共轭表达 ………………………………… 58

4.3　指数映射 ………………………………… 60

4.4　刚体运动的指数坐标 …………………… 63

4.4.1　描述刚体转动的欧拉定理 ………… 63

4.4.2　一般刚体运动的指数坐标 ………… 65

4.5　刚体速度的运动旋量表达 ……………… 70

4.5.1　质点的瞬时运动速度 ……………… 70

4.5.2　刚体速度的运动旋量坐标 ………… 71

4.5.3　刚体速度的坐标变换 ……………… 72

4.5.4　刚体速度的复合变换 ……………… 73

4.6　运动旋量与螺旋运动 …………………… 74

4.6.1　螺旋运动的定义 …………………… 74

4.6.2　运动旋量与瞬时螺旋运动 ………… 75

4.6.3　螺旋运动的速度 …………………… 78

4.7　扩展阅读文献 …………………………… 78

习题 …… 79

第 5 章 机器人运动学基础 …… 82

5.1 D-H 参数与串联机器人正向运动学 …… 82

5.2 串联机器人正向运动学的指数积公式 …… 84

5.2.1 指数积公式 …… 84

5.2.2 惯性坐标系与初始位形的选择 …… 85

5.2.3 D-H 参数法与 POE 公式之间的关系 …… 86

5.2.4 实例分析 …… 86

5.3 串联机器人反向运动学的指数积公式 …… 90

5.3.1 反向运动学的指数积公式 …… 90

5.3.2 典型子问题的求解 …… 93

5.3.3 应用举例 …… 95

5.4 基于 POE 公式的机器人速度雅可比矩阵 …… 96

5.5 扩展阅读文献 …… 99

习题 …… 99

第 6 章 旋量及其运算 …… 101

6.1 速度瞬心 …… 101

6.2 旋量的定义 …… 102

6.3 旋量的物理含义 …… 105

6.3.1 旋量的物理意义 …… 105

6.3.2 自互易旋量的物理意义 …… 107

6.4 力旋量 …… 108

6.4.1 力旋量的概念 …… 108

6.4.2 力旋量的旋量坐标 …… 110

6.5 机器人的力雅可比矩阵 …… 111

6.5.1 静力雅可比矩阵 …… 111

6.5.2 力雅可比与速度雅可比之间的对偶性（duality）讨论 …… 112

6.6 反旋量 …… 113

6.6.1 反旋量的物理意义 …… 113

6.6.2 特殊几何条件下的互易旋量对 …… 114

6.7 扩展阅读文献 …… 117

习题 …… 117

第 7 章 线几何与旋量系 …… 120

7.1 线几何 …… 120

7.1.1 线矢量集、线簇及分类 …… 120

7.1.2 不同几何条件下的线矢量集相关性判别 …… 122

7.1.3 线空间 …… 128

7.1.4 偶量系 …… 130

7.1.5 等效线簇 …… 130

7.2 旋量系 …… 133

7.2.1 旋量系的定义 …… 133

7.2.2 旋量系维数（或旋量集的相关性）的一般判别方法 …… 135

7.2.3 旋量系的分类 …… 138

7.2.4 可实现连续运动的旋量系 …… 138

7.3 互易旋量系 …… 139

7.3.1 互易旋量系的定义 …… 139

7.3.2 互易旋量系的解析求解 …… 140

7.3.3 旋量系与其互易旋量系之间的几何关系 …… 146

7.3.4 互易旋量空间线图表达 …… 147

7.4 扩展阅读文献 …… 148

习题 …… 148

第 8 章 运动与约束 …… 152

8.1 运动旋量系与约束旋量系 …… 152

8.2 等效运动副旋量系 …… 153

8.2.1 等效运动副旋量系的概念 …… 153

8.2.2 等效运动副旋量系的应用 …… 154

8.3 自由度空间与约束空间 …… 159

8.3.1 自由度空间与约束空间的基本概念 …… 159

8.3.2 常见运动副或运动链的自由度和约束线图 …… 163

8.4 自由度与约束分析 …… 169

8.4.1 与自由度和约束相关的基本概念 …… 169

8.4.2 机构自由度计算的基本公式 …… 170

8.4.3 并联机构的自由度与过约束分析 …… 171

8.4.4 基于几何图谱法的自由度分析 …… 176

8.5 构型综合 …… 178

8.5.1 一般步骤 …… 178

8.5.2 构型综合举例 …… 178

8.5.3 图谱法构型综合的基本思想 …… 185

8.6 扩展阅读文献 …… 188

习题 …… 189

第 9 章 性能分析 …… 196

9.1 速度雅可比矩阵 …… 196

9.1.1 基于螺旋运动方程的串联机器人

速度雅可比矩阵 …………………… 196
9.1.2 并联机器人的速度雅可比矩阵 … 199
9.2 运动性能分析 …………………… 201
9.2.1 奇异性分析 …………………… 201
9.2.2 灵巧度分析 …………………… 203
9.3 传动性能分析 …………………… 205
9.4 刚度性能分析 …………………… 207
9.4.1 刚性体机器人机构的静刚度映射 …………………… 207
9.4.2 柔性机构的静刚度分析 ………… 209
9.5 扩展阅读文献 …………………… 218
习题 …………………… 219
参考文献 …………………… 221
部分习题答案或提示 …………………… 229

符 号 表

运动链与运动副

C	圆柱副
E	平面副
H	螺旋副
P	移动副
R	转动副
S	球面副
U	胡克铰
DOF	自由度
R	转动（自由度）
T	移动（自由度）

旋量（包括线矢量）与反旋量

$\vec{\$}$	旋量
ρ	旋量（或线矢量）的幅值
h	旋量的节距
$\$$	单位旋量（也可以用来表示运动副旋量）
$\$_i$	旋量系中的第 i 个单位旋量（也可以用来表示运动副旋量）
$\$^r$	单位反旋量（也表示可以用来约束反旋量）
S	单位旋量的轴线矢量
s_0	单位线矢量的线矩
s^0	单位旋量的对偶部矢量
$(L, M, N; P, Q, R)$	单位线矢量的 Plücker 坐标
$(\mathcal{L},\mathcal{M},\mathcal{N};\mathcal{P},\mathcal{Q},\mathcal{R})$	线矢量的 Plücker 坐标
$(L, M, N; P^*, Q^*, R^*)$	单位旋量的 Plücker 坐标
$(\mathcal{L},\mathcal{M},\mathcal{N};\mathcal{P}^*,\mathcal{Q}^*,\mathcal{R}^*)$	旋量的 Plücker 坐标
$\boldsymbol{V}=(\boldsymbol{\omega}; \boldsymbol{v})$	单位速度旋量
$\boldsymbol{F}=(\boldsymbol{f}; \boldsymbol{\tau})$	单位力旋量
$\boldsymbol{\xi}$（或 $\$$）	单位运动（副）旋量
$\boldsymbol{\zeta}$	变形旋量（表示微小形变）
$(\boldsymbol{\delta}; \boldsymbol{\theta})$	变形旋量的轴线坐标
$(\boldsymbol{\omega}; \boldsymbol{v})$	单位运动旋量的射线坐标
$(\boldsymbol{v}; \boldsymbol{\omega})$	单位运动旋量的轴线坐标
$\boldsymbol{\omega}$	单位角速度矢量或单位转轴方向矢量

ω	角速度的幅值
$\hat{\boldsymbol{\omega}}$或 $\mathrm{ad}(\boldsymbol{\omega})$	单位角速度矢量的反对称矩阵
$\boldsymbol{\Omega}$	角速度矢量的反对称矩阵
v	单位线速度矢量
v	线速度的幅值
$\boldsymbol{\Lambda}$	线速度矢量的反对称矩阵
$\boldsymbol{\tau}$	单位力矩
$\boldsymbol{f}$	单位力
τ	力矩的幅值
f	力的幅值
$\boldsymbol{\delta}$	移动变形
$\boldsymbol{\theta}$	转动变形
向量及矩阵	
$\boldsymbol{a}$	矢量或向量
$\boldsymbol{A}$	矩阵
$\boldsymbol{O}$	零矩阵或零向量
$\boldsymbol{E}$	单位矩阵
$\boldsymbol{a}^S$ （$\boldsymbol{A}^S$）	向量 $\boldsymbol{a}$（或矩阵 $\boldsymbol{A}$）在空间坐标系中的表达
$\boldsymbol{a}^B$ （$\boldsymbol{A}^B$）	向量 $\boldsymbol{a}$（或矩阵 $\boldsymbol{A}$）在物体坐标系中的表达
${}^C\boldsymbol{a}$ （${}^C\boldsymbol{A}$）	向量 $\boldsymbol{a}$（或矩阵 $\boldsymbol{A}$）在坐标系 $\{C\}$ 中的表达
$\boldsymbol{T}$	位移变换矩阵
$\boldsymbol{R}$	旋转矩阵
$\boldsymbol{R}_z(\theta)$	绕 z 轴的旋转矩阵
$\boldsymbol{t}$	表示移动的列向量
$\dot{\boldsymbol{\theta}}$	关节速度向量
$\boldsymbol{J}$	速度雅可比矩阵
${}^4\boldsymbol{J}$	雅可比矩阵（参考坐标系选在关节 4 所在的连杆坐标系）
$\boldsymbol{C}$	柔度矩阵
$\boldsymbol{K}$	刚度矩阵
Ad_g	伴随变换矩阵
集合与空间	
$\boldsymbol{S}$	集合、旋量系、旋量组
$\boldsymbol{S}^r$	反旋量系
$\varnothing$	空集
${}^n\boldsymbol{S}$	旋量 n 系
$\boldsymbol{S}_{bi}$	分支运动旋量系
$\boldsymbol{S}_{bi}^r$	分支约束旋量系
$\boldsymbol{S}_f$	平台运动旋量系
$\boldsymbol{S}^r$	平台约束旋量系

$\boldsymbol{S}_m$	机构运动旋量系
$\boldsymbol{S}^c$	机构约束旋量系
$R(\boldsymbol{J})$	雅可比矩阵 $\boldsymbol{J}$ 的域空间
$N(\boldsymbol{J})$	雅可比矩阵 $\boldsymbol{J}$ 的零空间
$\mathbb{V}$	向量空间
$\mathbb{R}^n(\mathbb{R}^3)$	n(3) 维实向量空间
$\mathbb{E}^3$	欧氏空间
$\mathbb{P}^n$	射影空间
$R(N, \boldsymbol{u})$	同轴线空间
$U(N, \boldsymbol{n})$	平面汇交线空间
$F_2(N, \boldsymbol{u}, \boldsymbol{n})$	平面平行线空间
$N_2(\boldsymbol{u}, \boldsymbol{v})$	空间异面两直线组成的线簇空间
$L(N, \boldsymbol{n})$	平面线空间
$F(\boldsymbol{u})$	空间平行线空间
$S(N)$	空间汇交线空间
$N(\boldsymbol{n})$	位于平行平面内的三直线组成的线簇空间
$N(\boldsymbol{u}, v, \boldsymbol{w})$	空间异面三直线组成的线簇空间
$T(\boldsymbol{u})$	平行偶量空间
$T_2(\boldsymbol{n})$	平面偶量空间
T	空间偶量空间

李群与李代数

G	群
g	群的元素、刚体位移、刚体位移的齐次变换矩阵
e	群的单位元素
$\mathcal{M}$	流形
$GL(n, \mathbb{R})$ 或 $GL(n)$	一般线性群
$O(n)$	正交群
$SO(n)SO(2)SO(3)$	特殊旋转群
$T(3)$	三维移动群
$gl(n)$	一般线性群的李代数
$so(3)$	三维旋转群的李代数
$t(3)$	三维移动群的李代数
$se(2)$	平面群的李代数
$se(3)$	特殊欧氏群的李代数
$SE(3)$	特殊欧氏群（刚体运动群）
$U(n)$	幺模群
$SU(n)$	特殊幺模群
$\mathcal{R}(N, \boldsymbol{u})$或 $SO(2)$	一维旋转子群
$\mathcal{T}(\boldsymbol{u})$ 或 $T(1)$	一维移动子群

$\mathcal{H}_p(N, \boldsymbol{u})$ 或 $SO_p(2)$	螺旋副生成的子群
$\mathcal{T}_2(\boldsymbol{w})$ 或 $T(2)$	平面移动子群
$\mathcal{T}$ 或 $T(3)$	空间移动子群
$\mathcal{C}(N, \boldsymbol{u})$	圆柱副生成的子群
$\mathcal{G}(\boldsymbol{w})$ 或 $SE(2)$	平面子群
$\mathcal{S}(N)$ 或 $SO(3)$	旋转子群
$\mathcal{Y}(\boldsymbol{w}, p)$	移动螺旋子群
$\mathcal{X}(\boldsymbol{w})$	Schönflies 子群
$\mathcal{D}$ 或 $SE(3)$	螺旋运动子群
$\mathcal{E}$ 或 E	单位子群

坐标系

$\{.\}$	坐标系
$.^S$	空间坐标系中的描述
$.^B$	物体坐标系中的描述
$\{S\}$ 或 $\{A\}$	空间坐标系、惯性坐标系
$\{T\}$	工具坐标系
$\{B\}$	物体坐标系
$\{L\}$	连杆坐标系

物理量

F	自由度
C	约束度
E	弹性模量
G	切变模量
J	极惯性矩
I_x	相对轴线的惯性矩
m	质量
M_{12}	线矩
W	功
P	功率
$\vec{\boldsymbol{\omega}}$	角速度
$\vec{v}$	线速度
$\vec{\boldsymbol{f}}$	力
$\vec{\boldsymbol{\tau}}$	力偶
$\boldsymbol{T} = (\vec{\boldsymbol{\omega}}; \vec{v})$	速度旋量
$\boldsymbol{W} = (\vec{\boldsymbol{f}}; \vec{\boldsymbol{\tau}})$	力旋量
c	条件数
$\kappa(\boldsymbol{J})$	雅可比矩阵 $\boldsymbol{J}$ 的条件数
k	弹簧常数
Δ	变形量

w	可操作度
W	功
$\boldsymbol{\sigma}$	关节力旋量
$\boldsymbol{\lambda}_i$	特征柔度

运算符号

$\otimes$	直积
$\times$	半直积
$\cap$	并（集合运算符）
$\cup$	交（集合运算符）
$\subseteq$，$\supseteq$	包含（集合运算符）
$\in$	属于（集合运算符）
$\notin$	不属于（集合运算符）
$\rightarrow$	映射（集合到集合）
$\mapsto$	映射（元素到元素）
$\circ$	旋量（或旋量系）之间的互逆积运算
$\boldsymbol{\Delta}$	旋量矩阵形式的互逆积运算
$\boldsymbol{A}^{\mathrm{T}}$	矩阵 $\boldsymbol{A}$ 的转置
$\boldsymbol{A}^{*}$	矩阵 $\boldsymbol{A}$ 的伴随矩阵
$\boldsymbol{A}^{-1}$	矩阵 $\boldsymbol{A}$ 的逆
$\lvert\boldsymbol{A}\rvert$	矩阵 $\boldsymbol{A}$ 对应的行列式
$\hat{\boldsymbol{a}}$	向量 $\boldsymbol{a}$ 对应的反对称矩阵
$\boldsymbol{a}\cdot\boldsymbol{b}$	内积运算
$\boldsymbol{a}\times\boldsymbol{b}$	数量（叉）积运算
$\lVert\boldsymbol{x}\rVert$	向量 $\boldsymbol{x}$ 的范数
e^{X}	矩阵指数
$\frac{\mathrm{d}}{\mathrm{d}t}$	全微分
$\dim(\boldsymbol{S})$	旋量系 $\boldsymbol{S}$ 的维数
$\mathrm{rank}(\boldsymbol{A})$	矩阵 $\boldsymbol{A}$ 的阶数
$\mathrm{diag}(\lambda_1, \lambda_2, \cdots, \lambda_n)$	对角阵，λ_1，λ_2，$\cdots$，λ_n 为主对角元素
$\mathrm{tr}(\boldsymbol{A})$	矩阵 $\boldsymbol{A}$ 的迹
$\det(\boldsymbol{A})$	行列式 $\boldsymbol{A}$ 的值
norm（ ）	向量的法线
const	常数
$[\boldsymbol{X}, \boldsymbol{Y}]$	李括号
$\mathrm{Ad}_g X$	群 G 的伴随变换
$[g]$	陪集
θ_{ij}	$\theta_i+\theta_j$

$c\boldsymbol{\theta}_i$	$\cos\boldsymbol{\theta}_i$
$s\boldsymbol{\theta}_i$	$\sin\boldsymbol{\theta}_i$

注：一般情况下，小写的希腊字母表示纯数，小写的黑斜体表示矢量（或向量），大写的黑斜体表示矩阵或集合。

第1章　绪　　论

人类赖以生存的大千世界如此多姿多彩，不仅是因为大自然创造了千姿百态的生灵，而且是由于这些生灵中最具有智慧的人类创造了如此多的机械。从外星来观察地球，地球上存在着两种“机械”，即“自然机械”和“人造机械”。那么，这两种“机械”是以什么原理构造而成的？它们有什么样的功能和特性？人们应如何根据性能来设计各种机械？这些都是机构学领域长期研究的基础科学问题。

机器人机构学研究的最高任务是揭示自然和人造机械的机构组成原理，创造新机构，研究基于特定性能的机构分析与设计理论，为现代机械与机器人的设计、创新和发明提供系统的基础理论和有效实用的方法。

机构学与机器人学的发展均离不开数学的推动作用，先进的数学工具更是给现代机构学与先进机器人技术的发展注入了强大的生命力。

1.1　机构学与机器人学的发展历史概述

机构学在广义上又称机构与机器科学（Mechanism and Machine Science），是机械工程学科中的重要基础研究分支。机构学研究的最高任务就是揭示自然和人造机械的机构组成原理，发明新机构，研究基于特定功能的机构分析与设计理论，为现代机械与机器人的设计、创新和发明提供系统的基础理论和有效方法。因此，机构学的研究对提高机械产品的自主设计和创新有着十分重要的意义[146]。

机构学又是一门古老的学科，距今已有数千年的历史。机构从一出现就一直伴随甚至推动着人类社会和人类文明的发展，它的研究和应用更是有着悠久的历史沿革。从纵向发展来看，主要经历了三个阶段：

第一阶段（从古世纪～18世纪中叶）：机构的启蒙与发展时期。标志性的成果有：古希腊大哲学家亚里士多德（Aristotle）的著作《Problems of Machines》是现存最早的研究机械力学原理的文献。阿基米德（Archimedes）用古典几何学方法提出了严格的杠杆原理和运动学理论，建立了针对简单机械研究的理论体系。古埃及的赫伦（Heron）提出了组成机械的5个基本元件：轮与轮轴、杠杆、绞盘、楔子和螺杆。中国古代的墨翟在机构方面也做出了很多惊人的成就：他制造的舟、车、飞鸢以及根据力学原理为古代车子所创造的“车辖”（即今之车闸）和为“备城门”所研制的“堑悬梁”都体现了机构的设计原理。意大利著名绘画大师达·芬奇（Da Vinci）的作品《Madrid Codex》和《Atlantic Codex》中，列出了用于机器制造的22种基本部件。图1.1列出了古今中外一些具有代表性的简单机械模型。

第二阶段（从18世纪下半叶～20世纪中叶）：机构的快速发展时期，机构学逐步成为

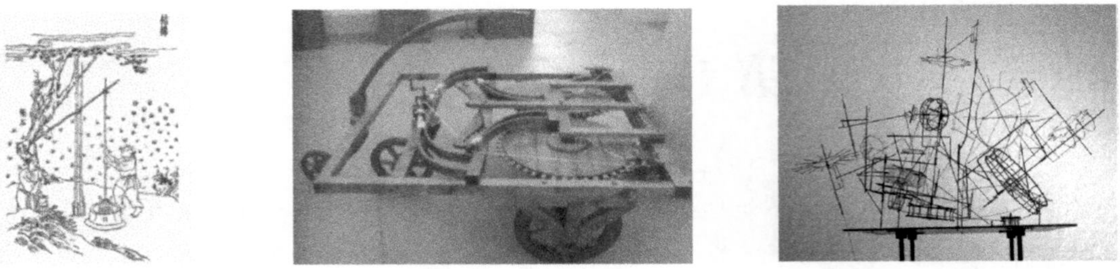

a)　　b)　　c)

图 1.1　简单机械模型

a）Shadoof 橘槔　b）达·芬奇设计的汽车模型　c）MIT 博物馆中的各种“简单机构”

一门独立的学科。18 世纪下半叶第一次工业革命促进了机械工程学科的迅速发展，机构学在原来的机械力学基础上发展成为一门独立的学科，通过对机构的结构学、运动学和动力学的研究形成了机构学独立的体系和独特的研究内容，对于 18～19 世纪产生的纺织机械、蒸汽机及内燃机等结构和性能的完善起到了很大的推动作用。标志性的成果有：瑞士数学家欧拉（Euler）提出了平面运动可看成是一点的平动和绕该点的转动的叠加理论，奠定了机构运动学分析的基础。法国的科里奥利（Coriolis）提出了相对速度和相对加速度的概念，研究了机构的运动分析原理。英国的瓦特（Watt）探讨了连杆机构跟踪直线轨迹问题。剑桥大学教授威利斯（Willis）出版著作《Principles of Mechanisms》，形成了机构学理论体系。德国的勒洛（Reuleaux）在其专著《Kinematics of Machinery》中阐述了机构的符号表示法和构型综合（type synthesis）。他提出了高副和低副的概念，被誉为现代运动学的奠基人。布尔梅斯特（Burmester）提出了将几何方法应用于机构的位移、速度和加速度分析，开创了机构分析的运动几何学派。Grübler 发现了连杆组的自由度判据，这标志着向机构的数综合（number synthesis）迈出了重要一步。

第三阶段（从 20 世纪下半叶至今）：控制与信息技术的发展使机构学发展成为现代机构学。现代机械已大大不同于 19 世纪机械的概念，其特征是充分利用计算机信息处理和控制等现代化手段，促使机构学发生广泛、深刻的变化。具体而言：现代机械是由机械和计算机构成的一体化系统，它由机构、驱动、控制、传感与信息处理五个子系统构成，而机构系统是现代机械的骨架与执行器（图 1.2）。现代机构具有如下特点：①机构是现代机械系统的子系统，机构学与驱动、控制、信息等学科交叉与融合，研究内容上比传统机构学有明显的扩展。②机构的结构学、运动学与动力学实现统一建模，创建了三者融为一体且考虑到驱动与控制技术的系统理论，为创新设计提供新的方法。③机构创新设计理论与计算机技术的结合，为机构创新设计的实用软件开发提供技术基础。标志性的成果有：从 20 世纪 50 年代到 20 世纪 60 年代，美国的弗洛丹斯坦（Freudenstein）将机构学研究与计算机技术相结合，引入图论描述机构拓扑结构，全面研究平面机构和空间机构的构型综合，基于解析方法进行机构运动学和动力学分析与综合，从而开创了机构运动学计算综合的先河。1955 年，Denavit 和 Hartenberg 提出了空间机构运动分析的 D-H 参数法。之后，四元数、旋量、李群等数学工具也相继被引入到机构分析与综合中。另外，过去的 50 年内，机构学与其他学科之间的交叉融合使得机构类型更加广泛，不断涌现出新兴学科，如并联机构、柔性机构、仿生机构、变胞机构等。

总之，机构与机器的发明是人类科技发展史最灿烂的一章。从远古的简单机械、宋元时期的浑天仪到文艺复兴时期的计时装置和天文观测器；从达·芬奇的军事机械到工业革命时期的蒸汽机；从百年前莱特兄弟的飞机、奔驰的汽车到半个世纪前的模拟计算机和数控机床；从20世纪60年代的登月飞船到现代的航天飞机和星球探测器，再到信息时代的数据储存设备、消费电子设备和服务机器人，无一不说明了新机器的发明是社会发展的原动力、人类文明延续的主导者。即使在信息时代的今天，它仍作为社会发展的不可或缺的主要推动力。

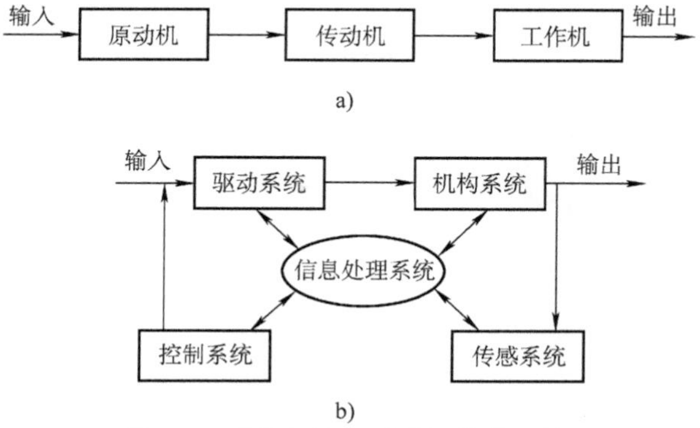

图1.2 传统机构与现代机构的比较

a）传统机构 b）现代机构

现代机构学发展的重要标志之一便是**机器人机构学的诞生**。

机器人的概念在人类的想象中却已存在三千多年了。早在我国西周时代，就流传有关巧匠偃师献给周穆王一个歌舞机器人的故事。作为第一批自动化动物之一的能够飞翔的木鸟是在公元前400年~公元前350年间制成的。公元前3世纪，古希腊发明家戴达罗斯用青铜为克里特岛国王迈诺斯塑造了一个守卫宝岛的青铜卫士塔罗斯。在公元前2世纪出现的书籍中，描写过一个具有类似机器人角色的机械化剧院，这些角色能够在宫廷仪式上进行舞蹈和列队表演。我国东汉时期，张衡发明的指南车是世界上最早的机器人雏形。

而机器人一词本身是1920年由捷克斯洛伐克作家恰佩克（Capek）在他的科幻小说《罗素姆的万能机器人》中首先提出来的。这本小说中他构思了一个名叫Robot的机器人，它能够不知疲劳地进行工作。后来，由该书派生出大量的科幻小说、话剧和电影，如阿西莫夫（Asimov）的科幻小说《我，机器人》、好莱坞电影《摩登时代》等，从而形成了对机器人的一种共识：像人，富有知识，甚至还有个性；同时也体现了人类长期的一种愿望，这种愿望就是创造出一种机器，能够代替人完成各种工作。

机器人的真正发展始于20世纪中期，其技术背景是计算机和自动化的发展，以及原子能的开发利用。自1946年第一台数字电子计算机问世以来，计算机取得了惊人的进步，并不断向高速度、大容量、低价格的方向发展。大批量生产的迫切需求推动了自动化技术的进展，其结果之一便是1952年数控机床的诞生。与数控机床相关的控制、机械零件的研究又为机器人的开发奠定了基础。另一方面，原子能实验室的恶劣环境要求某些操作机械代替人处理放射性物质。在这一需求背景下，美国原子能委员会的阿尔贡研究所于1947年开发了遥控机械手，1948年又开发了机械式的主从机械手。1954年美国的德沃尔（Devol）最早提出了工业机器人的概念，并申请了专利。该专利的要点是借助伺服技术控制机器人的关节，利用人手对机器人进行动作示教，机器人能实现动作的记录和再现。这就是所谓的示教再现机器人，也就是第一代机器人的雏形。1962年美国研制成功PUMA（通用示教再现型，即Programmable Universal Machine for Assembly的简写）机器人（图1.3a），并将其应用到通用电气公司的工业生产装配线上，这标志着第一代机器人走向成熟。20世纪70年代日本将这种示教再现型的机器人进行了工业化，出现了很多机器人公司，像安川电机株式会社等。而且成功地将机器人用在了汽车工业，使机器人正式走向应用。

a)　　b)

图 1.3　机器人样机

a）unimation 公司的工业机器人　b）双臂协作机器人

从 20 世纪 70 年代到 20 世纪 80 年代初期，很多研究机构开始开发第二代机器人——具有感知功能的机器人，使之具有类似人的某种感觉，如力觉、触觉、滑觉、视觉、听觉等。相继出现了一些专业的机器人公司，如瑞典的 ABB 公司、德国的 KUKA 机器人公司以及日本的 FUNAC 公司等，这些公司在工业机器人方面都有很大的作为。同时，机器人的应用也在不断拓宽，已经从工业上的一些应用，扩展到服务行业。

第三代机器人，也是机器人学中一个理想的高级阶段，为智能机器人。它不仅具有力觉、触觉、滑觉、视觉、听觉等感觉机能，而且还具有逻辑思维、学习、判断及决策等功能；甚至它可以根据要求自主地完成复杂任务。目前典型的代表有美国 Boston Dynamics 公司推出的仿生机器人系列——大狗（BigDog）、野猫（WildCat）等以及瑞典 ABB 公司研发的双臂协作机器人（图 1.3b）。

现在，机器人学已成为一门独立的学科，同时也是多学科交叉的产物，带动了多个学科的发展，主要包括力学、机械学、计算机学、电子学、控制论、信息学等。机器人学有着极其广泛的研究和应用领域。这些领域体现出广泛的学科交叉，涉及众多的课题，如机器人体系结构、机构、控制、智能、传感、机器人装配、恶劣环境下的机器人以及机器人语言等。机器人已在工业、农业、商业、旅游业、空间和海洋以及国防等领域得到越来越普遍的应用。不仅如此，还衍生了更多的专有名称，例如机器人化机器（最早由蒋新松院士提出，又称之为智能机器或智能机械）、机器人技术等，给机器人赋予了更加广阔的定义。

机器人机构学研究的对象主要是机器人的机械系统以及机械与其他学科的交叉点。机器人机械系统主要包括构成机器人操作机本体的机器人机构。它是机器人重要的和基本的组成部分，是机器人实现各种运动和完成各种指定任务的主体。

机器人机构的发展是现代机构学发展的一个重要标志和重要的组成部分，可以称之为**机器人机构学**。例如：由传统的串联式关节型机器人（工业机器人的典型机型）发展成多分支的并联机器人；由纯刚性体机器人发展成关节柔性机器人再到软体机器人；由全自由度机器人发展到少自由度机器人、欠驱动机器人、冗余度机器人；由宏机器人发展到微型机器人等。机器人机构学的发展给现代机构学带来了生机和活力，也形成了一些新的研究方向。

中国机构学与机器人的研究也走过了近百年的历史。北洋大学的刘仙洲是中国机构学的先驱者，他于1935年出版了我国第一本系统阐述机构学原理的著作——《机械原理》，开创了研究中国古代机械的先河。早在1960年，以张启先、干东英等一批学者就开始了空间机构分析与综合的研究。特别是近20年，中国机构学取得了长足的进步，在并联机器人机构学理论、机构弹性动力学、变胞机构、柔性机构等研究领域已接近或达到国际领先水平。期间产生了大量的学术论文及专著，也不乏国际影响力的学者，其中最具代表性的人物是中国机构学的泰斗张启先院士、被誉为解决“机构学珠穆朗玛峰问题”的北京邮电大学梁崇高教授以及并联机器人机构学专家黄真教授等。

1.2 机构学及机器人学中的基本概念

1.2.1 机构与机器人的基本组成元素：构件与运动副

构件（link）：机械系统中能够进行独立运动的单元体。机器人中的构件多为刚性连杆。但在某些特定应用中，构件的弹性或柔性不可忽视，或者本身即为弹性构件或柔性构件。

运动副（kinematic pair）：是指两构件既保持接触又有相对运动的活动连接。

19世纪末期，Reuleaux发现并描述了6种运动副类型（图1.4）。这些运动副能够在保持表面接触的同时相对运动，他把这些当作构成机械关节最基本的理想运动副。在机械工程中，通常又称运动副为关节或者铰链，其中转动副与移动副是最常用的两种运动副类型。

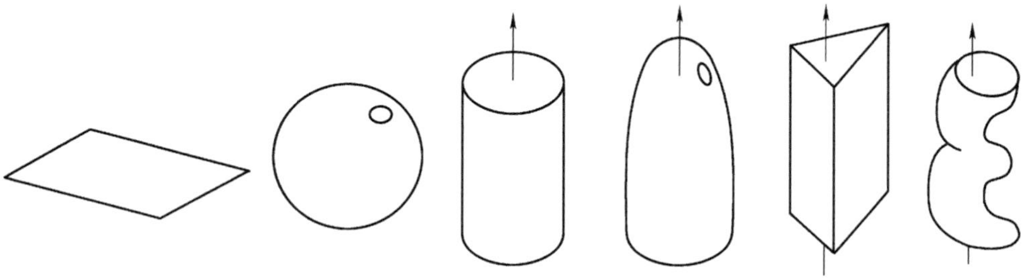

图1.4 6种Reuleaux低副

1）**转动副**是一种使两构件间发生相对转动的连接结构，它具有1个转动自由度，约束了刚体的其他5个运动，并使得两个构件在同一平面内运动，因此转动副是一种平面V级低副。

2）**移动副**是一种使两构件间发生相对移动的连接结构，它具有1个移动自由度，约束了刚体的其他5个运动，并使得两个构件在同一平面内运动，因此移动副是一种平面V级低副。

3）**螺旋副**是一种使两构件间发生螺旋运动的连接结构，它同样只具有1个自由度，约束了刚体的其他5个运动，并使得两个构件在空间某一范围内运动，因此螺旋副是一种空间V级低副。

4）**圆柱副**是一种使两构件间发生同轴转动和移动的连接结构，通常由共轴的转动副和移动副组合而成。它具有2个独立的自由度，约束了刚体的其他4个运动，并使得两个构件在空间内运动，因此转动副是一种空间Ⅳ级低副。

5）**胡克铰**是一种使两构件间发生绕同一点二维转动的连接结构，通常采用轴线正交的连接形式。它具有2个相对转动的自由度，相当于轴线相交的两个转动副。它约束了刚体的其他4个运动，并使得两个构件在空间内运动，因此胡克铰是一种空间Ⅳ级低副。

6）**平面副**是一种允许两构件间在平面内任意移动和转动的连接结构，可以看作由2个独立的移动副和1个转动副组成。它约束了刚体的其他3个运动，只允许两个构件在平面内运动，因此平面副是一种平面Ⅲ级低副。由于没有物理结构与之相对应，工程中并不常用。

7）**球面副**是一种能使两个构件间在三维空间内绕同一点作任意相对转动的运动副，可以看作由轴线汇交一点的3个转动副组成。它约束了刚体的三维移动，因此球面副是一种空间Ⅲ级低副。

表1.1对以上7种常用运动副进行了总结。需要注意的是，表中乃至全书的“R”在本书中表示转动，“T”表示移动，前面的数字表示数目。

表1.1 常见运动副的类型及其代表符号

名称	符号	类型	自由度	图形	基本符号
转动副	R	平面Ⅴ级低副	$1R$		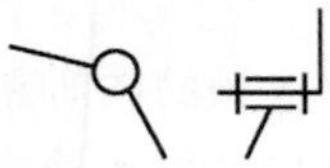
移动副	P	平面Ⅴ级低副	$1T$	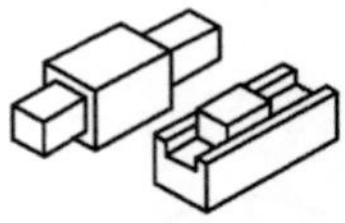	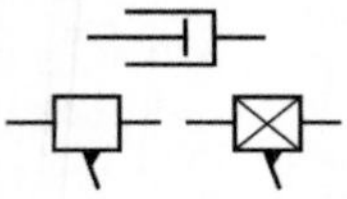
螺旋副	H	空间Ⅴ级低副	$1R$ 或 $1T$	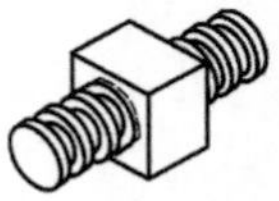	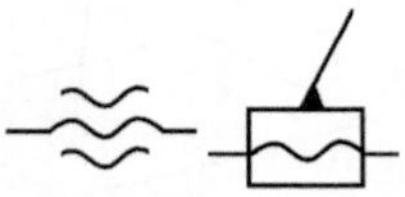
圆柱副	C	空间Ⅳ级低副	$1R1T$		
胡克铰	U	空间Ⅳ级低副	$2R$	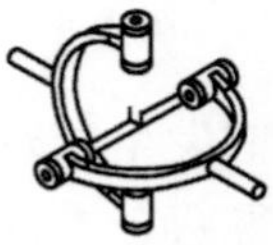	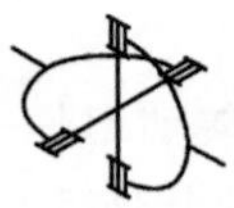
平面副	E	平面Ⅲ级低副	$1R2T$		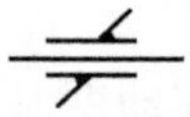
球面副	S	空间Ⅲ级低副	$3R$		

实际应用的机器人可能用到上述所提到的任何一类关节，但最常见的还是转动副和移动副。虽然构件可以用任何类型的运动副进行连接，包括齿轮副、凸轮副等高副，但机器人关

节通常只选用低副，如转动副 R、移动副 P、螺旋副 H、圆柱副 C、胡克铰 U、平面副 E 以及球面副 S 等。

根据运动副在机构运动过程中的作用可分为**主动副**（或积极副 active joint 或驱动副 actuated joint）和**被动副**（或消极副 passive joint）。根据运动副的结构组成还可分为**简单副**（simple joint）和**复杂铰链**（complex joint）。这些概念将在本书后续章节中有所涉及。

物理意义上的运动副表现形式其实还很多，甚至表现为机构的方式。但从运动学角度，不同运动副之间、机构与运动副之间存在**运动学的等效性**（kinematic equivalence）。前面提到的球面副就是一个典型的例子，其运动学可以由轴线汇交一点的 3 个转动副等效而成。实际上，低副也可通过高副的组合来实现等效的运动和约束。例如，转动副通过多个球轴承或滚子轴承（都是高副）并联组合而成，同样具有**运动**（或约束）**等效性**。另外，复杂机构可以等效为某一简单副。例如，平行四边形机构可以等效为一个移动副等，诸如此类。

随着近年来 MEMS/NEMS 技术的出现，使精微机构的应用范围越来越广泛。同样在仿生领域，设计加工一体化的机械结构使其更有优势。作为需要装配的传统刚性铰链的有益补充，柔性铰链应运而生。现有各种类型的柔性铰链都可以看作由基本柔性单元组成。这些柔性单元包括缺口型柔性单元、簧片型柔性单元、细长杆型柔性单元、扭簧型柔性单元等，同时它们也可以作为单独的柔性铰链使用。如图 1.5 所示，缺口型柔性铰链是一种具有集中柔度的柔性元件，它在缺口处产生集中变形；而簧片和细长杆在受力情况下，其每个部分都产生变形，它们是具有分布柔度的柔性元件。

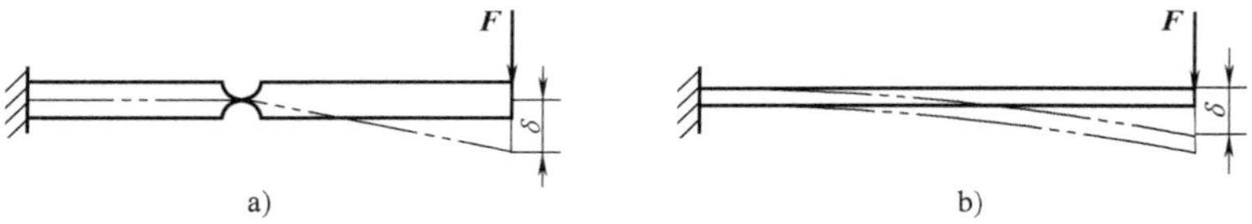

图 1.5 集中柔度和分布柔度

a) 集中柔度 b) 分布柔度

1.2.2 运动链、机构与机器人

运动链（kinematic chain）：两个或两个以上的构件通过运动副连接而组成的系统称为运动链。组成运动链的各构件构成首末封闭系统的运动链称为**闭链**（closed-loop）；反之为**开链**（open-loop）。由开链组成的机器人称为**串联机器人**（serial manipulator）；完全由闭链组成的机器人称为**并联机器人**（parallel manipulator），开链中含有闭链的机器人称为**串并联机器人**（serial-parallel manipulator）或**混联机器人**（hybrid manipulator）。

机构（mechanism）：将运动链中的某一个构件或几个加以固定，而让另一个或几个构件按给定运动规律相对固定构件运动，如果运动链中其余各活动构件都具有确定的相对运动，则此运动链称为机构。其中的固定构件称作**机架**（base）。

根据机构中各构件间的相对运动可将其分为**平面机构**（planar mechanism）、**球面机构**（spherical mechanism）和**空间机构**（spatial mechanism）。此外，根据构件或运动副的柔度，还可以将机构分成**刚性机构**（rigid mechanism）、**弹性机构**（flexible mechanism）及**柔性机构**（compliant mechanism）。刚性机构是指构件为刚体，运动副为理想柔度；而真实的机构往往无法实现，从而影响机构的性能（如刚度、精度等），弹性机构及柔性机构就考虑了这一点。它们均是指构件或运动副为非理想柔度，但前者偏重考虑的是如何消除柔性带来的负面影响，而后者则充分利用了构件或运动副的柔性。

作为一种新型机构，柔性机构是指利用材料的弹性变形传递或转换运动、力或能量的一种机构。柔性机构实施运动时通常通过其柔性单元——柔性铰链来实现，如转动或移动等。较之于传统的刚性机构（铰链），柔性机构（铰链）具有许多优点，如：①可以整体化（或一体化）设计和加工，故可简化结构、减小体积和重量、降低成本、免于装配；②无间隙和摩擦，可实现高精度运动；③免于磨损，提高寿命；④免于润滑，避免污染；⑤可增大结构刚度，等等。

机器人（manipulator 或 robot）：很难从机构的角度给出机器人一个明确的定义。不过，从机构学角度，大多数机器人都是由一组通过运动副连接而成的刚性连杆（即机构中的构件）构成的特殊机构。机器人的**驱动器**（actuator）安装在驱动副处，而在机器人的末端安装有**末端执行器**（end-effector）。

1.2.3 自由度与约束

约束（constraint）：当两构件通过运动副连接后，各自的运动都会受到一定程度的限制，这种限制就称为约束。

自由度（Degree of Freedom，简写 DOF）：确定机械系统的**位形**（configuration）或**位姿**（pose）所需要的独立变量或广义坐标数。自由度是机构学与机器人研究中最为重要的概念之一，也是运动学研究中首先要关注的问题。

空间中的一个刚体最多具有 6 个自由度：**沿笛卡儿坐标系**（Cartesian Coordinates，即直角坐标系）三个坐标轴的 3 个移动和绕 3 个轴线的转动。因此，空间中任何刚体的运动都可以用这 6 个基本运动的组合来描述。

无论是质点还是刚体，如果受到约束的作用，其运动都会受到限制，其自由度相应变少。具体被约束的自由度数称为**约束度**（Degree of Constraint，DOC）。根据 Maxwell 理论[94]，任何物体（无论是刚性体还是柔性体）如果在空间运动，其自由度 F 和约束度 C 都满足如下的公式：

$$F + C = 6 \tag{1.1}$$

如果在平面运动，则满足

$$F + C = 3 \tag{1.2}$$

对机构而言，约束在物理上通常表现为运动副的形式。同样，约束对机构的运动会产生重要的影响，无论是其构型设计还是运动设计以及动力学设计都必然要考虑到约束。对刚性机构而言，运动副的本质就是约束。

有关机构及机器人自由度的计算与分析问题，我们将在本书第 8 章详细讨论。

1.2.4 机器人机构的分类

由于本书讨论的对象是各类机器人机构，因此有必要先介绍一下机器人分类。

根据结构特征是否开、闭链，可分为串联机器人、并联机器人（又称并联机构）、混联机器人（有时也称串并联机器人）等，这些概念在前面已经提过。早期的工业机器人如 PU-

MA 机器人、SCARA（由日本学者牧野洋于 1978 年发明，是 Selective Compliance Assembly Robot Arm 的简称）机器人等都是串联机器人，而像 Delta 机器人（由瑞士学者 R. Clavel 于 1985 年提出）、Z3（德国 DS Technology 公司开发）等则属于并联机器人的范畴。相比串联机器人，并联机构具有高刚度、高负载/惯性比等优点，但工作空间相对较小、结构较为复杂。这正好同串联机器人形成互补，从而扩大了机器人的选择及应用范围。例如，Tricept 机械手模块（Neumann 博士于 1988 年发明）则是一种典型的混联机器人，它正好综合了串联式与并联式两者的特点。

根据运动（或自由度）特性可分为：平面机器人机构（实现平面运动）、球面机器人机构（实现球面运动）与空间机器人机构（实现空间运动）。平面机器人机构多为平面连杆机构，运动副多为转动副和移动副；而由球面机构组成球面机器人机构。除此之外的机器人机构，都为空间机器人机构。不过，更为普遍的分类方法是按照自由度类型来划分，如 1 ~ 3DOF 平动机构、1 ~ 3DOF 转动机构和 2 ~ 6DOF **混合运动**（mixed-motion 或者 hybrid）机构。

根据运动功能划可分为：**定位**（positioning）机器人、**指向**（pointing）机器人。传统意义上，前者通常称之为**机械臂**（arm），而后者通常称为**机械腕**（wrist）。像 PUMA 机器人中，前 3 个关节用于控制机械手的**位置**（position），而剩下的 3 个关节用于控制机械手的**姿态**（orientation）。机器人末端的位置与姿态共同构成了机器人的**位形空间**（configuration space）。

根据机器**人工作空间**（workspace）的几何特征来分类（只针对 3-DOF 机械臂）：**直角坐标机器人**（Cartesian robot）、**圆柱坐标机器人**（Cylindrical robot）、**球面坐标机器人**（spherical robot）以及**关节式机器人**（articulated robot）等。

1）**直角坐标机器人**：由 3 个相互垂直的移动副构成，是一类最简单的机器人结构。

2）**圆柱坐标机器人**：将直角坐标机器人中的某一个移动副用转动副代替即为之。

3）**球面坐标机器人**：前两个铰链为相互汇交的转动副而第三个为移动副。

4）**关节式机器人**：其特征是所有 3 个铰链都为转动副。

根据驱动分类可分为：欠驱动机器人、冗余驱动机器人等。

根据移动性可分为平台式（也称固定式）机器人和移动机器人。目前典型的移动机器人包括步行机器人（如类人机器人等仿生机器人）、轮式机器人、履带式机器人等。

根据构件（或关节）有无柔性可分为刚性体机器人机构和柔性体（或弹性体）机器人机构。柔性机构[53]是一类典型的柔性体机构，具体表现为柔性铰链机构、分布柔度机构等不同形式。

此外，还有一类可实现结构重组或构态变化的**可重构机构**（reconfigurable mechanism），典型的如**变胞机构**（metamorphic mechanism）[19]。机构在工作过程中，若在某瞬间某些构件发生合并/分离、或机构出现几何奇异，其有效构件总数或机构的自由度发生变化，从而产生了新构型的机构称为变胞机构。变胞机构的研究起源于 1995 年应用多指手进行装潢式礼品纸盒包装的研究。礼品纸盒类似于花样折纸（Origami）。借用折痕为旋转轴，连接纸板为杆件，折纸可以构造出一个机构。这一新型机构除了具有**折展机构**（foldable and deployable mechanism）的高度可缩和可展性外，还可改变杆件数、改变拓扑图并导致自由度发生变化。用进化论和生物学细胞分裂重构和胚胎演变的观点来解释，这一机构具有变胞功能。

1.3　机器人机构学的主要研究内容

虽然机构学研究源远流长，但从古到今，机构学领域主要针对三个核心问题展开研究，即机构的构型原理与新机构的发明创造、机构运动学与动力学分析、根据运动学与动力学性能指标设计机构。这三个方面内容在机器人机构学研究中尤为突出[146]。

1. 机构与机器人的结构分析与综合

机构的创新是机械设计中永恒的主题，人们要设计出新颖、合理、有用的机构，不仅要有丰富的实践经验，而且要熟悉机构的组成原理（例如平面连杆机构的杆组法）。机构是由运动副和构件按一定的方式连接而成的。机构构型综合研究主要包括机构在“任务空间”下的基本功能特性与类型的数学描述、机构的自由度分析与计算方法、机构的运动副类型、机构的支链类型、机构的构型原理与数学描述方法等。

2. 机构与机器人运动学、动力学及性能评价

机构与机器人的分析与设计是基于性能评价指标来实现的。性能评价指标应具有明确的物理意义，可用数学方程来描述和度量，具有可计算性，如工作空间、**奇异性**（singularity）、**解耦性**（decouple）、**各向同性**（isotropy）、**速度**（velocity）、**承载能力**、**刚度**（stiffness）及**精度**（accuracy）等。

虽然国内外已有许多有关机构与机器人的运动学、动力学性能评价指标的研究，但是，由于工程实际应用中机械设计问题的要求复杂而且是多种多样的，目前机构性能评价指标研究还不能完全满足工程实际需要，尤其对复杂机构和机器人机构设计指标的研究还很缺乏。

3. 机构与机器人设计理论

机械与机器人机构的设计是机构学领域最具挑战性的问题，人类至今乃至相当长的未来时间里仍难以完全解决该问题，原因在于机构的设计，尤其是复杂机构的设计本质上是非线性、强耦合问题。例如，在并联机器人的研究领域，机器人的尺寸设计是一项很重要的研究内容，因为机器人机构的性能决定了机器人的操作特性。机器人机构的设计不是为了执行特定的任务而是为了满足普遍的性能指标。由于性能指标和设计参数具有多元性、耦合性和非线性，导致并联机器人的设计是一个昂贵、费时、复杂和困难的过程。

1.4　机构学与机器人学研究中的现代数学工具

从机构学的发展历史来看，机构学的诞生及早期发展与数学息息相关，如 Burmester 提出了机构位移、速度和加速度分析的运动几何方法。现代机构学的诞生同样也离不开数学的推动作用，18—19 世纪期间诞生的各种经典数学相继完善成熟，并逐渐用在各类工程应用中；进入 20 世纪以后，又涌现了一些新的数学分支，如拓扑学、微分流形等。20 世纪中叶，计算机的发明与大量算法的提出大大提高了机构分析与综合的计算效率。

与机构学联系紧密的数学工具有很多：既包括我们熟悉的欧氏几何、线性代数与矩阵理论、用于拓扑分析与综合的**图论**（graph theory）等，此外还有**线几何**（line geometry），**旋量理论**（screw theory），**李群**、**李代数**（Lie group and Lie algebra），**Clifford 代数**（或几何代数，Clifford algebra）等。由于每种数学工具都有其自身的特色，因此在机构学研究中的作用也各有侧重。例如，矩阵法之于机构分析有非常普遍的应用，而在机构综合过程中，图论、旋量理论以及李群李代数等数学工具的作用更为突出些。

1.4.1 李群、李代数概述

群的创始人是法国人伽罗瓦（Galois)。他用群理论解决了五次方程问题。在此之前，拉格朗日（Lagrange)、阿贝尔（Abel）等人也对群论做出了重要贡献。

群的起源可以追溯到方程的求解问题。一次、二次方程的解法很早就为人所熟悉，而高次方程的解法有两个方向：其一为数字系数方程的数值近似解，这种方法最早在我国发展得很完善。另一种则为文字系数方程的根式解，它在16世纪上半叶因意大利一些数学家解决了三次及四次的问题，而掀起了高潮。当三次及四次方程获解后，大家的注意力自然就转到五次方程。在这方面直到18世纪末才算有些突破。拉格朗日利用方程根置换的思想，给出了四次以下方程的统一解法。受拉格朗日的影响，阿贝尔证明了一般五次以上方程没有根式解，但英年早逝的他并未给出这些高次方程中，哪些特殊方程具有根式解。而同样充满传奇色彩而生命更加短暂的伽罗瓦针对一个给定的特殊方程是否有根式解问题，根据根的置换原理，给出了判断准则。这个准则后面的核心思想就是群。伽罗瓦的方程可解理论是这样描述的：一个方程在一个含有其系数的数域中的群是可解群（合成指数列中各个数都是素数）的前提下，此方程具有根式解。由于拉格朗日、阿贝尔及伽罗瓦等人的努力，根式解方程的问题终于告一段落。

时至今日，群的概念已经普遍被认为是现代数学中最基本的概念之一。它不但渗透到诸如几何学、代数拓扑学、函数论、泛函分析及其他许多数学分支中而起着重要的作用，还形成了一些新的学科如拓扑群、李群等，并在物理、化学、工程学等领域产生了重要的应用。

19世纪末，挪威数学家Sophus Lie为了把群的一些思想应用到微分方程的对称性理论中去，引进了李群的概念。就像伽罗瓦对代数方程所做的那样，当时的数学工作表明很多特殊函数及多项式都来自于群的对称性。19世纪数学界的三大主题：伽罗瓦提出的群与对称性的代数概念、泊松（Poisson）和雅可比（Jacobi）等提出的求解力学微分方程的几何理论、Plücker、Grassmann、Klein及Riemann等提出的几何学新思想，都在李群这一概念之下交汇了。例如，Klein用李群来描绘几何，研究特定空间对称运算下的不变量问题，用以分析射影空间变换的群的特征（射影空间几何)。

虽然，Lie当之无愧地被称为李群理论的奠基人，但李群结构理论重大的进步是和Killing的工作分不开的。之后他的工作被Cartan进一步发展，到Weyl时李群理论已经成熟，他不仅将李群与量子力学联系起来，而且明确区分了李代数和李群。

李群和李代数是现代数学中基本的研究对象，在整个数学大厦中占有重要的位置。李群是一个群，其上有拓扑，又是一个解析流形。它上面同时包含代数结构、拓扑结构和解析结构，这些结构需要满足一些相容性条件。在李群上，可以同时研究群代数结构、拓扑结构和几何结构。同时，李群又是一个非线性的数学对象，而李代数则是对李群结构自然的线性化。

李群和李代数与其他许多数学分支都有深刻的联系，对它们的研究也可以从不同的方向和角度来展开。例如，既可以从微分流形的方法来研究李群，也可以从纯代数的观点来研究李代数。因此，从本书中，我们将会看到无论是刚体运动群（李群的一种）还是运动旋量

（一种李代数）都会有不同的表达方式，如刚体运动群的矩阵表达及集合表达，运动旋量的解析表达和线图表达等，进而产生出不同的机构分析与综合方法。

物理学中，往往需要借助变换的概念来描述各种各样的运动，因此也少不了李群的角色参与。事实上，所有可能的刚体运动变换空间都是李群的一个范例。机器人学中大量的研究内容与在空间运动的刚体有关，通常我们考虑机器人的构件是刚体，而且负载和工具通常也是刚体。

众所周知，任何刚体变换是由旋转、平移组成的，刚体变换可以表示成 4 × 4 矩阵：$\boldsymbol{T}\begin{pmatrix}\boldsymbol{R} & \boldsymbol{t}\\ 0 & 1\end{pmatrix}$，其中 $\boldsymbol{R}$ 是 3 × 3 的旋转矩阵，而 $\boldsymbol{t}$ 是一个平移向量。其中满足关系式：$\boldsymbol{R}^{\mathrm{T}}\boldsymbol{R}=\boldsymbol{E}$，且 $\det(\boldsymbol{R})=1$的旋转矩阵 $\boldsymbol{R}_{3\times3}$被定义为旋转群 $SO(3)$；在机器人中，一般刚体变换群被定义为特殊的欧几里得群（special Euclidian group），表示为 SE（3）。它是绕着原点的旋转 SO（3）和平移变换 T（3）的半直积，即 $SE(3)=SO(3)\times T(3)$。李群的子空间是李子群，可以说旋转变换 $SO(3)$和平移变换 $T(3)$都是 $SE(3)$的李子群。

李代数可以看作是李群在其单位元素上的切向量空间，在刚体运动中李代数的元素对应广义速度。它们最早的应用是在 19 世纪末，Ball 称其为**运动旋量**（twist），与其对偶的元素称为**力旋量**（wrench）。运动旋量与力旋量的乘积运算（标量积或互易积）可以表示刚体运动所做的瞬时功。运动旋量和力旋量是旋量理论中最重要的两个概念。

1983 年，Brocket[9]最先将李群与李代数中的指数映射引入到机器人中来，建立了机器人的指数建模方法，即通常所说的**指数积公式**（POE formula）。后来，Murray、Hervé、Selig、Park、李泽湘等对李群与李代数理论在机器人和机构学领域的应用进行了广泛而深入的研究，现在李群与李代数在刚体运动和机器人研究方面取得了长足的进展。

1.4.2　旋量理论概述

旋量理论的研究最早可追溯到 18 世纪，1742 年伯努利（Bernoulli）首先提出了平面运动刚体速度瞬心的概念，认为任一平面运动都可看作是绕某一瞬心的转动；1763 年意大利数学家 Mozzi 提出了刚体瞬时运动轴的概念，而后 Chasles 于 1830 年将此概念由平面扩展到空间，提出了空间运动刚体的瞬时螺旋轴概念，并证明任何物体从一个位姿到另一个位姿的运动都可以用绕某直线的转动和沿该直线的移动经过复合实现。通常将这种复合运动称为**螺旋运动**（screw motion），而螺旋运动的无穷小量即为运动旋量。另一方面，Poinsot 发现作用在刚体上的任何力系都可以合成为一个沿某直线的集中力和绕该直线的力矩，这一广义力即为力旋量。这些都成为了旋量理论的起源。

19 世纪末，英国剑桥大学的 R. S. Ball 教授对旋量进行了系统全面的研究，于 1900 年完成了经典著作《A Treatise on the Theory of Screws》，奠定了旋量理论的数学基础。书中指出运动旋量与力旋量之间存在着重要的**互易**（reciprocal）关系，并讨论了所有旋量线性组合的一般模式及其在运动学上与刚体一阶速度间的关系。

在 Ball 的经典著作问世后的近 50 年间，旋量理论几乎无人问津。而这期间德国和前苏联学派占主导地位。直到 1950 年代，美国学派兴起时，旋量理论才恢复了生机。1947 年，美国人 Brand 系统研究了旋量的运算问题，提出了旋量的运算法则。而旋量理论与机构学的联姻始于 1960 年代。前苏联学者 Dimentberg 首先将旋量引入到机构学的研究中，其专著于

1968 年翻译成英文，题目为“The Screw Calculus and its Applications to Mechanics”。1978 年，澳大利亚学者 Hunt 著作《Kinematic Geometry of Mechanisms》的出版标志着旋量理论的进一步发展。该著作和 Ball 的著作一起已被业界公认为旋量理论与应用旋量理论研究机构学问题的经典。澳大利亚学者 Phillips 再次用旋量理论研究了机构的自由度以及机构的运动特性，推动了旋量理论的发展，他于 1984 年和 1990 年分别出版了专著《Freedom of Machinery, Volume 1: Introducing Screw Theory》和《Freedom of Machinery, Volume 2: Screw Theory Exemplified》。与 Hunt 和 Phillips 同时代的学者还有美国学者 Roth 等。

此后，Duffy、Lipkin、Tsai、Davidson 和戴建生等学者在旋量理论方面开展了许多工作，进一步推动了旋量理论的发展。黄真教授是我国研究与应用旋量理论最早的学者，在他的专著中[56, 148-151]较详细系统地介绍了旋量理论及其在机构学中的应用，从而大大促进了旋量理论在机构学特别是对并联机器人机构学的发展。进入到 21 世纪，旋量理论在机构学、机器人学、多体动力学、机械设计、计算几何等多个领域的应用越来越广泛，相关的学者及其发表的论文呈落地开花之势。

旋量理论与李群李代数的有机结合可追溯到 19 世纪下半叶德国著名数学家 Klein、英国数学家 Clifford 等人的工作。Klein 在研究李群李代数的同时也对旋量的超二次曲面问题做了大量研究，从而将群论的研究合理地扩展到旋量的几何研究中；Clifford 则将瞬时旋量视为李代数的一部分。之后，包括 Brocket、Selig、戴建生等学者也打通了李群、李代数与旋量之间的有机联系[9, 118-119, 140-141]。

旋量理论是空间机构学研究中一种非常重要的数学工具。一个旋量由 2 个三维矢量组成，可以同时表示矢量的方向和位置，如刚体运动中的速度和角速度、力和力矩等。因此，在分析复杂的空间机构时，运用旋量理论可以把问题的描述和解决变得十分简洁统一，而且易于和其他方法如矢量法、矩阵法等相互转换。

那么何谓旋量呢？Ball 的定义是：旋量是一个具有大小和节距的直线。可以将其想象为一个机械螺旋，节距想象为螺距，直线为轴线。旋量可以认为是与标量、矢量、张量等并列的一种代数量，形式上是双矢量。在欧氏空间中，它与点、线、面一样可以作为其中的几何元素。注意：这里的旋量与物理学上的旋量（spinor）具有不同的含义，千万不要混淆。

很显然，旋量与运动密切相关，同时又与力紧密相连。旋量理论就是建立在两个基本的定理（Chasles 定理和 Poinsot 定理）基础之上的：前者提到了运动旋量的概念，后者提到了力旋量的定义。两者之间存在着互易关系，可直接用于描述刚体的运动与约束，由此还衍生出了**旋量系**（screw system）与反旋量系[148]的概念。另外，一般意义上的旋量是瞬时量的概念，因为它的节距是唯一的表达。这样在描述连续运动时便显得无能为力。由此，又提出了**有限运动旋量**（finite twist）的概念以弥补这一缺陷[17, 23]。

旋量有四种表征形式：对偶矢量、Plücker 坐标、列向量和李代数。每种表征都各有所长，但同时又殊途同归。

由前面的李群李代数知识可知，通过运动旋量可将旋量理论与李群李代数联系起来；同时，也可通过旋量系将旋量理论与线几何相连，具体如图 1.6 所示。上述内容都是本课程介绍的重点，需要深入展开，而有关旋量理论的内容将是重中之重。

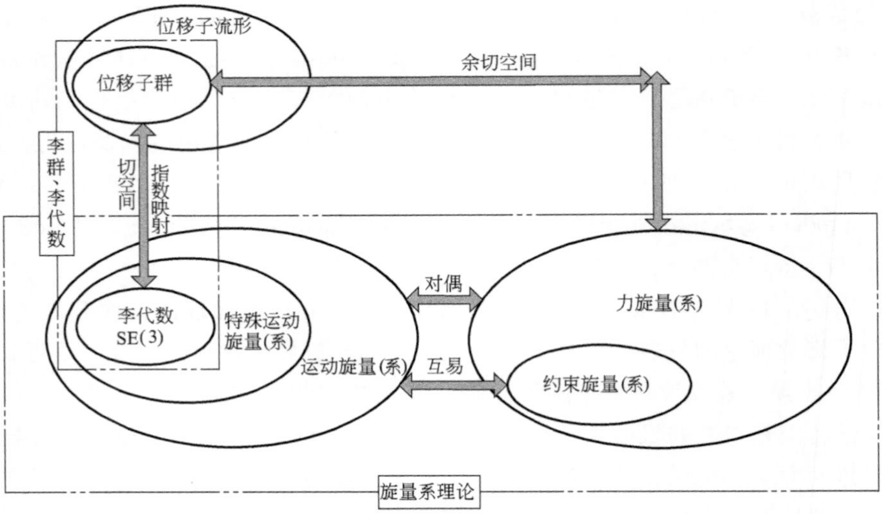

图 1.6 位移群/位移子流形与旋量系之间的关系

1.5 现代数学工具在机构学与机器人学中的应用举例

下面以机构与机器人的结构学研究为例，说明现代数学在机构学与机器人学中的应用。

机械系统结构学的研究内容主要包括两个部分：自由度分析计算与构型综合。自由度计算和分析是由给定的机构求取自由度数和性质，而构型综合正好相反，是由给定的自由度数、自由度性质求取具体的机型。构型综合与自由度计算和分析是对立统一的，要解决构型综合的问题，必须首先解决自由度计算和分析的问题。

进行机构自由度计算一般使用的是传统的 Chebychev-Grübler-Kutzbach 公式（更常见的一种说法是 Grübler-Kutzbach 公式）。即

$$F = d(n-1) - \sum_{i=1}^{g}(d-f_i) = d(n-g-i) + \sum_{i=1}^{g} f_i \tag{1.3}$$

式中，F 为机构的自由度数；n 为构件数；g 为运动副数；f_i 为第 i 个运动副的自由度数；d 为机构的**阶数**（order，通常用 d 表示，后面要涉及这个概念）。一般情况下，当机构为空间机构时，式中的 $d=6$；为平面机构或球面机构时，式中的 $d=3$。机构的阶数间接反映了机构的公共约束情况。

但式（1.3）应用到一些特殊机构上常常得不到正确的结果，包括著名的 Delta 机构[11]。其根本原因是对决定机构自由度的一些基本要素缺乏清晰的定义和正确的计算判别方法。这些基本要素包括局部自由度、机构的阶数、公共约束和冗余约束等。以前的研究者经常靠经验直观来推断机构的自由度数和性质，或用复杂的运动学分析经过烦琐的概念推理来导出少自由度机构的自由度性质。

近几年来，在黄真、Rico、Gogu、戴建生、赵景山等学者的不懈努力下，借用现代几何方法如李群李代数、旋量理论等，使得在空间闭环机构自由度计算的通用方法研究上得到突破，同时对传统公式进行了修正[21, 39, 56, 77, 115, 135, 151, 154, 175]。

【**例**】试考察图 1.7 所示斜面机构的自由度情况。

解：代入式（1.3）可知，该机构的自由度为

$$F = 3(n - g - 1) + \sum_{i=1}^{g} f_i = 3 \times (-1) + 3 = 0$$

按此公式推算，该斜面机构是不能动的。不过，我们通过 ADAMS 仿真以及实践经验均表明该机构是可动的。出现如此矛盾究竟是什么原因呢？

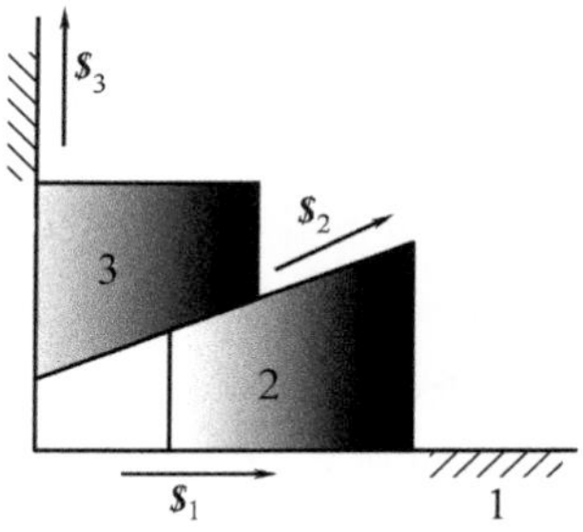

图 1.7 斜面机构

可以作如下的解释：由于该机构为一个完全由移动副组成的平面机构，它的两个活动构件被限制只能在二维平面内移动，故这时机构的阶数不再是 3 而是 2。这时再代入自由度计算公式（1.3），可以得到正确的计算结果。即

$$F = 2(n - g - 1) + \sum_{i=1}^{g} f_i = 2 \times (-1) + 3 = 1$$

为此引入了一个新的概念——**公共约束**（common constraint），即机构中所有构件均受到的共同约束。

公共约束的概念可以用旋量理论来解释。将机构所有的运动副均以旋量坐标来表示，并组成一个集合，进而可以找到一个 n 阶运动旋量系（其阶数即为机构的阶数），若存在一个与该旋量系中每一个旋量均互易的（$6-n$）阶反旋量（系），这个反旋量（系）正好表示该机构的一个公共约束，公共约束数为（$6-n$）。

因此，图 1.7 所示的斜面机构中，3 个移动副对应的旋量系可以写成

$$\begin{cases} \$_1 = (0,0,0;1,0,0) \\ \$_2 = (0,0,0;p_2,q_2,0) \\ \$_3 = (0,0,0;0,1,0) \end{cases}$$

上面的旋量系实际上是一个 2 阶旋量系，因此它的反旋量系的阶数为 4，即机构的公共约束数为 4。

而复杂机构的构型综合问题更为突出：以少自由度并联机构为例，对这类机构的研究始于 20 世纪 80 年代初，然而在 20 世纪 90 年代以前，少自由度并联机构的机型严重匮乏，只有寥寥十几种。最初少自由度并联机构构型的设计往往是凭设计者的经验。典型的少自由度机构有 Hunt 提出的 3-RPS 并联机构、Clavel 提出的 Delta 机构等。

因此，新机型的发明，受到了各国学者的高度重视。从 20 世纪 90 年代开始，学者们开始寻找某种通用的方法进行系统化的构型发明，尤其是设想借助某些现代数学工具与表达方式对其进行构型综合，少自由度并联机器人构型综合理论的研究逐渐成为学术界的一个热点。据不完全统计，2000 ~ 2010 年间在国内外机构学与机器人学重要核心期刊中发表有关少自由度并联机构构型综合的学术论文超过 200 篇。

综合上述机构学研究人员研究成果的特点发现一个共同之处：在建立系统的少自由度并联机构构型综合理论体系与方法的过程中，离不开现代的数学方法与数学工具作为支持。在该领域，最为突出的特点是通过旋量理论与李群理论的引入为曾经作为机构学难题的构型综合问题打开了一扇明亮的天窗。

黄真、李秦川、孔宪文、方跃法、赵铁石等基于运动旋量、约束旋量、反旋量和旋量系线性相关性等概念，提出用互易旋量系理论研究并联机构的构型综合方法[29-31, 58-59, 69-74, 78, 130-131, 136-137, 154, 174]。

该方法通过在某一个特定位置使所有支链的约束力形成的子空间叠加之后等于理想运动在该点切空间的补空间，从而使动平台在该点附近能实现给定运动。人们使用该方法成功地设计出了多种少自由度新型并联机构，尤其是 4、5 自由度对称并联机构的新构型。由于运动旋量和力旋量本身都是瞬时的，只能描述物体瞬时状态下的运动和约束，所以约束综合法本质上属于瞬时范畴，必须对其得到的机构进行非瞬时性的判别。而后，Hopkins、苏海军、于靖军等将旋量系理论用在了柔性铰链机构的构型综合中[51-52, 123, 134]。

Hervé 则较早地将李群理论引入到并联机构的构型综合，提出了基于位移子群的代数结构对运动链进行分类的方法，证明了所有 6 种低副所生成的运动都是位移子群，给出了这 6 种位移子群以及子群间交集的运算法则，从而奠定了位移子群综合法的理论基础。Hervé 等分析了位移子群及其对应的李代数，认为并联机构动平台的位移群是所有串联分支的位移群的交集，用位移子群综合法研究了多种自由度类型并联机构（三维移动、三维转动等机构）的构型综合[47-50]。而后李秦川、李泽湘等基于微分流形等现代微分几何工具建立了一套少自由度并联机构构型综合理论[80-81, 96, 128]。

1.6　机器人机构学研究中的几个经典问题

1）复杂机构（并联机构、柔性机构、变胞机构等）的自由度分析与构型综合；
2）机器人机构的正、反运动学建模；
3）机器人机构的运动学及静力学特性分析；
4）机器人机构的运动学综合及优化设计；
5）机器人机构的动力学建模与优化设计；
6）对机器人机构实用有效的性能指标。

1.7　文献使用与说明

与本书相关的有关文献主要包括两个部分：专著和论文。近年来，出版了多部有关机构学及机器人学方面的著作，这里仅给出与本书相关度较高的几本。

第一部分：专　　著

1. R S Hartenberg, J. Denavit. Kinematic Synthesis of Linkages [M]. New York: McGraw-Hill, 1964.

2. B Roth. Theoretical Kinematics [M]. New York: North-Holland, 1979.

3. K H Hunt. Kinematic Geometry of Mechanisms [M] . Oxford: Clarendon Press, 1978.

4. J R Phillips. Freedom of Machinery, Volume 1: Introducing Screw Theory [M]. Cambridge: Cambridge University Press, 1984.

5. J R Phillips. Freedom of Machinery, Volume 2: Screw Theory Exemplified [M] . Cambridge: Cambridge University Press, 1990.

6. J M McCarthy. An Introduction to Theoretical Kinematics [M]. Cambridge Massachusetts: MIT Press, 1990.

7. R Murray, Z X Li, S Sastry. 机器人操作的数学导论 [M]. 徐卫良，钱瑞明，译. 北

京：机械工业出版社，1998.

8. J M Selig. Geometrical Methods in Robotics [M]. Berlin: Springer-Verlag, 1996.

9. J Duffy. Statics and Kinematics with Applications to Robotics [M]. Cambridge: Cambridge University Press, 1996.

10. J Angeles. Fundamentals of Robotic Mechanical Systems Theory, Method, and Algorithms [M]. Berlin: Springer, 1997.

11. R S Ball, The Theory of Screws [M]. Cambridge: Cambridge University Press, 1998.

12. L W Tsai. Robot Analysis: the Mechanics of Serial and Parallel Manipulators [M]. New York: Wiley, 1999.

13. D L Blanding . Exact Constraint: Machine Design Using Kinematic Principle [M] . New York: ASME Press, 1999.

14. J M Selig, Geometry Foundations in Robotics [M]. Hong Kong: World Scientific Publishing Co. Pte. Ltd. , 2000.

15. J K Davidson, K H Hunt. Robots and Screw Theory: Applications of Kinematics and Statics to Robotics [M]. Oxford: Oxford University Press, 2004.

16. X W Kong, C Gosselin. Type Synthesis of Parallel Mechanisms [M]. Heidelberg: Springer-Verlag, 2007.

17. Z Huang, Q C Li, H F Ding. Theory of Parallel Mechanisms [M]. Berlin: Springer-Verlag, 2013.

18. X J Liu, J S Wang. Parallel Kinematics, Type, Kinematics and Optimal Design [M]. Berlin: Springer-Verlag, 2013.

19. J S Dai . Screw Algebra and Kinematic Approaches for Mechanisms and Robotics [M]. London: Springer-Verlag, 2016.

20. 张启先．空间机构的分析与综合：上册［M]．北京：机械工业出版社，1984.

21. 黄真．空间机构学［M]．北京：机械工业出版社，1989.

22. 黄真，孔令富，方跃法．并联机器人机构学理论及控制［M］．北京：机械工业出版社，1997.

23. 熊有伦，尹周平，熊蔡华．机器人操作［M]．武汉：湖北科学技术出版社，2002.

24. 杨廷力．机器人机构拓扑结构学［M]．北京：机械工业出版社，2004.

25. 黄真，赵永生，赵铁石．高等空间机构学［M]．北京：高等教育出版社，2006.

26. 于靖军，刘辛军，丁希仑，等．机器人机构学的数学基础［M]．北京：机械工业出版社，2008.

27. 赵景山，冯之敬，褚福磊．机器人机构自由度分析理论［M]．北京：科学出版社，2009.

28. 高峰，葛巧德，杨家伦．并联机器人型综合的 GF 集理论［M]．北京：科学出版社，2011.

29. 黄真，刘婧芳，李艳文．论机构自由度——寻找了 150 年的自由度通用公式［M]．北京：科学出版社，2011.

30. 丁希仑．拟人双臂机器人技术［M]．北京：科学出版社，2011.

31. 杨廷力等．机器人机构拓扑结构设计［M]．北京：科学出版社，2012.

32. 于靖军，裴旭，宗光华．机械装置的图谱化创新设计［M］．北京：科学出版社，2014.

33. 戴建生．旋量代数与李群、李代数［M］．北京：高等教育出版社，2014.

34. 戴建生．机构学与机器人学的几何基础与旋量代数［M］．北京：高等教育出版社，2014.

第二部分：学 术 期 刊

同样，国内外涉及机构学及机器人学方面的学术期刊和各类会议也有很多，这里仅向读者罗列与之最为相关的代表性学术期刊及会议。

1. 学术期刊

- International Journal of Robotics Research（简写 IJRR）
- IEEE Transactions on Robotics（2005年以前为 IEEE Transactions on Robotics& Automation，简写 TRO）
- Journal of Mechanism and Robotics, Transactions of the ASME（简写 JMR）
- Journal of Mechanical Design, Transactions of the ASME（简写 JMD）
- Mechanism and Machine Theory（简写 MMT）
- Robotica
- Journal of Robotic Systems
- International Journal of Robotics and Automation
- Proceedings of the Institution of Mechanical Engineers, Part C: Journal of Mechanical Engineering Sciences
- Chinese Journal of Mechanical Engineering
- Robotics and Computer-Integrated Manufacturing
- 机械工程学报
- 机械设计与研究
- 机器人

2. 学术会议

- World Congress in Mechanism and Machine Science, IFToMM（每4年一次）
- ASME International Design Engineering Technical Conferences & Computers and Information in Engineering Conference, Mechanisms and Robotics Conference, IDETC/CIE
- IEEE International Conference on Robotics and Automation, ICRA
- IEEE International Conference on Intelligent Robots and Systems, IROS
- Advances in Robot Kinematics
- Computational Kinematics
- ASME/IFToMM ReMAR
- 中国机构与机器科学国际会议（简写 CCMMS，前身为全国机构学双年会）

1.8　扩展阅读文献

1. 戴建生．旋量理论与旋量系理论的新角度研究［J］．机械设计与研究，2013（2）：23-32.

2. 戴建生. 机构学与机器人学的几何基础与旋量代数［M］. 北京：高等教育出版社，2014.

3. 高峰. 机构学研究现状与发展趋势的思考［J］. 机械工程学报，2005，41（8）：3-17.

4. 王国彪，刘辛军. 初论现代数学在机构学研究中的作用与影响［J］. 机械工程学报，2013，49（3）：1-9.

5. Dai J S. An historical review of the theoretical development of rigid body displacements from rodrigues parameters to the finite twist［J］. Mechanism and Machine Theory, 2006, 41（1）: 41-52.

6. Dai J S. Finite displacement screw operators with embedded Chasles motion［J］. Transactions of the ASME, Journal of Mechanisms and Robotics, 2012, 4（4）: 041002.

7. Kumar V, Waldron K J, Chrikjian G, et at. Applications of screw system theory and Lie theory to spatial kinematics: a tutorial［C］. 2000 ASME Design Engineering Technical Conferences.

8. Lipkin H, Duffy J. Sir Robert Stawell Ball and methodologies of modern screw theory［J］. Proceedings of the Institution of Mechanical Engineers, Part C: Journal of Mechanical Engineering Science, Part C, 2002, 216: 1-12.

9. Selig J M. Geometry Foundations in Robotics［M］. Hong Kong: World Scientific Publishing Co. Pte. Ltd., 2000.

10. Stramigioli S, Bruynickx H. Geometry and Screw Theory for Robotics: a tutorial［C］. *ICRA*2001.

11. Stramigioli S, Maschke B, Bidard C. On the geometry of rigid-body motions: the relation between Lie groups and screws［J］. Proceedings of the Institution of Mechanical Engineers, Part C: Journal of Mechanical Engineering Science, 2002, 216: 13-23.

12. Tsai L W. Robot Analysis: The Mechanics of Serial and Parallel Manipulators［M］. New York: Wiley-Interscience Publication, 1999.

习 题

1.1 列举对机构学及机器人领域做出重大贡献的10个历史人物。

1.2 制作一个年表，记录机构学发展的主要事件。

1.3 制作一个年表，记录在过去60年间工业机器人发展的主要事件。

1.4 制作一个年表，记录在过去200年间李群理论发展的主要事件。

1.5 制作一个年表，记录在过去200年间旋量理论发展的主要事件。

1.6 通过查阅文献，了解机器人机构学发展的主要趋势。

1.7 刚性铰链与柔性铰链有何区别？各自的优缺点是什么？

1.8 活动度（mobility）是描述机构与机器人可动性的重要概念之一。通过查阅文献，试区分机器人的自由度与活动度。

1.9 通过查阅文献，简述数学在机构学与机器人学研究中的作用与影响。

1.10 结合自身的科研课题或科研实践，调研某种数学工具在其中的应用前景，撰写一篇综述性论文。

第 2 章　李群与李子群

【内容提示】

本章的核心内容在于理解什么是“李群”。因此，本章主要包括以下两个方面的内容：①鉴于李群具有群的代数结构，因此应对群的基本概念有一定的了解；②通过对一些特殊李群的介绍，学会识别李群。

在对李群概念充分理解的基础上，掌握与刚体运动相关的 12 种（位移）子群。学会利用位移子群的运算生成新机构。

本章学习的难点在于对众多抽象概念的准确理解。

2.1　群与李群的定义

群的概念最初是由伽罗瓦（Galois）提出来的，逐渐演变成一种理论——群论。现在群论已成为现代数学的一个重要分支，其应用也深入到包括数学、物理学、机器人学在内的自然科学的各个领域。群的提出是与研究**对称性**紧密相关的，如代数方程的对称性以及几何图形的对称性等。通常情况下，群可认为是所有对称操作的集合。而群论从本质上讲是一种用于描述各种各样的对称性的数学工具。利用这一强有力的工具，已经取得了很多重要的研究成果。例如，1890 年，菲德洛夫（Federov）等利用群论的方法系统解决了晶体结构分类的问题。此外，在光谱学、角动量理论、原子核谱等物理学领域，群论也得到了广泛的应用。而将群与刚体运动有机联系起来还是 20 世纪后半叶的事情，像卡尔格（Karger）[66]、摩雷（Murray）[101]、赫维（Hervé）[47]、塞利格（Selig）[118, 119]等学者在这方面做出了许多开创性的贡献。

那么，何谓“群”呢？不妨这样给出群的定义。

【群的定义】　群是指可对其元素 g 进行**二元运算**（binary operation，最常见的是乘法运算和加法运算，用算子$\circ$表示）的集合 G。它具有以下 4 个基本特征：

（1）**封闭律**　G 中任意两个元素二元运算的结果仍为 G 的元素，即对 $\forall g_1, g_2 \in G$，$\exists\,\text{mult}(g_1 \circ g_2) \in G$。

（2）**结合律**　对于元素 $g_1, g_2, g_3 \in G$，则有 $(g_1 \circ g_2) \circ g_3 = g_1 \circ (g_2 \circ g_3)$。

（3）**幺元律**　存在唯一的单位元素 e，满足 $g \circ e = e \circ g = g$。

（4）**逆元律**　即存在唯一的元素 $g^{-1} = \text{inv}(g)$，满足 $g \circ g^{-1} = g^{-1} \circ g = e$。

从上面可以看到：①群一定不会是个空集，因为它里面至少应包含单位元素 e；②依据二元运算的类型，群可分为**加法群**和**乘法群**。

【交换群的定义】　如果 $\forall g_1, g_2 \in G$，都有 $g_1 \circ g_2 = g_2 \circ g_1$，则称群 G 为**交换群**（commutative group），有时亦称**阿贝尔**（Abel）**群**，即其二元运算还要满足交换律。

注意：一般情况下的群运算并不具有交换性。

19 世纪末，挪威数学家 Sophus Lie 为了将群的思想应用到微分方程的对称性中去，引入了连续群即李群（Lie group）的概念。

【李群的定义】 按照 Lie 的定义，**李群**除了满足一般群所具有的 4 个基本特征之外，还需要满足一些特殊条件：

（5）元素 g 的集合 G 必定构成一个可微分的流形（简称微分流形[8, 139]，differential manifold）。而微分流形本质上是一个可积的空间，因此说李群同时具有可积可微性。

（6）群的二元运算一定是一个可微分的映射。

（7）元素 g 到其逆 g^{-1} 的映射 inv（g）$=g^{-1}$，也一定是一个可微分的映射。

而李群的维数就是其所对应流形的维数。这样，通过李群就将群与微分流形有机地联系起来。因此，李群可以看作是同时具有群和微分流形特征元素所组成的集合（图 2.1）。

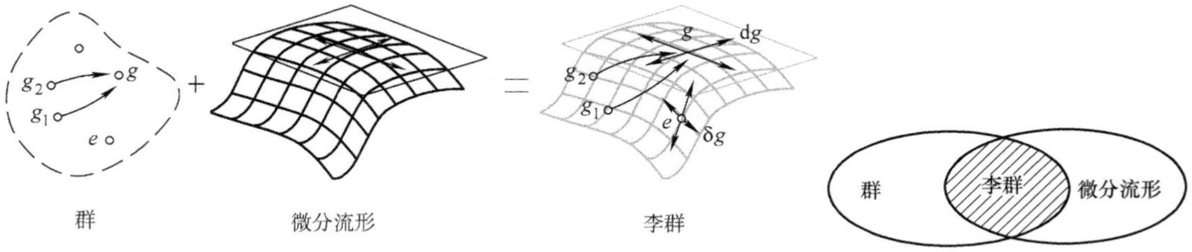

图 2.1　群、微分流形与李群之间的关系图示

2.2　几种典型的群

根据群及李群的定义，以及其应该满足的基本特征来判断下面的例子是否为群或李群。

【例 2.1】 “整数集合关于加法运算”构成群

集合为全体整数，二元运算为加法。下面分别验证该集合对于二元加法运算满足群的四个特征。

（1）封闭律：任意两个整数的和仍然是个整数；

（2）结合律：数的加法满足结合律；

（3）幺元律：整数 0 是该运算的单位元素；

（4）逆元律：对于整数 a，其相反数 $-a$ 可作为其逆元，并且满足 $a+(-a)=0$（幺元）。

【例 2.2】 平凡（trivial）群

可以很容易验证只包含有一个元素的集合（例如由单位元素 e 组成的集合 E）满足群的条件，并称之为平凡群。

【例 2.3】 单模复数群

设其元素为 $z=\cos\theta+\mathrm{i}\sin\theta$（$0\leqslant\theta<2\pi$），定义其二元运算为乘法。

（1）满足封闭律：$\mathrm{mult}=(z_1,\ z_2)=z_1z_2=\cos(\theta_1+\theta_2)+\mathrm{i}\sin(\theta_1+\theta_2)$；

（2）满足结合律：$(z_1z_2)z_3=z_1(z_2z_3)=\cos(\theta_1+\theta_2+\theta_3)+\mathrm{i}\sin(\theta_1+\theta_2+\theta_3)$；

（3）存在唯一的单位元素 $e=1$，满足 $ez=ze=z=\cos\theta+\mathrm{i}\sin\theta$；

（4）具有可逆性：即存在唯一元素 $\mathrm{inv}(z)=z^*=\cos\theta-\mathrm{i}\sin\theta$，满足 $zz^*=z^*z=e=1$。

另外，可以看到 mult（z_1,z_2）和 inv(z) 都具有连续性，而 mult（z_1,z_2）又具有可交换

性，因此单模复数群是李群，同时也是交换群。

可以看到，单模复数群所对应的流形是**单位圆**的拓扑结构（图 2.2）。

【例 2.4】　单模四元数群

设其元素为 $q=a+\mathrm{i}b+\mathrm{j}c+\mathrm{k}d$（$\mathrm{i}^2=\mathrm{j}^2=\mathrm{k}^2=-1$，$a^2+b^2+c^2+d^2=1$），定义其二元运算为乘法。可以验证

（1）满足封闭律；

（2）满足结合律；

（3）存在唯一的单位元素 $e=1$，满足 $eq=qe=q$；

（4）具有可逆性：即存在唯一元素 $\mathrm{inv}(q)=q^*=a-\mathrm{i}b-\mathrm{j}c-\mathrm{k}d$，满足 $qq^*=q^*q=e=1$。

另外，可以看到 $\mathrm{mult}(q_1,\ q_2)$ 和 $\mathrm{inv}(q)$ 虽都具有连续性，但 $\mathrm{mult}(q_1,\ q_2)$ 不具有交换性，因此单模四元数群是李群，但不是交换群。

可以看到，单模四元数群所对应的流形是**单位球**的拓扑结构（图 2.3）。

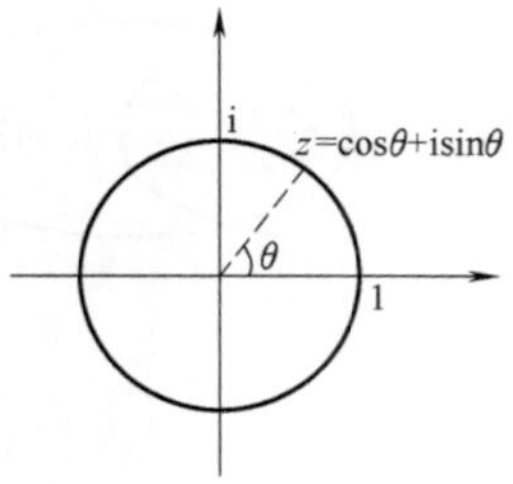

图 2.2　单模复数群所对应的流形

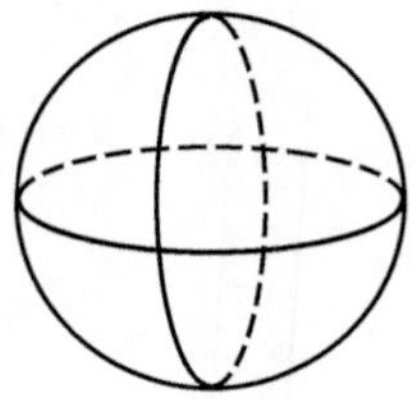

图 2.3　单模四元数群所对应的流形

【例 2.5】　***n*** 维向量空间 $\mathbb{R}^n$

定义其二元运算为向量相加。这时，设定其中的 3 个元素：

$$\boldsymbol{a}=(a_1,a_2,\cdots,a_n)^{\mathrm{T}},\boldsymbol{b}=(b_1,b_2,\cdots,b_n)^{\mathrm{T}},\boldsymbol{c}=(c_1,c_2,\cdots,c_n)^{\mathrm{T}}$$

（1）满足封闭律：$\mathrm{mult}(\boldsymbol{a},\ \boldsymbol{b})=\boldsymbol{a}+\boldsymbol{b}=(a_1+b_1,\ a_2+b_2,\ \cdots,\ a_n+b_n)^{\mathrm{T}}\in\mathbb{R}^n$；

（2）满足结合律：$(\boldsymbol{a}+\boldsymbol{b})+\boldsymbol{c}=\boldsymbol{a}+(\boldsymbol{b}+\boldsymbol{c})=(a_1+b_1+c_1,\ a_2+b_2+c_2,\ \cdots,\ a_n+b_n+c_n)^{\mathrm{T}}$；

（3）存在唯一的单位元素：零向量 $\boldsymbol{e}=(0,\ 0,\ \cdots,\ 0)^{\mathrm{T}}$，满足 $\boldsymbol{a}+\boldsymbol{e}=\boldsymbol{e}+\boldsymbol{a}=\boldsymbol{a}=(a_1,\ a_2,\ \cdots,\ a_n)^{\mathrm{T}}$；

（4）具有可逆性：即存在唯一元素 $\mathrm{inv}(\boldsymbol{a})=-\boldsymbol{a}=(-a_1,\ -a_2,\ \cdots,\ -a_n)^{\mathrm{T}}$，满足 $\boldsymbol{a}+(-\boldsymbol{a})=\boldsymbol{e}$。

另外，可以看到 $\mathrm{mult}(\boldsymbol{a},\ \boldsymbol{b})$ 和 $\mathrm{inv}(\boldsymbol{a})$ 都具有连续性，因此很显然 $\mathbb{R}^n$ 是 n 维李群。由于 $\mathrm{mult}(\boldsymbol{a},\ \boldsymbol{b})$ 具有可交换性，因此也是交换群。

有一类与刚体运动密切相关的特殊群 $T(3)$，称为**三维移动群**。其中，元素 $\boldsymbol{t}$ 的一般表达形式有两种：一种是向量表达 $\boldsymbol{t}=(t_1,\ t_2,\ t_3)^{\mathrm{T}}$；另外一种是反对称矩阵表达。两者满足同构（isomorphism）关系。即

$$\boldsymbol{t}\mapsto\hat{\boldsymbol{t}},\ \hat{\boldsymbol{t}}=\begin{pmatrix}0 & -t_3 & t_2\\ t_3 & 0 & -t_1\\ -t_2 & t_1 & 0\end{pmatrix}\tag{2.1}$$

$T(3)$ 是本书中重点讨论的一类群，同时也是交换群。

【例 2.6】 一般线性群（general linear group）$GL(n, \mathbb{R})$

所有 $n \times n$ 阶非奇异实矩阵组成的群为一般线性群 $GL(n, \mathbb{R})$，有时简写 $GL(n)$。

对于元素 $\boldsymbol{A}$，$\boldsymbol{B} \in GL(n)$，群的二元运算就是矩阵乘法，即 $\mathrm{mult}(\boldsymbol{A}, \boldsymbol{B}) = \boldsymbol{AB}$。

根据线性代数的知识很容易判断，封闭律与结合律显然成立，对应的单位元素就是 $n \times n$ 阶单位矩阵 $\boldsymbol{E}$，其逆可由矩阵的逆给出。另外，由于矩阵的乘积和逆都是可微的，所以群的这两种运算也是可微的。因此，$GL(n)$ 为李群，但由于通常情况下 $\boldsymbol{AB} \neq \boldsymbol{BA}$，因此它不是交换群。

在 $GL(n)$ 中包含有多种子群，其中，我们将行列式为 1 的一般线性群称为**特殊线性群**（special linear group），记为 $SL(n, \mathbb{R})$ 或 $SL(n)$。

【例 2.7】 正交群 $O(n)$ 与特殊正交群 $SO(n)$

$n \times n$ 阶正交实数矩阵所组成的群称为**正交群**（orthogonal group），记作 $O(n)$，而 $n \times n$ 阶单位正交实数矩阵所组成的群称为**特殊正交群**（special orthogonal group），记作 $SO(n)$，$SO(2)$ 和 $SO(3)$ 是其中两种最重要的特殊正交群，前者用来表示绕某一固定轴线的平面转动，而后者用来表示绕某一固定轴线的空间转动。二维特殊正交群 $SO(2)$ 的矩阵形式表达为

$$SO(2) \mapsto \begin{pmatrix} \cos\theta & -\sin\theta \\ \sin\theta & \cos\theta \end{pmatrix} \tag{2.2}$$

这个群所对应的流形也是圆。

而三维特殊正交群 $SO(3)$ 中的元素通常用矩阵 $\boldsymbol{R}$ 表示，但具体表达比较复杂，这里只给出其一般表达。

$$\boldsymbol{R} = \begin{pmatrix} r_{11} & r_{12} & r_{13} \\ r_{21} & r_{22} & r_{23} \\ r_{31} & r_{32} & r_{33} \end{pmatrix} \tag{2.3}$$

本书第 3 章将对其专门讨论。不过，可以验证 $SO(3)$ 不是交换群。

【例 2.8】 特殊欧氏群 $SE(3)$

定义三维特殊正交群 $SO(3)$ 与向量空间 $\mathbb{R}^3$ 的半直积为**特殊欧氏群**（special Euclidian group）$SE(3)$。

$$SE(3) = SO(3) \times \mathbb{R}^3 \tag{2.4}$$

简单记为 $(\boldsymbol{R}, \boldsymbol{t})$。可将其写成矩阵形式

$$(\boldsymbol{R}, \boldsymbol{t}) \mapsto \begin{pmatrix} \boldsymbol{R} & \boldsymbol{t} \\ \boldsymbol{0} & 1 \end{pmatrix} \tag{2.5}$$

其二元运算满足

$$(\boldsymbol{R}_2, \boldsymbol{t}_2)(\boldsymbol{R}_1, \boldsymbol{t}_1) = (\boldsymbol{R}_2\boldsymbol{R}_1, \boldsymbol{R}_2\boldsymbol{t}_1 + \boldsymbol{t}_2) \tag{2.6}$$

写成矩阵的形式，有

$$\begin{pmatrix} \boldsymbol{R}_2 & \boldsymbol{t}_2 \\ \boldsymbol{0} & 1 \end{pmatrix} \begin{pmatrix} \boldsymbol{R}_1 & \boldsymbol{t}_1 \\ \boldsymbol{0} & 1 \end{pmatrix} = \begin{pmatrix} \boldsymbol{R}_2\boldsymbol{R}_1 & \boldsymbol{R}_2\boldsymbol{t}_1 + \boldsymbol{t}_2 \\ \boldsymbol{0} & 1 \end{pmatrix} \tag{2.7}$$

2.3 李子群及其运算

【子群的定义】 对于给定群 G 的一个子群 H，它应具有如下特性：

(1) 对于 H 中的任一元素 h，应满足 $h \in G$，但 G 中的元素 g 不一定属于 H；

(2) H 应具有群的代数结构：包括对于 H 中的任一元素 h，都有 $h^{-1} \in H$；对于 h_1，$h_2 \in H$，都有 $h_1 \circ h_2 \in H$；

(3) G 与 H 具有相同的单位元素 e。

而李子群不仅包含子群的上述全部特征，还应该是对应李群流形上的**子流形**（submanifold）。

一般情况下，每个群中都包含有两类子群：**本征子群**（proper subgroup）和**平凡子群**（trivial subgroup 或 improper subgroup）。其中，群本身和单位元都属于平凡子群，而其他子群为本征子群。

例如，三维移动群 T（3）中，包含有 2 个本征子群：一维移动群 T（1）和二维移动群 T（2）；而三维转动群 SO（3）中，只包含有 1 个本征子群：一维旋转群 SO（2）。

李子群的运算通常表现为三种模式。

1. 组合运算（composition）

李子群的组合运算通常表现为**乘积**（product）运算。根据群的定义可以验证，两个子群的组合不一定是群，而是一个流形，只有满足**封闭性**的条件才可能是群。

由两个子群组合得到的流形通常通过两种运算模式来实现：**直积**（direct product 记作 $G_1 \otimes G_2$）运算与**半直积**（semi－direct product，记作 $G_1 \times G_2$）运算。

【直积运算的定义】 给定群 G 和它的两个子群 U 与 V，其中 $u \in U$，$v \in V$，由 U 与 V 的组合构成 G 的子流形，其中元素用（u，v）表示，定义该流形的**直积运算** $U \otimes V$ 可以简单表示成

$$(u_1, v_1)(u_2, v_2) = (u_1 u_2, v_1 v_2) \tag{2.8}$$

在直积运算模式下，两个子群组合后的流形不一定满足群的条件。但如果两个子群的直积具有可**交换性**，则它们的直积满足群的条件。另外，**两个**（或多个）**相同子群的直积仍然等于该子群**。

【例 2.9】 两个一维移动子群的直积可构成二维移动子群。

$$\mathbb{R}^2 = \mathbb{R} \otimes \mathbb{R}$$

或者
$$\mathcal{T}_2(\boldsymbol{w}) = \mathcal{T}(\boldsymbol{u}) \cdot \mathcal{T}(\boldsymbol{v}) = \mathcal{T}(\boldsymbol{v}) \cdot \mathcal{T}(\boldsymbol{u})$$

【例 2.10】 一维移动子群与同轴一维转动子群的直积可构成二维圆柱子群。

$$SO(2) \otimes \mathbb{R}$$

或者
$$\mathcal{C}(N, \boldsymbol{u}) = \mathcal{R}(N, \boldsymbol{u}) \cdot \mathcal{T}(\boldsymbol{u}) = \mathcal{T}(\boldsymbol{u}) \cdot \mathcal{R}(N, \boldsymbol{u})$$

【例 2.11】 一维移动子群与同轴三维平面子群的直积可构成四维 Schönflies 子群。

$$SE(2) \otimes \mathbb{R}$$

或者
$$\mathcal{X}(N, \boldsymbol{u}) = \mathcal{G}(\boldsymbol{u}) \cdot \mathcal{T}(\boldsymbol{u}) = \mathcal{T}(\boldsymbol{u}) \cdot \mathcal{G}(\boldsymbol{u})$$

【半直积运算的定义】 给定群 G，它的两个子群分别为子群 U 和交换子群 V，其中 $u \in U$，$v \in V$。U 在 V 上的运算满足线性关系。由 U 和 V 的组合构成 G 的子流形，其中元素仍然

用 (u, v) 表示，这里定义该流形的**半直积运算** $U \times V$ 为

$$(u_1, v_1)(u_2, v_2) = [u_1 u_2, v_1 + u_1(v_2)] \tag{2.9}$$

可以证明该子流形在半直积运算模式下是群。

1）由式（2.9）可知满足封闭性的条件。

2）满足结合律，因为

$$[(u_1, v_1)(u_2, v_2)](u_3, v_3) = [u_1 u_2, v_1 + u_1(v_2)](u_3, v_3) = [u_1 u_2 u_3, v_1 + u_1(v_2) + u_1 u_2(v_3)]$$

$$(u_1, v_1)[(u_2, v_2)(u_3, v_3)] = (u_1, v_1)[u_2 u_3, v_2 + u_2(v_3)] = [u_1 u_2 u_3, v_1 + u_1(v_2) + u_1 u_2(v_3)]$$

因此，$[(u_1, v_1)(u_2, v_2)](u_3, v_3) = (u_1, v_1)[(u_2, v_2)(u_3, v_3)]$。

3）存在单位元素 $(e, 0)$（也是群），满足 $(u, v)(e, 0) = (e, 0)(u, v) = (u, v)$。

4）存在可逆元素 $(u, v)^{-1} = [u^{-1}, -u^{-1}(v)]$，满足 $(u, v)(u, v)^{-1} = (u, v)^{-1}(u, v) = (e, 0)$。

可以看到，在半直积运算模式下，两个子群组合后的流形仍然满足群的条件，这可以为群的构建提供一种新的方法（后面将给出具体的实例）。为此，本书中使用专门的符号×来描述满足这样条件的组合群，即 $U \times V$。一个典型的例子是前面介绍的由三维特殊正交群 $SO(3)$ 与向量空间 $\mathbb{R}^3$ 的半直积运算组合而成的特殊欧氏群 $SE(3) = SO(3) \times \mathbb{R}^3$。再看另外一个例子。

【例 2.12】 由一维特殊正交群 $SO(2)$ 与向量空间 $\mathbb{R}^2$ 经半直积运算而成的子群 $SE(2)$ 为

$$SE(2) = SO(2) \times \mathbb{R}^2$$

2. 交运算（intersection）

【定理 2.1】 给定群 G 和它的两个子群，则这两个子群的交 $G_1 \cap G_2$ 仍然是 G 的一个子群。

证明：由于 $G_1 \cap G_2$ 中的元素 g 同时满足 $g \in G_1$，$g \in G_2$，故 $G_1 \cap G_2 = G_2 \cap G_1$。很显然，$G_1 \cap G_2$ 仍是群。

因此，**李子群的交集还是李子群**。

3. 商运算（quotient）

如果 H 是群 G 的子群，则可通过 H 给出 G 中元素的等效关系，即如果满足下述关系式，则 G 中的两个元素是等效的。

$$g_1 \equiv g_2 \Leftrightarrow g_1 = h g_2 \quad (g_1, g_2 \in G, h \in H) \tag{2.10}$$

这种等效被数学家赋予了一个专有名词：陪集（coset），而对应的陪集空间称为 G 对 H 的**商空间**（quotient space），记为 G/H 或者 $[g]$。因此，如果 $h \in H$，则 $[g] = [hg]$。不过，商空间肯定是个流形，但不一定是李群。这个流形被称为**陪集空间**（coset space）**或齐次空间**（homogeneous space）。

那么商空间成为李群或李子群的条件是什么呢？答案是子群 H 必须是正则李子群，通常记作 N。正则**李子群是指在任何共轭变换条件下保持不变的李子群**，即 $gng^{-1} \in N$ $(g \in G, n \in N)$ 或者简写成 $gNg^{-1} \sim N$。

这样，如果将式（2.10）中的 h 换成 n，则变成

$$g_1 \equiv g_2 \Leftrightarrow g_1 = n g_2 \quad (g_1, g_2 \in G, n \in N) \tag{2.11}$$

商空间内两个元素的积可以写作

$$[g_1][g_2]=[g_1g_2] \tag{2.12}$$

即

$$(n_1g_1)(n_2g_2)=n_1(g_1n_2g_1^{-1})g_1g_2=n_1n_3g_1g_2 \tag{2.13}$$

式中，$n_3=g_1n_2g_1^{-1}\in N$。

【例 2.13】　正则李子群与商空间的实例：与$\mathbb{R}^3$对应的四维矩阵表示为

$$n=\begin{pmatrix}\boldsymbol{E}_3 & \boldsymbol{t}\\ 0 & 1\end{pmatrix}\in N$$

可以验证该子群是 SE（3）的一个正则子群，因为根据正则子群的定义，

$$gng^{-1}=\begin{pmatrix}\boldsymbol{R} & \boldsymbol{t}\\ \boldsymbol{0} & 1\end{pmatrix}\begin{pmatrix}\boldsymbol{E}_3 & \boldsymbol{t}\\ \boldsymbol{0} & 1\end{pmatrix}\begin{pmatrix}\boldsymbol{R}^{\mathrm{T}} & -\boldsymbol{R}^{\mathrm{T}}\boldsymbol{t}\\ \boldsymbol{0} & 1\end{pmatrix}=\begin{pmatrix}\boldsymbol{E}_3 & \boldsymbol{Rt}\\ \boldsymbol{0} & 1\end{pmatrix}\in N$$

满足正则子群的条件 $gng^{-1}\in N(g\in SE(3),\ n\in\mathbb{R}^3)$。同时也正好验证了与该正则子群对应的商空间 $SE(3)/\mathbb{R}^3\sim SO(3)$ 也是一个子群。

2.4　*SE*（3）及其全部子群

所有可能的刚体运动都是李群及其子群的典型范例。众所周知，刚体运动包括旋转、平移等形式（后面还要专门进行讨论）。

具体将三维空间$\mathbb{R}^3$上的刚体运动定义为具有形式 $g(\boldsymbol{p})=\boldsymbol{Rp}+\boldsymbol{t}$ 映射的集合，其中 $\boldsymbol{t}\in\mathbb{R}^3$，$\boldsymbol{R}\in\mathrm{SO}(3)$。这些映射的全体构成一个六维李群，称为特殊欧几里得群，简称特殊欧氏群，表示为 SE(3)。前面已经提到，它是绕着原点的旋转 SO(3) 和平移变换$\mathbb{R}^3$的半直积，即

$$\mathrm{SE}(3)=\mathrm{SO}(3)\times\mathbb{R}^3 \tag{2.14}$$

简单记为（$\boldsymbol{R}$，$\boldsymbol{t}$）。将其变换为 4×4 阶矩阵表达形式

$$(\boldsymbol{R},\boldsymbol{t})\mapsto\begin{pmatrix}\boldsymbol{R} & \boldsymbol{t}\\ \boldsymbol{0} & 1\end{pmatrix} \tag{2.15}$$

一般情况下，要找到一个李群的所有子群是很难实现的，但对 $SE(3)$ 就可以实现。下面我们来推导一下 $SE(3)$ 中都含有哪些子群。

由于一般空间的刚体运动需要 6 个连续的参数（3 个转动参数和 3 个移动参数）来确定，因此对应的 $SE(3)$ 实质上是一个六维流形，流形上的每一点对应一个刚体位移。很显然，$\mathbb{R}^3$（更为常见的写法是 $T(3)$）和 $SO(3)$ 是 $SE(3)$ 的两个子群。前面已经验证过$\mathbb{R}^3$更是 $SE(3)$ 的一个正则子群。下面再来寻找分别包含在$\mathbb{R}^3$和 $SO(3)$ 中的子群。

如果设 G 为 $SE(3)$ 中的子群，则根据群交集的运算法则（两个子群的交集仍为子群），可以得到交集 $N=\mathbb{R}^3\cap G\subset\mathbb{R}^3$。这样很容易找到包含在$\mathbb{R}^3$中的所有（正则）子群。

$$N=\mathbb{R}^3,\mathbb{R}^2,\mathbb{R},p\mathbb{Z},p\mathbb{Z}\otimes\mathbb{R},p\mathbb{Z}\otimes\mathbb{R}^2,p\mathbb{Z}\otimes q\mathbb{Z},p\mathbb{Z}\otimes q\mathbb{Z}\otimes\mathbb{R},p\mathbb{Z}\otimes q\mathbb{Z}\otimes r\mathbb{Z},0$$

式中，p，q 和 r 是实数，而 $p\mathbb{Z}$ 是一个加法群，满足$\{\cdots,\ -2p,\ -p,\ 0,\ p,\ 2p,\ \cdots\}$。

同理可以找到包含在 $SO(3)$ 中的子群 H。

$$H=SO(3),SO(2),0$$

下面再根据两个子群的组合运算来构建 $SE(3)$ 中新的子群 G。仍然假设 G 为 $SE(3)$ 中

的子群，N 为包含在 $\mathbb{R}^3$ 中的正则子群，H 为包含在 $SO(3)$ 中的子群，因此有 $G=NH$ 或者 $H\sim G/N$。一种方法是通过两种子群的半直积运算找到可能的群，这种方法比较烦琐；还有一种方法是基于正则子群的特性，即只需验证 N 在基于 H 的共轭变换下保持不变。

例如，如果 $H=SO(3)$，则

$$HNH^{-1}=\begin{pmatrix}\boldsymbol{R} & \boldsymbol{0}\\ \boldsymbol{0} & 1\end{pmatrix}\begin{pmatrix}\boldsymbol{E}_3 & \boldsymbol{t}\\ \boldsymbol{0} & 1\end{pmatrix}\begin{pmatrix}\boldsymbol{R}^{\mathrm{T}} & \boldsymbol{0}\\ \boldsymbol{0} & 1\end{pmatrix}=\begin{pmatrix}\boldsymbol{E}_3 & \boldsymbol{Rt}\\ \boldsymbol{0} & 1\end{pmatrix} \tag{2.16}$$

这时仅有 $N=\mathbb{R}^3$ 和 $N=0$ 是可能的。组合后的结果对应的就是 $SE(3)$ 和 $SO(3)$。反之 $N=\mathbb{R}^2$ 就不可以。原因在于当 $\boldsymbol{t}\in\mathbb{R}^2$ 时，$\boldsymbol{Rt}$ 不一定属于 $\mathbb{R}^2$，也可能属于 $\mathbb{R}^3$。换一种说法，$H=SO(3)$ 中可能包含有在平面 $\mathbb{R}^2$ 之外的转动。

如果 $H=SO(2)$，这时 $N=\mathbb{R}^3$，$\mathbb{R}^2$，$\mathbb{R}$，$p\mathbb{Z}$，$p\mathbb{Z}\times\mathbb{R}^2$，0 等都是可以的。当 $N=\mathbb{R}^3$ 时，可以组合成 Schönflies 子群 $SO(2)\times\mathbb{R}^3$；但是，当 $N=\mathbb{R}^2$ 时，要求 $N=\mathbb{R}^2$ 所在的平面必须同由 H 确定的旋转平面相一致，这样可以组合成平面子群 $SE(2)=SO(2)\times\mathbb{R}^2$；当 $N=\mathbb{R}$ 时，要求矢量 $\boldsymbol{N}$ 必须沿由 H 确定的旋转平面的法线，这样可以组合成圆柱运动子群 $SO(2)\otimes\mathbb{R}$；当 $N=p\mathbb{Z}$ 时，要求矢量 $\boldsymbol{N}$ 必须沿由 H 确定的旋转平面的法线，这样可以组合成一维螺旋运动子群 $SO(2)\times p\mathbb{Z}$ 或 $SO_p(2)$；当 $N=p\mathbb{Z}\otimes\mathbb{R}^2$ 时，要求 N 所在的平面必须同由 H 确定的旋转平面相一致，这样可以组合成移动螺旋子群 $SO_p(2)\times\mathbb{R}^2$。

这样就找到了存在 $SE(3)$ 中的全部子群，见表 2.1。由于 $SE(3)$ 及其子群与刚体位移密不可分（该内容将在后面详细讲解），因此更习惯称它们为**位移子群**（displacement subgroup）[47]。

表 2.1　$SE(3)$ 中的位移子群

位移子群		维数	说　明
矩阵表达	几何表达		
单位矩阵 $\boldsymbol{E}$	ε	0	刚性连接，无相对运动
$SO(2)$	$\mathcal{R}(N,\boldsymbol{u})$	1	表示转动副 R，轴线沿单位矢量 $\boldsymbol{u}$ 且过 N 点
$T(1)$ 或 $\mathbb{R}$	$\mathcal{T}(\boldsymbol{u})$	1	表示移动副 P，沿单位矢量 $\boldsymbol{u}$ 方向移动
$SO_p(2)$ 或 $H(1)$	$\mathcal{H}_p(N,\boldsymbol{u})$	1	表示螺旋副 H，沿轴线 $(N,\boldsymbol{u})$ 且螺距为 p 的螺旋运动
$T(2)$ 或 $\mathbb{R}^2$	$\mathcal{T}_2(\boldsymbol{w})$	2	在与平面 Pl 或由法向单位矢量 $\boldsymbol{w}$ 决定的平面平行的平面内移动
$SO(2)\otimes T(1)$	$\mathcal{C}(N,\boldsymbol{u})$	2	表示圆柱副 C，沿轴线 $(N,\boldsymbol{u})$ 的圆柱运动
$SE(2)$ 或 $SO(2)\times T(2)$	$\mathcal{G}(\boldsymbol{w})$	3	表示平面副 E，在与由法向单位矢量 $\boldsymbol{w}$ 决定的平面平行的平面内运动
$T(3)$ 或 $\mathbb{R}^3$	$\mathcal{T}$	3	表示空间三维移动
$SO(3)$	$\mathcal{S}(\mathrm{N})$	3	表示球面副 S，绕转动中心点为 N 的球面运动
$SO_p(2)\times T(2)$	$\mathcal{Y}(\boldsymbol{w},p)$	3	表示法线为 $\boldsymbol{w}$ 的平面二维移动和沿任何平行于 $\boldsymbol{w}$ 的轴线、螺距为 p 的螺旋运动
$SE(2)\otimes T(1)$ 或 $SO(2)\times T(3)$	$\mathcal{X}(\boldsymbol{w})$	4	表示空间的三维移动和绕任意平行 $\boldsymbol{w}$ 的轴线的转动
$SE(3)$ 或 $SO(3)\times T(3)$	$\mathcal{D}$	6	表示空间的一般刚体运动，包括三维转动与三维移动

2.5　运动副与位移子群

1978 年，法国学者 Hervé[47]基于刚体位移群的代数结构对刚体运动中存在的全部 12 种位移子群进行了枚举（与上面讨论的结果是一致的）。其中有 6 种位移子群可用来表示 6 种

低副（lower kinematic pair），即转动副、移动副、螺旋副、圆柱副、球面副和平面副，我们习惯称这 6 种低副为“位移子群的**生成元**（generator）”。

1）由转动副 R 生成的位移子群 $\mathcal{R}(N,\ \boldsymbol{u})$，表示转动副的轴线为单位矢量 $\boldsymbol{u}$ 且过 N 点。它是一个以转角 ϕ 或角速度 $\boldsymbol{\omega}$ 为参数的一维子群。该子群的矩阵表达用 $SO(2)$ 表示。

2）由移动副 P 生成的位移子群为 $\mathcal{T}(\boldsymbol{u})$，表示移动方向沿单位矢量 $\boldsymbol{u}$ 。它是一个以移动距离 t 或线速度 $\boldsymbol{u}$ 为参数的一维子群。该子群的矩阵表达用 $T(1)$ 表示。

3）由螺旋副 H 生成的位移子群为 $\mathcal{H}_p(N,\ \boldsymbol{u})$，表示轴线为过 N 点的单位矢量 $\boldsymbol{u}$（简写为沿轴线（$N,\ \boldsymbol{u}$））且螺距为 p 的螺旋运动。它是一个以转角 ϕ 或移动距离 $t(t=p\phi)$ 为参数的一维子群。该子群的矩阵表达用 $SO_p(2)$ 表示。

4）由圆柱副 C 生成的位移子群为 $\mathcal{C}(N,\ \boldsymbol{u})$，表示沿轴线$(N,\boldsymbol{u})$的圆柱运动。它是一个以转角 ϕ 和移动距离 t 为参数的二维子群。该子群的矩阵表达为 $SO(2)\otimes T(1)$。

5）由平面副 E 生成的位移子群为 $\mathcal{G}(\boldsymbol{uv})$ 或 $\mathcal{G}(\boldsymbol{w})$，表示在与由单位矢量 u, v 决定的平面（或以 $\boldsymbol{w}$ 为法线的平面）平行的平面内运动。它是一个以转角 ϕ 和移动距离 t_u、t_v 为参数的三维子群。该子群的矩阵表达用 $SE(2)$ 表示。

6）球面副 S 生成的位移子群为 $\mathcal{S}(N)$，表示绕转动中心点 N 的球面运动。它是一个以 3 个独立转角（如欧拉角）为参数的三维子群。该子群的矩阵表达用 $SO(3)$ 表示。

除了以上 6 种位移子群生成元外，刚体运动群中还存在另外 6 种位移子群。下面简单介绍一下：

1）单位子群 ε：表示刚体无位姿变化，也可表示刚性连接，无相对运动。它是一个 0 维子群，其矩阵群表达形式为 E。

2）平面移动子群 $\mathcal{T}_2(\boldsymbol{uv})$ 或 $\mathcal{T}_2(\boldsymbol{w})$：表示在与由单位矢量 $\boldsymbol{u}$，$\boldsymbol{v}$ 决定的平面（或以 $\boldsymbol{w}$ 为法线的平面）平行的平面内移动。它是一个以移动距离 t_u、t_v 为参数的二维子群。该子群的矩阵表达用 $T(2)$ 表示。

3）空间移动子群 $\mathcal{T}$：表示在欧氏空间的三维移动。它是以 3 个独立移动距离 t_u、t_v、t_w 为参数的三维子群，其矩阵群表达形式为 $T(3)$。

4）移动螺旋子群 $\mathcal{Y}(\boldsymbol{w},\ p)$：表示法线为 $\boldsymbol{w}$ 的平面二维移动和沿任何平行于 $\boldsymbol{w}$ 的轴线、螺距为 p 的螺旋运动。它是一个以移动距离 t_u、t_v 和沿轴线 $\boldsymbol{w}$ 的移动距离 t_w 或 $\boldsymbol{w}$ 的转角 ϕ 为参数的三维子群，其矩阵群表达形式为 $SO_p(2)\times T(2)$。

5）Schönflies 子群 $\mathcal{X}(\boldsymbol{w})$：表示欧氏空间的三维移动和绕任意平行 $\boldsymbol{w}$ 的轴线的转动，可以表示成平面副子群和移动副子群的乘积。它是一个以三维空间移动距离 t_u、t_v、t_w 和轴线 $\boldsymbol{w}$ 的转角 ϕ 为参数的四维子群。其矩阵群表达形式为 $SE(2)\otimes T$（1）。

6）特殊欧氏群 $\mathcal{D}$：表示空间的一般刚体运动。它是一个具有三维独立转动与三维独立移动的六维刚体位移群，其矩阵群表达形式为 $SE(3)$。

从表 2.1 可以看出，每一种位移子群都有两种符号表达形式。通常情况下，两者可以交换使用。但它们之间又有一定的区别：由于矩阵群表达无法描述坐标原点等方面的信息，而建立这种群表达的前提必须要建立坐标系及坐标原点，这样会导致一些必要信息的缺失，造成其应用受限。例如，如果利用矩阵群表达式，很容易得到

$$SO(3)\cap SO(3)=SO(3) \tag{2.17}$$

很显然，这个结论是荒谬的。实际上，如果采用位移子群的几何表达，可以得到

$$\mathcal{S}(M)\cap\mathcal{S}(N)=\mathcal{R}(N,\boldsymbol{u}),\boldsymbol{u}=(\boldsymbol{MN})/\|\boldsymbol{MN}\| \tag{2.18}$$

位移子群是一类存在于刚体运动中的特殊李子群，因此具有李群的完全代数特征和运算模式。

【定理 2.2】 位移子群的交集 $\mathcal{A}\cap\mathcal{B}$ 还是位移子群，且满足交换律即 $\mathcal{A}\cap\mathcal{B}=\mathcal{B}\cap\mathcal{A}$。例如，

$$\mathcal{C}(N,\boldsymbol{u})\cap\mathcal{S}(N)=\mathcal{R}(N,\boldsymbol{u}) \tag{2.19}$$

如果两个位移子群的交集 $\mathcal{A}\cap\mathcal{B}$ 是平凡子群 ε，则定义这两个子群为**独立位移子群**；否则为**相关位移子群**。例如，

$$\mathcal{R}(N_1,z)\cap\mathcal{R}(N_2,z)=\varepsilon \tag{2.20}$$

【定理 2.3】 任意位移子群的乘积运算 $\mathcal{A}\cdot\mathcal{B}$ 可能构成位移子群，也可能不具有群的代数结构，只是一个**位移子流形**（displacement submanifold）[80-81, 96]。一般情况下不满足交换律，即 $\mathcal{A}\cdot\mathcal{B}\neq\mathcal{B}\cdot\mathcal{A}$。但是，如果满足交换律 $\mathcal{A}\cdot\mathcal{B}$　$\mathcal{B}\cdot\mathcal{A}$，则 $\mathcal{A}\cdot\mathcal{B}$ 也是位移子群。

【例 2.14】 考察 $\mathcal{R}(N, \boldsymbol{v})\cdot\mathcal{T}(\boldsymbol{u})$ 是否为位移子群。

如图 2.4 所示，对于 $\mathcal{R}(N, \boldsymbol{v})\cdot\mathcal{T}(\boldsymbol{u})$，考虑刚体在 $\boldsymbol{v}$ 方向的移动，可以证明：$\mathcal{R}(N, \boldsymbol{v})\cdot\mathcal{T}(\boldsymbol{u})$ 所产生的位移不具有封闭性，因此不满足群的条件。

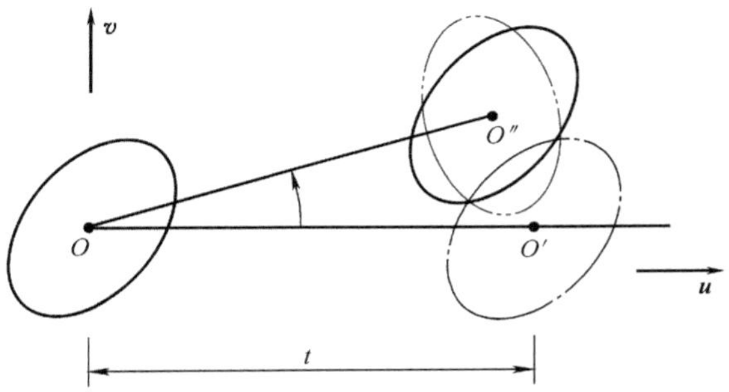

图 2.4　$\mathcal{R}(N, \boldsymbol{v})\cdot\mathcal{T}(\boldsymbol{u})$ 所产生的刚体位移[3]

不过对于 $\mathcal{R}(N, \boldsymbol{u})\cdot\mathcal{T}(\boldsymbol{u})$，注意到

$$\mathcal{R}(N,\boldsymbol{u})\cdot\mathcal{T}(\boldsymbol{u})=\mathcal{T}(\boldsymbol{u})\cdot\mathcal{R}(N,\boldsymbol{u}) \tag{2.21}$$

因此 $\mathcal{R}(N, \boldsymbol{u})\cdot\mathcal{T}(\boldsymbol{u})$ 构成位移子群，即为圆柱运动子群 $\mathcal{C}(N, \boldsymbol{u})$。

【定理 2.4】 如果 $\mathcal{A}$ 和 $\mathcal{B}$ 都是同一位移群 $\mathcal{Q}$ 的子集，即 $\mathcal{A}\subseteq\mathcal{Q}$，$\mathcal{B}\subseteq\mathcal{Q}$，根据群组合运算的封闭性可以得到，这两个子集合的乘积仍然属于该群，即 $\mathcal{A}\cdot\mathcal{B}\subseteq\mathcal{Q}$。因此，$\mathcal{A}\cdot\mathcal{B}$ 是包含在位移群 $\mathcal{Q}$ 中的一个位移子流形，但不一定具有群的代数结构。

【例 2.15】 由于 $\mathcal{R}(N, \boldsymbol{u})\subset\mathcal{G}(\boldsymbol{u})$，根据群组合运算的封闭性可以得到

$$\mathcal{R}(N_1,\boldsymbol{u})\cdot\mathcal{R}(N_2,\boldsymbol{u})\subset\mathcal{G}(\boldsymbol{u}) \tag{2.22}$$

因此 $\mathcal{R}(N_1, \boldsymbol{u})\cdot\mathcal{R}(N_2, \boldsymbol{u})$ 是包含在 $\mathcal{G}(\boldsymbol{u})$ 中的一个二维子流形。

【例 2.16】 考察 $\mathcal{R}(N, \boldsymbol{u})\cdot\mathcal{R}(N, \boldsymbol{v})$ 是否为李子群。

对于 $\mathcal{R}(N, \boldsymbol{u})\cdot\mathcal{R}(N, \boldsymbol{v})$，由于 $\mathcal{R}(N, \boldsymbol{u})\cdot\mathcal{R}(N, \boldsymbol{v})\neq\mathcal{R}(N, \boldsymbol{v})\cdot\mathcal{R}(N, \boldsymbol{u})$，因此不是子群。同样从物理意义上也可以证明，**绕共点的两个空间轴线的连续旋转可以合成一个新的旋转运动，但其轴线方向一般不在这两个轴线所在的平面内**。因此不能满足群的封闭律，故不是位移子群，但由于 $\mathcal{R}(N, \boldsymbol{u})\cdot\mathcal{R}(N, \boldsymbol{v})\subset\mathcal{S}(N)$，因此是包含在三维旋转群中的一个二维子流形。

如果这两个空间轴线相互正交，则可以等效成**胡克铰**生成的运动。即

$$\mathcal{U}(N,\boldsymbol{u},\boldsymbol{v})=\mathcal{R}(N,\boldsymbol{u})\cdot\mathcal{R}(N,\boldsymbol{v}) \tag{2.23}$$

同样它是包含在 $S(N)$ 中的一个子流形。

【推论 1】 两个（或多个）相同位移子群的乘积仍然等于该子群。例如，

$$\mathcal{R}(N,\boldsymbol{w}) = \mathcal{R}(N,\boldsymbol{w}) \cdot \mathcal{R}(N,\boldsymbol{w}) \tag{2.24}$$

$$\mathcal{T}(\boldsymbol{w}) = \mathcal{T}(\boldsymbol{w}) \cdot \mathcal{T}(\boldsymbol{w}) \tag{2.25}$$

【推论 2】 如果 $\mathcal{A}$ 和 $\mathcal{B}$ 都是同一位移子群 $\mathcal{Q}$ 的子集，即 $\mathcal{A} \subseteq \mathcal{Q}$，$\mathcal{B} \subseteq \mathcal{Q}$，且 $\dim(\mathcal{A} \cdot \mathcal{B}) = \dim(\mathcal{Q})$，则 $\mathcal{A} \cdot \mathcal{B}$ 为 $\mathcal{Q}$ 的**等效子群**，即 $\mathcal{A} \cdot \mathcal{B} = \mathcal{Q}$。

【例 2.17】 由于 $\mathcal{R}(N, \boldsymbol{u}) \subset \mathcal{G}(\boldsymbol{u})$，根据群组合运算的封闭性可以得到

$$\mathcal{R}(N_1,\boldsymbol{u}) \cdot \mathcal{R}(N_2,\boldsymbol{u}) \cdot \mathcal{R}(N_3,\boldsymbol{u}) \subseteq \mathcal{G}(\boldsymbol{u})$$

由此可知，$\mathcal{R}(N_1, \boldsymbol{u}) \cdot \mathcal{R}(N_2, \boldsymbol{u}) \cdot \mathcal{R}(N_3, \boldsymbol{u})$ 是包含在 $\mathcal{G}(\boldsymbol{u})$ 中的一个三维子流形。同时考虑到 $\dim(\mathcal{R}(N_1, \boldsymbol{u}) \cdot \mathcal{R}(N_2, \boldsymbol{u}) \cdot \mathcal{R}(N_3, \boldsymbol{u})) = \dim(\mathcal{G}(\boldsymbol{u})) = 3$。因此，$\mathcal{R}(N_1, \boldsymbol{u}) \cdot \mathcal{R}(N_2, \boldsymbol{u}) \cdot \mathcal{R}(N_3, \boldsymbol{u})$ 是 $\mathcal{G}(\boldsymbol{u})$ 的等效子群，即

$$\mathcal{R}(N_1,\boldsymbol{u}) \cdot \mathcal{R}(N_2,\boldsymbol{u}) \cdot \mathcal{R}(N_3,\boldsymbol{u}) = \mathcal{G}(\boldsymbol{u}) \tag{2.26}$$

【定理 2.5】 位移子群的商运算 $\mathcal{A}/\mathcal{B}$ 可能是位移子群，也可能是一个位移子流形。只有在 $\mathcal{B}$ 为正则子群的前提下，$\mathcal{A}/\mathcal{B}$ 才能是一个位移子群。例如，

$$\mathcal{D}/\mathcal{T} \sim \mathcal{S}(N) \tag{2.27}$$

$$\mathcal{C}(N,\boldsymbol{w})/\mathcal{T}(\boldsymbol{w}) \sim \mathcal{R}(N,\boldsymbol{w}) \tag{2.28}$$

根据以上位移子群的运算特性，可以得到一些有意义的结果，如可用于机构的自由度分析及结构综合等。

2.6 位移子流形

一般刚体运动有多种表达形式。对机器人而言，通常情况下讨论的是末端执行器的刚体运动。仅根据自由度特性来划分，典型的刚体运动可细分为如表 2.2 所示的 16 种形式。可以看到，其中的一多半都不是位移子群。因此，前面所讲的 12 种位移子群并不能完全涵盖刚体的运动，只是代表了 12 种特殊的刚体运动（表 2.2 和表 2.3 所示）。但在一般情况下，刚体的运动都是 $\mathcal{D}$ 中的**光滑位移子流形**（smooth displacement submanifold，以下简称位移子流形）[96]。

表 2.2　刚体运动与位移子流形

维数	刚体运动	类别	位移子群或子流形
6	$3R3T$	位移子群	$\mathcal{D}$
5	$3R2T$	位移子流形	$\mathcal{T}_2(\boldsymbol{w}) \cdot \mathcal{S}(N)$
5	$2R3T$	位移子流形	$\mathcal{T} \cdot \mathcal{R}(N,\boldsymbol{u}) \cdot \mathcal{R}(N,\boldsymbol{v})$
4	$2R2T$	位移子流形	$\mathcal{T}_2(\boldsymbol{w}) \cdot \mathcal{R}(N,\boldsymbol{u}) \cdot \mathcal{R}(N,\boldsymbol{v})$
4	$3R1T$	位移子流形	$\mathcal{T}(\boldsymbol{w}) \cdot \mathcal{S}(N)$
4	$1R3T$	位移子群	$\mathcal{X}(\boldsymbol{w})$
3	$1R2T$	可能是位移子群也可能是位移子流形	$\mathcal{G}(\boldsymbol{w})$ 或 $\mathcal{T}_2(\boldsymbol{u}) \cdot \mathcal{R}(N,\boldsymbol{w})$
3	$2R1T$	位移子流形	$\mathcal{R}(N,\boldsymbol{u}) \cdot \mathcal{R}(N,\boldsymbol{v}) \cdot \mathcal{T}(\boldsymbol{w})$
3	$3T$	位移子群	$\mathcal{T}$
3	$3R$	位移子群	$\mathcal{S}(N)$
2	$1R1T$	可能是位移子群也可能是位移子流形	$\mathcal{C}(N,\boldsymbol{w})$ 或 $\mathcal{T}(\boldsymbol{u}) \cdot \mathcal{R}(N,\boldsymbol{w})$
2	$2T$	位移子群	$\mathcal{T}_2(\boldsymbol{w})$
2	$2R$	位移子流形	$\mathcal{R}(N,\boldsymbol{u}) \cdot \mathcal{R}(N,\boldsymbol{v})$
1	$1R$	位移子群	$\mathcal{R}(N,\boldsymbol{w})$
1	$1T$	位移子群	$\mathcal{T}(\boldsymbol{u})$
0	刚性连接	位移子群	ε

同位移子群一样，位移子流形也具有交、乘积及商等三种运算模式，它们之间具有以下一些特性：

1）位移子流形与正则位移子群的商可能是位移子群，也可能是位移子流形。

2）如果两个位移子群的乘积满足交换律，则这两个位移子群的乘积也是位移子群。两个或者多个位移子流形的乘积、位移子流形与位移子群的乘积不一定是位移子流形。

通过乘积运算，位移子群可以组合成新的位移子群或位移子流形；反之，通过交运算，两个或者多个位移子群或位移子流形可得到新的位移子群或位移子流形。

将位移子群与位移子流形引入到机器人机构学的研究中，其意义在于可将群这个抽象的数学概念和机器人的具体几何结构有机地结合起来。

【定理2.6】　设 $\mathcal{H}_1$ 和 $\mathcal{H}_2$ 是 $SE(3)$ 中的两个位移子群，则 $\mathcal{H}_1 \cdot \mathcal{H}_2$ 是 $SE(3)$ 中的一个位移子流形，且满足

$$\dim(\mathcal{H}_1 \cdot \mathcal{H}_2) = \dim(\mathcal{H}_1) + \dim(\mathcal{H}_2) - \dim(\mathcal{H}_1 \cap \mathcal{H}_2) \tag{2.29}$$

表2.3　部分位移子流形

自由度	位移子流形	说明
3R2T	$\mathcal{T}_2(\boldsymbol{z}) \cdot \mathcal{S}(N)$	沿与 x-y 平面平行方向的2DOF移动和3DOF的转动
2R3T	$\mathcal{T} \cdot \mathcal{R}(N,\boldsymbol{x}) \cdot \mathcal{R}(N,\boldsymbol{y})$	3DOF的移动及绕 z 轴和 x 轴方向的2DOF转动
2R2T	$\mathcal{T}_2(z) \cdot \mathcal{R}(N,\boldsymbol{x}) \cdot \mathcal{R}(N,\boldsymbol{y})$	沿与 x-y 平面平行方向的2DOF移动及绕 x 轴和 y 轴方向的2DOF转动
3R1T	$\mathcal{T}(z) \cdot \mathcal{S}(N)$	沿 z 轴方向的1DOF移动和3DOF的转动
1R2T	$\mathcal{T}_2(\boldsymbol{z}) \cdot \mathcal{R}(N,\boldsymbol{x})$	沿与 x-y 平面平行方向的2DOF移动和绕 x 轴方向的1DOF转动
2R1T	$\mathcal{T}(z) \cdot \mathcal{R}(N,z) \cdot \mathcal{R}(N,x)$	沿 z 轴方向的1DOF移动及绕 z 轴和 x 轴方向的2DOF转动
1R1T	$\mathcal{T}(z) \cdot \mathcal{R}(N,\boldsymbol{x})$	沿 z 轴方向的1DOF移动和绕 x 轴方向的1DOF转动

【推论】　设 $\mathcal{M}_1$ 和 $\mathcal{M}_2$ 分别是 $SO(3)$ 和 $T(3)$ 中的位移子流形，则 $\mathcal{M}_1 \cdot \mathcal{M}_2$ 是 $SE(3)$ 中的一个微分流形，且满足

$$\dim(\mathcal{M}_1 \cdot \mathcal{M}_2) = \dim(\mathcal{M}_1) + \dim(\mathcal{M}_2) \tag{2.30}$$

【例2.18】　试计算 $\mathcal{S}(N) \cdot \mathcal{G}(\boldsymbol{u})$ 的维数。

解： 由于 $\mathcal{S}(N) \cap \mathcal{G}(\boldsymbol{u}) = \mathcal{R}(N,\ \boldsymbol{u})$，因此根据式（2.29），可得

$$\dim[\mathcal{S}(N) \cdot \mathcal{G}(\boldsymbol{u})] = \dim[\mathcal{S}(N)] + \dim[\mathcal{G}(\boldsymbol{u})] - \dim[\mathcal{S}(N) \cap \mathcal{G}(\boldsymbol{u})] = 5$$

2.7　应用实例——构造运动链

前面我们已经给出了位移子群的概念，并列出了全部12种位移子群。可以看到：6种低副即转动副、移动副、螺旋副、圆柱副、球面副和平面副产生的位移集合都是位移子群。同时，Hervé 还给出了详尽的位移子群两两求交以及乘法运算的运算结果，并指出位移子群求交集的运算满足一般集合论中求交的运算法则（表2.4）。而在更多情况下由运动链（多个运动副组合而成）生成的刚体运动并不能满足位移群的代数结构，而只是其中的位移子流形。

表2.4　位移子群的运算[47]

位移子群		求交	求乘积
$\mathcal{A}(i,j)$	$\mathcal{B}(j,k)$	$\mathcal{A}(i,j) \cap \mathcal{B}(j,k)$	$\mathcal{A}(i,j) \cdot \mathcal{B}(j,k)$
$\mathcal{T}_2(Pl)$	$\mathcal{T}_2(Pl')$	$\mathcal{T}(Pl \cap Pl')$	$\mathcal{T}$
$\mathcal{T}_2(Pl)$	$\mathcal{G}(Pl')$	$\mathcal{T}(Pl \cap Pl')$	$\mathcal{X}(\boldsymbol{w}'), \boldsymbol{w}' \perp Pl'$

（续）

<table>
<tr><th colspan="2">位移子群</th><th rowspan="2">求交
$\mathcal{A}(i,j)\cap\mathcal{B}(j,k)$</th><th rowspan="2">求乘积
$\mathcal{A}(i,j)\cdot\mathcal{B}(j,k)$</th></tr>
<tr><th>$\mathcal{A}(i,j)$</th><th>$\mathcal{B}(j,k)$</th></tr>
<tr><td>$\mathcal{G}(Pl)$</td><td>$\mathcal{G}(Pl')$</td><td>$\mathcal{T}(Pl\cap Pl')$</td><td>$\mathcal{X}(\boldsymbol{w})\cdot\mathcal{R}(N,\boldsymbol{w}'),\boldsymbol{w}\perp Pl,\boldsymbol{w}'\perp Pl',\forall N'$</td></tr>
<tr><td>$\mathcal{Y}(\boldsymbol{w},p)$</td><td>$\mathcal{T}_2(Pl)$</td><td rowspan="2">$\mathcal{T}(\boldsymbol{u}),\boldsymbol{u}\parallel Pl,\boldsymbol{u}\perp\boldsymbol{w}$</td><td rowspan="2">$\mathcal{X}(\boldsymbol{w})$</td></tr>
<tr><td colspan="2">$\boldsymbol{w}\angle Pl$（$\boldsymbol{w}$与Pl斜交）</td></tr>
<tr><td>$\mathcal{Y}(\boldsymbol{w},p)$</td><td>$\mathcal{G}(\boldsymbol{v})$</td><td rowspan="2">$\mathcal{T}(\boldsymbol{u}),\boldsymbol{u}\perp\boldsymbol{w},\boldsymbol{u}\perp\boldsymbol{v}$</td><td rowspan="2">$\mathcal{X}(\boldsymbol{u})\cdot\mathcal{R}(N,\boldsymbol{v}),\forall N$</td></tr>
<tr><td colspan="2">$\boldsymbol{w}\neq\boldsymbol{v}$</td></tr>
<tr><td>$\mathcal{Y}(\boldsymbol{w},p)$</td><td>$\mathcal{Y}(\boldsymbol{v},q)$</td><td rowspan="2">$\mathcal{T}(\boldsymbol{u}),\boldsymbol{u}\perp\boldsymbol{w},\boldsymbol{u}\perp\boldsymbol{v}$</td><td rowspan="2">$\mathcal{X}(\boldsymbol{u})\cdot\mathcal{R}(N,\boldsymbol{v}),\forall N$</td></tr>
<tr><td colspan="2">$\boldsymbol{w}\neq\boldsymbol{v}$</td></tr>
<tr><td>$\mathcal{Y}(\boldsymbol{w},p)$</td><td>$\mathcal{C}(N,\boldsymbol{u})$</td><td rowspan="2">$\mathcal{T}(\boldsymbol{u})$</td><td rowspan="2">$\mathcal{Y}(\boldsymbol{w},p)\cdot\mathcal{R}(N,\boldsymbol{u})$</td></tr>
<tr><td colspan="2">$\boldsymbol{w}\perp\boldsymbol{u}$</td></tr>
<tr><td>$\mathcal{C}(N,\boldsymbol{u})$</td><td>$\mathcal{C}(N',\boldsymbol{u})$</td><td rowspan="2">$\mathcal{T}(\boldsymbol{u})$</td><td rowspan="2">$\mathcal{C}(N,\boldsymbol{u})\cdot\mathcal{R}(N',\boldsymbol{u})$</td></tr>
<tr><td colspan="2">$N\neq N'$</td></tr>
<tr><td>$\mathcal{T}_2(Pl)$</td><td>$\mathcal{C}(N,\boldsymbol{u})$</td><td rowspan="2">$\mathcal{T}(\boldsymbol{u})$</td><td rowspan="2">$\mathcal{T}_2(Pl)\cdot\mathcal{R}(N,\boldsymbol{u})$</td></tr>
<tr><td colspan="2">$Pl\parallel\boldsymbol{u}$</td></tr>
<tr><td>$\mathcal{T}$</td><td>$\mathcal{C}(N,\boldsymbol{u})$</td><td>$\mathcal{T}(\boldsymbol{u})$</td><td>$\mathcal{X}(\boldsymbol{u})$</td></tr>
<tr><td>$\mathcal{G}(\boldsymbol{w})$</td><td>$\mathcal{C}(N,\boldsymbol{u})$</td><td rowspan="2">$\mathcal{T}(\boldsymbol{u})$</td><td rowspan="2">$\mathcal{G}(\boldsymbol{w})\cdot\mathcal{R}(N,\boldsymbol{u})$
$=\mathcal{R}(N,\boldsymbol{w})\cdot\mathcal{R}(N,\boldsymbol{w})\cdot\mathcal{C}(N,\boldsymbol{u})$</td></tr>
<tr><td colspan="2">$\boldsymbol{w}\perp\boldsymbol{u}$</td></tr>
<tr><td>$\mathcal{X}(\boldsymbol{w})$</td><td>$\mathcal{C}(N,\boldsymbol{u})$</td><td rowspan="2">$\mathcal{T}(\boldsymbol{u})$</td><td rowspan="2">$\mathcal{X}(\boldsymbol{w})\cdot\mathcal{R}(N,\boldsymbol{u})$</td></tr>
<tr><td colspan="2">$\boldsymbol{w}\neq\boldsymbol{u}$</td></tr>
<tr><td>$\mathcal{Y}(\boldsymbol{u},p)$</td><td>$\mathcal{C}(N,\boldsymbol{u})$</td><td>$\mathcal{H}_p(N,\boldsymbol{u})$</td><td>$\mathcal{X}(\boldsymbol{u})$</td></tr>
<tr><td>$\mathcal{G}(\boldsymbol{u})$</td><td>$\mathcal{C}(N,\boldsymbol{u})$</td><td>$\mathcal{R}(N,\boldsymbol{u})$</td><td>$\mathcal{X}(\boldsymbol{u})$</td></tr>
<tr><td>$\mathcal{S}(N)$</td><td>$\mathcal{C}(N,\boldsymbol{u})$</td><td>$\mathcal{R}(N,\boldsymbol{u})$</td><td>$\mathcal{S}(N)\cdot\mathcal{T}(\boldsymbol{u})$</td></tr>
<tr><td>$\mathcal{S}(N)$</td><td>$\mathcal{G}(\boldsymbol{u})$</td><td>$\mathcal{R}(N,\boldsymbol{u})$</td><td>$\mathcal{S}(N)\cdot\mathcal{T}_2(\boldsymbol{w}),\boldsymbol{w}\perp\boldsymbol{u}$</td></tr>
<tr><td>$\mathcal{S}(N)$</td><td>$\mathcal{X}(\boldsymbol{u})$</td><td>$\mathcal{R}(N,\boldsymbol{u})$</td><td>$\mathcal{D}$</td></tr>
<tr><td>$\mathcal{S}(N)$</td><td>$\mathcal{S}(N')$</td><td rowspan="2">$\mathcal{R}(N,\boldsymbol{u}),\boldsymbol{u}=(\mathrm{NN}')/\lVert\mathrm{NN}'\rVert$</td><td rowspan="2">$\mathcal{S}(\mathrm{N})\cdot\mathcal{R}(\mathrm{N}',\boldsymbol{v})\cdot\mathcal{R}(\mathrm{N}',\boldsymbol{w})$,
$\boldsymbol{v}\neq\boldsymbol{w},\boldsymbol{v}\neq\boldsymbol{u},\boldsymbol{u}\neq\boldsymbol{w}$</td></tr>
<tr><td colspan="2">$N\neq N'$</td></tr>
<tr><td>$\mathcal{G}(\boldsymbol{u})$</td><td>$\mathcal{Y}(\boldsymbol{u},p)$</td><td>$\mathcal{T}_2(Pl),Pl\perp\boldsymbol{u}$</td><td>$\mathcal{X}(\boldsymbol{u})$</td></tr>
<tr><td>$\mathcal{G}(\boldsymbol{u})$</td><td>$\mathcal{T}$</td><td>$\mathcal{T}_2(Pl),Pl\perp\boldsymbol{u}$</td><td>$\mathcal{X}(\boldsymbol{u})$</td></tr>
<tr><td>$\mathcal{Y}(\boldsymbol{u},p)$</td><td>$\mathcal{T}$</td><td>$\mathcal{T}_2(Pl),Pl\perp\boldsymbol{u}$</td><td>$\mathcal{X}(\boldsymbol{u})$</td></tr>
<tr><td>$\mathcal{Y}(\boldsymbol{u},p)$</td><td>$\mathcal{Y}(\boldsymbol{u},q)$</td><td>$\mathcal{T}_2(Pl),Pl\perp\boldsymbol{u}$</td><td>$\mathcal{X}(\boldsymbol{u})$</td></tr>
<tr><td>$\mathcal{G}(\boldsymbol{u})$</td><td>$\mathcal{X}(\boldsymbol{v})$</td><td rowspan="2">$\mathcal{T}_2(Pl),Pl\perp\boldsymbol{u}$</td><td rowspan="2">$\mathcal{X}(\boldsymbol{u})\cdot\mathcal{R}(N,\boldsymbol{v}),\forall N$</td></tr>
<tr><td colspan="2">$\boldsymbol{v}\neq\boldsymbol{u}$</td></tr>
<tr><td>$\mathcal{Y}(\boldsymbol{u},p)$</td><td>$\mathcal{X}(\boldsymbol{v})$</td><td rowspan="2">$\mathcal{T}_2(Pl),Pl\perp\boldsymbol{u}$</td><td rowspan="2">$\mathcal{X}(\boldsymbol{u})\cdot\mathcal{R}(N,\boldsymbol{v}),\forall N$</td></tr>
<tr><td colspan="2">$\boldsymbol{v}\neq\boldsymbol{u}$</td></tr>
<tr><td>$\mathcal{X}(\boldsymbol{u})$</td><td>$\mathcal{X}(\boldsymbol{v})$</td><td>$\mathcal{T}$</td><td>$\mathcal{X}(\boldsymbol{u})\cdot\mathcal{R}(N,\boldsymbol{v}),\forall N$</td></tr>
</table>

这里先讨论一下位移子群、位移子流形与运动副及运动链之间的关系。我们知道，运动副及运动链可直接作为位移子群或位移子流形的生成元（或生成算子）；相应地，运动链末端相对于固定端的任一运动，无论其多么复杂，都可以表示成若干位移子群或位移子流形以及它们之间的乘积形式。通常情况下，可由所有低副生成的位移子群的乘积来决定。这些位移子群的乘积可能仍然是位移子群，但在大多数情况下这个乘积不具有群的代数结构，只是一个位移子流形。例如，PPP 运动链生成的是一个三维的位移子群 $\mathcal{T}=\mathcal{T}(\boldsymbol{u})\cdot\mathcal{T}(\boldsymbol{v})\cdot\mathcal{T}(\boldsymbol{w})$，而 PRS 运动链生成的是一个五维的位移子流形 $\mathcal{T}(\boldsymbol{u})\cdot\mathcal{R}(N_1,\boldsymbol{v})\cdot\mathcal{S}(N_2)$。

下面分位移子群和光滑位移子流形两种情况分别讨论一下等效运动链的生成。

2.7.1 位移子群生成元——等效运动链

1. 一维转动、移动和螺旋运动子群 $\mathcal{R}(N,\boldsymbol{u})$、$\mathcal{T}(\boldsymbol{u})$ 和 $\mathcal{H}_p(N,\boldsymbol{u})$ 的**生成元**

根据表 2.1，转动副 R、移动副 P 和螺旋副 H 可直接生成一维位移子群 $\mathcal{R}(N,\ \boldsymbol{u})$、$\mathcal{T}(\boldsymbol{u})$ 和 $\mathcal{H}_p(N,\ \boldsymbol{u})$。

2. 二维圆柱运动子群 $\mathcal{C}(N,\ \boldsymbol{u})$ 的**生成元**

圆柱运动子群 $\mathcal{C}(N,\ \boldsymbol{u})$ 可直接由圆柱副 C 生成，也可由单自由度的 R 副、P 副或 H 副等组合生成。注意到：两个同轴的螺旋副 HH 与 C 副等效，理由如下：

由于

$$\mathcal{H}_p(N,\ \boldsymbol{u}) \subseteq \mathcal{C}(N,\ \boldsymbol{u}),\ \mathcal{H}_q(N,\ \boldsymbol{u}) \subseteq \mathrm{C}(N,\ \boldsymbol{u}) \tag{2.31}$$

则根据群乘积的封闭性，可得

$$\mathcal{H}_p(N,\boldsymbol{u}) \cdot \mathcal{H}_q(N,\boldsymbol{u}) \subseteq \mathcal{C}(N,\boldsymbol{u}) \tag{2.32}$$

因此 $\mathcal{H}_p(N,\ \boldsymbol{u}) \cdot \mathcal{H}_q(N,\ \boldsymbol{u})$ 是 $\mathcal{C}(N,\ \boldsymbol{u})$ 的一个位移子流形，两者的差异表现在参变量上。如果不考虑这一差异，可视为二者相等。

图 2.5 和表 2.5 给出了可生成 $\mathcal{C}\ (N,\ \boldsymbol{u})$ 的运动链结构。

$$\mathcal{H}_p(N,\boldsymbol{u}) \cdot \mathcal{H}_q(N,\boldsymbol{u}) = \mathcal{C}(N,\boldsymbol{u}) \tag{2.33}$$

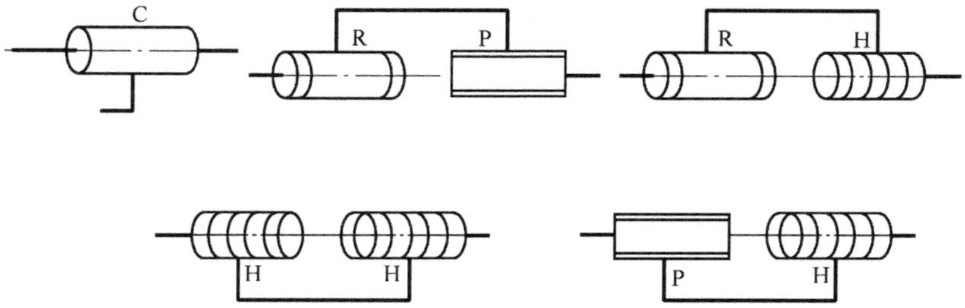

图 2.5　位移子群 $\mathcal{C}\ (N,\ \boldsymbol{u})$ 对应的等效运动链

表 2.5　与 $\mathcal{C}\ (N,\ \boldsymbol{u})$ 生成元等效的运动链

位移子群生成元	等效运动链	位移子群生成元	等效运动链
$[\mathcal{T}(\boldsymbol{u}) \cdot \mathcal{R}(N,\boldsymbol{u})]$	$[^u\mathrm{P}^u\mathrm{R}]$	$[\mathcal{R}(N,\boldsymbol{u}) \cdot \mathcal{H}_p(N,\boldsymbol{u})]$	$[^u\mathrm{R}^u\mathrm{H}]$
$[\mathcal{T}(\boldsymbol{u}) \cdot \mathcal{H}_p(N,\boldsymbol{u})]$	$[^u\mathrm{P}^u\mathrm{H}]$	$[\mathcal{H}_p(N,\boldsymbol{u}) \cdot \mathcal{H}_q(N,\boldsymbol{u})]$	$[^u\mathrm{H}^u\mathrm{H}]$

注：表中的 [ ] 表示其中各元素可任意排序，此规定也适用于本章后面各节。

3. 二维移动子群 $\mathcal{T}_2(\boldsymbol{w})$ 的生成元

该运动可由两个移动副 PP 生成；此外，也可以由 PP_a（图 2.6a）、$\mathrm{P}_a\mathrm{P}_a$ 生成。其中与复杂铰链 P_a（图 2.6b）相对应的 $\mathcal{T}_a(\boldsymbol{v})$ 是包含在二维子群 $\mathcal{T}_2(\boldsymbol{w})$ 中的一维位移子流形，它实现的是一维圆弧移动。

a)　　b)

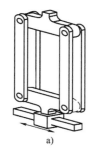

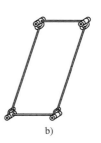

图 2.6　PP_a 运动链与复杂铰链 P_a

a）PP_a 运动链　b）复杂铰链 P_a

4. 三维移动子群 $\mathcal{T}$ 的生成元

位移子群 $\mathcal{T}$ 中包含 2 个本征子群：$\mathcal{T}(\boldsymbol{w})$ 和 $\mathcal{T}_2(\boldsymbol{w})$、2 个平凡子群 ε 和 $\mathcal{T}$。此外，还包含 2 种位移子流形：$\mathcal{T}_a(\boldsymbol{v})$ 和 $\mathcal{T}_{2a}(\boldsymbol{w})$，其中后者表示球面上的二维移动，与之对应的机械生成元可以是复杂铰链 U*[35,145]（图 2.7a）。

根据群乘积的封闭性，我们可以得到如下关系式：

$$\mathcal{T}=\mathcal{T}_2(\boldsymbol{w})\cdot\mathcal{T}(\boldsymbol{w}) \tag{2.34}$$

$$\begin{aligned}\mathcal{T}&=\mathcal{T}(\boldsymbol{u})\cdot\mathcal{T}(\boldsymbol{v})\cdot\mathcal{T}(\boldsymbol{w})=\mathcal{T}(\boldsymbol{u})\cdot\mathcal{T}(\boldsymbol{v})\cdot\mathcal{T}_a(\boldsymbol{w})=\mathcal{T}(\boldsymbol{u})\cdot\mathcal{T}_a(\boldsymbol{v})\cdot\mathcal{T}_a(\boldsymbol{w})\\&=\mathcal{T}_a(\boldsymbol{u})\cdot\mathcal{T}_a(\boldsymbol{v})\cdot\mathcal{T}_a(\boldsymbol{w})=\mathcal{T}_{2a}(\boldsymbol{w})\cdot\mathcal{T}(\boldsymbol{w})=\mathcal{T}_{2a}(\boldsymbol{w})\cdot\mathcal{T}_a(\boldsymbol{w})\end{aligned} \tag{2.35}$$

因此，该运动可由 3 个移动副 PPP 生成，此外，也可以由 PP_aP、$P_aP_aP_a$、PU*（图 2.7b）等生成。

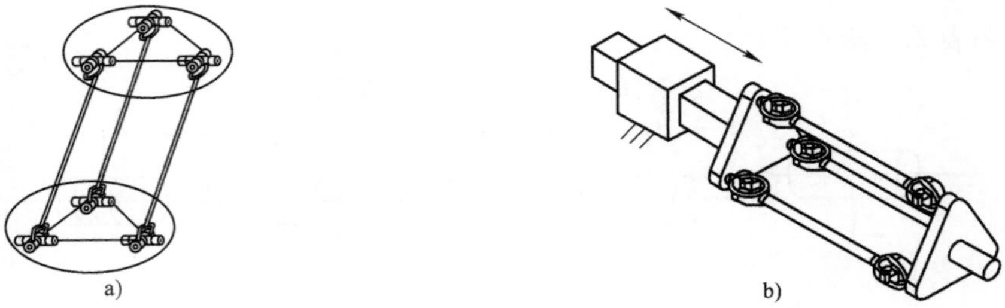

图 2.7　复杂铰链 U* 与 PU* 运动链

a）复杂铰链 U*　b）PU* 运动链

5. 三维球面运动子群 $\mathcal{S}(N)$ 的生成元

该运动可直接由球面副 S 生成（图 2.8a）；此外，由于多自由度运动副在运动学上可以看作转动副或移动副的组合，所以三维转动子群 $\mathcal{S}(N)$ 也可由 3 个轴线交于一点的转动副构成的 3R 球面子链生成（图 2.8b）。

$$\mathcal{S}(N)=\mathcal{R}(N,\boldsymbol{u})\cdot\mathcal{R}(N,\boldsymbol{v})\cdot\mathcal{R}(N,\boldsymbol{w}) \tag{2.36}$$

注意：在三维位移子群 $\mathcal{S}$（N）中包含有一个二维的位移子流形 $\mathcal{S}_2$（N），且

$$\mathcal{S}_2(N)=\mathcal{R}(N,\boldsymbol{u})\cdot\mathcal{R}(N,\boldsymbol{v})=\mathcal{U}(N,\boldsymbol{u},\boldsymbol{v}) \tag{2.37}$$

它可表示一个 2R 球面子链或者胡克铰。因此，$\mathcal{S}(N)$ 也可由轴线共点的转动副与胡克铰组合运动链生成（图 2.8c）。

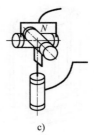

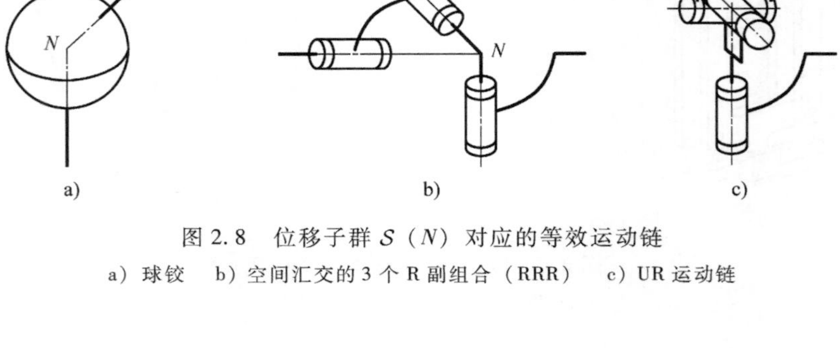

图 2.8　位移子群 $\mathcal{S}$（N）对应的等效运动链

a）球铰　b）空间汇交的 3 个 R 副组合（RRR）　c）UR 运动链

6. 平面运动子群 $\mathcal{G}(\boldsymbol{w})$ 的生成元

三维位移子群 $\mathcal{G}(\boldsymbol{w})$ 表示一个平面内的两个移动和绕该平面法线的一个转动。对应的等效生成元（图 2.9）包括

$$\mathcal{G}(\boldsymbol{w})=\mathcal{R}(N_1,\boldsymbol{w})\cdot\mathcal{R}(N_2,\boldsymbol{w})\cdot\mathcal{R}(N_3,\boldsymbol{w}) \tag{2.38}$$

$$\mathcal{G}(\boldsymbol{w})=[\mathcal{R}(N_1,\boldsymbol{w})\cdot\mathcal{R}(N_2,\boldsymbol{w})\cdot\mathcal{T}(\boldsymbol{v})] \tag{2.39}$$

$$\mathcal{G}(\boldsymbol{w})=[\mathcal{R}(N_1,\boldsymbol{w})\cdot\mathcal{T}(\boldsymbol{v})\cdot\mathcal{T}(\boldsymbol{u})] \tag{2.40}$$

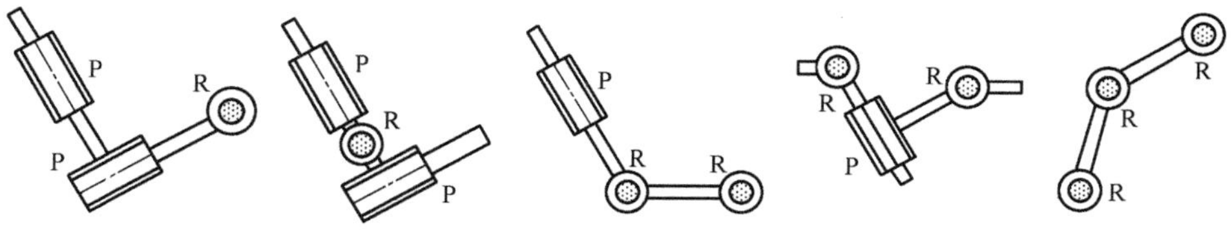

图 2.9　位移子群 $\mathcal{G}$（$\boldsymbol{w}$）对应的等效运动链

注意：在三维位移子群 $\mathcal{G}(\boldsymbol{w})$ 中包含有一个二维位移子流形 $\mathcal{G}_2(\boldsymbol{w})$，且满足

$$\mathcal{G}(\boldsymbol{w})=[\mathcal{G}_2(\boldsymbol{w})\cdot\mathcal{R}(N,\ \boldsymbol{w})] \tag{2.41}$$

因此，得到 $\mathcal{G}(\boldsymbol{w})$ 对应的等效运动链（图 2.10）。

$$\mathcal{G}_2(\boldsymbol{w})=\mathcal{R}(N_1,\ \boldsymbol{w})\cdot\mathcal{R}(N_2,\ \boldsymbol{w}) \tag{2.42}$$

$$\mathcal{G}_2(\boldsymbol{w})=[\mathcal{R}(N,\boldsymbol{w})\cdot\mathcal{T}(\boldsymbol{v})] \tag{2.43}$$

$$\mathcal{G}_2(\boldsymbol{w})=[\mathcal{T}(\boldsymbol{u})\cdot\mathcal{T}(\boldsymbol{v})] \tag{2.44}$$

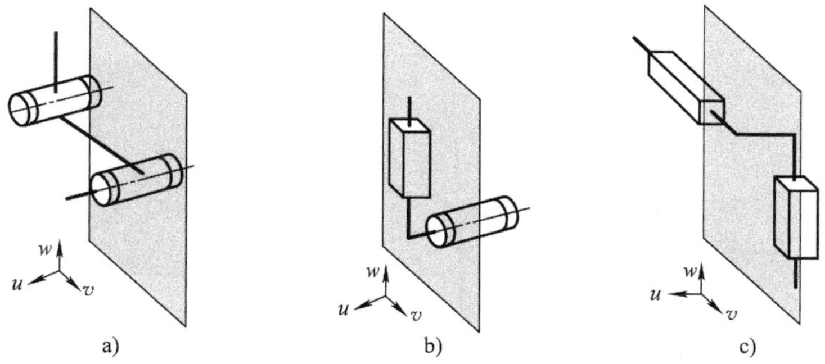

图 2.10　位移子流形 $\mathcal{G}_2$（$\boldsymbol{w}$）对应的等效运动链

a) RR　b) [RP]　c) PP

以上对 $\mathcal{G}(\boldsymbol{w})$ 和 $\mathcal{G}_2(\boldsymbol{w})$ 的讨论中并没有考虑由复杂铰链生成的光滑位移子流形在内，实际上，复杂铰链也是完全可以包含在其中的。

7. 四维（三移一转）位移子群 $\mathcal{X}(\boldsymbol{w})$ 的生成元

四维子群 $\mathcal{X}(\boldsymbol{w})$ 中包含 7 个本征子群 $\mathcal{T}(\boldsymbol{w})$、$\mathcal{T}_2(\boldsymbol{w})$、$\mathcal{T}$、$\mathcal{R}(N,\ \boldsymbol{w})$、$\mathcal{H}_p(N,\ \boldsymbol{w})$、$\mathcal{C}(N,\ \boldsymbol{w})$ 和 $\mathcal{G}(\boldsymbol{w})$。此外还包含 3 种位移子流形：$\mathcal{T}_a(\boldsymbol{v})$、$\mathcal{T}_{2a}(\boldsymbol{w})$ 和 $\mathcal{G}_2(\boldsymbol{w})$。因此，根据群乘积的封闭性，可以得到如下关系式：

$$\begin{aligned}\mathcal{X}(\boldsymbol{w})&=[\mathcal{G}(\boldsymbol{w})\cdot\mathcal{T}(\boldsymbol{w})]=[\mathcal{G}(\boldsymbol{w})\cdot\mathcal{T}_a(\boldsymbol{w})]\\&=[\mathcal{T}_2(\boldsymbol{w})\cdot\mathcal{C}(N,\boldsymbol{w})]=[\mathcal{T}_{2a}(\boldsymbol{w})\cdot\mathcal{C}(N,\boldsymbol{w})]\\&=[\mathcal{T}\cdot\mathcal{R}(N,\boldsymbol{w})]\end{aligned} \tag{2.45}$$

由上式可得到生成位移子群 $\mathcal{X}(\boldsymbol{w})$ 的等效运动链。

2.7.2　位移子流形的生成元——等效运动链

在前面已经讨论了几种少自由度位移子流形以及与之对应的等效运动链，如 $\mathcal{T}_a(v)$、$\mathcal{T}_{2a}(\boldsymbol{w})$、$\mathcal{S}_2(N)$ 以及 $\mathcal{G}_2(\boldsymbol{w})$ 等。而其他位移子流形又如何来生成呢？鉴于三维至六维位移子流形种类较多，这里只举两个五维的例子。

1. 由平面副和球面副（$\mathcal{G}(\boldsymbol{u})\cdot\mathcal{S}(N)$）生成的等效运动链

注意到两个位移子群的交集还是位移子群。

$$\begin{aligned}\mathcal{G}(\boldsymbol{u}) &= [\mathcal{T}(\boldsymbol{v})\cdot\mathcal{T}(\boldsymbol{w})\cdot\mathcal{R}(N,\boldsymbol{u})] = [\mathcal{R}(M,\boldsymbol{u})\cdot\mathcal{T}(\boldsymbol{v})\cdot\mathcal{R}(N,\boldsymbol{u})] \\ &= [\mathcal{R}(L,\boldsymbol{u})\cdot\mathcal{R}(M,\boldsymbol{u})\cdot\mathcal{R}(N,\boldsymbol{u})] = [\mathcal{G}_2(\boldsymbol{u})\cdot\mathcal{R}(N,\boldsymbol{u})]\end{aligned} \tag{2.46}$$

$$\mathcal{S}(N) = \mathcal{R}(N,\boldsymbol{u})\cdot\mathcal{R}(N,\boldsymbol{i})\cdot\mathcal{R}(N,\boldsymbol{j}) = \mathcal{R}(N,\boldsymbol{u})\cdot\mathcal{S}_2(N) \tag{2.47}$$

$$\mathcal{G}(\boldsymbol{u})\cap\mathcal{S}(N) = \mathcal{R}(N,\boldsymbol{u}) \tag{2.48}$$

$$\mathcal{R}(N,\boldsymbol{u})\cdot\mathcal{R}(N,\boldsymbol{u}) = \mathcal{R}(N,\boldsymbol{u}) \tag{2.49}$$

因此

$$\begin{aligned}\mathcal{G}(\boldsymbol{u})\cdot\mathcal{S}(N) &= \mathcal{G}_2(\boldsymbol{u})\cdot\mathcal{R}(N,\boldsymbol{u})\cdot\mathcal{R}(N,\boldsymbol{u})\cdot\mathcal{S}_2(N) \\ &= \mathcal{G}_2(\boldsymbol{u})\cdot\mathcal{R}(N,\boldsymbol{u})\cdot\mathcal{S}_2(N) = \mathcal{G}_2(\boldsymbol{u})\cdot\mathcal{S}(N) = \mathcal{G}(\boldsymbol{u})\cdot\mathcal{S}_2(N)\end{aligned} \tag{2.50}$$

这样，可将 $\mathcal{G}(\boldsymbol{u})\cdot\mathcal{S}(N)$ 生成的等效运动链再进一步分为 Pl-(RR) 和 (RR)-S 两个子类（图 2.11）。

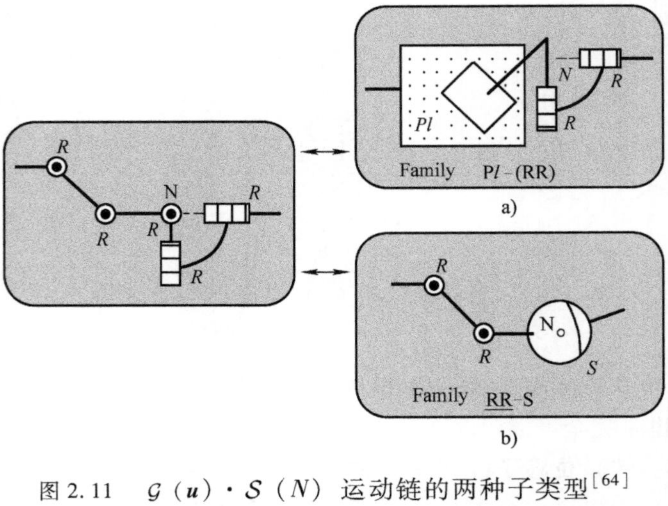

图 2.11　$\mathcal{G}(\boldsymbol{u})\cdot\mathcal{S}(N)$ 运动链的两种子类型[64]

可以证明，$\mathcal{G}(\boldsymbol{u})\cdot\mathcal{S}(N)$ 所生成的等效运动链可以生成 3R2T 的运动。理由如下：

证明： 生成 3R2T 的运动的等效位移子流形是 $\mathcal{T}_2(\boldsymbol{w})\cdot\mathcal{S}(N)$，其中 $\mathcal{T}_2(\boldsymbol{w})$ 生成平面二维移动，$\mathcal{S}(N)$ 生成三维转动。

$$\mathcal{T}_2(\boldsymbol{w}) = \mathcal{T}(\boldsymbol{u})\cdot\mathcal{T}(\boldsymbol{v}) \tag{2.51}$$

$$\mathcal{S}(N) = \mathcal{R}(N,\boldsymbol{u})\cdot\mathcal{R}(N,\boldsymbol{v})\cdot\mathcal{R}(N,\boldsymbol{w}) \tag{2.52}$$

这样

$$
\begin{aligned}
\mathcal{T}_2(\boldsymbol{w}) \cdot \mathcal{S}(N) &= \mathcal{T}(\boldsymbol{u}) \cdot \mathcal{T}(\boldsymbol{v}) \cdot \mathcal{R}(N,\boldsymbol{w}) \cdot \mathcal{R}(N,\boldsymbol{u}) \cdot \mathcal{R}(N,\boldsymbol{v}) \\
&= \mathcal{T}(\boldsymbol{u}) \cdot \mathcal{T}(\boldsymbol{v}) \cdot \mathcal{R}(N,\boldsymbol{w}) \cdot \mathcal{R}(N,\boldsymbol{w}) \cdot \mathcal{R}(N,\boldsymbol{u}) \cdot \mathcal{R}(N,\boldsymbol{v}) \\
&= \mathcal{G}(\boldsymbol{w}) \cdot \mathcal{S}(N)
\end{aligned} \tag{2.53}
$$

这一结论也可以从表 2.4 中得到。

因此，由 $\mathcal{T}_2(\boldsymbol{w}) \cdot \mathcal{S}(N)$ 生成的等效运动链与 $\mathcal{G}(\boldsymbol{u}) \cdot \mathcal{S}(N)$ 所生成的等效运动链相同，都可以产生 $3R2T$ 的运动。

2. 由平面副和平面副（$\mathcal{G}(\boldsymbol{u}) \cdot \mathcal{G}(\boldsymbol{v})$）生成的等效运动链

利用上面的方法可以证明

$$\mathcal{G}(\boldsymbol{u}) \cdot \mathcal{G}(\boldsymbol{v}) = \mathcal{G}_2(\boldsymbol{u}) \cdot \mathcal{G}(\boldsymbol{v}) \tag{2.54}$$

$$\mathcal{G}_2(\boldsymbol{u}) \cdot \mathcal{G}(\boldsymbol{v}) = \mathcal{R}(N_1,\boldsymbol{u}) \cdot \mathcal{R}(N_2,\boldsymbol{u}) \cdot \mathcal{G}(\boldsymbol{v}) \tag{2.55}$$

对上式求交运算得到

$$\mathcal{R}(N_1,\boldsymbol{u}) \cdot \mathcal{R}(N_2,\boldsymbol{u}) \cdot \mathcal{G}(\boldsymbol{v}) \cap \mathcal{T} = \mathcal{T} \tag{2.56}$$

将式（2.56）右乘 $\mathcal{R}(N_1,\boldsymbol{u})$，得

$$\mathcal{R}(N_1,\boldsymbol{u}) \cdot \mathcal{R}(N_2,\boldsymbol{u}) \cdot \mathcal{G}(\boldsymbol{v}) \cdot \mathcal{R}(N_1,\boldsymbol{u}) \cap \mathcal{T} \cdot \mathcal{R}(N_1,\boldsymbol{u}) = \mathcal{T} \cdot \mathcal{R}(N_1,\boldsymbol{u}) \tag{2.57}$$

根据 $\mathcal{R}(N_1,\boldsymbol{u})$ 与 $\mathcal{T}$ 的乘积具有可交换性，可以得到

$$\mathcal{R}(N_1,\boldsymbol{u}) \cdot \mathcal{R}(N_2,\boldsymbol{u}) \cdot \mathcal{G}(\boldsymbol{v}) \cdot \mathcal{R}(N_1,\boldsymbol{u}) \cap \mathcal{R}(N_1,\boldsymbol{u}) \cdot \mathcal{T} = \mathcal{R}(N_1,\boldsymbol{u}) \cdot \mathcal{T} \tag{2.58}$$

消去公共元素 $\mathcal{R}(N_1,\boldsymbol{u})$，得

$$\mathcal{R}(N_2,\boldsymbol{u}) \cdot \mathcal{G}(\boldsymbol{v}) \cdot \mathcal{R}(N_1,\boldsymbol{u}) \cap \mathcal{T} = \mathcal{T} \tag{2.59}$$

因此，$\mathcal{R}(N_2,\boldsymbol{u}) \cdot \mathcal{G}(\boldsymbol{v}) \cdot \mathcal{R}(N_1,\boldsymbol{u})$ 也可以作为 $\mathcal{G}(\boldsymbol{u}) \cdot \mathcal{G}(\boldsymbol{v})$ 的等效生成元。由此可进一步得到与之对应的等效运动链，如 ${}^uR{}^vR{}^vR{}^uR$、${}^uR\,[{}^uP{}^vR{}^vR]\,{}^uR$、${}^uR\,[{}^uP{}^vR{}^wP]\,{}^uR$。

同样，我们可以证明 $\mathcal{G}(\boldsymbol{u}) \cdot \mathcal{G}(\boldsymbol{v})$ 可以产生 $2R3T$ 的运动。读者不妨利用前面的证明方法自己证明。

2.8　扩展阅读文献

1. 戴建生．旋量代数与李群、李代数［M］．北京：高等教育出版社，2014.

2. 顾沛．对称与群［M］．北京：高等教育出版社，2011.

3. 于靖军，刘辛军，丁希仑，等．机器人机构学的数学基础［M］．北京：机械工业出版社，2008.

4. Angeles J . The qualitative synthesis of parallel manipulators [J]. ASME Journal of Mechanical Design, 2004, 126: 617-624.

5. Fanghella P, Galletti C. Metric relations and displacement groups in mechanism and robot kinematic [J]. ASME Journal of Mechanical Design, 1995, 117: 470 – 478.

6. Hervé J M. The Lie group of rigid body displacements, a fundamental tool for mechanism design [J]. Mechanism and Machine Theory, 1999, 34: 719 – 730.

7. Hervé J M. The planar-spherical kinematic bond: implementation in parallel mechanisms [OL]. http://www.parallemic.org/Reviews/Review013.html, 2003.

8. Hervé J M. Analyze structurelle des mécanismes par groupe des déplacements [J]. Mecha-

nisms and Machine Theory, 1978, 13: 437-450.

9. Hervé J M, Sparacino F. Structural synthesis of parallel robots generating spatial translation [C] // Proceedings of IEEE International Conference on Robotics and Automation Ann Arbor: IEEE Computer Society Press, 1991: 808-813.

10. Hervé J M. Uncoupled actuation of pan-tilt wrists [J]. IEEE Transactions on Robotics, 2006, 22 (1): 56-64.

11. Li Q C, Huang Z, Hervé J M. Type synthesis of 3R2T 5 – DOF parallel mechanisms using the Lie group of displacements [J]. IEEE Transactions on Robotics and Automation, 2004, 20 (2): 173-180.

12. Li Q C, Huang Z, Hervé J M. Displacement manifold method for type synthesis of lower – mobility parallel mechanisms [J], Science in China, Series E: Engineering & Materials Science, 2004, 47 (6): 641-650.

13. Meng J, Liu G F, Li Z X. A geometric theory for synthesis and analysis of sub-6 DOF parallel manipulators [J]. IEEE Transaction on Robotics, 2007, 23 (4): 625-649.

14. Selig J M. Geometry Foundations in Robotics [M]. Hong Kong: World Scientific Publishing Co. Pte. Ltd., 2000.

15. Yu J J, Dai J S, Bi S S, et al. Type synthesis of a class of spatial lower-mobility parallel mechanisms with orthogonal arrangement based on Lie group enumeration [J], Science in china, Series E: Technological Sciences, 2010, 53 (1): 388-404.

习　题

2.1　试证明:“全体实数集合关于加法运算”构成交换群。

2.2　试判断“实数集合关于乘法运算”是否构成群。

2.3　试证明:群中的单位元素是唯一的,每个元素也只有一个逆元与之对应。

2.4　试证明:全体正交矩阵集合对矩阵的乘法运算构成一个群。

2.5　试证明:若群 G 中每一个元素的平方都等于单位元素,那么 G 一定是一个交换群。

2.6　试判断下面的矩阵是否满足群的条件:

$$\boldsymbol{A}=\begin{pmatrix}\cos\theta & -\sin\theta & x\\ \sin\theta & \cos\theta & y\\ 0 & 0 & 1\end{pmatrix},\quad x,y,\theta\in\mathbb{R}$$

2.7　试判断下列矩阵是否满足群的条件:

$$\boldsymbol{A}=\begin{pmatrix}\cos\theta & -\sin\theta & 0 & x\\ \sin\theta & \cos\theta & 0 & y\\ 0 & 0 & 1 & z\\ 0 & 0 & 0 & 1\end{pmatrix},\quad x,y,z,\theta\in\mathbb{R}$$

2.8　何为李群、李子群?

2.9　设 A,B 都是群 G 的子群,则当且仅当 $AB=BA$ 时,AB 才是 G 的子群。

2.10　试证明 $\mathcal{S}(N)=\mathcal{R}(N, \boldsymbol{u})\cdot\mathcal{R}(N, \boldsymbol{v})\cdot\mathcal{R}(N, \boldsymbol{w})$。

2.11　试推导 $\mathcal{T}(\boldsymbol{w})\cdot\mathcal{R}(N_1, \boldsymbol{u})\cdot\mathcal{R}(N_2, \boldsymbol{u})=\mathcal{G}(\boldsymbol{u})$。

2.12　试推导 $\mathcal{S}(N)\cap\mathcal{G}(\boldsymbol{u})=\mathcal{R}(N, \boldsymbol{u})$。

2.13　试证明 $\mathcal{G}(\boldsymbol{u})\cdot\mathcal{G}(\boldsymbol{v})=\mathcal{R}(A, \boldsymbol{u})\cdot\mathcal{R}(B, \boldsymbol{u})\cdot\mathcal{R}(C, \boldsymbol{u})\cdot\mathcal{R}(D, \boldsymbol{v})\cdot\mathcal{R}(E, \boldsymbol{v})$。

2.14　试证明 $\mathcal{G}(\boldsymbol{w})=\mathcal{R}(N, \boldsymbol{w})\cup\mathcal{T}_2(\boldsymbol{w})$。

2.15　试证明 $\mathcal{P}_a(\boldsymbol{\omega}, \boldsymbol{v})=\left\{\begin{pmatrix}\boldsymbol{E}_3 & (\boldsymbol{E}_3-\mathrm{e}^{\theta\hat{\omega}})v\\ 0 & 1\end{pmatrix}, \theta\in\left(\frac{\pi}{2}, \frac{\pi}{2}\right)\right\}$是一个一维位移子流形。

2.16　试证明 $\mathcal{S}_2(N)$是位移子群 $\mathcal{S}(N)$中的一个二维位移子流形。

2.17　试证明 $\mathcal{G}_2(\boldsymbol{w})$是位移子群 $\mathcal{G}(\boldsymbol{w})$中的一个二维位移子流形。

2.18　通过阅读并查阅有关利用**位移群及位移流形**理论进行机构构型综合的文献，完成一篇不少于 3000 字的学术报告（含文献综述），并包括以下内容：

（1）谈谈你对**位移子群及位移子流形**概念的认识及看法。

（2）利用位移子群及位移子流形的理论研究一般机构的构型综合有何优缺点？总结一般综合过程。

（3）举一个特殊的机构（如 $2R1T$）构型综合的实例。

2.19　通过阅读并查阅有关商联机构[128]（QKM）的文献，完成一篇不少于 3000 字的学术报告（含文献综述），并包括以下内容：

（1）谈谈你对 QKM 概念的认识及看法。

（2）利用位移子群及位移子流形的理论研究 QKM 的构型综合有何优缺点？总结主要综合过程。

（3）举一个特殊 QKM（如 $2R1T$）构型综合的实例（注意不要用已有实例）。

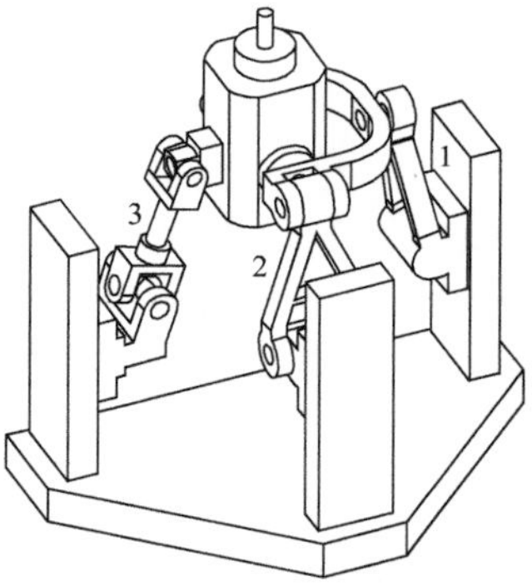

图 2.12　习题 2.20 图[163]

2.20　加深对位移子群与位移子流形的认识与理解。

（1）位移子群与一般位移子流形之间有何区别与联系？

（2）利用位移子群及位移子流形理论分析图 2.12 所示 1-PSS&（1-PRR&1-PRR）R 机构的自由度。

第 3 章　李群与刚体变换

【内容提示】

本章的核心是要掌握两种典型的刚体变换群以及它们与刚体运动的映射关系。具体包括以下两个方面的内容：①理解并掌握刚体运动与刚体变换的概念；②掌握典型刚体变换群的矩阵表达。

本章学习的重点在于了解如何应用李群表达旋转变换及一般刚体变换，以及常见的刚体姿态描述方法。

3.1　刚体运动与刚体变换

3.1.1　刚体运动的定义

在欧氏空间$\mathbb{R}^3$中，质点 P 的位置可用相对于惯性坐标系（也称固定坐标系或者参考坐标系）的位置矢量 $\boldsymbol{p}$（$\boldsymbol{p}\in\mathbb{R}^3$）来描述。质点的运动轨迹可表示成参数形式：$\boldsymbol{p}(t)=(x(t),y(t),z(t))I\in\mathbb{R}^3$（图3.1）。

不过在机器人机构学中，通常关心的并不是某个质点的独立运动，而是由一系列质点所组成的**刚体**（rigid body）运动。那么，什么是刚体呢？

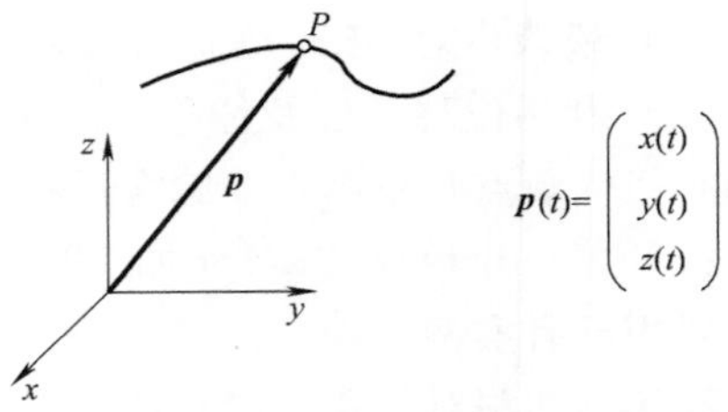

图 3.1　质点在欧氏空间内的运动描述

【刚体的定义】　顾名思义，刚体是一个完全不变形体，是相对弹性体或柔性体而言的。从数学角度可以给出一个严格的定义：**刚体是任意两点之间距离保持不变的点的集合**。如图 3.2 所示，若 P 和 Q 是刚体上任意两点，则当刚体运动时，必须满足

$$\|\boldsymbol{p}(t)-\boldsymbol{q}(t)\|=\|\boldsymbol{p}(0)-\boldsymbol{q}(0)\|=\text{const} \tag{3.1}$$

【刚体运动的定义】　刚体运动（rigid motion）是指物体上任意两点之间距离始终保持不变的连续运动。对于刚体而言，从一个位形到达另一位形的刚体运动称为**刚体位移**（rigid displacement）。典型的刚体位移包括**平移运动**（translation，简称平动）和**旋转运动**（rotation，简称转动）。

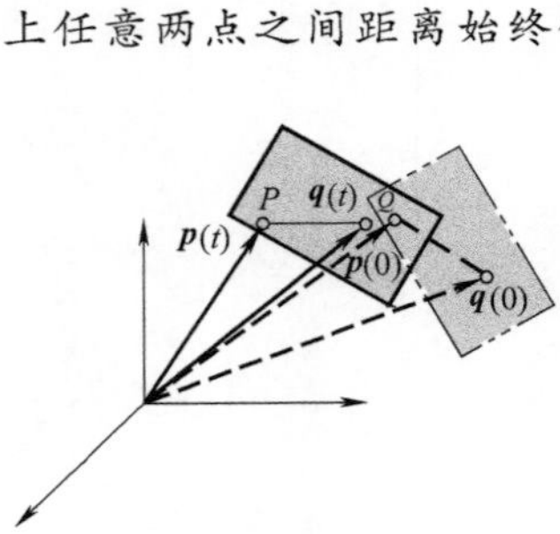

图 3.2　刚体在欧氏空间内的运动描述

【转动与移动的定义】　转动是指刚体运动过程中，始终保持一点固定的刚体位移形式。而移动则是指刚体运动过程中，刚体上的所有点沿平行线方向移动相同距离的一种刚体位移形式。图 3.3 和图 3.4 显示了这两种运动形式。

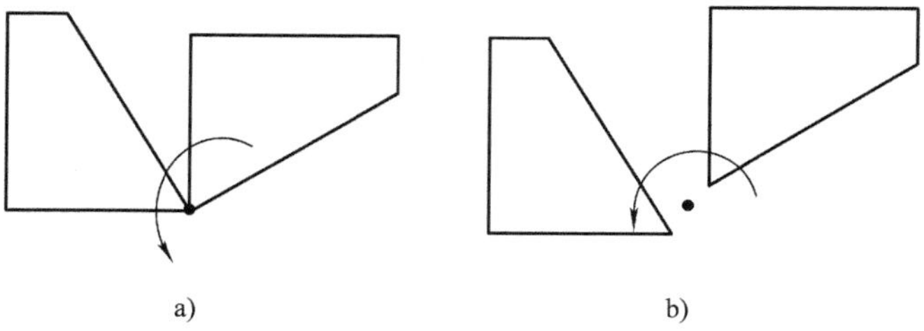

图 3.3　刚体转动
a）绕刚体上一点的转动　b）绕刚体外一点的转动

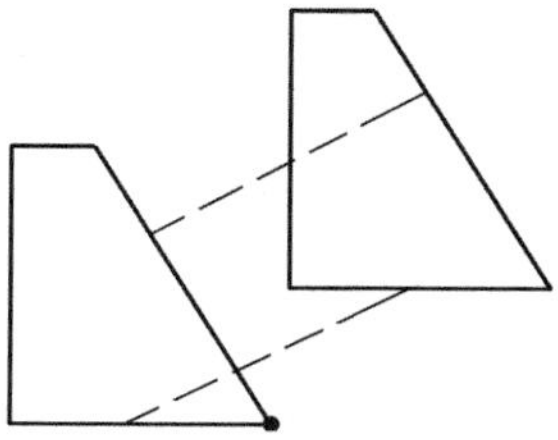

图 3.4　刚体移动

3.1.2　刚体变换

【刚体变换的定义 1】　对于由$\mathbb{R}^3$的子集 O 描述的刚体，其刚体运动可以用一系列的连续变换 $g(t)$：$O\to\mathbb{R}^3$ 来描述，即将刚体上各点相对于某个固定坐标系的运动描述为时间的函数。这时，刚体位移就可以用反映刚体上各点从初始位形到终止位形的单一映射 g：$O\to\mathbb{R}^3$ 来表示，并称之为**刚体变换**（rigid body transformation），记作 $g(\boldsymbol{p})$。

假定刚体上有两点 $\boldsymbol{p}$，$\boldsymbol{q}\in O$，连接两点的矢量 $\boldsymbol{v}=\boldsymbol{q}-\boldsymbol{p}(\boldsymbol{v}\in\mathbb{R}^3)$。前面已经讲到，在欧氏几何中矢量的表示与点的表示从形式上完全相同，如在笛卡儿坐标系中都用（x，y，z）来表示，但在射影几何中两者的表示就呈现出了差异。矢量不与刚体相固连，例如，在同一刚体上还可存在其他两点 $\boldsymbol{r}$，$\boldsymbol{s}\in O$ 也满足 $\boldsymbol{v}=\boldsymbol{s}-\boldsymbol{r}$（图 3.5）。基于这种原因，有时将矢量称为**自由矢量**（free vector）。

若用 g：$O\to\mathbb{R}^3$ 表示矢量 $\boldsymbol{v}$ 的刚体位移，则该刚体变换可以写成

$$g_*(\boldsymbol{v})=g(\boldsymbol{q})-g(\boldsymbol{p})=g(\boldsymbol{s})-g(\boldsymbol{r}) \tag{3.2}$$

由于刚体上任意两点间的距离不随刚体运动而改变，因此刚体变换 g:$O\to\mathbb{R}^3$ 也必须保证任意两点间的距离始终不变。但反过来并不成立，保证刚体上任意两点距离始终不变并不一定是刚体变换，如反射运动就是如此。因此还需要附加其他条件（如保证刚体上任意两矢量的夹角不变）。

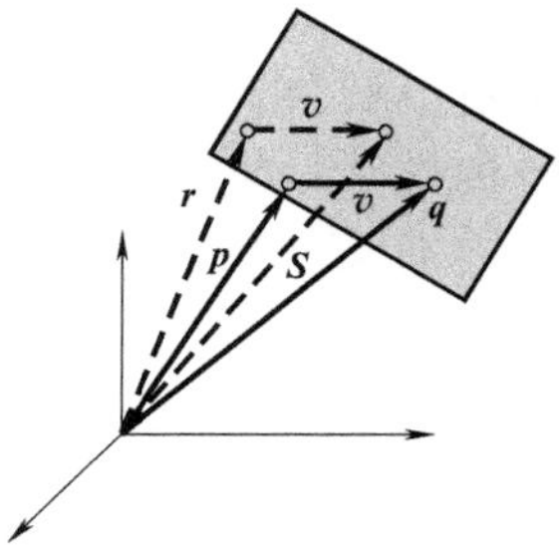

图 3.5　矢量的刚体变换

【刚体变换的定义 2】　同时满足以下两个条件的变换 g：$\mathbb{R}^3\to\mathbb{R}^3$，称之为刚体变换。

（1）保持刚体上任意两点间的距离（向量的范数）不变：对于任意的点 $\boldsymbol{p}$，$\boldsymbol{q}\in\mathbb{R}^3$，均有

$$\|g(\boldsymbol{q})-g(\boldsymbol{p})\|=\|\boldsymbol{q}-\boldsymbol{p}\| \tag{3.3}$$

（2）保持刚体上任意两矢量间的夹角保持不变：对于任意的矢量 $\boldsymbol{v}$，$\boldsymbol{w}\in\mathbb{R}^3$，均有

$$g_*(\boldsymbol{v}\times\boldsymbol{w})=g_*(\boldsymbol{v})\times g_*(\boldsymbol{w}) \tag{3.4}$$

3.2　刚体的位姿描述

在机构学研究过程中，总是离不开坐标系的。因为通过坐标系可以更好地来描述机构及其中各个构件的运动，也使描述过程变得更加简单。机构和机器人分析中，经常采用两类坐

标系：一类坐标系是与地（或机架）固连的定坐标系，即我们常说**的参考坐标系**（reference coordinate frame），一般用 $\{A\}$ 表示。其中，用 $\boldsymbol{x}_A$，$\boldsymbol{y}_A$，$\boldsymbol{z}_A$ 表示参考坐标系 3 个坐标轴方向的单位矢量。还有一类是与活动构件固连且随之一起运动的动坐标系，这里称为**物体坐标系**（body coordinate frame），一般用 $\{B\}$ 表示。其中，用 $\boldsymbol{x}_B$，$\boldsymbol{y}_B$，$\boldsymbol{z}_B$ 表示物体坐标系 3 个坐标方向的单位矢量。如图 3.6 所示。

建立了坐标系，很容易给出刚体上某一点的位置坐标描述。因此，刚体上任一点 P 在参考坐标系 $\{A\}$ 和物体坐标系 $\{B\}$ 的位置可以分别描述成

$$^{A}\boldsymbol{p}=\begin{pmatrix}x\\y\\z\end{pmatrix},\ ^{B}\boldsymbol{p}=\begin{pmatrix}u\\v\\w\end{pmatrix} \tag{3.5}$$

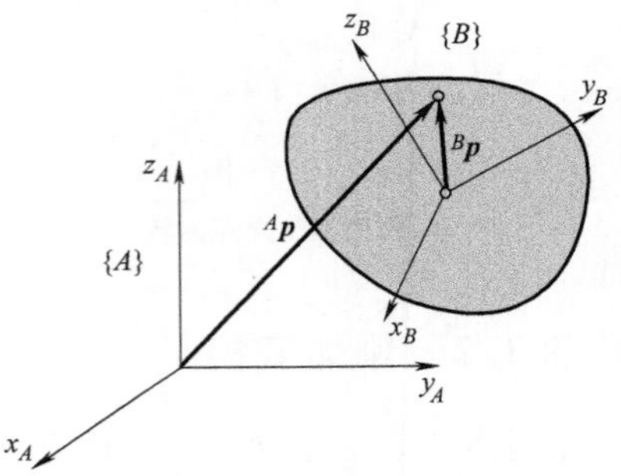

图 3.6　描述刚体运动的两种坐标系

如何来描述刚体的姿态呢？相对位置描述而言，姿态的描述复杂多样。由于刚体转动只改变刚体的姿态，因此，为了更好地描述刚体的姿态，我们不妨先讨论一下刚体转动。

3.3　刚体转动与三维旋转群

3.3.1　刚体姿态的一般描述与旋转变换群

一种最简单的描述刚体姿态的方法是：用附着在刚体上的物体坐标系 $\{B\}$ 相对于参考坐标系 $\{A\}$ 的相对姿态来描述。为使刚体姿态的描述简单直观，我们不妨考虑两种坐标系共点的情况。具体如图 3.7 所示，坐标系 $\{B\}$ 中表示 3 个坐标轴方向的单位矢量相对于坐标系 $\{A\}$ 的坐标表达可分别用 $^A\boldsymbol{x}_B, {}^A\boldsymbol{y}_B, {}^A\boldsymbol{z}_B$ 表示，写成矩阵的形式为

$$^{A}_{B}\boldsymbol{R}=({}^A\boldsymbol{x}_B, {}^A\boldsymbol{y}_B, {}^A\boldsymbol{z}_B)_{3\times 3} \tag{3.6}$$

这里称 $^{A}_{B}\boldsymbol{R}$ 为坐标系 $\{B\}$ 相对坐标系 $\{A\}$ 的**旋转矩阵**（rotational matrix），满足

$$^{A}_{B}\boldsymbol{R}=\begin{pmatrix}\boldsymbol{x}_A\cdot\boldsymbol{x}_B & \boldsymbol{x}_A\cdot\boldsymbol{y}_B & \boldsymbol{x}_A\cdot\boldsymbol{z}_B\\ \boldsymbol{y}_A\cdot\boldsymbol{x}_B & \boldsymbol{y}_A\cdot\boldsymbol{y}_B & \boldsymbol{y}_A\cdot\boldsymbol{z}_B\\ \boldsymbol{z}_A\cdot\boldsymbol{x}_B & \boldsymbol{z}_A\cdot\boldsymbol{y}_B & \boldsymbol{z}_A\cdot\boldsymbol{z}_B\end{pmatrix}=\begin{pmatrix}\cos<\boldsymbol{x}_A,\boldsymbol{x}_B> & \cos<\boldsymbol{x}_A,y_B> & \cos<\boldsymbol{x}_A,\boldsymbol{z}_B>\\ \cos<\boldsymbol{y}_A,\boldsymbol{x}_B> & \cos<\boldsymbol{y}_A,\boldsymbol{y}_B> & \cos<\boldsymbol{y}_A,\boldsymbol{z}_B>\\ \cos<\boldsymbol{z}_A,\boldsymbol{x}_B> & \cos<\boldsymbol{z}_A,\boldsymbol{y}_B> & \cos<\boldsymbol{z}_A,\boldsymbol{z}_B>\end{pmatrix} \tag{3.7}$$

由于 $^{A}_{B}\boldsymbol{R}$ 中的每个元素均是方向余弦，因此该矩阵又被称为**方向余弦矩阵**。

可以看到：旋转矩阵 $^{A}_{B}\boldsymbol{R}$ 由 9 个元素组成，但实际上只有 3 个独立参数。这是因为旋转矩阵实质上是一个单位正交的正定矩阵。因此，它满足如下的关系式：

$$\begin{cases}\|{}^A\boldsymbol{x}_B\|=\|{}^A\boldsymbol{y}_B\|=\|{}^A\boldsymbol{z}_B\|=1,\ {}^A\boldsymbol{x}_B\cdot{}^A\boldsymbol{y}_B,={}^A\boldsymbol{y}_B\cdot{}^A\boldsymbol{z}_B={}^A\boldsymbol{z}_B\cdot{}^A\boldsymbol{x}_B=0\\ {}^{A}_{B}\boldsymbol{R}^{-1}={}^{A}_{B}\boldsymbol{R}^{\mathrm{T}},\ 且\ \det({}^{A}_{B}\boldsymbol{R})=1\end{cases} \tag{3.8}$$

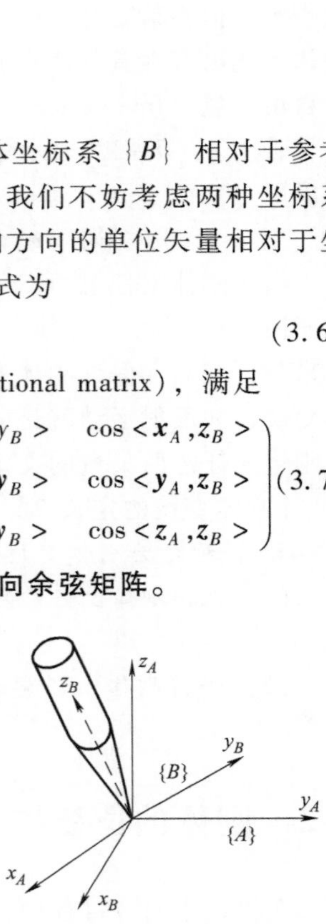

图 3.7　旋转变换

鉴于旋转矩阵 $^{A}_{B}\boldsymbol{R}$ 的共性特征，因此可以将旋转矩阵同第 2 章所讲的三维特殊正交群 SO（3）有机联系起来，即将所有满足上述

性质的 3×3 阶旋转矩阵的集合 $\boldsymbol{R}$ 称为**三维旋转群**（rotation group）。

$$SO(3)=\{\boldsymbol{R}\in\mathbb{R}^{3\times3}:\boldsymbol{R}\boldsymbol{R}^{\mathrm{T}}=\boldsymbol{E},\det(\boldsymbol{R})=1\} \tag{3.9}$$

可以证明 $SO(3)\subset\mathbb{R}^{3\times3}$ 是满足矩阵乘法运算的李群。

根据群的定义，凡在其上定义了二元运算并满足运算的封闭性、单位元、可逆性和结合律的集合 G 称为群。对于 $SO(3)$ 中的任意两个元素作矩阵乘法运算，并满足：

1）封闭律：如果 $\boldsymbol{R}_1$，$\boldsymbol{R}_2\in SO(3)$，则 $\boldsymbol{R}_1\boldsymbol{R}_2\in SO(3)$。

2）结合律：$(\boldsymbol{R}_1\boldsymbol{R}_2)\boldsymbol{R}_3=\boldsymbol{R}_1(\boldsymbol{R}_2\boldsymbol{R}_3)$。

3）幺元律：单位矩阵 $\boldsymbol{E}_3$ 为其单位元素。

4）逆元律：由正交矩阵的性质可知，$\boldsymbol{R}^{-1}=\boldsymbol{R}^{\mathrm{T}}\in SO(3)$。

同时，矩阵相乘与逆运算也满足可微的条件。因此，$SO(3)$ 是以矩阵乘法作为二元运算、以单位矩阵 $\boldsymbol{E}_3$ 为单位元素 $\boldsymbol{E}$ 以 $\boldsymbol{R}^{\mathrm{T}}$ 作为 $\boldsymbol{R}$ 的逆的李群。

旋转矩阵 $\boldsymbol{R}\in SO(3)$ 不仅可以表示刚体上某一点在不同坐标系中的坐标变换（图 3.6）。还可以表示刚体相对于固定坐标系旋转后的位形。用参数化的 $\boldsymbol{R}\in SO(3)$ 表示相应的运动轨迹（图 3.8a），可以写成

$$\boldsymbol{p}(t)=\boldsymbol{R}\boldsymbol{p}(0),t\in[0,T] \tag{3.10}$$

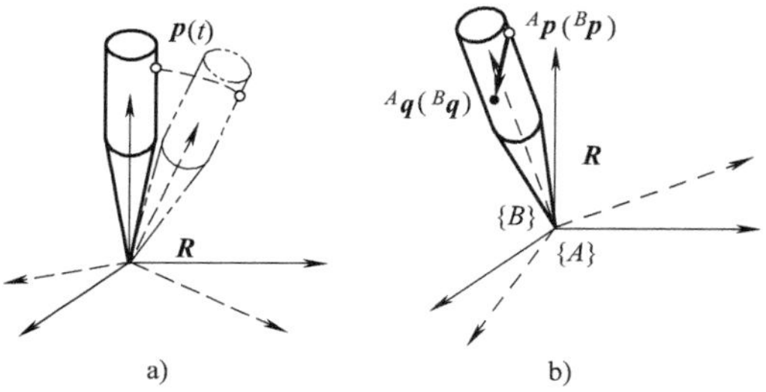

图 3.8　旋转变换

另外，$\boldsymbol{R}\in SO$（3）不仅可以表示点的旋转变换，还可以表示矢量的旋转变换（图 3.8b）。定义物体坐标系｛B｝上的两点 ${}^{B}\boldsymbol{p}$，${}^{B}\boldsymbol{q}$，连接两点的矢量为 ${}^{B}\boldsymbol{v}={}^{B}\boldsymbol{q}-{}^{B}\boldsymbol{p}$，则满足

$${}_{B}^{A}\boldsymbol{R}\,{}^{B}\boldsymbol{v}={}_{B}^{A}\boldsymbol{R}({}^{B}\boldsymbol{q}-{}^{B}\boldsymbol{p})={}^{A}\boldsymbol{q}-{}^{A}\boldsymbol{p}={}^{A}\boldsymbol{v} \tag{3.11}$$

3 个以上坐标系间的旋转变换也可以通过矩阵相乘得到，即满足旋转矩阵的合成法则。

$${}_{C}^{A}\boldsymbol{R}={}_{B}^{A}\boldsymbol{R}\,{}_{C}^{B}\boldsymbol{R} \tag{3.12}$$

【定理 3.1】　旋转变换 $\boldsymbol{R}\in SO(3)$ 是一个刚体变换，即满足：

（1）$\boldsymbol{R}$ 保持距离不变：对于任意的 $\boldsymbol{p}$，$\boldsymbol{q}\in\mathbb{R}^3$，都有

$$\|\boldsymbol{R}\boldsymbol{q}-\boldsymbol{R}\boldsymbol{p}\|=\|\boldsymbol{q}-\boldsymbol{p}\| \tag{3.13}$$

（2）$\boldsymbol{R}$ 保持两矢量夹角不变：对于任意的 $\boldsymbol{u}$，$\boldsymbol{v}\in\mathbb{R}^3$，都有

$$\boldsymbol{R}(\boldsymbol{u}\times\boldsymbol{v})=\boldsymbol{R}\boldsymbol{u}\times\boldsymbol{R}\boldsymbol{v} \tag{3.14}$$

证明：可直接进行验证。

（1）

$$\begin{aligned}\|\boldsymbol{R}\boldsymbol{q}-\boldsymbol{R}\boldsymbol{p}\|^2&=[\boldsymbol{R}(\boldsymbol{q}-\boldsymbol{p})]^{\mathrm{T}}[\boldsymbol{R}(\boldsymbol{q}-\boldsymbol{p})]\\&=(\boldsymbol{q}-\boldsymbol{p})^{\mathrm{T}}\boldsymbol{R}^{\mathrm{T}}\boldsymbol{R}(\boldsymbol{q}-\boldsymbol{p})\\&=\|\boldsymbol{q}-\boldsymbol{p}\|^2\end{aligned}$$

（2）注意到两矢量的叉积所具有的特性为

$$\boldsymbol{u}\times\boldsymbol{v}=\hat{\boldsymbol{u}}\boldsymbol{v} \tag{3.15}$$

式中，$\hat{\boldsymbol{u}}$ 是与 $\boldsymbol{u}$ 相对应的反对称矩阵，即

$$\hat{\boldsymbol{u}}=\begin{bmatrix}0 & -u_3 & u_2\\ u_3 & 0 & -u_1\\ -u_2 & u_1 & 0\end{bmatrix} \tag{3.16}$$

则

$$\boldsymbol{Ru}\times\boldsymbol{Rv}=(\boldsymbol{Ru})\boldsymbol{Rv}=\boldsymbol{R}\hat{\boldsymbol{u}}\boldsymbol{R}^{\mathrm{T}}\boldsymbol{Rv}=\boldsymbol{R}\hat{\boldsymbol{u}}\boldsymbol{v}=\boldsymbol{R}(\boldsymbol{u}\times\boldsymbol{v})$$

注意：上式的证明过程中用到了 $(\boldsymbol{Ru})=\boldsymbol{R}\hat{\boldsymbol{u}}\boldsymbol{R}^{\mathrm{T}}$，读者可以自行验证（具体见本章习题3.7）。

以上初步讨论了一般刚体的空间转动问题，作为刚体转动的特例还有平面定轴转动的情况。不失一般性，不妨考虑绕坐标轴 z 轴转动（或在 x-y 平面内转动）的情况。

$$\boldsymbol{R}_z(\theta)=\begin{pmatrix}\cos\theta & -\sin\theta\\ \sin\theta & \cos\theta\end{pmatrix} \tag{3.17}$$

写成齐次坐标矩阵的形式为

$$\boldsymbol{R}_z(\theta)=\begin{pmatrix}\cos\theta & -\sin\theta & 0\\ \sin\theta & \cos\theta & 0\\ 0 & 0 & 1\end{pmatrix} \tag{3.18}$$

对满足平面定轴转动的全体集合可以定义平面旋转群

$$SO(2)=\{\boldsymbol{R}\in\mathbb{R}^{2\times2}:\boldsymbol{RR}^{\mathrm{T}}=\boldsymbol{E}_{2\times2},\det(\boldsymbol{R})=1\} \tag{3.19}$$

同样可以证明 $SO(2)\subset\mathbb{R}^{2\times2}$ 是满足矩阵相乘运算的李群，旋转变换 $\boldsymbol{R}\in SO(2)$ 也是一个刚体变换，证明过程从略。

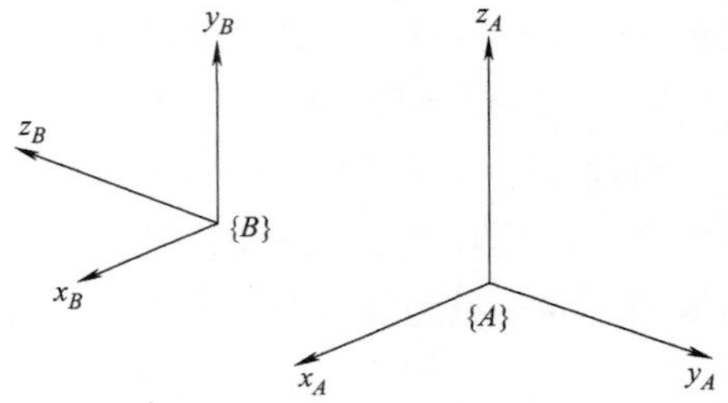

图 3.9 例 3.1 图

【例 3.1】 确定如图 3.9 所示的旋转变换。

解：根据式（3.7）可直接得到

$${}^A_B\boldsymbol{R}=({}^A\boldsymbol{x}_B,{}^A\boldsymbol{y}_B,{}^A\boldsymbol{z}_B)=\begin{pmatrix}\cos0° & \cos90° & \cos90°\\ \cos90° & \cos90° & \cos180°\\ \cos90° & \cos0° & \cos90°\end{pmatrix}=\begin{pmatrix}1 & 0 & 0\\ 0 & 0 & -1\\ 0 & 1 & 0\end{pmatrix}$$

3.3.2 刚体姿态的其他描述方法

前面已经提到，对于共点旋转变换的一般情形，旋转矩阵 $\boldsymbol{R}$ 中的9个元素仅有3个是独立的。因此任意给定3个不在同一行或同一列的元素，其他元素也随之确定，可根据前面给定的6个方程联立求出，但用给定的3个独立的方向余弦来表示其余的6个是很困难的，因为这样必须要解6个联立二次方程。因此，人们通常选用其他参数。下面先介绍两种方法。

1. 用3个欧拉角表示旋转矩阵

空间转动通常采用欧拉角来描述物体坐标系{B}相对参考坐标系{A}的姿态。

1）ZXZ 欧拉角：坐标系{B}最初与坐标系{A}重合，将{B}绕其 z 轴旋转角度 θ，再绕{B}的新 x 轴旋转角度 ϕ，最后再绕{B}的新 z 轴旋转角度 ψ（图 3.10）。这样就得到了一个新的姿态。由于以上所有旋转变换都是相对动坐标系{B}来进行的，因此应遵循**矩阵右乘**

原则，即

$$
{}_B^A\boldsymbol{R}=\boldsymbol{R}_{zxz}(\theta,\phi,\psi)=\boldsymbol{R}_z(\theta)\boldsymbol{R}_{x'}(\phi)\boldsymbol{R}_{z'}(\psi)=\begin{pmatrix}\cos\theta & -\sin\theta & 0\\ \sin\theta & \cos\theta & 0\\ 0 & 0 & 1\end{pmatrix}\begin{pmatrix}1 & 0 & 0\\ 0 & \cos\phi & -\sin\phi\\ 0 & \sin\phi & \cos\phi\end{pmatrix}\begin{pmatrix}\cos\psi & -\sin\psi & 0\\ \sin\psi & \cos\psi & 0\\ 0 & 0 & 1\end{pmatrix}
$$

$$
=\begin{pmatrix}\cos\theta\cos\psi-\sin\theta\cos\phi\sin\psi & -\cos\theta\sin\psi-\sin\theta\cos\phi\cos\psi & \sin\theta\sin\phi\\ \sin\theta\cos\psi+\cos\theta\cos\phi\sin\psi & -\sin\theta\sin\psi+\cos\theta\cos\phi\cos\psi & -\cos\theta\sin\phi\\ \sin\phi\ \sin\psi & \sin\phi\cos\psi & \cos\phi\end{pmatrix}\quad(3.20)
$$

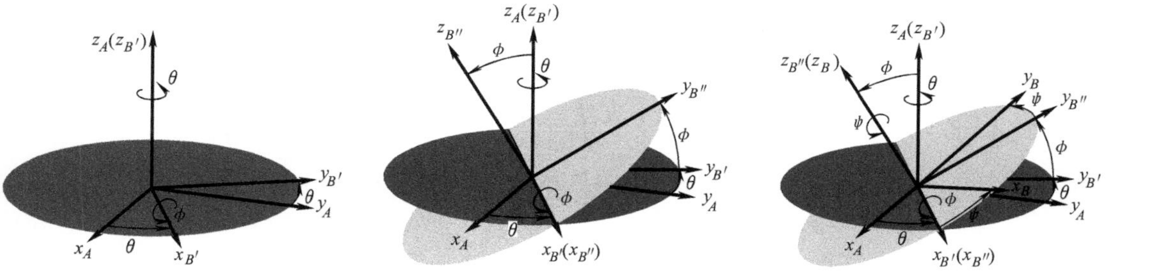

图 3.10　*ZXZ* 变换

2）*ZYZ* 欧拉角：坐标系{*B*}最初与坐标系{*A*}重合，将{*B*}绕其 *z* 轴旋转角度 θ，再绕{*B*}的新 *y* 轴旋转角度 ϕ，最后再绕{*B*}的新 *z* 轴旋转角度 ψ（图 3.11）。这样就得到了一个新的姿态。

$$
{}_B^A\boldsymbol{R}=\boldsymbol{R}_{zyz}(\theta,\phi,\psi)=\boldsymbol{R}_z(\theta)\boldsymbol{R}_{y'}(\phi)\boldsymbol{R}_{z''}(\psi)=\begin{pmatrix}\cos\theta & -\sin\theta & 0\\ \sin\theta & \cos\theta & 0\\ 0 & 0 & 1\end{pmatrix}\begin{pmatrix}\cos\phi & 0 & \sin\phi\\ 0 & 1 & 0\\ -\sin\phi & 0 & \cos\phi\end{pmatrix}\begin{pmatrix}\cos\psi & -\sin\psi & 0\\ \sin\psi & \cos\psi & 0\\ 0 & 0 & 1\end{pmatrix}
$$

$$
=\begin{pmatrix}\cos\theta\sin\phi\cos\psi-\sin\theta\sin\psi & -\cos\theta\cos\phi\sin\psi-\sin\theta\cos\psi & \cos\theta\sin\phi\\ \sin\theta\cos\phi\cos\psi+\cos\theta\sin\psi & -\sin\theta\cos\phi\sin\psi+\cos\theta\cos\psi & \sin\theta\sin\phi\\ -\sin\phi\cos\psi & \sin\phi\sin\psi & \cos\phi\end{pmatrix}\quad(3.21)
$$

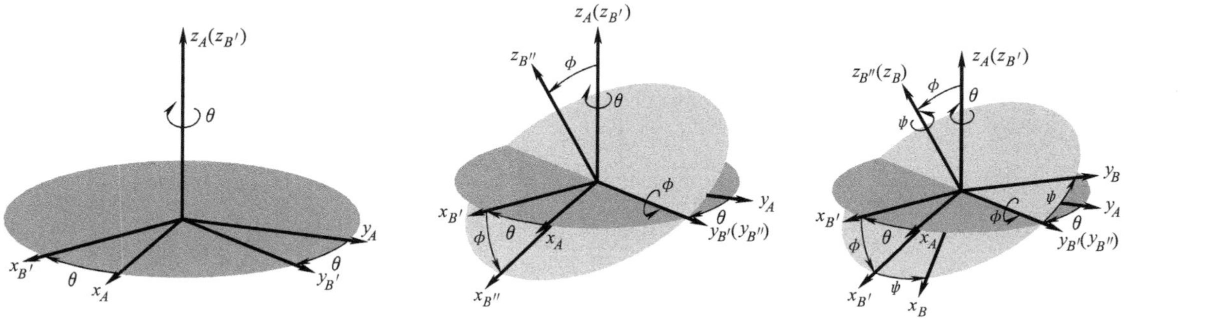

图 3.11　*ZYZ* 变换

3）修正的 *ZYZ* 欧拉角——*T&T* 角：坐标系{*B*}最初与坐标系{*A*}重合，将{*B*}绕其 *z* 轴旋转角度 θ，再绕{*B*}的新 *y* 轴旋转角度 ϕ，再绕{*B*}的新 *z* 轴旋转角度 $-\theta$，这 3 个连续转动组合成一个新的转动 $\boldsymbol{R}_a(\phi)=\boldsymbol{R}_{zyz}(\theta,\phi,-\theta)$；最后再绕新的 *z* 轴旋转角度 ψ（图

3.12）。

$$
{}_B^A\boldsymbol{R} = \boldsymbol{R}_a(\boldsymbol{\phi})\boldsymbol{R}_z(\boldsymbol{\psi}) = \boldsymbol{R}_z(\theta)\boldsymbol{R}_{y'}(\phi)\boldsymbol{R}_{z''}(-\theta)\boldsymbol{R}_{z''}(\psi)
$$

$$
= \begin{pmatrix} \cos\theta & -\sin\theta & 0 \\ \sin\theta & \cos\theta & 0 \\ 0 & 0 & 1 \end{pmatrix}\begin{pmatrix} \cos\phi & 0 & \sin\phi \\ 0 & 1 & 0 \\ -\sin\phi & 0 & \cos\phi \end{pmatrix}\begin{pmatrix} \cos(\psi-\theta) & -\sin(\psi-\theta) & 0 \\ \sin(\psi-\theta) & \cos(\psi-\theta) & 0 \\ 0 & 0 & 1 \end{pmatrix}
$$

$$
= \begin{pmatrix} \cos\theta\sin\phi\cos(\psi-\theta)-\sin\theta\sin(\psi-\theta) & -\cos\theta\cos\phi\sin(\psi-\theta)-\sin\theta\cos(\psi-\theta) & \cos\theta\sin\phi \\ \sin\theta\cos\phi\cos(\psi-\theta)+\cos\theta\sin(\psi-\theta) & -\sin\theta\cos\phi\sin(\psi-\theta)+\cos\theta\cos(\psi-\theta) & \sin\theta\sin\phi \\ -\sin\phi\cos(\psi-\theta) & \sin\phi\sin(\psi-\theta) & \cos\phi \end{pmatrix} \tag{3.22}
$$

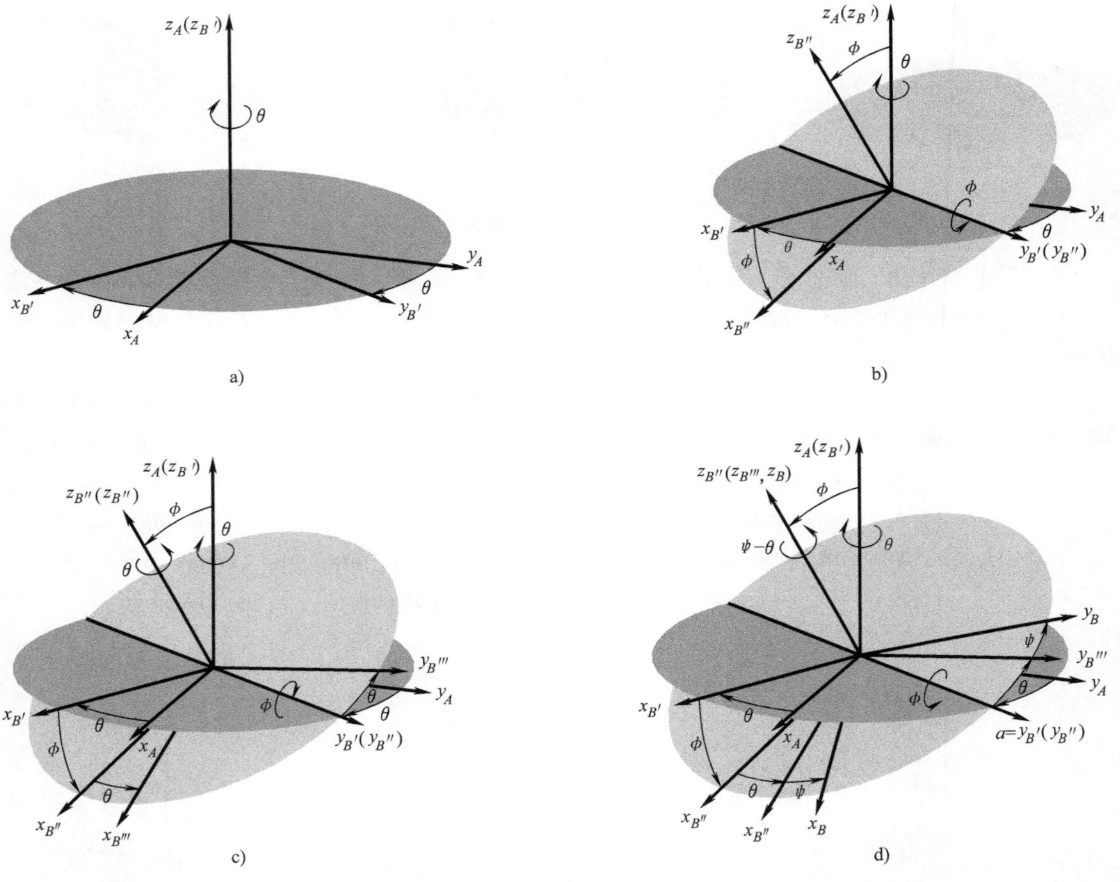

图 3.12　修正的 *ZYZ* 变换

2. 用绕 3 个固定坐标轴旋转角表示的旋转矩阵

此外，还可采用 *RPY*（Roll，Pitch，Yaw——翻滚、俯仰、偏航）来描述三维转动。事实上，*RPY* 角源于对船舶在海中航行时的姿态描述方式。

与欧拉角采用动轴旋转不同，*RPY* 角采用的是基于固定坐标轴的旋转。具体描述如下：坐标系 $\{B\}$ 最初与参考坐标系 $\{A\}$ 重合，首先绕 $\{A\}$ 的 x 轴旋转角度 α，再绕 $\{A\}$ 的 y 轴旋转角度 β，最后再绕 $\{A\}$ 的 z 轴旋转角度 γ。这样也可得到一个新的姿态（图 3.13）。由于以上

所有旋转变换都是相对固定坐标系来进行的，因此应遵循矩阵左乘原则，即

$$
\begin{aligned}
{}_B^A\boldsymbol{R} &= \boldsymbol{R}_{zyx}(\alpha,\beta,\gamma) = \boldsymbol{R}_{z_A}(\gamma)\boldsymbol{R}_{y_A}(\beta)\boldsymbol{R}_{x_A}(\alpha) \\
&= \begin{pmatrix} \cos\beta\cos\gamma & \sin\alpha\sin\beta\cos\gamma - \cos\alpha\sin\gamma & \cos\alpha\sin\beta\cos\gamma + \sin\alpha\sin\gamma \\ \cos\beta\sin\gamma & \sin\alpha\sin\beta\sin\gamma + \cos\alpha\cos\gamma & \cos\alpha\sin\beta\sin\gamma - \sin\alpha\cos\gamma \\ -\sin\beta & \sin\alpha\cos\beta & \cos\alpha\cos\beta \end{pmatrix}
\end{aligned} \tag{3.23}
$$

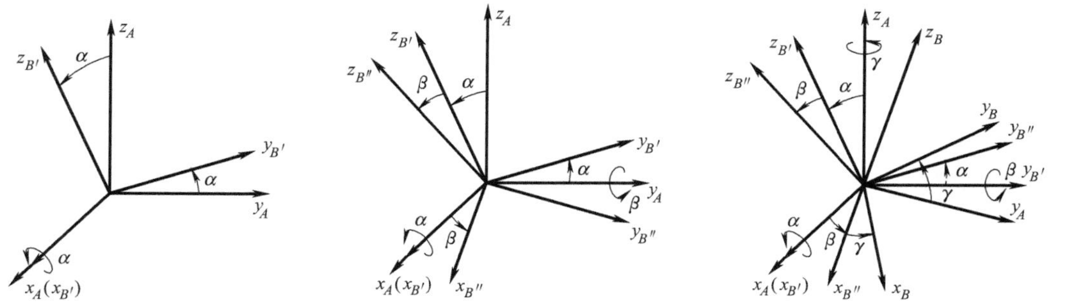

图 3.13 绕三个固定坐标轴的旋转变换

刚体旋转运动除了用欧拉角来表达外，还有更简单的表达形式。这部分内容将在后面提及。

3.4 一般刚体运动与刚体运动群

3.4.1 一般刚体运动与齐次变换矩阵

相对刚体转动的表达而言，描述一般的刚体运动要复杂得多。为了充分表达刚体运动，必须同时描述刚体上任意一点的移动及刚体绕该点的转动。为此，通常在刚体上的某点处建立**物体坐标系**$\{B\}$，通过描述该坐标系相对于参考坐标系$\{A\}$的运动来表示刚体的位形。这样，刚体上各点的运动情况都可从物体坐标系的运动以及该点相对于物体坐标系的运动来得到，如图 3.14 所示。因此，

$$
{}^A\boldsymbol{p} = {}_B^A\boldsymbol{R}\,{}^B\boldsymbol{p} + {}^A\boldsymbol{t}_{BORG} \tag{3.24}
$$

式中，${}^A\boldsymbol{t}_{BORG}$为从坐标系$\{A\}$原点到坐标系$\{B\}$原点的位置矢量。

将式（3.24）写成齐次变换的表达形式

$$
\begin{pmatrix} {}^A\boldsymbol{p} \\ 1 \end{pmatrix} = \begin{pmatrix} {}_B^A\boldsymbol{R} & {}^A\boldsymbol{t}_{BORG} \\ \boldsymbol{0} & 1 \end{pmatrix} \begin{pmatrix} {}^B\boldsymbol{p} \\ 1 \end{pmatrix} \tag{3.25}
$$

即

$$
{}^A\overline{\boldsymbol{p}} = {}_B^A\boldsymbol{T}\,{}^B\overline{\boldsymbol{p}} \tag{3.26}
$$

$$
{}^A\overline{\boldsymbol{p}} = \begin{pmatrix} {}^A\boldsymbol{p} \\ 1 \end{pmatrix},\ {}^B\overline{\boldsymbol{p}} = \begin{pmatrix} {}^B\boldsymbol{p} \\ 1 \end{pmatrix},\ {}_B^A\boldsymbol{T} = \begin{pmatrix} {}_B^A\boldsymbol{R} & {}^A\boldsymbol{t}_{BORG} \\ \boldsymbol{0} & 1 \end{pmatrix}_{4\times4} \tag{3.27}
$$

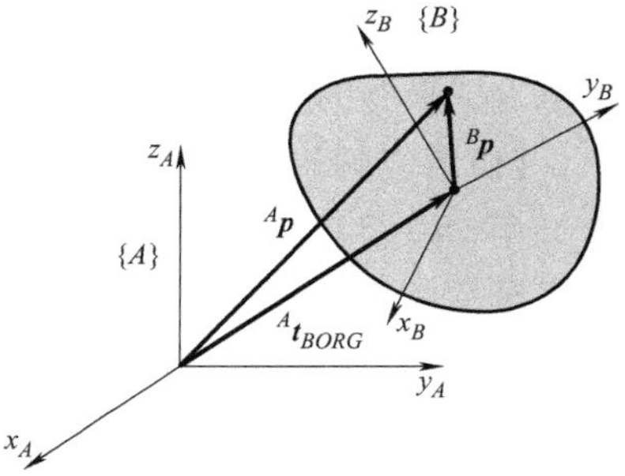

图 3.14 一般刚体变换

式中，${}^A\overline{\boldsymbol{p}}$ 为点 P 在坐标系 $\{A\}$ 中的齐次坐标表示；${}^B\overline{\boldsymbol{p}}$ 为点 P 在坐标系 $\{B\}$ 中的齐次坐标表示；${}_B^A\boldsymbol{T}$ 为一般刚体运

动的齐次变换矩阵。

注意在刚体运动中存在的两种特例（图 3.15）：①当${}^{A}\boldsymbol{t}_{BORG}=\mathbf{0}$时，就是纯转动的情况，前面对此已进行了详细讨论；②当${}_{B}^{A}\boldsymbol{R}=\boldsymbol{E}$时，表示纯移动的情况。空间刚体的单纯平移运动描述起来比较简单：首先选择刚体上任意一点（通常为物体坐标系的原点），描述该点相对于参考坐标系的位置坐标，从而获得整个刚体的运动轨迹$\boldsymbol{t}(t)\in\mathbb{R}^3$，$t\in[0, T]$。

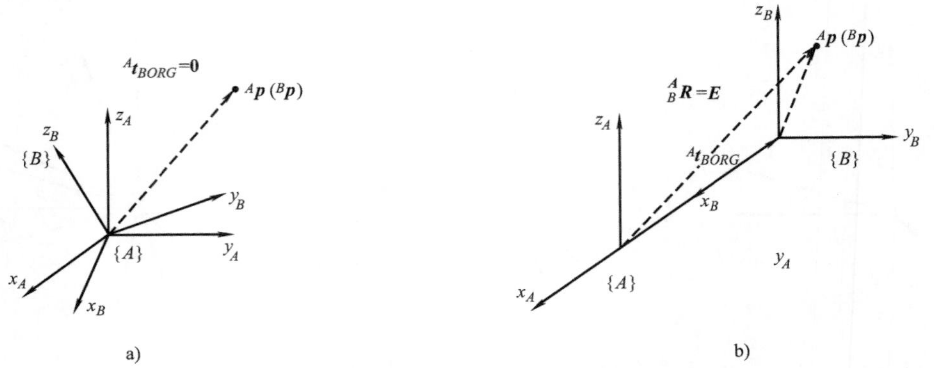

图 3.15　刚体变换的两种特殊情况

a）纯转动　b）纯移动

【例 3.2】　已知刚体绕 z 轴方向的轴线转动角 θ，且轴线经过点（0，l，0），求物体坐标系{B}相对固定坐标系{A}的齐次变换矩阵（图 3.16）。

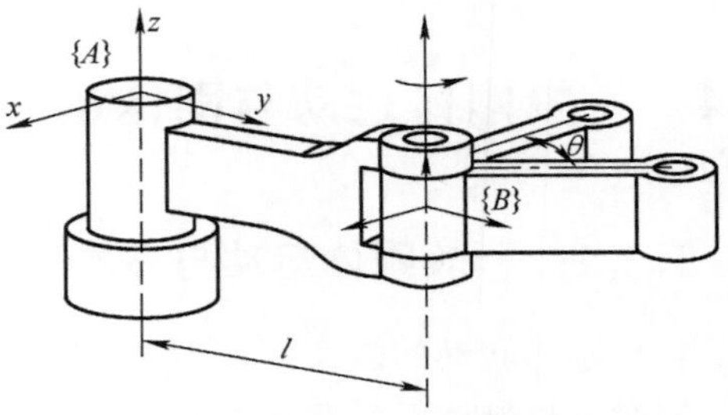

图 3.16　例 3.2 图

解：由式（3.27）直接得到物体坐标系{B}相对固定坐标系{A}的齐次变换矩阵为

$$
{}_{B}^{A}\boldsymbol{T}=\begin{pmatrix} {}_{B}^{A}\boldsymbol{R} & {}^{A}\boldsymbol{t}_{BORG} \\ \mathbf{0} & 1 \end{pmatrix}=\begin{pmatrix} \cos\theta & -\sin\theta & 0 & 0 \\ \sin\theta & \cos\theta & 0 & l \\ 0 & 0 & 1 & 0 \\ 0 & 0 & 0 & 1 \end{pmatrix}
$$

3.4.2　$SE(3)$ 与一般刚体运动

从前面已经看到，齐次变换矩阵可以用来描述一般刚体运动（移动与转动的合成运动），但缺点在于该方法过于依赖坐标系，表达也比较复杂，在描述多刚体运动时尤为麻烦。这个问题在后面章节中还会提及。为简化运算，这里引入了李群的表达。

【位形空间】　刚体的任一位形可由物体坐标系相对固定坐标系的位置（$\boldsymbol{t}\in\mathbb{R}^3$）和姿态（$\boldsymbol{R}\in SO(3)$）共同确定。其所有位形组成的空间称为刚体的位形空间。因此，刚体的位形空间可以表示为$\mathbb{R}^3$与 $SO(3)$ 的乘积空间（半直积），记作 $SE(3)$。

$$
SE(3)=\{(\boldsymbol{R},\boldsymbol{t}):\boldsymbol{R}\in SO(3),\boldsymbol{t}\in\mathbb{R}^3\}=SO(3)\times\mathbb{R}^3 \tag{3.28}
$$

这里的 $SE(3)$ 就是前面章节中介绍的特殊欧氏群，本书简称欧氏群。注意：这里的 $SE(3)$ 是绕原点旋转变换 $SO(3)$ 和平移变换 $T(3)$ 的半直积，半直积中各因子之间的作用不具有互换性。因此上面的半直积就意味着是指将旋转作用于平移，而不是相反。

为简单起见，本书用${}^A_Bg=({}^A_B\boldsymbol{R},{}^A\boldsymbol{t}_{BORG})\in SE(3)$ 表示坐标系{B}相对于坐标系{A}的位形，若在表达式中忽略坐标系，可以简写为 $g=(\boldsymbol{R},\boldsymbol{t})\in SE(3)$。

如前所述，元素${}^A_Bg=({}^A_B\boldsymbol{R},{}^A\boldsymbol{t}_{BORG})\in SE(3)$可实现同一点在不同坐标系之间的刚体变换。同样写成齐次变换的形式，即

$$ {}^A\overline{\boldsymbol{p}}={}^A_B\overline{g}\,{}^B\overline{\boldsymbol{p}}=\begin{pmatrix}{}^A_B\boldsymbol{R} & {}^A\boldsymbol{t}_{BORG}\\ \boldsymbol{0} & 1\end{pmatrix}{}^B\overline{\boldsymbol{p}} \tag{3.29}$$

式中，4×4 阶矩阵${}^A_B\overline{g}$ 称为${}^A_Bg\in SE(3)$ 的齐次坐标表示。通常情况下，若 $g=(\boldsymbol{R},t)\in SE(3)$，则

$$ \overline{g}=\begin{pmatrix}\boldsymbol{R} & \boldsymbol{t}\\ \boldsymbol{0} & 1\end{pmatrix} \tag{3.30}$$

可以看到，这里的 $\overline{g}$ 与前面所讲的齐次变换矩阵 $\boldsymbol{T}$ 表达方式完全一样。

注意：为了后面章节的表达方便，将不再区分点及刚体变换的齐次表达与普通形式表达的区别，将 $\overline{\boldsymbol{p}}$ 写成 $\boldsymbol{p}$，$\overline{g}$ 写成 g。因此，式（3.29）简写成

$$ {}^A\boldsymbol{p}={}^A_Bg\,{}^B\boldsymbol{p} \tag{3.31}$$

利用齐次坐标与齐次变换可以证明 $SE(3)$ 对于矩阵乘法构成李群。

证明：(1) 封闭律：如果 g_1，$g_2\in SE(3)$，则 $g_1g_2\in SE(3)$，因为

$$ g_1g_2=\begin{pmatrix}\boldsymbol{R}_1 & \boldsymbol{t}_1\\ \boldsymbol{0} & 1\end{pmatrix}\begin{pmatrix}\boldsymbol{R}_2 & \boldsymbol{t}_2\\ \boldsymbol{0} & 1\end{pmatrix}=\begin{pmatrix}\boldsymbol{R}_1\boldsymbol{R}_2 & \boldsymbol{R}_1\boldsymbol{t}_2+\boldsymbol{t}_1\\ \boldsymbol{0} & 1\end{pmatrix}=\begin{pmatrix}\boldsymbol{R}' & \boldsymbol{t}'\\ \boldsymbol{0} & 1\end{pmatrix}=g'\in SE(3)$$

(2) 结合律：刚体变换的复合满足结合律，即

$$ (g_1g_2)g_3=g_1(g_2g_3)$$

(3) 幺元律：存在唯一的单位矩阵 $\boldsymbol{E}_4\in SE(3)$ 为其单位元素。

(4) 逆元律：即 $g^{-1}=(\boldsymbol{R}^{\mathrm{T}},-\boldsymbol{R}^{\mathrm{T}}\boldsymbol{t})\in SE(3)$，这时因为

$$ g^{-1}=\begin{pmatrix}\boldsymbol{R} & \boldsymbol{t}\\ \boldsymbol{0} & 1\end{pmatrix}^{-1}=\begin{pmatrix}\boldsymbol{R}^{\mathrm{T}} & -\boldsymbol{R}^{\mathrm{T}}\boldsymbol{t}\\ \boldsymbol{0} & 1\end{pmatrix}=\begin{pmatrix}\boldsymbol{R}'' & \boldsymbol{t}''\\ \boldsymbol{0} & 1\end{pmatrix}=g''\in SE(3)$$

$SE(3)$ 中包含有多种特殊的子群：$SO(3)$、$T(3)$、$SE(2)$、$SO(2)$ 等。其中，$SO(3)$ 的元素代表旋转运动，齐次变换表示为$\begin{pmatrix}\boldsymbol{R} & \boldsymbol{0}\\ \boldsymbol{0} & 1\end{pmatrix}$；$T(3)$的元素代表平移运动，齐次变换表示为$\begin{pmatrix}\boldsymbol{E} & \boldsymbol{t}\\ \boldsymbol{0} & 1\end{pmatrix}$。

任一刚体变换 $g(g\in SE(3))$都可以表示为旋转变换与平移变换的复合，即任何刚体运动都可以表示成转动与平动的复合运动。

$$ g=\begin{pmatrix}\boldsymbol{E} & \boldsymbol{t}\\ \boldsymbol{0} & 1\end{pmatrix}\begin{pmatrix}\boldsymbol{R} & \boldsymbol{0}\\ \boldsymbol{0} & 1\end{pmatrix}=\begin{pmatrix}\boldsymbol{R} & \boldsymbol{t}\\ \boldsymbol{0} & 1\end{pmatrix} \tag{3.32}$$

因此，$SE(3)$ 是以矩阵乘法作为二元运算，以单位矩阵 $\boldsymbol{E}$ 为单位元素的李群，因此又称为刚体变换群。

【定理 3.2】　齐次变换 $g(g\in SE(3))$ 代表一个刚体运动（是一个刚体变换）。即满足：

1）g 能保持两点间的距离不变：即对于任意的 $\boldsymbol{p}$，$\boldsymbol{q}\in\mathbb{R}^3$，都有

$$ \|g\boldsymbol{q}-g\boldsymbol{p}\|=\|\boldsymbol{q}-\boldsymbol{p}\| \tag{3.33}$$

2）g 能保持刚体内的两个矢量间夹角不变：对于任意的 $\boldsymbol{u}$，$\boldsymbol{v}\in\mathbb{R}^3$，都有

$$ g_*(\boldsymbol{u}\times\boldsymbol{v})=g_*\boldsymbol{u}\times g_*\boldsymbol{v} \tag{3.34}$$

留给读者自己来证明。

与旋转矩阵类似，刚体变换矩阵还可以表示刚体相对于固定坐标系作一般刚体运动后的位形。用参数化的 $\boldsymbol{T}\in SE(3)$ 表示相应的运动轨迹，可以写成

$$\boldsymbol{p}(t)=\boldsymbol{T}\boldsymbol{p}(0),t\in[0,T] \tag{3.35}$$

另外，$\boldsymbol{T}\in SE(3)$ 不仅可以表示点的刚体变换，还可以表示矢量的刚体变换。定义物体坐标系 $\{B\}$ 上的两点 ${}^{B}\boldsymbol{p}$, ${}^{B}\boldsymbol{q}$，连接两点的矢量为 ${}^{B}\boldsymbol{v}={}^{B}\boldsymbol{q}-{}^{B}\boldsymbol{p}$。则满足

$$ {}_{B}^{A}\boldsymbol{T}^{B}\boldsymbol{v}={}_{B}^{A}\boldsymbol{T}({}^{B}\boldsymbol{q}-{}^{B}\boldsymbol{p})={}^{A}\boldsymbol{q}-{}^{A}\boldsymbol{p}={}^{A}\boldsymbol{v} \tag{3.36}$$

刚体变换 $g\in SE(3)$ 也可以通过矩阵相乘加以组合形成新的刚体变换，即满足刚体变换的合成法则。设 ${}_{B}^{A}g\in SE(3)$ 表示坐标系 $\{B\}$ 相对于坐标系 $\{A\}$ 的位形，${}_{C}^{B}g\in SE(3)$ 表示坐标系 $\{C\}$ 相对于坐标系 $\{B\}$ 的位形，则坐标系 $\{C\}$ 相对于坐标系 $\{A\}$ 的位形

$$ {}_{C}^{A}g={}_{B}^{A}g{}_{C}^{B}g=\begin{pmatrix} {}_{B}^{A}\boldsymbol{R}{}_{C}^{B}\boldsymbol{R} & {}_{B}^{A}\boldsymbol{R}^{B}\boldsymbol{t}_{CORG}+{}^{A}\boldsymbol{t}_{BORG} \\ \boldsymbol{0} & 1 \end{pmatrix} \tag{3.37}$$

【例 3.3】　已知刚体绕 z 轴方向的轴线转动角 θ，且轴线经过点 $(0,\ l,\ 0)$，求物体坐标系 $\{B\}$ 相对固定坐标系 $\{A\}$ 的位形（图 3.17）。

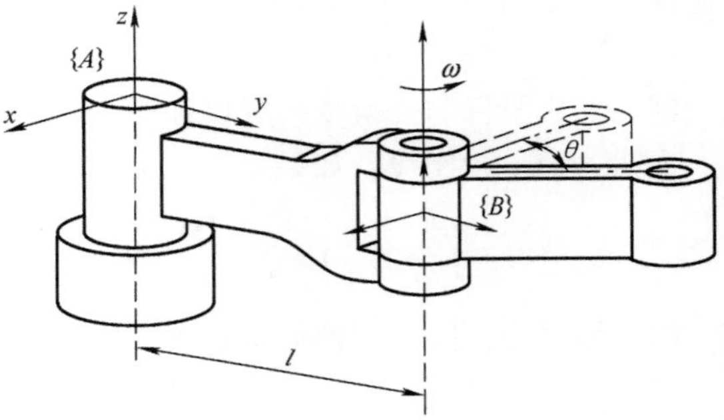

图 3.17　例 3.3 图

解：由式（3.29）直接得到

$$ {}_{B}^{A}g=\begin{pmatrix} {}_{B}^{A}\boldsymbol{R} & {}^{A}\boldsymbol{t}_{BORG} \\ \boldsymbol{0} & 1 \end{pmatrix}=\begin{pmatrix} \cos\theta & -\sin\theta & 0 & 0 \\ \sin\theta & \cos\theta & 0 & l \\ 0 & 0 & 1 & 0 \\ 0 & 0 & 0 & 1 \end{pmatrix}$$

最后再讨论一下另外一种特殊的刚体运动——平面刚体运动及平面刚体变换（图 3.18）。平面刚体变换对应的李群是 $SE(2)$，其定义与 $SE(3)$ 有些类似。

平面刚体变换 $g=(\boldsymbol{R},\boldsymbol{t})\in SE(2)$ 由平面二维移动群 $\boldsymbol{t}\in\mathbb{R}^2$ 和绕该平面法线的转动群 $\boldsymbol{R}_{2\times2}$ 组成，即

$$SE(2)=\{(\boldsymbol{R},\boldsymbol{t}):\boldsymbol{R}\in SO(2),\boldsymbol{t}\in\mathbb{R}^2\}=SO(2)\times\mathbb{R}^2 \tag{3.38}$$

$SE(2)$ 称为平面欧氏群。用齐次坐标表示，g 对应的是一个 3×3 矩阵。

$$g=\begin{pmatrix} \boldsymbol{R}_{2\times2} & \boldsymbol{t} \\ \boldsymbol{0} & 1 \end{pmatrix} \tag{3.39}$$

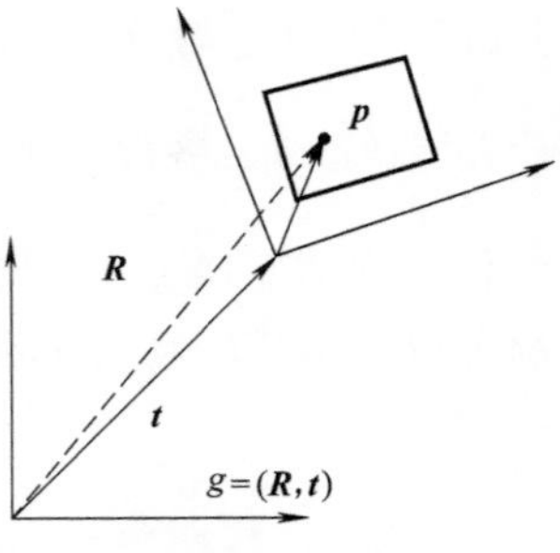

图 3.18　平面刚体变换

同样利用齐次坐标和齐次变换可以证明 $SE(2)$ 对于矩阵乘法构成李群。同时，$g=(\boldsymbol{R},\boldsymbol{t})\in SE(2)$ 表示一个刚体变换，证明过程从略。

3.5　扩展阅读文献

1. 戴建生．机构学与机器人学的几何基础与旋量代数［M］．北京：高等教育出版社，2014.

2. 熊有伦．机器人学［M］．北京：机械工业出版社，1992.
3. 熊有伦，丁汉，刘恩沧．机器人学［M］．北京：机械工业出版社，1993.
4. Craig J J. Introduction to Robotics, Mechanics, and Control［M］. New York: Addison-Wesley Pub lishing Company, 1986.
5. Murray R, Li Z X, Sastry S. A Mathematical Introduction to Robotic Manipulation［M］. Boca Raton: CRC Press, 1994.
6. Dai J S. Finite displacement screw operators with embedded Chasles' motion［J］. Transactions of the ASME, Journal of Mechanisms and Robotics, 2012, 4 (4): 041002.

习　题

3.1　一矢量 ${}^A\boldsymbol{p}$ 绕 z 轴旋转 30°，然后绕 $\boldsymbol{x}$ 轴旋转 45°，求按上述顺序旋转后得到的旋转矩阵。

3.2　物体坐标系 $\{B\}$ 最初与惯性坐标系 $\{A\}$ 重合，将坐标系 $\{B\}$ 绕 z 轴旋转 30°，再绕新坐标系的 $\boldsymbol{x}$ 轴旋转 45°，求按上述顺序旋转后得到的旋转矩阵。

3.3　问在什么条件下，两个旋转矩阵可以交换？

3.4　试问如果旋转角度足够小，那么任意两个旋转矩阵是否可以交换？

3.5　假设一个刚体内嵌有两个单位矢量，证明：无论刚体如何旋转，两个矢量的夹角保持不变。

3.6　证明任何旋转矩阵行列式的值恒等于 1。

3.7　求解旋转矩阵 $\boldsymbol{R}$ 的特性：

（1）求解 $\boldsymbol{R}$ 的特征值，并求与特征值为 1 对应的特征向量；

（2）令 $\boldsymbol{R}=(\boldsymbol{r}_1,\boldsymbol{r}_2,\boldsymbol{r}_3)$，试证明 $\det(\boldsymbol{R})=\boldsymbol{r}_1^{\mathrm{T}}(\boldsymbol{r}_2\times\boldsymbol{r}_3)$；

（3）证明 $\boldsymbol{R}\boldsymbol{u}=\boldsymbol{R}\hat{\boldsymbol{u}}\boldsymbol{R}^{\mathrm{T}}$。

3.8　试证明三次绕固定坐标轴旋转的最终姿态与以相反顺序三次绕运动坐标轴旋转的最终姿态相同，即 $\boldsymbol{R}_{ZYX}(\alpha,\beta,\gamma)=\boldsymbol{R}_{zyx}(\gamma,\beta,\alpha)$。

3.9　试证明相似变换

$$\boldsymbol{R}_a(\phi)=\boldsymbol{R}_z(\theta)\boldsymbol{R}_y(\phi)\boldsymbol{R}_z^{-1}(\theta)=\boldsymbol{R}_{zyz}(\theta,\phi,-\theta)$$

3.10　已知旋转矩阵

$${}_B^A\boldsymbol{R}=\begin{pmatrix}1&0&0\\0&\sqrt{3}/2&-1/2\\0&1/2&\sqrt{3}/2\end{pmatrix}$$

求与之等效的 RPY 角。

3.11　已知旋转矩阵

$${}_B^A\boldsymbol{R}=\begin{pmatrix}\sqrt{3}/2&-1/2&0\\\sqrt{3}/4&3/4&-1/2\\1/4&\sqrt{3}/4&\sqrt{3}/2\end{pmatrix}$$

求与之等效的 ZXZ 欧拉角。

3.12　在描述空间刚体姿态的各种方法中，欧拉角描述被称为是一种局部参数的描述方法。以式（3.20）给出的刚体旋转矩阵（ZXZ 欧拉角）为例，试证明当 $\phi=0$ 时，矩阵奇异。

3.13　$T\&T$（Tilt & Torsion）是加拿大学者 Benev 提出的一种描述刚体姿态的方法，它实质上是一种修正的 ZYZ 欧拉角。如果某类机构在运动过程中始终满足 Torsion 角为零，该机构称为**零扭角机构**（zero-torsion mechanism）[7]。试通过查阅文献，找出 1～2 种零扭角机构的例子。

3.14　证明**平面齐次变换矩阵**（planar homogenous transformation matrix）

$$\boldsymbol{D}=\begin{pmatrix}\cos\alpha & -\sin\alpha & x_Q-x_P\cos\alpha+y_P\sin\alpha\\ \sin\alpha & \cos\alpha & y_Q-y_P\sin\alpha-y_P\cos\alpha\\ 0 & 0 & 1\end{pmatrix}.$$

3.15　已知一速度矢量 ${}^B\boldsymbol{v}$ 和齐次变换矩阵 ${}^A_B\boldsymbol{T}$ 分别为

$${}^B\boldsymbol{v}=\begin{pmatrix}1\\2\\3\end{pmatrix},\ {}^A_B\boldsymbol{T}=\begin{pmatrix}\sqrt{3}/2 & -1/2 & 0 & 5\\ 1/2 & \sqrt{3}/2 & 0 & -2\\ 0 & 0 & 1 & 3\\ 0 & 0 & 0 & 1\end{pmatrix}$$

试计算 ${}^A\boldsymbol{v}$。

3.16　已知一刚体的齐次变换矩阵

$${}^A_B\boldsymbol{T}=\begin{pmatrix}\sqrt{3}/2 & -1/2 & 0 & 2\\ 1/2 & \sqrt{3}/2 & 0 & 4\\ 0 & 0 & 1 & 0\\ 0 & 0 & 0 & 1\end{pmatrix}$$

试求解该变换的逆变换 ${}^B_A\boldsymbol{T}$。

3.17　对于由移动 $\boldsymbol{t}\in\mathbb{R}^2$ 和 2×2 旋转矩阵 $\boldsymbol{R}$ 组成的平面刚体变换 $g=(\boldsymbol{R},\boldsymbol{t})\in SE(2)$，可以用齐次坐标将其表示为 3×3 矩阵

$$g=\begin{pmatrix}\boldsymbol{R} & \boldsymbol{t}\\ \boldsymbol{0} & 1\end{pmatrix}$$

证明任意平面刚体运动可以描述为关于某点的纯移动或纯转动。

3.18　已知刚体绕 z 轴方向的轴线旋转 30°，且轴线经过点（1，1，0），求物体坐标系 $\{B\}$ 相对固定坐标系 $\{A\}$ 的位形。

3.19　已知刚体绕 x 轴方向的轴线旋转 30°，且轴线经过点（1，0，1），求物体坐标系 $\{B\}$ 相对固定坐标系 $\{A\}$ 的齐次变换矩阵。

3.20　已知一机器人末端工具中心点为 P_0，求：经过机器人的一般运动变换（旋转 $\boldsymbol{R}_{3\times3}$ 和平移 $\boldsymbol{t}_{3\times1}$）以后点 P 的表达，并写出其逆变换矩阵表达。

第 4 章　刚体运动群的李代数

【内容提示】

本章的核心是使学生了解什么是刚体运动群的“李代数”？具体包括三个方面的内容：①理解并掌握运动旋量的概念；②深刻了解刚体运动的指数映射；③深刻理解运动旋量与螺旋运动之间的映射关系。

本章学习的重点在于如何通过指数映射将刚体位移与速度有机地联系在一起；学习的难点在于对李代数、指数映射、指数坐标、运动旋量等众多抽象概念的准确理解。

4.1　李代数的定义

有几种方法可以定义**李代数**（Lie algebra）。

作为一种光滑流形，李群具有这样的一个特性：在其上任一点 P 处都有切空间存在，而该点的切空间包含有过点 P 的所有切向量，并且切空间的维数与流形的维数一致。不过，令我们最感兴趣的是李群中其单位元 e 处的切空间，并定义其为李代数。

【例 4.1】　考察群 $SO(n)$ 中其单位元 e 处的切空间。

如果采用矩阵表达，其上经过单位元 e 的一条路径（可看作是一条刚体连续转动的轨迹）可以表示成 $\boldsymbol{R}(t)$，其中 $\boldsymbol{R}(0)=\boldsymbol{E}_n$，且 $\boldsymbol{R}(t)^{\mathrm{T}}\boldsymbol{R}(t)=\boldsymbol{E}_n$。对该式进行微分，并令 $t=0$，我们得到

$$\dot{\boldsymbol{R}}(0)^{\mathrm{T}}+\dot{\boldsymbol{R}}(0)=\boldsymbol{0} \tag{4.1}$$

由此可以看出，单位元 e 处的切空间是一个 $n\times n$ 阶的反对称矩阵。

最初，李代数被当作是李群 G 中，其单位元 e 邻域内一个无穷小元素。后来，演变成单位元 e 处的切空间。具体而言，一种简单的办法是在李群 G 单位元 e 处的切空间 $\boldsymbol{X}$ 上定义李括号，并且满足上述条件。从而使 $\boldsymbol{X}$ 成为 G 的李代数，记作 $\mathcal{G}=\boldsymbol{X}$。

【李括号及李子代数的定义】　设 $\mathbb{V}$ 为域 F 上的向量空间，若在 $\mathbb{V}$ 中引进**李括号**（Lie bracket 或称为交换算子 commutator）的运算，即对于所有的 $\boldsymbol{X}$，$\boldsymbol{Y}$，$\boldsymbol{Z}\in\mathbb{V}$，满足李括号的性质：

（1）**线性**

$$\begin{cases}[\alpha\boldsymbol{X},\ \beta\boldsymbol{Y}]=\alpha\beta[\boldsymbol{X},\ \boldsymbol{Y}],\ \alpha,\ \beta\in\mathbb{R}\\ [\boldsymbol{X},\ \alpha\boldsymbol{Y}+\beta\boldsymbol{Z}]=\alpha[\boldsymbol{X},\ \boldsymbol{Y}]+\beta[\boldsymbol{X},\ \boldsymbol{Z}],\ \alpha,\ \beta\in\mathbb{R}\end{cases} \tag{4.2}$$

（2）**反对称性**

$$[\boldsymbol{X},\ \boldsymbol{Y}]=-[\boldsymbol{Y},\ \boldsymbol{X}] \tag{4.3}$$

（3）**雅可比恒等式**

$$[[\boldsymbol{X},\ \boldsymbol{Y}],\ \boldsymbol{Z}]+[[\boldsymbol{Z},\ \boldsymbol{X}],\ \boldsymbol{Y}]+[[\boldsymbol{Y},\ \boldsymbol{Z}],\ \boldsymbol{X}]=0 \tag{4.4}$$

则 $\mathbb{V}$ 称为域 F 上的李代数。如果子空间 $\mathbb{W}\subset\mathbb{V}$，且对于所有的 $\boldsymbol{X}$，$\boldsymbol{Y}\in\mathbb{W}$，都有 $[\boldsymbol{X},\ \boldsymbol{Y}]\in$

$\mathbb{W}$，则该子空间$\mathbb{W}$称为$\mathbb{V}$的**李子代数**。可以看出由于李括号是对其自身的一种映射，因此李代数具有封闭性。

为进一步强调李代数的线性特性，再定义李括号

$$[\boldsymbol{X}, \boldsymbol{Y}] = \boldsymbol{XY} - \boldsymbol{YX} \tag{4.5}$$

李代数的其他特性可从以上等式导出

（4）
$$[\boldsymbol{X}, \boldsymbol{X}] = 0 \tag{4.6}$$

【例 4.2】 令 $\mathcal{M}_n(\mathbb{R})$为实数域$\mathbb{R}$上的 $n \times n$ 矩阵，$\boldsymbol{XY}$ 为其中元素 $\boldsymbol{X}$ 和 $\boldsymbol{Y}$ 的矩阵乘积，则可以验证 $[\boldsymbol{X}, \boldsymbol{Y}] = \boldsymbol{XY} - \boldsymbol{YX}$ 是 $\mathcal{M}_n(\mathbb{R})$上的李代数。

再考虑一下有关李群的共轭变换。在该映射下，单位元素保持不变，即 $e = geg^{-1}$，$g \in G$，对其进行微分，可得到单位元处切空间的映射（就是其自身），而且这种映射满足线性关系。

【伴随变换的定义】 李群 G 作用在其李子代数 $\mathcal{G}$ 上，如果满足

$$\mathrm{Ad}_g \boldsymbol{X} = g\boldsymbol{X}g^{-1} \quad (\boldsymbol{X} \in \mathcal{G}, \ g \in G) \tag{4.7}$$

则称之为李代数的**伴随变换**（adjoint transformation）。

可以发现伴随变换 $\mathrm{Ad}_g \boldsymbol{X}$ 具有线性特征，即满足

$$\mathrm{Ad}_g(\alpha \boldsymbol{X}_1 + \beta \boldsymbol{X}_2) = g(\alpha \boldsymbol{X}_1 + \beta \boldsymbol{X}_2)g^{-1} = \alpha \mathrm{Ad}_g \boldsymbol{X}_1 + \beta \mathrm{Ad}_g \boldsymbol{X}_2 \tag{4.8}$$

下面再考虑一下伴随变换的微分。

假设 g 为群 G 中一个元素（用矩阵表示），$\boldsymbol{X}$，$\boldsymbol{Y}$ 为它李代数中的元素。在单位元处，可以近似写成 $g \approx \boldsymbol{E} + t\boldsymbol{X}$，而 $g^{-1} \approx \boldsymbol{E} - t\boldsymbol{X}$，则

$$(\boldsymbol{E} + t\boldsymbol{X})\boldsymbol{Y}(\boldsymbol{E} - t\boldsymbol{X}) = \boldsymbol{Y} + t(\boldsymbol{XY} - \boldsymbol{YX}) \tag{4.9}$$

对其进行微分并设定 $t = 0$，则得到 $\boldsymbol{XY} - \boldsymbol{YX}$，而这正是李括号的表达结构。可以看到，两个李代数元素的李括号仍是一个李代数元素。因此，李代数除了具有线性之外，还具有封闭性。

4.2 刚体运动群的李代数

4.2.1 $SO(3)$的李代数

前面已经讲到，三维旋转群 $SO(3)$是一般线性群 $GL(3)$的子群，且满足

$$SO(3) = \{\boldsymbol{R} \in GL(3): \boldsymbol{R}\boldsymbol{R}^{\mathrm{T}} = \boldsymbol{E}, \ \det \boldsymbol{R} = 1\} \tag{4.10}$$

$SO(3)$的李代数记为 $so(3)$，它表示 $SO(3)$在其单位元 e 处的切空间，具体可用如下形式表示：

$$\hat{\boldsymbol{\omega}} = \begin{pmatrix} 0 & -\omega_3 & \omega_2 \\ \omega_3 & 0 & -\omega_1 \\ -\omega_2 & \omega_1 & 0 \end{pmatrix} \tag{4.11}$$

式中，满足 $\hat{\boldsymbol{\omega}}\boldsymbol{r} = \boldsymbol{\omega} \times \boldsymbol{r}$，$\boldsymbol{r}$ 为三维列向量。这是所有反对称矩阵所共有的特性。其李括号的构造为

$$[\hat{\boldsymbol{\omega}}_1, \hat{\boldsymbol{\omega}}_2] = \hat{\boldsymbol{\omega}}_1 \hat{\boldsymbol{\omega}}_2 - \hat{\boldsymbol{\omega}}_2 \hat{\boldsymbol{\omega}}_1, \quad \hat{\boldsymbol{\omega}}_1, \hat{\boldsymbol{\omega}}_2 \in so(3) \tag{4.12}$$

或者通过下式

$$[\hat{\boldsymbol{\omega}}_1, \hat{\boldsymbol{\omega}}_2] = (\boldsymbol{\omega}_1 \times \boldsymbol{\omega}_2)^{\wedge}, \quad \boldsymbol{\omega}_1, \boldsymbol{\omega}_2 \in \mathbb{R}^3 \tag{4.13}$$

表示将矩阵 $\hat{\boldsymbol{\omega}} \in so(3)$ 映射到 $\boldsymbol{\omega}(\boldsymbol{\omega} \in \mathbb{R}^3)$ 中。

另外，对于旋转矩阵 $\boldsymbol{R} \in SO(3)$，具有如下重要的性质：

$$\dot{\boldsymbol{R}} = \frac{\mathrm{d}\boldsymbol{R}}{\mathrm{d}t} = \boldsymbol{R}\hat{\boldsymbol{\omega}} \quad 或 \ \hat{\boldsymbol{\omega}} = \boldsymbol{R}^{\mathrm{T}}\dot{\boldsymbol{R}} \tag{4.14}$$

由于 $so(3)$ 是一个三维向量空间，因此存在一组标准正交基（用矩阵表达）

$$\boldsymbol{e}_1 = \begin{pmatrix} 1 \\ 0 \\ 0 \end{pmatrix}, \ \boldsymbol{e}_2 = \begin{pmatrix} 0 \\ 1 \\ 0 \end{pmatrix}, \ \boldsymbol{e}_3 = \begin{pmatrix} 0 \\ 0 \\ 1 \end{pmatrix} \tag{4.15}$$

式中，$\boldsymbol{e}_1$，$\boldsymbol{e}_2$ 和 $\boldsymbol{e}_3$ 分别表示绕直角坐标轴 x，y，z 的瞬时转动轴。或者用反对称矩阵表达，即

$$\hat{\boldsymbol{e}}_1 = \begin{pmatrix} 0 & 0 & 0 \\ 0 & 0 & -1 \\ 0 & 1 & 0 \end{pmatrix}, \ \hat{\boldsymbol{e}}_2 = \begin{pmatrix} 0 & 0 & 1 \\ 0 & 0 & 0 \\ -1 & 0 & 0 \end{pmatrix}, \ \hat{\boldsymbol{e}}_3 = \begin{pmatrix} 0 & -1 & 0 \\ 1 & 0 & 0 \\ 0 & 0 & 0 \end{pmatrix} \tag{4.16}$$

很容易导出

$$[\hat{\boldsymbol{e}}_1, \hat{\boldsymbol{e}}_2] = \hat{\boldsymbol{e}}_3, \ [\hat{\boldsymbol{e}}_2, \hat{\boldsymbol{e}}_3] = \hat{\boldsymbol{e}}_1, \ [\hat{\boldsymbol{e}}_3, \hat{\boldsymbol{e}}_1] = \hat{\boldsymbol{e}}_2 \tag{4.17}$$

再来讨论一下李代数 $so(3)$ 的伴随变换问题。根据前面的定义，$so(3)$ 的伴随变换可以表示为

$$\begin{aligned}
\hat{\boldsymbol{\omega}}' &= \boldsymbol{R}\hat{\boldsymbol{\omega}}\boldsymbol{R}^{-1} = \boldsymbol{R}\hat{\boldsymbol{\omega}}\boldsymbol{R}^{\mathrm{T}} \\
&= \boldsymbol{R}(\boldsymbol{\omega} \times \boldsymbol{r}_1, \ \boldsymbol{\omega} \times \boldsymbol{r}_2, \ \boldsymbol{\omega} \times \boldsymbol{r}_3) \\
&= \begin{pmatrix} 0 & \boldsymbol{r}_1 \cdot (\boldsymbol{\omega} \times \boldsymbol{r}_2) & \boldsymbol{r}_1 \cdot (\boldsymbol{\omega} \times \boldsymbol{r}_3) \\ \boldsymbol{r}_2 \cdot (\boldsymbol{\omega} \times \boldsymbol{r}_1) & 0 & \boldsymbol{r}_2 \cdot (\boldsymbol{\omega} \times \boldsymbol{r}_3) \\ \boldsymbol{r}_3 \cdot (\boldsymbol{\omega} \times \boldsymbol{r}_1) & \boldsymbol{r}_3 \cdot (\boldsymbol{\omega} \times \boldsymbol{r}_2) & 0 \end{pmatrix} \\
&= \begin{pmatrix} 0 & -\boldsymbol{\omega} \cdot (\boldsymbol{r}_1 \times \boldsymbol{r}_2) & \boldsymbol{\omega} \cdot (\boldsymbol{r}_3 \times \boldsymbol{r}_1) \\ \boldsymbol{\omega} \cdot (\boldsymbol{r}_1 \times \boldsymbol{r}_2) & 0 & -\boldsymbol{\omega} \cdot (\boldsymbol{r}_2 \times \boldsymbol{r}_3) \\ -\boldsymbol{\omega} \cdot (\boldsymbol{r}_3 \times \boldsymbol{r}_1) & \boldsymbol{\omega} \cdot (\boldsymbol{r}_2 \times \boldsymbol{r}_3) & 0 \end{pmatrix} \\
&= \begin{pmatrix} 0 & -\boldsymbol{\omega} \cdot \boldsymbol{r}_3 & \boldsymbol{\omega} \cdot \boldsymbol{r}_2 \\ \boldsymbol{\omega} \cdot \boldsymbol{r}_3 & 0 & -\boldsymbol{\omega} \cdot \boldsymbol{r}_1 \\ -\boldsymbol{\omega} \cdot \boldsymbol{r}_2 & \boldsymbol{\omega} \cdot \boldsymbol{r}_1 & 0 \end{pmatrix} \\
&= \boldsymbol{R}\hat{\boldsymbol{\omega}}
\end{aligned} \tag{4.18}$$

因此说，李代数 $\hat{\boldsymbol{\omega}}$ 的伴随变换就是 $\boldsymbol{R}\hat{\boldsymbol{\omega}}$。

4.2.2　$T(3)$ 的李代数

$T(3)$ 的李代数记为 $t(3)$。具体可用如下形式的反对称矩阵表示：

$$\hat{\boldsymbol{\nu}} = \begin{pmatrix} 0 & -\nu_3 & \nu_2 \\ \nu_3 & 0 & -\nu_1 \\ -\nu_2 & \nu_1 & 0 \end{pmatrix} \tag{4.19}$$

其李括号的构造为

$$[\hat{\boldsymbol{\nu}}_1, \hat{\boldsymbol{\nu}}_2] = \hat{\boldsymbol{\nu}}_1 \hat{\boldsymbol{\nu}}_2 - \hat{\boldsymbol{\nu}}_2 \hat{\boldsymbol{\nu}}_1, \quad \hat{\boldsymbol{\nu}}_1, \hat{\boldsymbol{\nu}}_2 \in t(3) \tag{4.20}$$

或者通过下式

$$[\hat{\boldsymbol{\nu}}_1, \hat{\boldsymbol{\nu}}_2] = (\boldsymbol{\nu}_1 \times \boldsymbol{\nu}_2)^{\wedge}, \quad \hat{\boldsymbol{\nu}}_1, \hat{\boldsymbol{\nu}}_2 \in \mathbb{R}^3 \tag{4.21}$$

将 $\boldsymbol{\nu}(\boldsymbol{\nu} \in \mathbb{R}^3)$ 映射到矩阵 $\hat{\boldsymbol{\nu}} \in t(3)$ 中。注意：与 $T(3)$ 是交换群相类似，$t(3)$ 也具有可交换性（这一特性可以扩展到一般情况，即交换群的李代数都具有可交换性）。因此有

$$[\hat{\boldsymbol{\nu}}_1, \hat{\boldsymbol{\nu}}_2] = 0 \tag{4.22}$$

由于 $t(3)$ 也是一个三维向量空间，因此可用式(4.15)所示的一组标准正交基来表达。

4.2.3　$SE(2)$ 的李代数

$SE(2)$ 的李代数记为 $se(2)$，它可用如下形式的矩阵表示：

$$\hat{\boldsymbol{\xi}} = \begin{pmatrix} \hat{\boldsymbol{\omega}} & \boldsymbol{\nu} \\ \boldsymbol{0} & 0 \end{pmatrix}, \quad \hat{\boldsymbol{\omega}} = \begin{pmatrix} 0 & -\omega \\ \omega & 0 \end{pmatrix}, \quad \boldsymbol{\omega} \in \mathbb{R}, \quad \boldsymbol{\nu} \in \mathbb{R}^2 \tag{4.23}$$

其李括号的表示为

$$[\hat{\boldsymbol{\xi}}_1, \hat{\boldsymbol{\xi}}_2] = \hat{\boldsymbol{\xi}}_1 \hat{\boldsymbol{\xi}}_2 - \hat{\boldsymbol{\xi}}_2 \hat{\boldsymbol{\xi}}_1, \quad \hat{\boldsymbol{\xi}}_1, \hat{\boldsymbol{\xi}}_2 \in se(2) \tag{4.24}$$

将式（4.23）代入式（4.24）中，得到

$$[\hat{\boldsymbol{\xi}}_1, \hat{\boldsymbol{\xi}}_2] = \begin{pmatrix} (\boldsymbol{\omega}_1 \times \boldsymbol{\omega}_2)^{\wedge} & \boldsymbol{\omega}_1 \times \boldsymbol{\nu}_2 - \boldsymbol{\omega}_2 \times \boldsymbol{\nu}_1 \\ \boldsymbol{0} & 0 \end{pmatrix} \tag{4.25}$$

考虑 $\boldsymbol{\xi} = (\omega, \boldsymbol{\nu}^{\mathrm{T}})^{\mathrm{T}} \in \mathbb{R}^3 \mapsto \hat{\boldsymbol{\xi}} \in se(2)$ 是一种同构关系，因此有

$$\boldsymbol{\xi} = \begin{pmatrix} \omega \\ \boldsymbol{\nu} \end{pmatrix}_{3\times 1} \mapsto \hat{\boldsymbol{\xi}} = \begin{pmatrix} \hat{\boldsymbol{\omega}} & \boldsymbol{\nu} \\ \boldsymbol{0} & 0 \end{pmatrix}_{3\times 3} \tag{4.26}$$

4.2.4　$SE(3)$ 的李代数

给定 $SE(3)$ 中任意一条路径 $t \mapsto \boldsymbol{A}(t)$，其中 t 为连续参数，而

$$\boldsymbol{A}(t) = \begin{pmatrix} \boldsymbol{R}(t) & \boldsymbol{t}(t) \\ \boldsymbol{0} & 1 \end{pmatrix} \tag{4.27}$$

$SE(3)$ 的李代数记为 $se(3)$，其中的元素 $\hat{\boldsymbol{\xi}}$ 可通过计算 $SE(3)$ 单位元处的切向量 $\dot{\boldsymbol{A}}$ 得到。

$$\hat{\boldsymbol{\xi}} = \boldsymbol{A}^{-1}\dot{\boldsymbol{A}} = \begin{pmatrix} \hat{\boldsymbol{\omega}} & \boldsymbol{R}^{\mathrm{T}}\dot{\boldsymbol{t}} \\ \boldsymbol{0} & 0 \end{pmatrix} \tag{4.28}$$

上式还可用如下一般形式的矩阵表示

$$\hat{\boldsymbol{\xi}} = \begin{pmatrix} \hat{\boldsymbol{\omega}} & \boldsymbol{\nu} \\ \boldsymbol{0} & 0 \end{pmatrix}, \quad \boldsymbol{\omega}, \boldsymbol{\nu} \in \mathbb{R}^3 \tag{4.29}$$

其李括号的表示为

$$[\hat{\boldsymbol{\xi}}_1, \hat{\boldsymbol{\xi}}_2] = \hat{\boldsymbol{\xi}}_1 \hat{\boldsymbol{\xi}}_2 - \hat{\boldsymbol{\xi}}_2 \hat{\boldsymbol{\xi}}_1, \quad \hat{\boldsymbol{\xi}}_1, \hat{\boldsymbol{\xi}}_2 \in se(3) \tag{4.30}$$

将式（4.29）代入式（4.30）中，得到

$$[\hat{\boldsymbol{\xi}}_1, \hat{\boldsymbol{\xi}}_2] = \begin{pmatrix} (\boldsymbol{\omega}_1 \times \boldsymbol{\omega}_2)^{\wedge} & \boldsymbol{\omega}_1 \times \boldsymbol{\nu}_2 - \boldsymbol{\omega}_2 \times \boldsymbol{\nu}_1 \\ \mathbf{0} & 0 \end{pmatrix} \tag{4.31}$$

考虑 $\hat{\boldsymbol{\xi}} \in se(3) \mapsto (\boldsymbol{\omega}^{\mathrm{T}}, \boldsymbol{\nu}^{\mathrm{T}})^{\mathrm{T}} \in \mathbb{R}^6$ 是一种同构关系，因此有

$$\hat{\boldsymbol{\xi}} = \begin{pmatrix} \hat{\boldsymbol{\omega}} & \boldsymbol{\nu} \\ \mathbf{0} & 0 \end{pmatrix}_{4\times 4} \mapsto \boldsymbol{\xi} = \begin{pmatrix} \boldsymbol{\omega} \\ \boldsymbol{\nu} \end{pmatrix}_{6\times 1} \tag{4.32}$$

由于李代数 $se(3)$ 是一个六维向量空间，因此 $se(3)$ 还可以用一组正交基来表达。令 $\{\boldsymbol{\xi}_1, \boldsymbol{\xi}_2, \cdots, \boldsymbol{\xi}_6\}$ 为向量空间 $\mathbb{R}^6$ 的一组单位正交基，其中

$$\boldsymbol{\xi}_1 = \begin{pmatrix} \boldsymbol{e}_1 \\ \mathbf{0} \end{pmatrix} = \begin{pmatrix} 1 \\ 0 \\ 0 \\ 0 \\ 0 \\ 0 \end{pmatrix}, \quad \boldsymbol{\xi}_2 = \begin{pmatrix} \boldsymbol{e}_2 \\ \mathbf{0} \end{pmatrix} = \begin{pmatrix} 0 \\ 1 \\ 0 \\ 0 \\ 0 \\ 0 \end{pmatrix}, \quad \boldsymbol{\xi}_3 = \begin{pmatrix} \boldsymbol{e}_3 \\ \mathbf{0} \end{pmatrix} = \begin{pmatrix} 0 \\ 0 \\ 1 \\ 0 \\ 0 \\ 0 \end{pmatrix},$$

$$\boldsymbol{\xi}_4 = \begin{pmatrix} \mathbf{0} \\ \boldsymbol{e}_1 \end{pmatrix} = \begin{pmatrix} 0 \\ 0 \\ 0 \\ 1 \\ 0 \\ 0 \end{pmatrix}, \quad \boldsymbol{\xi}_5 = \begin{pmatrix} \mathbf{0} \\ \boldsymbol{e}_2 \end{pmatrix} = \begin{pmatrix} 0 \\ 0 \\ 0 \\ 0 \\ 1 \\ 0 \end{pmatrix}, \quad \boldsymbol{\xi}_6 = \begin{pmatrix} \mathbf{0} \\ \boldsymbol{e}_3 \end{pmatrix} = \begin{pmatrix} 0 \\ 0 \\ 0 \\ 0 \\ 0 \\ 1 \end{pmatrix} \tag{4.33}$$

由 $\{\boldsymbol{\xi}_1, \boldsymbol{\xi}_2, \cdots, \boldsymbol{\xi}_6\}$ 可以给出 $se(3)$ 的一组标准正交基，其中前 3 个元素表示绕 3 个坐标轴的瞬时转动，而后 3 个元素分别表示沿 3 个坐标轴的瞬时移动。

表 4.1 给出了部分位移子群相对应的李子代数的标准正交基表达。

表 4.1　正则形式下部分位移子群的李子代数

位移子群	李子代数	位移子群正则表示	李子代数的基坐标正则表达
$SO(2)$	$so(2)$	$\mathcal{R}(0,z)$	$r(0,z) = \{\omega\boldsymbol{\xi}_3\}$
$T(1)$	$t(1)$	$\mathcal{T}(z)$	$t(z) = \{\nu\boldsymbol{\xi}_6\}$
$SO_p(2)$	$so_p(2)$	$\mathcal{H}_p(0,z)$	$h(0,z) = \{\omega\boldsymbol{\xi}_3 + p\omega\boldsymbol{\xi}_6 \mid p \neq 0\}$
$T(2)$	$t(2)$	$\mathcal{T}_2(z)$	$t(z) = \{\nu_1\boldsymbol{\xi}_4, \nu_2\boldsymbol{\xi}_5\}, \nu_1, \nu_2 \in \mathbb{R}$
$SO(2) \otimes T(1)$	$so(2) + t(1)$	$\mathcal{C}(0,z)$	$c(0, z) = \{\omega\boldsymbol{\xi}_3, \nu\boldsymbol{\xi}_6\}$
$SE(2)$	$se(2)$	$\mathcal{G}(z)$	$g(z) = \{\omega\boldsymbol{\xi}_3, \nu_1\boldsymbol{\xi}_4, \nu_2\boldsymbol{\xi}_5\}$
$T(3)$	$t(3)$	$\mathcal{T}$	$t(3) = \{\nu_1\boldsymbol{\xi}_4, \nu_2\boldsymbol{\xi}_5, \nu_3\boldsymbol{\xi}_6\}$
$SO(3)$	$so(3)$	$\mathcal{S}(0)$	$so(0) = \{\omega_1\boldsymbol{\xi}_2, \omega_2\boldsymbol{\xi}_2, \omega_3\boldsymbol{\xi}_3\}$
$SE(2) \otimes T(1)$	$se(2) + t(1)$	$\mathcal{X}(z)$	$x(z) = \{\omega\boldsymbol{\xi}_3, \nu_1\boldsymbol{\xi}_4, \nu_2\boldsymbol{\xi}_5, \nu_3\boldsymbol{\xi}_6\}$
$SE(3)$	$se(3)$	$SE(3)$	$se(3) = \{\omega_1\boldsymbol{\xi}_1, \omega_2\boldsymbol{\xi}_2, \omega_3\boldsymbol{\xi}_3, \nu_1\boldsymbol{\xi}_4, \nu_2\boldsymbol{\xi}_5, \nu_3\boldsymbol{\xi}_6\}$

再来讨论一下李代数 $se(3)$ 的伴随变换问题。根据前面的定义，$se(3)$ 的伴随变换可以表示为

$$X' = gXg^{-1} = \begin{pmatrix} \boldsymbol{R} & \boldsymbol{t} \\ \mathbf{0} & 1 \end{pmatrix} \begin{pmatrix} \hat{\boldsymbol{\omega}} & \boldsymbol{\nu} \\ \mathbf{0} & 0 \end{pmatrix} \begin{pmatrix} \boldsymbol{R}^{\mathrm{T}} & -\boldsymbol{R}^{\mathrm{T}}\boldsymbol{t} \\ \mathbf{0} & 1 \end{pmatrix} = \begin{pmatrix} \boldsymbol{R}\hat{\boldsymbol{\omega}}\boldsymbol{R}^{\mathrm{T}} & \boldsymbol{R}\boldsymbol{\nu} - \boldsymbol{R}\hat{\boldsymbol{\omega}}\boldsymbol{R}^{\mathrm{T}}\boldsymbol{t} \\ \mathbf{0} & 0 \end{pmatrix} \tag{4.34}$$

可以看到，$\boldsymbol{R}\,\hat{\boldsymbol{\omega}}\boldsymbol{R}^{\mathrm{T}}$ 与 $\boldsymbol{R}\,\hat{\boldsymbol{\omega}}$是等价的，因此 $\boldsymbol{R}\,\hat{\boldsymbol{\omega}}\boldsymbol{R}^{\mathrm{T}}\boldsymbol{t}=(\boldsymbol{R}\,\hat{\boldsymbol{\omega}})\boldsymbol{t}=\boldsymbol{R}(\hat{\boldsymbol{\omega}}\boldsymbol{t})=\boldsymbol{R}(\boldsymbol{\omega}\times\boldsymbol{t})=(\boldsymbol{R}\boldsymbol{\omega})\times\boldsymbol{t}$

令 $\hat{\boldsymbol{t}}$ 为与 $\boldsymbol{t}$ 对应的反对称矩阵，则对任何向量 $\boldsymbol{x}$，都有 $\hat{\boldsymbol{t}}\boldsymbol{x}=\boldsymbol{t}\times\boldsymbol{x}$。这样 $-\boldsymbol{R}\,\hat{\boldsymbol{\omega}}\boldsymbol{R}^{\mathrm{T}}\boldsymbol{t}=\hat{\boldsymbol{t}}\boldsymbol{R}\boldsymbol{\omega}$，因此，式（4.34）变成

$$X'=\begin{pmatrix}\hat{\boldsymbol{\omega}} & \boldsymbol{\nu}\\ \boldsymbol{0} & 0\end{pmatrix}=\begin{pmatrix}\boldsymbol{R}\,\hat{\boldsymbol{\omega}} & \boldsymbol{R}\boldsymbol{\nu}+\hat{\boldsymbol{t}}\boldsymbol{R}\boldsymbol{\omega}\\ \boldsymbol{0} & 0\end{pmatrix}\tag{4.35}$$

将上式写成六维向量形式的表达，即

$$\begin{pmatrix}\boldsymbol{\omega}'\\ \boldsymbol{\nu}'\end{pmatrix}=\begin{pmatrix}\boldsymbol{R} & \boldsymbol{0}\\ \hat{\boldsymbol{t}}\boldsymbol{R} & \boldsymbol{R}\end{pmatrix}\begin{pmatrix}\boldsymbol{\omega}\\ \boldsymbol{\nu}\end{pmatrix}\tag{4.36}$$

因此，对应的伴随变换

$$\mathrm{Ad}_g=\begin{pmatrix}\boldsymbol{R} & \boldsymbol{0}\\ \hat{\boldsymbol{t}}\boldsymbol{R} & \boldsymbol{R}\end{pmatrix}\tag{4.37}$$

在已知与位移子群相对应的李子代数正则表达的基础上，我们可将李子代数从正则位形变换为在一般位形下的表达（表 4.2）。在前面已经对 $so(3)$和 $se(3)$进行过讨论，这里将其扩展至更多的位移子群。

令 N 是 G 的正则子群，则对于所有的 $g\in G$，都有 $gNg^{-1}=N$。N 所对应的李子代数记为 $\hat{n}$。如果 $g_1=ng_2$（其中 $n\in N$，g_1，$g_2\in G$），则称 g_1 与 g_2 等价，记作 $g_1\sim g_2$。

表 4.2 给出了部分位移子群相对应的李子代数的共轭表达。

注意，与位移子群对应的李子代数实际上与可实现**全周运动**(fully cycle mobility)的旋量系是一一对应的[23]，这将在本书第 7 章进行详细讨论。

表 4.2 共轭形式下部分位移子群的李子代数

共轭位移子群	李子代数	共轭形式的基坐标
$\mathcal{R}(N,\boldsymbol{\omega})$	$r(N,\boldsymbol{\omega})$	$\{\boldsymbol{\xi}=(\boldsymbol{\omega};\boldsymbol{p}_N\times\boldsymbol{\omega})\}$
$\mathcal{T}(\boldsymbol{\nu})$	$t(\boldsymbol{\nu})$	$\{\boldsymbol{\xi}=(\boldsymbol{0};\boldsymbol{\nu})\}$
$\mathcal{H}_p(N,\boldsymbol{\omega})$	$h(N,\boldsymbol{\omega})$	$\{\boldsymbol{\xi}=(\boldsymbol{\omega};\boldsymbol{p}_N\times\boldsymbol{\omega}+p\boldsymbol{\omega}),p\neq0\}$
$\mathcal{T}_2(\boldsymbol{\omega})$	$t(\boldsymbol{\omega})$	$\{\boldsymbol{\xi}_1=(\boldsymbol{0};\boldsymbol{\nu}_1),\boldsymbol{\xi}_2=(\boldsymbol{0};\boldsymbol{\nu}_2)\}$
$\mathcal{C}(N,\boldsymbol{\omega})$	$c(N;\boldsymbol{\omega})$	$\{\boldsymbol{\xi}_1=(\boldsymbol{\omega};\boldsymbol{p}_N\times\boldsymbol{\omega}),\boldsymbol{\xi}_2=(\boldsymbol{0};\boldsymbol{\nu}_1)\}$
$\mathcal{G}(\boldsymbol{\omega})$	$g(\boldsymbol{\omega})$	$\{\boldsymbol{\xi}_1=(\boldsymbol{\omega};\boldsymbol{0}),\boldsymbol{\xi}_2=(\boldsymbol{0};\boldsymbol{\nu}_1),\boldsymbol{\xi}_3=(\boldsymbol{0};\boldsymbol{\nu}_2)\}$
$\mathcal{T}$	$t(3)$	$\{\boldsymbol{\xi}_1=(\boldsymbol{0};\boldsymbol{\nu}_1),\boldsymbol{\xi}_2=(\boldsymbol{0};\boldsymbol{\nu}_2),\boldsymbol{\xi}_3=(\boldsymbol{0};\boldsymbol{\nu}_3)\}$
$\mathcal{S}(N)$	$s(N)$	$\{\boldsymbol{\xi}_1=(\boldsymbol{\omega}_1;\boldsymbol{p}_N\times\boldsymbol{\omega}_1),\boldsymbol{\xi}_2=(\boldsymbol{\omega}_2;\boldsymbol{p}_N\times\boldsymbol{\omega}_2),\boldsymbol{\xi}_3=(\boldsymbol{\omega}_3;\boldsymbol{p}_N\times\boldsymbol{\omega}_3)\}$
$\mathcal{X}(\boldsymbol{\omega})$	$x(\boldsymbol{\omega})$	$\{\boldsymbol{\xi}_1=(\boldsymbol{\omega};\boldsymbol{0}),\boldsymbol{\xi}_2=(\boldsymbol{0},\boldsymbol{\nu}_1),\boldsymbol{\xi}_3=(\boldsymbol{0};\boldsymbol{\nu}_2),\boldsymbol{\xi}_4=(\boldsymbol{0},\boldsymbol{\nu}_3)\}$

4.2.5 刚体运动群的正则表达与共轭表达

类似地，如果 H 是某一位移子群的正则表达，则通过共轭变换可以得到它的共轭表达（前面已经证明也是一个子群）。

$$I_g(H)=\{ghg^{-1}\mid h\in H\}\tag{4.38}$$

因此，根据式（4.38）可导出任一位移子群的共轭表达。先看几个例子。

【例 4.3】 已知一维移动子群的正则表示为

$$\mathcal{T}(z)=\left\{\begin{pmatrix}\boldsymbol{E}_3 & \delta z\\ \boldsymbol{0} & 1\end{pmatrix},\ \delta\in\mathbb{R}\right\}$$

则其共轭子群为

$$\mathcal{T}(\boldsymbol{\nu})=I_g(\mathcal{T}(z))=\left\{\begin{pmatrix}\boldsymbol{R} & \boldsymbol{t}\\ \boldsymbol{0} & 1\end{pmatrix}\begin{pmatrix}\boldsymbol{E}_3 & \delta z\\ \boldsymbol{0} & 1\end{pmatrix}\begin{pmatrix}\boldsymbol{R}^{\mathrm{T}} & -\boldsymbol{R}^{\mathrm{T}}\boldsymbol{t}\\ \boldsymbol{0} & 1\end{pmatrix},\ \delta\in\mathbb{R}\right\}=\left\{\begin{pmatrix}\boldsymbol{E}_3 & \delta\boldsymbol{\nu}\\ \boldsymbol{0} & 1\end{pmatrix},\ \delta\in\mathbb{R}\right\}$$

式中，$\boldsymbol{\nu}=\boldsymbol{R}z$，共轭子群表示沿轴线 $\boldsymbol{\nu}$ 方向的移动。

【例 4.4】 已知一维转动子群的正则表示为

$$\mathcal{R}(0,\ z)=\left\{\begin{pmatrix}\mathrm{e}^{\theta\hat{z}} & \boldsymbol{0}\\ \boldsymbol{0} & 1\end{pmatrix},\ \theta\in[0,\ 2\pi]\right\}$$

则其对应的共轭子群为

$$\mathcal{R}(N,\ \boldsymbol{\omega})=I_g(\mathcal{R}(0,\ z))=\left\{\begin{pmatrix}\boldsymbol{R} & \boldsymbol{t}\\ \boldsymbol{0} & 1\end{pmatrix}\begin{pmatrix}\mathrm{e}^{\theta\hat{z}} & \boldsymbol{0}\\ \boldsymbol{0} & 1\end{pmatrix}\begin{pmatrix}\boldsymbol{R}^{\mathrm{T}} & -\boldsymbol{R}^{\mathrm{T}}\boldsymbol{t}\\ \boldsymbol{0} & 1\end{pmatrix},\ \theta\in[0,\ 2\pi]\right\}$$

$$=\left\{\begin{pmatrix}\mathrm{e}^{\theta\hat{z}} & (\boldsymbol{E}_3-\mathrm{e}^{\theta\hat{\boldsymbol{\omega}}})\,\boldsymbol{p}_N\\ \boldsymbol{0} & 1\end{pmatrix},\ \theta\in[0,\ 2\pi]\right\}$$

式中，$\boldsymbol{\omega}=\boldsymbol{R}z$，点 N 在轴线 $\boldsymbol{\omega}$ 上。共轭子群表示绕轴线 $\boldsymbol{\omega}$ 的转动。

【例 4.5】 已知平面子群的正则表示为

$$\mathcal{G}(z)=\left\{\begin{pmatrix}\mathrm{e}^{\theta\hat{z}} & \alpha\boldsymbol{x}+\boldsymbol{\beta}\boldsymbol{y}\\ \boldsymbol{0} & 1\end{pmatrix},\ \theta\in[0,\ 2\pi],\ \alpha,\ \beta\in\mathbb{R}\right\}$$

则其对应的共轭子群为

$$\mathcal{G}(\boldsymbol{\omega})=I_g(\mathcal{G}(z))=\left\{\begin{pmatrix}\boldsymbol{R} & \boldsymbol{t}\\ \boldsymbol{0} & 1\end{pmatrix}\begin{pmatrix}\mathrm{e}^{\theta\hat{z}} & \alpha\boldsymbol{x}+\beta y\\ \boldsymbol{0} & 1\end{pmatrix}\begin{pmatrix}\boldsymbol{R}^{\mathrm{T}} & -\boldsymbol{R}^{\mathrm{T}}\boldsymbol{t}\\ \boldsymbol{0} & 1\end{pmatrix},\ \theta\in[0,2\pi],\alpha,\beta\in\mathbb{R}\right\}$$

$$=\left\{\begin{pmatrix}\mathrm{e}^{\theta\hat{\boldsymbol{\omega}}} & \alpha\boldsymbol{u}+\beta\boldsymbol{\nu}\\ \boldsymbol{0} & 1\end{pmatrix},\theta\in[0,2\pi],\alpha,\beta\in\mathbb{R}\right\}$$

式中，$\boldsymbol{\omega}=\boldsymbol{R}z$，$\boldsymbol{u}\perp\boldsymbol{\omega}$，$\boldsymbol{\nu}\perp\boldsymbol{\omega}$。共轭子群表示轴线 $\boldsymbol{\omega}$ 法平面内的刚体运动。

利用类似的方法可以导出其他几种位移子群的正则表达及共轭表达，具体如表 4.3 所示。

表 4.3　部分刚体运动群的正则表达与共轭表达[96]

位移子群	正则表达	共轭表达
$SO(2)$	$\mathcal{R}(0,z)=\left\{\begin{pmatrix}\mathrm{e}^{\theta\hat{z}} & \boldsymbol{0}\\ \boldsymbol{0} & 1\end{pmatrix},\ \theta\in[0,2\pi]\right\}$	$\mathcal{R}(N,\boldsymbol{\omega})=\left\{\begin{pmatrix}\mathrm{e}^{\theta\hat{\boldsymbol{\omega}}} & (\boldsymbol{E}_3-\mathrm{e}^{\theta\hat{\boldsymbol{\omega}}})\boldsymbol{p}_N\\ \boldsymbol{0} & 1\end{pmatrix},\ \theta\in[0,\ 2\pi]\right\}$，$\boldsymbol{\omega}=\boldsymbol{R}z$
$T(1)$	$\mathcal{T}(z)=\left\{\begin{pmatrix}\boldsymbol{E}_3 & \alpha z\\ \boldsymbol{0} & 1\end{pmatrix},\ \alpha\in\mathbb{R}\right\}$	$\mathcal{T}(\boldsymbol{\nu})=\left\{\begin{pmatrix}\boldsymbol{E}_3 & \alpha\boldsymbol{\nu}\\ \boldsymbol{0} & 1\end{pmatrix},\ \alpha\in\mathbb{R}\right\}$，$\boldsymbol{\nu}=\boldsymbol{R}z$
$SO_p(2)$	$\mathcal{H}_p(0,z)=\left\{\begin{pmatrix}\mathrm{e}^{\theta\hat{z}} & p\theta z\\ \boldsymbol{0} & 1\end{pmatrix},\ \theta\in[0,\ 2\pi]\right\}$	$\mathcal{H}_p(N,\ \boldsymbol{\omega})=\left\{\begin{pmatrix}\mathrm{e}^{\theta\hat{\boldsymbol{\omega}}} & (\boldsymbol{E}_3-\mathrm{e}^{\theta\hat{\boldsymbol{\omega}}})\,\boldsymbol{p}_N+p\theta\boldsymbol{\omega}\\ \boldsymbol{0} & 1\end{pmatrix},\ \theta\in[0,\ 2\pi]\right\}$，$\boldsymbol{\omega}=\boldsymbol{R}z$

（续）

位移子群	正则表达	共轭表达
$T(2)$	$\mathcal{T}_2(z)=\left\{\begin{pmatrix}\boldsymbol{E}_3 & \alpha\boldsymbol{x}+\beta\boldsymbol{y}\\ \boldsymbol{0} & 1\end{pmatrix},\ \alpha,\beta\in\mathbb{R}\right\}$	$\mathcal{T}_2(\boldsymbol{\omega})=\left\{\begin{pmatrix}\boldsymbol{E}_3 & \alpha\boldsymbol{u}+\beta\boldsymbol{v}\\ \boldsymbol{0} & 1\end{pmatrix},\ \alpha,\beta\in\mathbb{R}\right\}$, $\boldsymbol{\omega}=\boldsymbol{R}z,\ \boldsymbol{u}\perp\boldsymbol{\omega},\boldsymbol{v}\perp\boldsymbol{\omega}$
$SO(2)\otimes T(1)$	$\mathcal{C}(0,z)=\left\{\begin{pmatrix}\mathrm{e}^{\theta\hat{z}} & \alpha z\\ \boldsymbol{0} & 1\end{pmatrix},\ \alpha\in\mathbb{R}\right\}$	$\mathcal{C}(N,\boldsymbol{\omega})=\left\{\begin{pmatrix}\mathrm{e}^{\theta\hat{\omega}} & (\boldsymbol{E}_3-\mathrm{e}^{\theta\hat{\omega}})\boldsymbol{p}_N+\alpha\boldsymbol{\omega}\\ \boldsymbol{0} & 1\end{pmatrix},\ \theta\in[0,2\pi],\alpha\in\mathbb{R}\right\},\boldsymbol{\omega}=\boldsymbol{R}z$
$SE(2)$	$\mathcal{G}(z)=\left\{\begin{pmatrix}\mathrm{e}^{\theta\hat{z}} & \alpha\boldsymbol{x}+\beta\boldsymbol{y}\\ \boldsymbol{0} & 1\end{pmatrix},\theta\in[0,2\pi],\alpha,\beta\in\mathbb{R}\right\}$	$\mathcal{G}(\boldsymbol{\omega})=\left\{\begin{pmatrix}\mathrm{e}^{\theta\hat{\omega}} & \alpha\boldsymbol{u}+\beta\boldsymbol{v}\\ \boldsymbol{0} & 1\end{pmatrix},\ \theta\in[0,2\pi],\alpha,\beta\in\mathbb{R}\right\},\boldsymbol{\omega}=\boldsymbol{R}z,\ \boldsymbol{u}\perp\boldsymbol{\omega},\boldsymbol{v}\perp\boldsymbol{\omega}$
$T(3)$	$\mathcal{T}=\left\{\begin{pmatrix}\boldsymbol{E}_3 & \boldsymbol{t}\\ \boldsymbol{0} & 1\end{pmatrix},\ \boldsymbol{t}\in\mathbb{R}^3\right\}$	$\mathcal{T}=\left\{\begin{pmatrix}\boldsymbol{E}_3 & \boldsymbol{t}\\ \boldsymbol{0} & 1\end{pmatrix},\ \boldsymbol{t}\in\mathbb{R}^3\right\}$
$SO(3)$	$\mathcal{S}(0)=\left\{\begin{pmatrix}\boldsymbol{R} & \boldsymbol{0}\\ \boldsymbol{0} & 1\end{pmatrix},\ \boldsymbol{R}\in SO(3)\right\}$	$\mathcal{S}(N)=\left\{\begin{pmatrix}\boldsymbol{R} & (\boldsymbol{E}_3-\boldsymbol{R})\boldsymbol{p}_N\\ \boldsymbol{0} & 1\end{pmatrix},\ \boldsymbol{R}\in SO(3)\right\}$
$SE(2)\otimes T(1)$	$\mathcal{X}(z)=\left\{\begin{pmatrix}\mathrm{e}^{\theta\hat{z}} & \boldsymbol{t}\\ \boldsymbol{0} & 1\end{pmatrix},\ \theta\in[0,2\pi],\boldsymbol{t}\in\mathbb{R}^3\right\}$	$\mathcal{X}(\boldsymbol{\omega})=\left\{\begin{pmatrix}\mathrm{e}^{\theta\hat{\omega}} & \boldsymbol{t}\\ \boldsymbol{0} & 1\end{pmatrix},\ \theta\in[0,2\pi],\boldsymbol{t}\in\mathbb{R}^3\right\},\boldsymbol{\omega}=\boldsymbol{R}z$

4.3 指数映射

我们知道，给定一个李群，可以通过寻找其单位元 e 处的切向量，从而很容易地得到与之对应的李代数。反之，能否可以通过李代数来确定与之对应的李群呢？下面我们来讨论这个问题。

根据微分流形理论[8,139]，李群 G 上由切向量 $\boldsymbol{X}$ 经左移动产生的光滑向量场是左不变向量场；反过来，李群 G 上任何一个左不变向量场都可以由 e 处的某个切向量经过左移动产生。也就是说，只要给定李代数的元素，就可以产生左不变向量场，我们所要做的就是将 e 处的某个切向量左移动到流形（李群）上的任一点。这样，在李代数元素（即单位元 e 处的切向量）与左不变向量场之间就建立起了一一映射关系。

注意到，左不变向量场的积分曲线是指各点处以切向量场为切线的曲线，它表示流形上的一条路径，即满足如下的微分方程：

$$\frac{\mathrm{d}\gamma}{\mathrm{d}t}=\gamma\boldsymbol{X} \tag{4.39}$$

该微分方程具有解析解，即通过单位元素 e 处的解为

$$\gamma(t)=\mathrm{e}^{t\boldsymbol{X}} \tag{4.40}$$

这是矩阵指数的形式，通过泰勒级数展开

$$\mathrm{e}^{\boldsymbol{X}}=\boldsymbol{E}+\boldsymbol{X}+\frac{1}{2!}\boldsymbol{X}^2+\cdots+\frac{1}{n!}\boldsymbol{X}^n+\cdots \tag{4.41}$$

这里，$\boldsymbol{X}^2=\boldsymbol{X}\boldsymbol{X}$，$\boldsymbol{X}^3=\boldsymbol{X}\boldsymbol{X}\boldsymbol{X}$，其他依此类推。能够证明这个级数是收敛的。

矩阵指数与普通指数不一样，对于李代数元素 $\boldsymbol{X}$ 与 $\boldsymbol{Y}$，只有在当 $[\boldsymbol{X},\boldsymbol{Y}]=0$ 条件下才

具有以下的结果：

$$e^{X}e^{Y} = e^{X+Y} \tag{4.42}$$

也就是说，只有当指数具有互换性时，才能够将一个指数积的指数进行相加。

由式（4.41）可知，指数 e^{X} 也是一个矩阵，它表示与李代数元素 $\boldsymbol{X}$ 所对应的李群的一个元素，而这个指数矩阵通常被看作是李代数到其所对应的李群的一个映射。

另外，假设 $\boldsymbol{X}$ 表示为一个李代数的元素，t 为参数，由于

$$e^{t_1 X}e^{t_2 X} = e^{(t_1+t_2)X} \tag{4.43}$$

因此，e^{tX} 可以表示一个单参数的子群（或一维子群）。也就是说，每个李代数元素都可以产生这样的一个单参数子群。而李群的所有单参数子群都具有这种形式。

下面给出单参数子群的指数映射一个正式的定义。

【指数映射的定义】　对于任意李代数元素 $\boldsymbol{X}$，设 γ 表示左不变向量场上的积分曲线（图 4.1），它在 $t=0$ 时经过单位元 e，即满足

$$\gamma(0)=e,\ \frac{\mathrm{d}}{\mathrm{d}t}\gamma(t)\big|_{t=0}=\boldsymbol{X},\ \gamma(s+t)=\gamma(s)\gamma(t) \tag{4.44}$$

式中，$\boldsymbol{X}$ 表示一个李代数元素；t 为参数；$\gamma(t)$ 是单参数子群。将

$$e^{X} = \gamma(1) \tag{4.45}$$

所定义的指数映射称为从李代数到单参数子群上的**指数映射**(exponential mapping)。

设 $\{\boldsymbol{X}_1, \boldsymbol{X}_2, \cdots, \boldsymbol{X}_n\}$ 为李代数的一组基，定义映射

$$g = e^{\zeta_1 X_1+\zeta_2 X_2+\cdots+\zeta_n X_n} \tag{4.46}$$

这里将

$$(\zeta_1, \zeta_2, \cdots, \zeta_n) \tag{4.47}$$

称为第一类正则坐标(canonical coordinate)。

如果定义映射

$$g = e^{\eta_1 X_1}e^{\eta_2 X_2}\cdots e^{\eta_n X_n} \tag{4.48}$$

这里将

$$(\eta_1, \eta_2, \cdots, \eta_n) \tag{4.49}$$

称为第二类正则坐标。

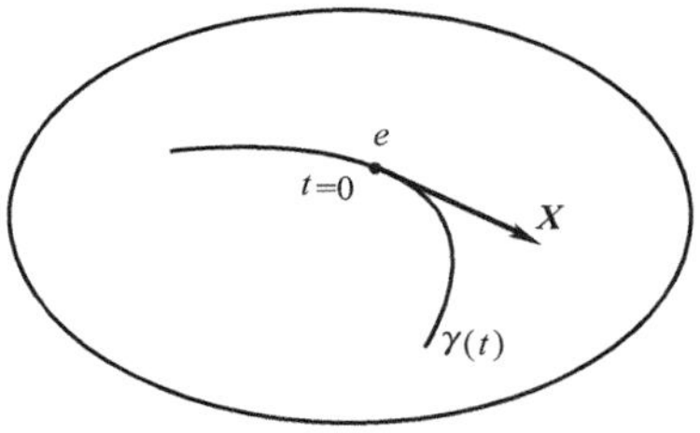

图 4.1　指数映射

那么如何实现这两类正则坐标的转换呢？让我们再回到式（4.42）中，该公式成立的条件是需要满足 $[\boldsymbol{X}, \boldsymbol{Y}]=0$，但对于一般情况 $e^{X}e^{Y}=e^{f(X,Y)}$ 又如何来计算呢？Campbell-Baker-Hausdorff 定理给出了一个答案。

【Campbell-Baker-Hausdorff 定理】　对于李代数的元素 $\boldsymbol{X}$ 和 $\boldsymbol{Y}$，假设 $e^{X}e^{Y}=e^{f(X,Y)}$，则

$$f(\boldsymbol{X},\boldsymbol{Y}) = \boldsymbol{X}+\boldsymbol{Y}+\frac{1}{2}[\boldsymbol{X}, \boldsymbol{Y}]+\frac{1}{12}([\boldsymbol{X}, [\boldsymbol{X}, \boldsymbol{Y}]]+[\boldsymbol{Y}, [\boldsymbol{X}, \boldsymbol{Y}]]+\cdots \tag{4.50}$$

式（4.50）只是给出了其中的一种表达形式。Campbell-Baker-Hausdorff 定理的重要性在于 $f(\boldsymbol{X}, \boldsymbol{Y})$ 的高阶量也可由李代数元素表达。不过，不难看出应用式（4.50）来计算超过 2 个以上元素的指数积是一项非常复杂而困难的任务。

指数映射的一个重要应用是可以导出串联机器人运动学的**指数积公式**（product of exponentials，简称 POE）[9,101,152]，详细描述可以参考本书第 5 章。

【例 4.6】　考察 $gl(n)$ 到 $GL(n)$ 的指数映射。

对于任意 $\boldsymbol{X} \in gl(n)$，

$$\gamma(t) = \sum_{n=0}^{\infty} \frac{t^n \boldsymbol{X}^n}{n!} \tag{4.51}$$

这是一个单参数子群。由于 $\gamma(0) = \boldsymbol{E}$，并且

$$\frac{\mathrm{d}}{\mathrm{d}t}\gamma(t) = \sum_{n=1}^{\infty} \frac{t^{n-1}\boldsymbol{X}^n}{(n-1)!} = \gamma(t)\boldsymbol{X} \tag{4.52}$$

对应的指数映射可以表示为

$$\mathrm{e}^{X} = \gamma(1) = \sum_{n=0}^{\infty} \frac{\boldsymbol{X}^n}{n!} \tag{4.53}$$

【例 4.7】　考察 $so(3)$ 到 $SO(3)$ 的指数映射。

由式（4.53）及 $\hat{\boldsymbol{\omega}}^3 = -\hat{\boldsymbol{\omega}}$ 可以得到指数映射关系为

$$\begin{aligned}\mathrm{e}^{\theta\hat{\boldsymbol{\omega}}} = \gamma(1) = \sum_{n=0}^{\infty} \frac{(\theta\hat{\boldsymbol{\omega}})^n}{n!} &= \boldsymbol{E}_3 + \hat{\boldsymbol{\omega}}\left(\theta - \frac{\theta^3}{3!} + \frac{\theta^5}{5!} - \cdots\right) + \hat{\boldsymbol{\omega}}^2\left(\frac{\theta^2}{2!} - \frac{\theta^4}{4!} + \cdots\right) \\ &= \boldsymbol{E}_3 + \hat{\boldsymbol{\omega}}\sin\theta + \hat{\boldsymbol{\omega}}^2(1-\cos\theta)\end{aligned} \tag{4.54}$$

注意上式成立的条件还包括 $\|\boldsymbol{\omega}\| = 1$。

反过来，假设给出一个任意的 3×3 特殊的正交矩阵，即 $so(3)$ 的一个元素，如 $\boldsymbol{R}$。按如下方式我们可以找到参数 θ 和反对称矩阵 $\hat{\boldsymbol{\omega}}$。

注意到 $\mathrm{tr}(\boldsymbol{E}_3) = 3$，$\mathrm{tr}(\hat{\boldsymbol{\omega}}) = 0$ 和 $\mathrm{tr}(\hat{\boldsymbol{\omega}}^2) = -2$。将 $\boldsymbol{R}$ 与李代数元素 $\hat{\boldsymbol{\omega}}$ 的指数对比，得到

$$\boldsymbol{R} = \mathrm{e}^{\theta\hat{\boldsymbol{\omega}}} = \boldsymbol{E}_3 + \hat{\boldsymbol{\omega}}\sin\theta + \hat{\boldsymbol{\omega}}^2(1-\cos\theta)$$

因此 $\boldsymbol{R}$ 的迹为

$$\mathrm{tr}(\boldsymbol{R}) = \mathrm{tr}(\boldsymbol{E}_3) + \mathrm{tr}(\hat{\boldsymbol{\omega}})\sin\theta + \mathrm{tr}(\hat{\boldsymbol{\omega}}^2)(1-\cos\theta) = 1 + 2\cos\theta \tag{4.55}$$

要找出反对称矩阵 $\hat{\boldsymbol{\omega}}$，观察发现：既然矩阵 $\hat{\boldsymbol{\omega}}$ 是反对称的，那么它的平方 $\hat{\boldsymbol{\omega}}^2$ 一定是对称的。因此，通过计算 $\boldsymbol{R} - \boldsymbol{R}^{\mathrm{T}}$ 将得到

$$\boldsymbol{R} - \boldsymbol{R}^{\mathrm{T}} = 2\hat{\boldsymbol{\omega}}\sin\theta \tag{4.56}$$

通过式（4.55）和式（4.56）可以找出对应于 $SO(3)$ 的李代数元素。

【例 4.8】　考察 $se(3)$ 到 $SE(3)$ 的指数映射。

当 $\hat{\boldsymbol{\omega}} = \boldsymbol{0}$ 时，

$$\mathrm{e}^{\theta\hat{\boldsymbol{\xi}}} = \gamma(1) = \sum_{n=0}^{\infty} \frac{(\theta\hat{\boldsymbol{\xi}})^n}{n!} = \boldsymbol{E}_3 + \theta\hat{\boldsymbol{\xi}} = \begin{pmatrix} \boldsymbol{E}_3 & \theta\boldsymbol{v} \\ \boldsymbol{0} & 1 \end{pmatrix} \tag{4.57}$$

当 $\hat{\boldsymbol{\omega}} \neq \boldsymbol{0}$ 时，由式（4.41）及 $\hat{\boldsymbol{\xi}}^4 = -\hat{\boldsymbol{\xi}}^2$ 可以得到

$$\begin{aligned}\mathrm{e}^{\theta\hat{\boldsymbol{\xi}}} = \gamma(1) = \sum_{n=0}^{\infty} \frac{(\theta\hat{\boldsymbol{\xi}})^n}{n!} &= \boldsymbol{E}_4 + \theta\hat{\boldsymbol{\xi}} + \hat{\boldsymbol{\xi}}^2(1-\cos\theta) + \hat{\boldsymbol{\xi}}^3(\theta - \sin\theta) \\ &= \begin{pmatrix} \mathrm{e}^{\theta\hat{\boldsymbol{\omega}}} & (\boldsymbol{E} - \mathrm{e}^{\theta\hat{\boldsymbol{\omega}}})(\boldsymbol{\omega} \times \boldsymbol{v}) + \theta\boldsymbol{\omega}\,\boldsymbol{\omega}^T\boldsymbol{v} \\ \boldsymbol{0} & 1 \end{pmatrix}\end{aligned} \tag{4.58}$$

注意上式成立的条件还包括 $\|\boldsymbol{\omega}\| = 1$。

4.4　刚体运动的指数坐标[101,152]

4.4.1　描述刚体转动的欧拉定理

如图 4.2 所示的绕固定轴作旋转运动是刚体运动中较为常见的一种运动形式。尤其在机器人学中，机器人中的各连杆绕固定轴的旋转运动十分常见。设 $\boldsymbol{\omega}$($\boldsymbol{\omega}\in\mathbb{R}^3$) 是表示旋转轴方向的单位矢量，$\theta$($\theta\in\mathbb{R}$) 为转角。对于刚体的每一个旋转运动，都有一个旋转矩阵 $\boldsymbol{R}$($\boldsymbol{R}\in SO(3)$) 与之对应，因此，可将 $\boldsymbol{R}$ 写成 $\boldsymbol{\omega}$ 和 θ 的函数。

在转动刚体上取任意一点 P，如果刚体以单位角速度绕轴 $\boldsymbol{\omega}$ 作匀速转动，那么 P 点的速度 $\dot{\boldsymbol{p}}$ 可以表示为

$$\dot{\boldsymbol{p}}(t)=\boldsymbol{\omega}\times\boldsymbol{p}(t)=\hat{\boldsymbol{\omega}}\boldsymbol{p}(t) \tag{4.59}$$

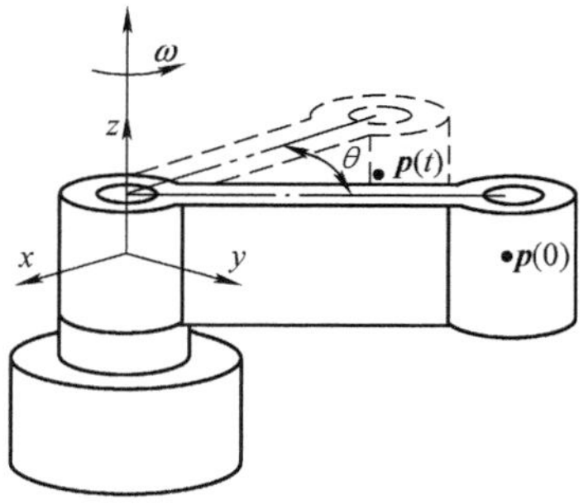

图 4.2　刚体绕定轴旋转

式 (4.59) 是一个以时间为变量的一阶线性微分方程，其解为

$$\boldsymbol{p}(t)=\mathrm{e}^{\hat{\boldsymbol{\omega}}t}\boldsymbol{p}(0) \tag{4.60}$$

式中，$\boldsymbol{p}(0)$ 为该点的初始位置；$\mathrm{e}^{\hat{\boldsymbol{\omega}}t}$ 为矩阵指数。进行泰勒级数展开

$$\mathrm{e}^{\hat{\boldsymbol{\omega}}t}=\boldsymbol{E}+\hat{\boldsymbol{\omega}}t+\frac{(\hat{\boldsymbol{\omega}}t)^2}{2!}+\frac{(\hat{\boldsymbol{\omega}}t)^3}{3!}+\cdots \tag{4.61}$$

如果刚体以单位角速度绕 $\boldsymbol{\omega}$ 轴旋转角度 θ（以 θ 为变量），则旋转矩阵

$$\boldsymbol{R}(\boldsymbol{\omega},\theta)=\mathrm{e}^{\theta\hat{\boldsymbol{\omega}}} \tag{4.62}$$

以上各式中，$\hat{\boldsymbol{\omega}}$ 为反对称矩阵，满足 $\hat{\boldsymbol{\omega}}^{\mathrm{T}}=\hat{\boldsymbol{\omega}}^{-1}=-\hat{\boldsymbol{\omega}}$。为此定义所有的 3×3 阶反对称矩阵组成的集合记为 $so(3)$，即

$$so(3)=\{\hat{\boldsymbol{\omega}}\in\mathbb{R}^{3\times3}:\hat{\boldsymbol{\omega}}^{\mathrm{T}}=-\hat{\boldsymbol{\omega}}\} \tag{4.63}$$

$\hat{\boldsymbol{\omega}}\in so(3)$ 称为三维旋转群 $SO(3)$ 的李代数。通常情况下为了表达方便，$\hat{\boldsymbol{\omega}}$ 取单位矩阵的形式，即 $\|\hat{\boldsymbol{\omega}}\|=1$。因此，对 $\mathrm{e}^{\theta\hat{\boldsymbol{\omega}}}$ 进行泰勒级数展开，得到

$$\mathrm{e}^{\theta\hat{\boldsymbol{\omega}}}=\boldsymbol{E}+\theta\hat{\boldsymbol{\omega}}+\frac{\theta^2}{2!}\hat{\boldsymbol{\omega}}^2+\frac{\theta^3}{3!}\hat{\boldsymbol{\omega}}^3+\cdots \tag{4.64}$$

注意到 $\hat{\boldsymbol{\omega}}\in so(3)$ 满足以下关系：

$$\hat{\boldsymbol{\omega}}^2=\boldsymbol{\omega}\boldsymbol{\omega}^{\mathrm{T}}-\boldsymbol{E},\quad \hat{\boldsymbol{\omega}}^3=-\hat{\boldsymbol{\omega}} \tag{4.65}$$

这样式 (4.64) 可以写成

$$e^{\theta\hat{\omega}} = \boldsymbol{E} + \left(\theta - \frac{\theta^3}{3!} + \frac{\theta^5}{5!} - \cdots\right)\hat{\omega} + \left(\frac{\theta^2}{2!} - \frac{\theta^4}{4!} + \frac{\theta^6}{6!} - \cdots\right)\hat{\omega}^2 \tag{4.66}$$

因此，

$$e^{\theta\hat{\omega}} = \boldsymbol{E} + \hat{\omega}\sin\theta + \hat{\omega}^2(1-\cos\theta) \tag{4.67}$$

上式通常称为罗德里格斯（Rodrigues）公式。如果 $\|\boldsymbol{\omega}\| \neq 1$，上式修正为

$$e^{\theta\hat{\omega}} = \boldsymbol{E} + \frac{\hat{\omega}}{\|\hat{\omega}\|}\sin(\|\hat{\omega}\|\theta) + \frac{\hat{\omega}^2}{\|\hat{\omega}\|^2}(1-\cos(\|\hat{\omega}\|\theta)) \tag{4.68}$$

以上有关 Rodrigues 公式是通过寻找 $SO(3)$ 与 $so(3)$ 的物理意义推导出来的，虽然相比上一节给出的从 $so(3)$ 到 $SO(3)$ 的指数映射推导过程，相对更为烦琐些，但理解起来却容易一些。

【欧拉（Euler）定理】 空间绕某一固定点 O 的旋转必定是绕过 O 点一条固定轴线的转动，也就是说，指数映射 $e^{\theta\hat{\omega}}$ 与旋转矩阵 $\boldsymbol{R}$ 是等价的。即

（1）反对称矩阵 $\hat{\omega}$ 的矩阵指数是正交矩阵。对于任一反对称矩阵 $\hat{\omega}$ 和 θ，都有 $e^{\theta\hat{\omega}} \in SO(3)$；

（2）对于给定的旋转矩阵 $\boldsymbol{R}$，必存在 $\boldsymbol{\omega}$，且 $\|\boldsymbol{\omega}\|=1$，以及 θ，使得 $\boldsymbol{R}=e^{\theta\hat{\omega}}$；

（3）任一旋转矩阵 $\boldsymbol{R}$ 都可以等效成绕某一固定轴旋转一定的角度。

证明：（1）对于任意的反对称矩阵 $\hat{\omega}$ 和 θ，定义 $\boldsymbol{R}=e^{\theta\hat{\omega}}$，需要证明 $\boldsymbol{R}$ 满足 $\boldsymbol{R}^{\mathrm{T}}\boldsymbol{R}=\boldsymbol{R}\boldsymbol{R}^{T}=\boldsymbol{E}$，并且 $\det(\boldsymbol{R})=+1$。

$$\boldsymbol{R}^{-1} = (e^{\theta\hat{\omega}})^{-1} = e^{-\theta\hat{\omega}} = e^{\theta\hat{\omega}^{\mathrm{T}}} = (e^{\theta\hat{\omega}})^{\mathrm{T}} = \boldsymbol{R}^{\mathrm{T}} \tag{4.69}$$

即 $\boldsymbol{R}^{\mathrm{T}}\boldsymbol{R}=\boldsymbol{R}\boldsymbol{R}^{\mathrm{T}}=\boldsymbol{E}$，$\det(\boldsymbol{R})=\pm1$。利用行列式的连续性和指数变换的连续性，并考虑到 $\det(\boldsymbol{R})=\det(e^{\hat{\omega}0})=1$，则 $\det(\boldsymbol{R})=+1$。因此，$e^{\theta\hat{\omega}} \in SO(3)$。

（2）其证明是构造性的。给定旋转矩阵 $\boldsymbol{R}$，根据定义，旋转矩阵 $\boldsymbol{R}$ 具有如下结构：

$$\boldsymbol{R} = \begin{pmatrix} r_{11} & r_{12} & r_{13} \\ r_{21} & r_{22} & r_{23} \\ r_{31} & r_{32} & r_{33} \end{pmatrix}$$

构造相应的转轴和等效转角。令 $\boldsymbol{R}=e^{\theta\hat{\omega}}$，则

$$\begin{aligned} e^{\theta\hat{\omega}} &= \boldsymbol{E} + \hat{\omega}\sin\theta + \hat{\omega}^2(1-\cos\theta) \\ &= \begin{pmatrix} \omega_1^2(1-\cos\theta)+\cos\theta & \omega_1\omega_2(1-\cos\theta)-\omega_3\sin\theta & \omega_1\omega_3(1-\cos\theta)+\omega_2\sin\theta \\ \omega_1\omega_2(1-\cos\theta)+\omega_3\sin\theta & \omega_2^2(1-\cos\theta)+\cos\theta & \omega_2\omega_3(1-\cos\theta)-\omega_1\sin\theta \\ \omega_1\omega_3(1-\cos\theta)-\omega_2\sin\theta & \omega_2\omega_3(1-\cos\theta)+\omega_1\sin\theta & \omega_3^2(1-\cos\theta)+\cos\theta \end{pmatrix} \end{aligned}$$

因此

$$\mathrm{tr}(\boldsymbol{R}) = r_{11} + r_{22} + r_{33} = 1 + 2\cos\theta \tag{4.70}$$

上式中 θ 确实有解的条件是：① $\boldsymbol{R}$ 的迹等于其特征值之和；② $\boldsymbol{R}$ 保持向量长度不变；③ $\det(\boldsymbol{R})=+1$；④ $\boldsymbol{R}$ 的特征值的模为1，并形成复共轭对，因此 $1 \leqslant \mathrm{tr}(\boldsymbol{R}) \leqslant 3$，且

$$\theta = \arccos\left(\frac{r_{11}+r_{22}+r_{33}-1}{2}\right) \tag{4.71}$$

由于反三角函数的多值性，其值可选为 $2\pi n \pm \theta$（$n \in \mathbb{R}$）中的任何一个。再对 $\boldsymbol{R}$ 的非对角元素相减，得到

$$\begin{cases} r_{32} - r_{23} = 2\omega_1 \sin\theta \\ r_{13} - r_{31} = 2\omega_2 \sin\theta \\ r_{21} - r_{12} = 2\omega_3 \sin\theta \end{cases} \tag{4.72}$$

当 $\theta \neq 0$ 时，转轴

$$\boldsymbol{\omega} = \frac{1}{2\sin\theta}\begin{pmatrix} r_{32} - r_{23} \\ r_{13} - r_{31} \\ r_{21} - r_{12} \end{pmatrix} \tag{4.73}$$

（3）直接根据（2）的结果即可得出结论——任一旋转矩阵 $\boldsymbol{R}$ 与绕某一固定轴旋转运动是等价的（图 4.3）。

指数坐标提供了旋转矩阵的一种局部参数化的表达方式，而上述旋转运动的表示方法通常称为**等效轴表示法**[124]。由对上面欧拉定理(2)的证明可知，这种表示方法并不唯一。实际上，我们也用其他整体或局部的方式对旋转矩阵进行参数表示，其中比较常用的局部参数表示方法还有欧拉角表示法，整体参数表示方法有**四元数**（quaternion）表示法[95,124]。

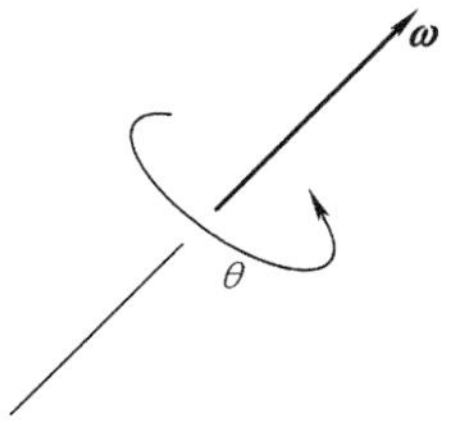

图 4.3　旋转矩阵的等效转轴与等效转角

4.4.2　一般刚体运动的指数坐标

对刚体转动的指数映射有了一定了解之后，我们再来讨论一下一般刚体运动。

一般的刚体运动情况见本章 4.6 节内容。为简便起见，这里仍以转动为例。例如，图 4.4a 所示为一个转动关节，与 4.4.1 节不同的是，参考坐标系选在轴线之外。设 $\boldsymbol{\omega}$($\boldsymbol{\omega} \in \mathbb{R}^3$) 是表示其旋转轴方向的单位矢量，$\boldsymbol{r}$ 为轴上一点。如果物体以单位角速度绕轴线 $\boldsymbol{\omega}$ 作匀速转动，那么物体上一点 P 的速度 $\dot{\boldsymbol{p}}$ 可以表示为

$$\dot{\boldsymbol{p}}(t) = \boldsymbol{\omega} \times [\boldsymbol{p}(t) - \boldsymbol{r}] \tag{4.74}$$

引入如下 4×4 矩阵 $\hat{\boldsymbol{\xi}}$：

$$\hat{\boldsymbol{\xi}} = \begin{pmatrix} \hat{\boldsymbol{\omega}} & \boldsymbol{r} \times \boldsymbol{\omega} \\ \boldsymbol{0} & 0 \end{pmatrix} \tag{4.75}$$

则式（4.74）可写成

$$\begin{pmatrix} \dot{\boldsymbol{p}} \\ 0 \end{pmatrix} = \begin{pmatrix} \boldsymbol{\omega} \times & \boldsymbol{r} \times \boldsymbol{\omega} \\ \boldsymbol{0} & 0 \end{pmatrix}\begin{pmatrix} \boldsymbol{p} \\ 1 \end{pmatrix} = \hat{\boldsymbol{\xi}}\begin{pmatrix} \boldsymbol{p} \\ 1 \end{pmatrix} \tag{4.76}$$

也可以写成

$$\dot{\boldsymbol{p}} = \hat{\boldsymbol{\xi}}\boldsymbol{p} \tag{4.77}$$

式(4.77)是一个以 t 为自变量的一阶线性微分方程，其解为

$$\boldsymbol{p}(t) = \mathrm{e}^{t\hat{\boldsymbol{\xi}}}\boldsymbol{p}(0) \tag{4.78}$$

式中，$\boldsymbol{p}(0)$ 为该点的初始位置；$e^{t\hat{\boldsymbol{\xi}}}$ 为矩阵指数。进行泰勒级数展开

$$e^{t\hat{\boldsymbol{\xi}}} = \boldsymbol{E} + t\hat{\boldsymbol{\xi}} + \frac{(t\hat{\boldsymbol{\xi}})^2}{2!} + \frac{(t\hat{\boldsymbol{\xi}})^3}{3!} + \cdots \tag{4.79}$$

同样，当刚体以单位速度 $\boldsymbol{v}$ 平移时（图 4.4b），点 P 的速度为

$$\dot{\boldsymbol{p}}(t) = \boldsymbol{v} \tag{4.80}$$

求解微分方程，得到

$$\boldsymbol{p}(t) = e^{t\hat{\boldsymbol{\xi}}}\boldsymbol{p}(0) \tag{4.81}$$

其中，t 代表移动量（由于是匀速移动），而

$$\hat{\boldsymbol{\xi}} = \begin{pmatrix} \boldsymbol{0} & \boldsymbol{v} \\ \boldsymbol{0} & 0 \end{pmatrix} \tag{4.82}$$

以上各式中的 4×4 阶矩阵 $\hat{\boldsymbol{\xi}}$ 可以认为是对反对称矩阵 $\hat{\boldsymbol{\omega}} \in so(3)$ 的推广，满足

$$se(3) = \{\hat{\boldsymbol{\xi}} \mid \hat{\boldsymbol{\xi}} \mapsto (\hat{\boldsymbol{\omega}};\ \boldsymbol{v}) : \boldsymbol{v} \in \mathbb{R}^3,\ \hat{\boldsymbol{\omega}} \in so(3)\} \tag{4.83}$$

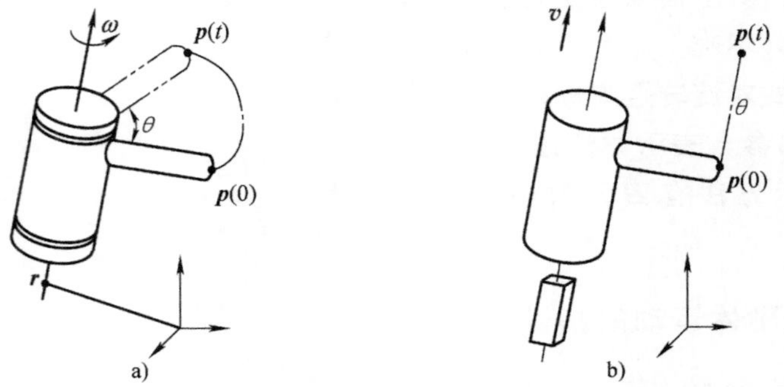

图 4.4 刚体运动

a）一般刚体运动 b）平移运动

$\hat{\boldsymbol{\xi}} \in se(3)$ 就是欧氏群 $SE(3)$ 的李代数表达，物理上表示刚体的广义瞬时速度，这在前面已经介绍过。其中

$$\hat{\boldsymbol{\xi}} = \begin{pmatrix} \hat{\boldsymbol{\omega}} & \boldsymbol{v} \\ \boldsymbol{0} & 0 \end{pmatrix}_{4\times4} \in \mathbb{R}^{4\times4} \tag{4.84}$$

通过定义算子∨，可以将 4×4 阶矩阵 $\hat{\boldsymbol{\xi}}$ 映射为六维向量 $\boldsymbol{\xi}$ 。即

$$\boldsymbol{\xi} = \begin{pmatrix} \hat{\boldsymbol{\omega}} & \boldsymbol{v} \\ \boldsymbol{0} & 0 \end{pmatrix}^{\vee} = \begin{pmatrix} \boldsymbol{\omega} \\ \boldsymbol{v} \end{pmatrix}_{6\times1} \tag{4.85}$$

这里我们赋予 $\boldsymbol{\xi}$ 一个新的概念，称之为**运动旋量**（twist）。同时，它也是本书中最为重要的概念之一。有时，我们更习惯将其表示成 Plücker 坐标的形式 $\boldsymbol{\xi} = (\boldsymbol{\omega};\boldsymbol{v})$，亦称运动旋量坐标。

同样，利用逆算子∧，可以将给定的六维向量 $\boldsymbol{\xi}$ 构造成矩阵形式的 $\hat{\boldsymbol{\xi}}$ 。即

$$\begin{pmatrix} \boldsymbol{\omega} \\ \boldsymbol{v} \end{pmatrix}^{\wedge} = \begin{pmatrix} \hat{\boldsymbol{\omega}} & \boldsymbol{v} \\ \boldsymbol{0} & 0 \end{pmatrix} \tag{4.86}$$

【定理 4.1】 $se(3)$ 中的元素与 $SE(3)$ 中的元素之间存在指数映射的关系：

（1）给定任一 $\hat{\boldsymbol{\xi}} \in se(3)$ 和 θ，$\theta\hat{\boldsymbol{\xi}}$ 的指数映射都是 $SE(3)$ 的元素，即 $e^{\theta\hat{\boldsymbol{\xi}}} \in SE(3)$；

（2）给定任一 $g \in SE(3)$，则必存在 $\hat{\boldsymbol{\xi}} \in se(3)$ 和 θ，使得 $g = e^{\theta\hat{\boldsymbol{\xi}}}$。

证明：(1) 分两种情况直接计算 $e^{\theta\hat{\xi}}$，以证明 $e^{\theta\hat{\xi}} \in SE(3)$。

1) 当 $\boldsymbol{\omega} = \mathbf{0}$ 时，有

$$\hat{\xi}^2 = \hat{\xi}^3 = \cdots = \hat{\xi}^n = \mathbf{0}$$

因此，由式 (4.79) 得 $e^{\theta\hat{\xi}} = \boldsymbol{E} + \theta\hat{\xi}$，则

$$e^{\theta\hat{\xi}} = \begin{pmatrix} \boldsymbol{E} & \theta\boldsymbol{v} \\ \mathbf{0} & 1 \end{pmatrix} \tag{4.87}$$

显然，$e^{\theta\hat{\xi}} \in SE(3)$。

2) 当 $\boldsymbol{\omega} \neq \mathbf{0}$ 时，假设 $\|\boldsymbol{\omega}\| = 1$（可通过改变 θ 值使其归一化）。定义某一刚体变换

$$g = \begin{pmatrix} \boldsymbol{E} & \boldsymbol{\omega} \times \boldsymbol{v} \\ \mathbf{0} & 1 \end{pmatrix} \tag{4.88}$$

计算 $\hat{\xi}$ 的相似变换

$$\hat{\xi}' = g\hat{\xi}g^{-1} = \begin{pmatrix} \boldsymbol{E} & \boldsymbol{\omega} \times \boldsymbol{v} \\ \mathbf{0} & 1 \end{pmatrix}\begin{pmatrix} \hat{\boldsymbol{\omega}} & \boldsymbol{v} \\ \mathbf{0} & 0 \end{pmatrix}\begin{pmatrix} \boldsymbol{E} & -\boldsymbol{\omega} \times \boldsymbol{v} \\ \mathbf{0} & 1 \end{pmatrix} = \begin{pmatrix} \hat{\boldsymbol{\omega}} & \boldsymbol{\omega}\boldsymbol{\omega}^{\mathrm{T}}\boldsymbol{v} \\ \mathbf{0} & 0 \end{pmatrix}$$

利用矩阵恒等式

$$g e^{\theta\hat{\xi}'} g^{-1} \equiv e^{g(\theta\hat{\xi}')g^{-1}} = e^{\theta\hat{\xi}} \tag{4.89}$$

首先计算 $e^{\theta\hat{\xi}'}$，利用 $\hat{\boldsymbol{\omega}}\boldsymbol{\omega} = \boldsymbol{\omega} \times \boldsymbol{\omega} = \mathbf{0}$，可以得到

$$(\hat{\xi}')^2 = \begin{pmatrix} \hat{\boldsymbol{\omega}}^2 & \mathbf{0} \\ \mathbf{0} & 0 \end{pmatrix}, (\hat{\xi}')^3 = \begin{pmatrix} \hat{\boldsymbol{\omega}}^3 & \mathbf{0} \\ \mathbf{0} & 0 \end{pmatrix}, \cdots$$

由此

$$e^{\theta\hat{\xi}'} = \boldsymbol{E} + \theta\hat{\xi}' + \frac{(\theta\hat{\xi}')^2}{2!} + \frac{(\theta\hat{\xi}')^3}{3!} + \cdots = \begin{pmatrix} e^{\theta\hat{\boldsymbol{\omega}}} & \theta\boldsymbol{\omega}\boldsymbol{\omega}^{\mathrm{T}}\boldsymbol{v} \\ \mathbf{0} & 1 \end{pmatrix}$$

代入式 (4.89)，得

$$e^{\theta\hat{\xi}} = \begin{pmatrix} e^{\theta\hat{\boldsymbol{\omega}}} & (\boldsymbol{E} - e^{\theta\hat{\boldsymbol{\omega}}})(\boldsymbol{\omega} \times \boldsymbol{v}) + \theta\boldsymbol{\omega}\boldsymbol{\omega}^{\mathrm{T}}\boldsymbol{v} \\ \mathbf{0} & 1 \end{pmatrix} \tag{4.90}$$

对比式(4.90)与式(4.58)，显然这是 $SE(3)$ 中的元素，从而证明了 $e^{\theta\hat{\xi}} \in SE(3)$。

我们在上一节也曾讨论过这个问题，并直接通过 $se(3)$ 到 $SE(3)$ 的指数映射很简单地导出了式 (4.90)。

(2) 采用构造方法，令 $g = (\boldsymbol{R}, \boldsymbol{t}) : \boldsymbol{t} \in \mathbb{R}^3$，$\boldsymbol{R} \in so(3)$，忽略解为 $\theta = 0$ 以及任意 $\hat{\xi}$ 的情况。

1) 当 $\boldsymbol{R} = \boldsymbol{E}$ 时，不存在转动，令

$$\hat{\xi} = \begin{pmatrix} \mathbf{0} & \boldsymbol{t}/\|\boldsymbol{t}\| \\ \mathbf{0} & 0 \end{pmatrix}, \theta = \|\boldsymbol{t}\|$$

由式 (4.87) 可以证明

$$e^{\theta\hat{\xi}} = \begin{pmatrix} \boldsymbol{E} & \boldsymbol{t} \\ \mathbf{0} & 1 \end{pmatrix} = g$$

2) 当 $\boldsymbol{R} \neq \boldsymbol{E}$ 时，求 $\boldsymbol{\xi} = (\boldsymbol{v}; \boldsymbol{\omega}) \in \mathbb{R}^6$，使 $e^{\theta\hat{\xi}}$ 与 g 相等。即

$$\begin{pmatrix} e^{\theta\hat{\boldsymbol{\omega}}} & (\boldsymbol{E} - e^{\theta\hat{\boldsymbol{\omega}}})(\boldsymbol{\omega} \times \boldsymbol{v}) + \theta\boldsymbol{\omega}\boldsymbol{\omega}^{\mathrm{T}}\boldsymbol{v} \\ \mathbf{0} & 1 \end{pmatrix} = \begin{pmatrix} \boldsymbol{R} & \boldsymbol{t} \\ \mathbf{0} & 1 \end{pmatrix}$$

考虑相对应的元素，可分解成

$$\boldsymbol{R} = \mathrm{e}^{\theta\hat{\boldsymbol{\omega}}} \tag{4.91}$$

$$\boldsymbol{t} = (\boldsymbol{E} - \mathrm{e}^{\theta\hat{\boldsymbol{\omega}}})(\boldsymbol{\omega} \times \boldsymbol{v}) + \theta\boldsymbol{\omega}\boldsymbol{\omega}^{\mathrm{T}}\boldsymbol{v} \tag{4.92}$$

利用前面介绍的等效转轴法可从式（4.91）中求得转轴 $\boldsymbol{\omega}$ 和转角 θ。剩下的问题是如何从式（4.92）中求得 $\boldsymbol{\nu}$。

可以看出矩阵 $\boldsymbol{A} = (\boldsymbol{E} - \mathrm{e}^{\theta\hat{\boldsymbol{\omega}}})\hat{\boldsymbol{\omega}} + \theta\boldsymbol{\omega}\boldsymbol{\omega}^{\mathrm{T}}$ 对于所有的 $\theta \in (0, 2\pi)$ 都是非奇异的。因此当 $\boldsymbol{R} \neq \boldsymbol{E}$ 即 $\theta \neq 0$ 时，组成 $\boldsymbol{A}$ 的两个矩阵具有相互正交的零空间。因此由 $\boldsymbol{A\nu} = \boldsymbol{0}$ 得出 $\boldsymbol{\nu} = \boldsymbol{0}$。

【例 4.9】 求绕某一空间固定轴旋转所产生的刚体位移（图 4.5）。其中，物体坐标系 $\{B\}$ 相对参考坐标系 $\{A\}$ 的位形已知，即

$$g = \begin{pmatrix} \cos\theta & -\sin\theta & 0 & -l_2\sin\theta \\ \sin\theta & \cos\theta & 0 & l_1 + l_2\cos\theta \\ 0 & 0 & 1 & 0 \\ 0 & 0 & 0 & 1 \end{pmatrix}$$

计算相对应的运动旋量坐标。

解：为计算 g 的运动旋量，可参考定理 4.1 的证明过程。

满足 $\boldsymbol{R} = \mathrm{e}^{\theta\hat{\boldsymbol{\omega}}}$ 的转轴 $\boldsymbol{\omega}$ 和转角 θ 可通过观察得到：$\boldsymbol{\omega} = (0,0,1)^{\mathrm{T}}$，即绕 z 轴转动。下面求 $\boldsymbol{\nu}$。

$$\boldsymbol{t} = (\boldsymbol{E} - \mathrm{e}^{\theta\hat{\boldsymbol{\omega}}})(\boldsymbol{\omega} \times \boldsymbol{v}) + \theta\boldsymbol{\omega}\boldsymbol{\omega}^{\mathrm{T}}\nu$$

对上式进行展开，得

$$\begin{pmatrix} \sin\theta & \cos\theta - 1 & 0 \\ \cos\theta - 1 & \sin\theta & 0 \\ 0 & 0 & \theta \end{pmatrix} \boldsymbol{\nu} = \begin{pmatrix} -l_2\sin\theta \\ l_1 + l_2\cos\theta \\ 0 \end{pmatrix}$$

求解得到

$$\boldsymbol{\nu} = \begin{pmatrix} \dfrac{l_1 - l_2}{2} \\ \dfrac{(l_1 + l_2)\sin\theta}{2(1 - \cos\theta)} \\ 0 \end{pmatrix}$$

从而导出了与 g 对应的运动旋量坐标

$$\boldsymbol{\xi} = \begin{pmatrix} \boldsymbol{\omega} \\ \boldsymbol{v} \end{pmatrix} = \begin{pmatrix} 0 \\ 0 \\ 1 \\ \dfrac{l_1 - l_2}{2} \\ \dfrac{(l_1 + l_2)\sin\theta}{2(1 - \cos\theta)} \\ 0 \end{pmatrix}$$

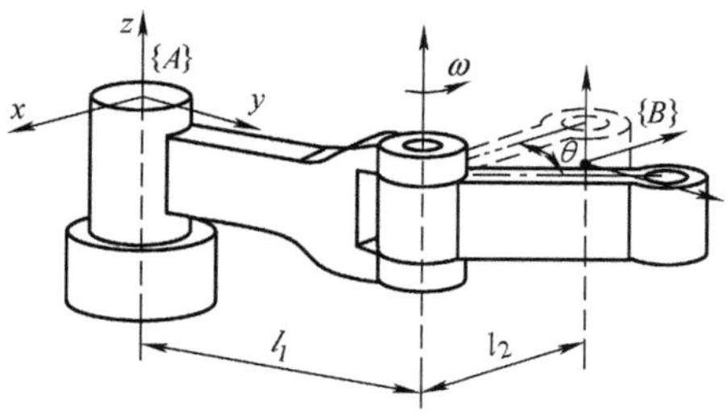

图 4.5　例 4.9 图

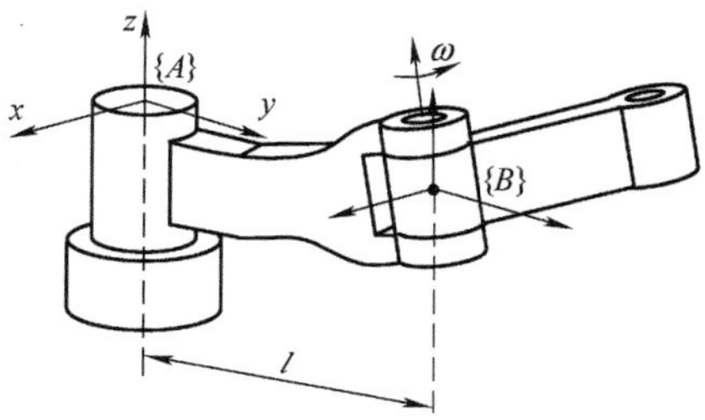

图 4.6　例 4.10 图

【例 4.10】 求绕空间固定轴作旋转运动产生的刚体位移（图 4.6）。已知物体坐标系 {B} 相对参考坐标系 {A} 的初始位形为

$$g(0) = \begin{pmatrix} 1 & 0 & 0 & 0 \\ 0 & 1 & 0 & l \\ 0 & 0 & 1 & 0 \\ 0 & 0 & 0 & 1 \end{pmatrix}$$

假设坐标系 {B} 绕固定轴线 $\boldsymbol{\omega} = \frac{\sqrt{3}}{3}(1,1,1)^{\mathrm{T}}$ 转动转角 θ，求产生齐次变换 $g(\theta)$ 的运动旋量坐标。

解：坐标系 {B} 相对坐标系 {A} 的旋转矩阵为

$$\boldsymbol{R} = \mathrm{e}^{\theta\hat{\boldsymbol{\omega}}}$$

根据 Rodrigues 公式

$$\mathrm{e}^{\theta\hat{\boldsymbol{\omega}}} = \boldsymbol{E} + \hat{\boldsymbol{\omega}}\sin\theta + \hat{\boldsymbol{\omega}}^2(1 - \cos\theta)$$

可以求得旋转矩阵

$$\boldsymbol{R} = \begin{pmatrix} 1 - \frac{2}{3}(1-\cos\theta) & -\frac{\sqrt{3}}{3}\sin\theta + \frac{1}{3}(1-\cos\theta) & \frac{\sqrt{3}}{3}\sin\theta + \frac{1}{3}(1-\cos\theta) \\ \frac{\sqrt{3}}{3}\sin\theta + \frac{1}{3}(1-\cos\theta) & 1 - \frac{2}{3}(1-\cos\theta) & -\frac{\sqrt{3}}{3}\sin\theta + \frac{1}{3}(1-\cos\theta) \\ -\frac{\sqrt{3}}{3}\sin\theta + \frac{1}{3}(1-\cos\theta) & \frac{\sqrt{3}}{3}\sin\theta + \frac{1}{3}(1-\cos\theta) & 1 - \frac{2}{3}(1-\cos\theta) \end{pmatrix}$$

$$\boldsymbol{t} = \boldsymbol{R}\boldsymbol{t}(0) = \begin{pmatrix} \left(-\frac{\sqrt{3}}{3}\sin\theta + \frac{1}{3}(1-\cos\theta)\right)l \\ \left(1 - \frac{2}{3}(1-\cos\theta)\right)l \\ \left(\frac{\sqrt{3}}{3}\sin\theta + \frac{1}{3}(1-\cos\theta)\right)l \end{pmatrix}$$

因此

$$g = \begin{pmatrix} \boldsymbol{R} & \boldsymbol{t} \\ \boldsymbol{0} & 1 \end{pmatrix}$$

下面求解 ν 的方法同例 4.9，最后可求得

$$\boldsymbol{\nu} = \begin{pmatrix} (1-\cos\theta) - \frac{1}{2}\theta\sin\theta - \frac{\sqrt{3}}{2}\theta(1-\cos\theta) \\ (1-\cos\theta) + \theta\sin\theta + \frac{1}{3}\theta\sin\theta(1-\cos\theta) \\ (1-\cos\theta) - \frac{1}{2}\theta\sin\theta + \frac{\sqrt{3}}{2}\theta(1-\cos\theta) \end{pmatrix}$$

从而导出了产生齐次变换 g 的运动旋量坐标 $\boldsymbol{\xi}=(\boldsymbol{\omega};\ \boldsymbol{\nu})$。

4.5 刚体速度的运动旋量表达[101,152]

4.5.1 质点的瞬时运动速度

空间上某一质点的瞬时运动速度可以认为是其位置矢量的导数（称为线速度）。该点速度的表示不仅与其轨迹求导的相对坐标系有关，也与观测坐标系有关。如果令该点相对于物体坐标系 $\{B\}$ 的位置用 ${}^B\boldsymbol{p}$ 表示，则该点运动速度定义为 ${}^B\boldsymbol{p}$ 对时间的导数。即

$$ {}^B\boldsymbol{\nu}_{\boldsymbol{p}}(t) = \frac{\mathrm{d}}{\mathrm{d}t}{}^B\boldsymbol{p}(t) \tag{4.93}$$

另一方面，还必须指明速度矢量是在哪个坐标系中描述的。与其他矢量一样，速度向量必须指明观测坐标系，若相对于惯性坐标系 $\{A\}$ 描述，则记为 ${}^A\boldsymbol{\nu}_{\boldsymbol{p}}(t)$。如果观测坐标系与惯性坐标系不同，需要利用旋转矩阵 $\boldsymbol{R}$ 的导数进行变换。例如，点 P 相对惯性坐标系的运动速度可通过 ${}_B^A\boldsymbol{R}$ 的导数来实现与其在物体坐标系下的运动速度进行转换，即

$$ {}^A\boldsymbol{\nu}_{\boldsymbol{p}} = {}_B^A\dot{\boldsymbol{R}}{}^B\boldsymbol{p} \tag{4.94}$$

我们知道旋转矩阵 $\boldsymbol{R}$ 由9个元素组成，求解 $\dot{\boldsymbol{R}}$ 意味着要对这9个元素进行求解，因此效率较低；不过，注意到式（4.94）可以写成

$$ {}^A\boldsymbol{\nu}_p = ({}_B^A\dot{\boldsymbol{R}}{}_B^A\boldsymbol{R}^{-1}){}_B^A\boldsymbol{R}{}^B\boldsymbol{p} = {}_B^A\boldsymbol{R}({}_B^A\boldsymbol{R}^{-1}{}_B^A\dot{\boldsymbol{R}}){}^B\boldsymbol{p} \tag{4.95}$$

可以证明，$\dot{\boldsymbol{R}}\boldsymbol{R}^{-1}$ 和 $\boldsymbol{R}^{-1}\dot{\boldsymbol{R}}$ 都是反对称矩阵（感兴趣的读者可以自己去证明）。而反对称矩阵中只含有3个参数，从而可以简化计算。

【空间角速度的定义】 在惯性坐标系中描述的刚体瞬时角速度称为**空间角速度**。记作 $\boldsymbol{\omega}^S\in\mathbb{R}^3$，且

$$\hat{\boldsymbol{\omega}}^S = \dot{\boldsymbol{R}}\boldsymbol{R}^{-1} \tag{4.96}$$

【物体角速度的定义】 在物体坐标系中描述的刚体瞬时角速度称为**物体角速度**。记作 $\boldsymbol{\omega}^B\in\mathbb{R}^3$，且

$$\hat{\boldsymbol{\omega}}^B = \boldsymbol{R}^{-1}\dot{\boldsymbol{R}} \tag{4.97}$$

由式（4.96）和式（4.97），可以导出空间角速度与物体角速度之间的映射关系。

$$\hat{\boldsymbol{\omega}}^S = \boldsymbol{R}\hat{\boldsymbol{\omega}}^B\boldsymbol{R}^{-1}\ (\text{或者 } \hat{\boldsymbol{\omega}}^B = \boldsymbol{R}^{-1}\hat{\boldsymbol{\omega}}^S\boldsymbol{R}) \tag{4.98}$$

这样，式（4.95）就可以变换成

$$ {}^A\boldsymbol{\nu}_{\boldsymbol{p}} = {}_B^A\hat{\boldsymbol{\omega}}^S{}_B^A\boldsymbol{R}{}^B\boldsymbol{p} = {}_B^A\boldsymbol{\omega}^S\times{}^A\boldsymbol{p} \tag{4.99}$$

或者

$$ {}^{B}\boldsymbol{v}_{p} = {}_{B}^{A}\hat{\boldsymbol{\omega}}^{B}\,{}_{B}^{A}\boldsymbol{R}^{-1}\,{}^{A}\boldsymbol{p} = {}_{B}^{A}\boldsymbol{\omega}^{B} \times {}^{B}\boldsymbol{p} \tag{4.100} $$

式（4.99）和式（4.100）分别给出了空间上某一质点基于空间角速度及物体角速度的运动速度的简洁表达式，当然也适合于空间上某一刚体作旋转转动时的速度表达。

【例 4.11】　分别用空间角速度和物体角速度来描述一个单自由度机器人的旋转运动。已知机器人在某一参考位形下的轨迹为

$$ \boldsymbol{R} = \begin{pmatrix} \cos\theta & -\sin\theta & 0 \\ \sin\theta & \cos\theta & 0 \\ 0 & 0 & 1 \end{pmatrix} $$

解：由于

$$ \hat{\boldsymbol{\omega}}^{S} = \dot{\boldsymbol{R}}\boldsymbol{R}^{-1} = \dot{\boldsymbol{R}}\boldsymbol{R}^{\mathrm{T}} = \begin{pmatrix} 0 & -\dot{\theta} & 0 \\ \dot{\theta} & 0 & 0 \\ 0 & 0 & 0 \end{pmatrix},\ \hat{\boldsymbol{\omega}}^{B} = \boldsymbol{R}^{-1}\dot{\boldsymbol{R}} = \boldsymbol{R}^{\mathrm{T}}\dot{\boldsymbol{R}} = \begin{pmatrix} 0 & -\dot{\theta} & 0 \\ \dot{\theta} & 0 & 0 \\ 0 & 0 & 0 \end{pmatrix} $$

因此，该机器人的空间角速度和物体角速度相同，均为 $\boldsymbol{\omega}^{S} = \boldsymbol{\omega}^{B} = (0,0,\dot{\theta})^{\mathrm{T}}$。

4.5.2　刚体速度的运动旋量坐标

刚体在位形空间中按照参数曲线 ${}_{B}^{A}g(t) = [\boldsymbol{R}(t), \boldsymbol{t}(t)] \in SE(3)$ 运动时，相当于物体坐标系 $\{B\}$ 相对于惯性坐标系 $\{A\}$ 的刚体运动。用刚体变换表示为

$$ {}_{B}^{A}g(t) = \begin{pmatrix} {}_{B}^{A}\boldsymbol{R}(t) & {}^{A}\boldsymbol{t}_{BORG}(\boldsymbol{t}) \\ \boldsymbol{0} & 1 \end{pmatrix} \tag{4.101} $$

虽然 ${}_{B}^{A}\dot{g}(t)$ 没有特别的物理意义，但 ${}_{B}^{A}\dot{g}\,{}_{B}^{A}g^{-1}$ 和 ${}_{B}^{A}g^{-1}\,{}_{B}^{A}\dot{g}$ 却有着重要的意义。

【空间速度的定义】　在惯性坐标系中描述的广义刚体速度称为**空间速度**（spatial velocity）。记作 $\hat{\boldsymbol{V}}^{S} \in se(3)$，且

$$ \hat{\boldsymbol{V}}^{S} = \dot{g}g^{-1} = \begin{pmatrix} \dot{\boldsymbol{R}}\boldsymbol{R}^{\mathrm{T}} & -\dot{\boldsymbol{R}}\boldsymbol{R}^{\mathrm{T}}\boldsymbol{t} + \dot{\boldsymbol{t}} \\ \boldsymbol{0} & 0 \end{pmatrix} \tag{4.102} $$

写成六维列向量的形式为

$$ \boldsymbol{V}^{S} = \begin{pmatrix} \boldsymbol{\omega}^{S} \\ \boldsymbol{v}^{S} \end{pmatrix} = \begin{pmatrix} (\dot{\boldsymbol{R}}\boldsymbol{R}^{\mathrm{T}})^{\vee} \\ -\dot{\boldsymbol{R}}\boldsymbol{R}^{\mathrm{T}}\boldsymbol{t} + \dot{\boldsymbol{t}} \end{pmatrix} \tag{4.103} $$

【物体速度的定义】　在物体坐标系中描述的刚体速度称为**物体速度**（body velocity）。记作 $\hat{\boldsymbol{V}}^{B} \in se(3)$，且

$$ \hat{\boldsymbol{V}}^{B} = g^{-1}\dot{g} = \begin{pmatrix} \boldsymbol{R}^{\mathrm{T}}\dot{\boldsymbol{R}} & \boldsymbol{R}^{\mathrm{T}}\dot{\boldsymbol{t}} \\ \boldsymbol{0} & 0 \end{pmatrix} \tag{4.104} $$

写成六维列向量的形式为

$$\boldsymbol{V}^B = \begin{pmatrix} \boldsymbol{\omega}^B \\ \boldsymbol{\nu}^B \end{pmatrix} = \begin{pmatrix} (\boldsymbol{R}^{\mathrm{T}}\dot{\boldsymbol{R}})^{\vee} \\ \boldsymbol{R}^{\mathrm{T}}\dot{\boldsymbol{t}} \end{pmatrix} \tag{4.105}$$

4.5.3 刚体速度的坐标变换

空间速度与物体速度之间存在着相似变换关系，实际上，

$$\hat{\boldsymbol{V}}^S = \dot{g}g^{-1} = g(g^{-1}\dot{g})g^{-1} = g\,\hat{\boldsymbol{V}}^B g^{-1} \tag{4.106}$$

分解式（4.106）可得

$$\boldsymbol{\omega}^S = \boldsymbol{R}\,\boldsymbol{\omega}^B \tag{4.107}$$

$$\boldsymbol{\nu}^S = -\boldsymbol{\omega}^S \times \boldsymbol{t} + \dot{\boldsymbol{t}} = \boldsymbol{t} \times (\boldsymbol{R}\,\boldsymbol{\omega}^B) + \boldsymbol{R}\boldsymbol{\nu}^B \tag{4.108}$$

写成向量的表达形式为

$$\boldsymbol{V}^S = \begin{pmatrix} \boldsymbol{\omega}^S \\ \boldsymbol{\nu}^S \end{pmatrix} = \begin{pmatrix} \boldsymbol{R} & \boldsymbol{0} \\ \hat{\boldsymbol{t}}\boldsymbol{R} & \boldsymbol{R} \end{pmatrix}\begin{pmatrix} \omega^B \\ \nu^B \end{pmatrix} = \begin{pmatrix} \boldsymbol{R} & \boldsymbol{0} \\ \hat{\boldsymbol{t}}\boldsymbol{R} & \boldsymbol{R} \end{pmatrix}\boldsymbol{V}^B = \mathrm{Ad}_g\,\boldsymbol{V}^B \tag{4.109}$$

由式（4.109）可以看出，用 Ad_g 可以表示从物体速度到空间速度的映射，进而实现坐标变换。显然，Ad_g 是可逆的，其逆矩阵

$$\mathrm{Ad}_g^{-1} = \begin{pmatrix} \boldsymbol{R}^{\mathrm{T}} & \boldsymbol{0} \\ -\boldsymbol{R}^{\mathrm{T}}\hat{\boldsymbol{t}} & \boldsymbol{R}^{\mathrm{T}} \end{pmatrix} \tag{4.110}$$

读者可以自己证明下面的等式：

$$\mathrm{Ad}_g^{-1} = \mathrm{Ad}_{g^{-1}} \tag{4.111}$$

可以将式（4.109）推广至同一刚体速度在任意两个坐标系之间的变换。

$${}^A\boldsymbol{V} = \mathrm{Ad}_g\,{}^B\boldsymbol{V} \tag{4.112}$$

【定理 4.2】　*若 $\hat{\boldsymbol{\xi}} \in se(3)$ 是 $\boldsymbol{\xi} \in \mathbb{R}^6$ 的运动旋量，则对于任意的 $g \in SE(3)$，$g\hat{\boldsymbol{\xi}}g^{-1}$ 是 $\mathrm{Ad}_g\boldsymbol{\xi} \in \mathbb{R}^6$ 的运动旋量。*

【例 4.12】　分别用空间速度和物体速度来描述一个单自由度机器人的刚体运动(图 4.7)。其中，物体坐标系 $\{B\}$ 相对惯性坐标系 $\{A\}$ 的位形已知。即

$$g = \begin{pmatrix} \cos\theta & -\sin\theta & 0 & -l_2\sin\theta \\ \sin\theta & \cos\theta & 0 & l_1 + l_2\cos\theta \\ 0 & 0 & 1 & 0 \\ 0 & 0 & 0 & 1 \end{pmatrix}$$

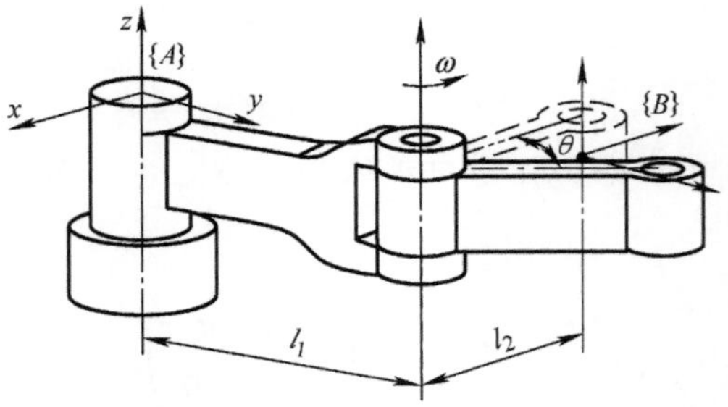

图 4.7　例 4.12 图

解：由式(4.105)可得

$$\boldsymbol{v}^B = \boldsymbol{R}^{\mathrm{T}}\dot{\boldsymbol{t}}, \boldsymbol{\omega}^B = (\boldsymbol{R}^{\mathrm{T}}\dot{\boldsymbol{R}})^{\vee}$$

由式(4.103)可得

$$\boldsymbol{v}^S = -\dot{\boldsymbol{R}}\boldsymbol{R}^{\mathrm{T}}\boldsymbol{t} + \dot{\boldsymbol{t}}, \quad \boldsymbol{\omega}^S = (\dot{\boldsymbol{R}}\boldsymbol{R}^{\mathrm{T}})^{\vee}$$

因此

$$\boldsymbol{v}^B = \begin{pmatrix} -l_2\dot{\theta} \\ 0 \\ 0 \end{pmatrix}, \quad \boldsymbol{\omega}^B = \begin{pmatrix} 0 \\ 0 \\ \dot{\theta} \end{pmatrix}, \quad \boldsymbol{v}^S = \begin{pmatrix} l_1\dot{\theta} \\ 0 \\ 0 \end{pmatrix}, \quad \boldsymbol{\omega}^S = \begin{pmatrix} 0 \\ 0 \\ \dot{\theta} \end{pmatrix}$$

那么该如何理解空间速度和物体速度的物理意义呢？

物体速度的物理意义比较直观：$\boldsymbol{v}^B$ 表示的是物体坐标系的坐标原点相对惯性坐标系的线速度；$\boldsymbol{\omega}^B$ 表示的是物体坐标系相对惯性坐标系的角速度。无论 $\boldsymbol{v}^B$ 还是 $\boldsymbol{\omega}^B$，都在**物体坐标系**下来描述。例如，例4.12中，物体速度可以这样来解释：假想从物体坐标系的角度来观测物体坐标系的原点。其线速度总是沿 x 轴的负方向，其大小由杆长 l_2 来决定；而角速度总是沿 z 轴方向。

空间速度的物理意义就不是很直观了：$\boldsymbol{v}^S$ 表示的是刚体上与惯性坐标系原点相重合点的瞬时线速度，而不是指物体坐标系原点的绝对线速度；$\boldsymbol{\omega}^S$ 表示的是物体坐标系相对惯性坐标系的角速度，参考坐标系是**惯性坐标系**。例如，例4.12中，空间速度可以这样来解释：假想从惯性坐标系的原点来观测刚体上的一点。其线速度是指该点通过惯性坐标系原点的瞬时线速度；而角速度总是沿 z 轴方向。

4.5.4 刚体速度的复合变换

本书第3章讨论了刚体运动(位移)中的复合变换的问题，刚体运动速度之间也存在着复合变换的问题。

1. 空间速度的复合变换

【定理4.3】 假设存在3个坐标系：$\{A\}$，$\{B\}$，$\{C\}$，则各自对应的空间速度间存在如下关系：

$$ {}_C^A\boldsymbol{V}^S = {}_B^A\boldsymbol{V}^S + \mathrm{Ad}_{{}_B^A g}\,{}_C^B\boldsymbol{V}^S \tag{4.113}$$

证明：坐标系$\{C\}$相对$\{A\}$的位形满足

$$ {}_C^A g = {}_B^A g\, {}_C^B g$$

因此，根据空间速度的定义，可以得到

$$ {}_C^A\hat{\boldsymbol{V}}^S = {}_C^A\dot{g}\,{}_C^A g^{-1} = ({}_B^A\dot{g}\,{}_C^B g + {}_B^A g\,{}_C^B\dot{g})\,{}_C^B g^{-1}\,{}_B^A g^{-1} = {}_B^A\dot{g}\,{}_B^A g^{-1} + {}_B^A g({}_C^B\dot{g}\,{}_C^B g^{-1})\,{}_B^A g^{-1} = {}_B^A\hat{\boldsymbol{V}}^S + {}_B^A g\,{}_C^B\hat{\boldsymbol{V}}^S\,{}_B^A g^{-1}$$

写成旋量坐标的形式，即为

$$ {}_C^A\boldsymbol{V}^S = {}_B^A\boldsymbol{V}^S + \mathrm{Ad}_{{}_B^A g}\,{}_C^B\boldsymbol{V}^S$$

2. 物体速度的复合变换

【定理4.4】 假设存在3个坐标系：$\{A\}$，$\{B\}$，$\{C\}$，则各自对应的物体速度之间存在如下关系：

$$ {}_C^A\boldsymbol{V}^B = \mathrm{Ad}_{{}_C^B g^{-1}} {}_B^A\boldsymbol{V}^B + {}_C^B\boldsymbol{V}^B \tag{4.114} $$

证明过程同上，读者自己可以证明。

利用上面的两个定理可以实现不同坐标系之间刚体运动速度的相互转换。

【例 4.13】 求 2 自由度机器人末端执行器相对惯性坐标系的空间速度（图 4.8）。

解：直接通过观察可以得到

$$ {}_B^A\boldsymbol{V}^S = \begin{pmatrix} {}_B^A\boldsymbol{\omega}^S \\ {}_B^A\boldsymbol{v}^S \end{pmatrix},\ {}_B^A\boldsymbol{\omega}^S = \begin{pmatrix} 0 \\ 0 \\ \dot{\theta}_1 \end{pmatrix},\ {}_B^A\boldsymbol{v}^S = \begin{pmatrix} 0 \\ 0 \\ 0 \end{pmatrix} $$

$$ {}_C^B\boldsymbol{V}^S = \begin{pmatrix} {}_C^B\boldsymbol{\omega}^S \\ {}_C^B\boldsymbol{v}^S \end{pmatrix},\ {}_C^B\boldsymbol{\omega}^S = \begin{pmatrix} 0 \\ 0 \\ \dot{\theta}_2 \end{pmatrix},\ {}_C^B\boldsymbol{v}^S = \begin{pmatrix} l_1\dot{\theta}_2 \\ 0 \\ 0 \end{pmatrix} $$

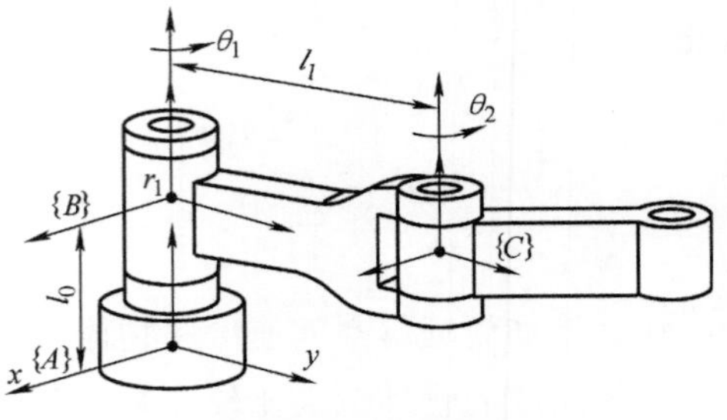

图 4.8　例 4.13 图

并且

$$ \mathrm{Ad}_{{}_B^A g} = \begin{pmatrix} {}_B^A\boldsymbol{R} & 0 \\ \begin{pmatrix} 0 \\ 0 \\ l_0 \end{pmatrix}^\wedge {}_B^A\boldsymbol{R} & {}_B^A\boldsymbol{R} \end{pmatrix} = \begin{pmatrix} \cos\theta_1 & -\sin\theta_1 & 0 & 0 & 0 & 0 \\ \sin\theta_1 & \cos\theta_1 & 0 & 0 & 0 & 0 \\ 0 & 0 & 1 & 0 & 0 & 0 \\ -l_0\sin\theta_1 & l_0\cos\theta_1 & 0 & \cos\theta_1 & -\sin\theta_1 & 0 \\ l_0\cos\theta_1 & -l_0\sin\theta_1 & 0 & \sin\theta_1 & \cos\theta_1 & 0 \\ 0 & 0 & 0 & 0 & 0 & 1 \end{pmatrix} $$

因此，根据式(4.113)得

$$ {}_C^A\boldsymbol{V}^S = {}_B^A\boldsymbol{V}^S + \mathrm{Ad}_{{}_B^A g}\,{}_C^B\boldsymbol{V}^S = \begin{pmatrix} 0 \\ 0 \\ 1 \\ 0 \\ 0 \\ 0 \end{pmatrix}\dot{\theta}_1 + \begin{pmatrix} 0 \\ 0 \\ 1 \\ l_1\cos\theta_1 \\ l_1\sin\theta_1 \\ 0 \end{pmatrix}\dot{\theta}_2 = \begin{pmatrix} 0 \\ 0 \\ \dot{\theta}_1 + \dot{\theta}_2 \\ l_1\dot{\theta}_2\cos\theta_1 \\ l_1\dot{\theta}_2\sin\theta_1 \\ 0 \end{pmatrix} $$

4.6　运动旋量与螺旋运动[101,152]

4.6.1　螺旋运动的定义

第 3 章对刚体运动进行了初步讨论，这里详细讨论一类称之为“螺旋运动”的特殊刚体运动，它是一种刚体绕空间轴 $\boldsymbol{l}$ 旋转 θ 角再沿该轴平移距离 d 的复合运动，类似于螺母沿螺纹作进给运动的情形。

当 $\theta \neq 0$ 时，将移动量与旋转量的比值 $h = d/\theta$ 定义为螺旋的节距（简称螺距），因此，旋转 θ 角后的纯移动量为 $h\theta$。当 $h = 0$ 时，为纯转动；当 $h = \infty(\theta = 0)$ 时，为纯移动。

若用 $\boldsymbol{s}(\boldsymbol{s}\in\mathbb{R}^3)$ 表示旋转轴方向的单位矢量，$\boldsymbol{r}$ 为轴上一点，则该旋转轴可表示成点的集合。即

$$\boldsymbol{l}=\{\boldsymbol{r}+\lambda\boldsymbol{s}:\ \lambda\in\mathbb{R}\}\tag{4.115}$$

如图 4.9a 所示，刚体上任一点 P 旋转 θ 角后的坐标为 $\boldsymbol{p}(\theta)=\boldsymbol{r}+\mathrm{e}^{\theta\hat{s}}(\boldsymbol{p}(0)-\boldsymbol{r})$，再沿轴线方向移动 $h\theta$ 后的最终坐标为 $\boldsymbol{p}(\theta,h)=\boldsymbol{r}+\mathrm{e}^{\theta\hat{s}}(\boldsymbol{p}(\boldsymbol{0})-\boldsymbol{r})+h\theta\boldsymbol{s}$。

对于纯移动的情况（图 4.9b），可将螺旋运动的轴线重新规定一下：将过原点方向为 $\boldsymbol{s}$ 的有向直线作为轴线方向，$\boldsymbol{s}$ 为单位矢量。这时，螺距为∞，螺旋大小为沿 $\boldsymbol{s}$ 方向的移动量 θ，刚体上任一点 P 沿轴线方向移动 θ 的最终坐标 $\boldsymbol{p}(\theta)=\boldsymbol{p}(0)+\theta\boldsymbol{s}$。

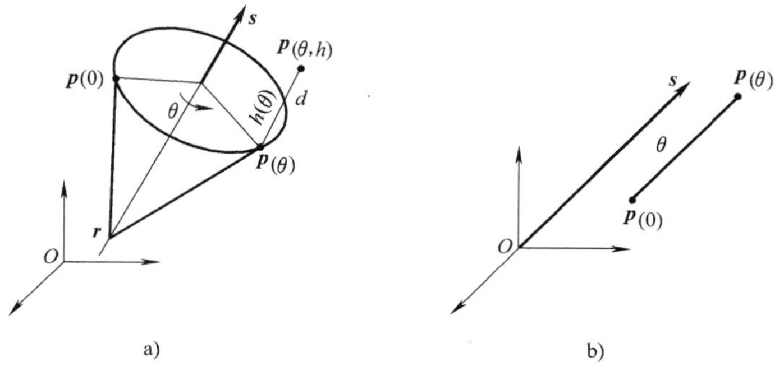

图 4.9　螺旋运动

a）一般螺旋运动　b）纯移动

【螺旋运动的定义】　*螺旋运动的三要素是轴线 $\boldsymbol{l}$、螺距 h 和大小 ρ。螺旋运动表示绕轴 $\boldsymbol{s}$ 旋转 $\rho=\theta$，再沿该轴平移距离 $h\theta$ 的合成运动。如果 $h=\infty$，那么相应的螺旋运动即为沿轴 $\boldsymbol{s}$ 移动距离为 ρ 的平动，记作 $S(\boldsymbol{l},h,\rho)$。*

4.6.2　运动旋量与瞬时螺旋运动

为计算与螺旋运动相对应的刚体变换，先分析点 P 由起始坐标变换到最终坐标的运动，如图 4.9a 所示。点 P 的最终坐标为

$$\boldsymbol{p}(\theta,h)=\boldsymbol{r}+\mathrm{e}^{\theta\hat{s}}(\boldsymbol{p}(\boldsymbol{0})-\boldsymbol{r})+h\theta\boldsymbol{s},\quad \boldsymbol{s}\neq\boldsymbol{0}\tag{4.116}$$

表示成齐次坐标的形式为

$$\begin{pmatrix}\boldsymbol{p}(\theta,h)\\1\end{pmatrix}=g\begin{pmatrix}\boldsymbol{p}(\boldsymbol{0})\\1\end{pmatrix}=\begin{pmatrix}\mathrm{e}^{\theta\hat{s}} & (\boldsymbol{E}-\mathrm{e}^{\theta\hat{s}})\boldsymbol{r}+h\theta\boldsymbol{s}\\ \boldsymbol{0} & 1\end{pmatrix}\begin{pmatrix}\boldsymbol{p}(\boldsymbol{0})\\1\end{pmatrix}\tag{4.117}$$

因上式对任意的 $\boldsymbol{p}(\boldsymbol{0})\in\mathbb{R}^3$ 都成立，故

$$g=\begin{pmatrix}\mathrm{e}^{\theta\hat{s}} & (\boldsymbol{E}-\mathrm{e}^{\theta\hat{s}})\boldsymbol{r}+h\theta\boldsymbol{s}\\ \boldsymbol{0} & 1\end{pmatrix},\quad \boldsymbol{s}\neq\boldsymbol{0}\tag{4.118}$$

如果取 $\boldsymbol{\omega}\equiv\boldsymbol{s}$，$\boldsymbol{v}=\boldsymbol{r}\times\boldsymbol{\omega}+h\boldsymbol{\omega}$，则 $\boldsymbol{r}=\boldsymbol{\omega}\times\boldsymbol{v}$。代入式（4.118），可得

$$g=\begin{pmatrix}\mathrm{e}^{\theta\hat{\omega}} & (\boldsymbol{E}-\mathrm{e}^{\theta\hat{\omega}})(\boldsymbol{\omega}\times\boldsymbol{v})+\theta\boldsymbol{\omega}\boldsymbol{\omega}^{\mathrm{T}}\boldsymbol{v}\\ \boldsymbol{0} & 1\end{pmatrix},\quad \boldsymbol{\omega}\neq\boldsymbol{0}\tag{4.119}$$

注意式(4.119)所确定的刚体变换与式（4.90）表示的运动旋量的矩阵指数有完全相同的表达形式，即

$$e^{\hat{\xi}\theta} = \begin{pmatrix} e^{\theta\hat{\omega}} & (E - e^{\theta\hat{\omega}})(\omega \times v) + \theta\omega\omega^{T}v \\ 0 & 1 \end{pmatrix}, \quad \omega \neq 0 \tag{4.120}$$

这说明，运动旋量的坐标 $\xi = (\omega;v)$ 即可产生式(4.116)所示的螺旋运动（这里假定 $\|s\| = 1$，$\theta \neq 0$）。

特例：纯转动时，$h = 0$，这时，$\xi = (\omega;\ r \times \omega)$；纯移动时，$h = \infty$，这时，$\xi = (0;\ v)$。

【Chasles 定理】 任意刚体运动都可以通过螺旋运动即通过绕某轴的转动与沿该轴移动的复合运动实现。也就是说，刚体运动与螺旋运动是等价的，即螺旋运动是刚体运动，刚体运动也是螺旋运动。螺旋运动的无限小量为运动旋量。

该定理包含两层含义：

(1) 对于给定的螺旋运动 $S(l,\ h,\ \rho)$，必存在一单位运动旋量 $\xi = (\omega;\ v) \in \mathbb{R}^6$（$\xi$ 为 $\hat{\xi} \in se(3)$ 的运动旋量坐标），使得螺旋运动 $S(l,\ h,\ \rho)$ 由运动旋量 $\rho\xi$ 生成，即螺旋运动就是刚体运动。

(2) 对于给定的运动旋量 $\hat{\xi} \in se(3)$，其对应的运动旋量坐标 $\xi = (\omega;v) \in \mathbb{R}^6$，总可以找到与之相对应的螺旋运动 $S(l,\ h,\ \rho)$，即刚体运动就是螺旋运动。

证明：(1) 采用构造法。

由给定的螺旋运动 $S(l,\ h,\ \rho)$，构造形如 $\theta\hat{\xi}$ 的旋量，其中 $\theta = \rho$，假定点 r 为旋量轴线上的任意一点。具体分成两种情况（纯移动及移动加转动）来讨论。

1) $h = \infty$

设 $l = \{r + \lambda v:\ \|v\| = 1,\ \lambda \in \mathbb{R}\}$，并定义

$$\hat{\xi} = \begin{pmatrix} 0 & v \\ 0 & 0 \end{pmatrix}$$

这时，$\xi = (0;\ v)$，显然，存在刚体运动 $e^{\theta\hat{\xi}}$，它对应于沿旋转轴 l 移动 θ 的纯移动。

2) h 为有限值

设 $l = \{r + \lambda\omega:\ \|\omega\| = 1,\ \lambda \in \mathbb{R}\}$，并定义

$$\hat{\xi} = \begin{pmatrix} \hat{\omega} & r \times \omega + h\omega \\ 0 & 0 \end{pmatrix}$$

这时，$\xi = (\omega;\ r \times \omega + h\omega)$，则通过直接计算即可证明刚体运动 $e^{\theta\hat{\xi}}$ 就是所给定的螺旋运动。

(2) 对于给定的运动旋量坐标 $\xi = (\omega;\ v) \in \mathbb{R}^6$（这里不假定 $\|\omega\| = 1$），相应的螺旋运动 $S(l,\ h,\ \rho)$ 为：

1) 轴线 l

$$l = \begin{cases} \left\{\dfrac{\omega \times v}{\|\omega\|^2} + \lambda\omega:\ \lambda \in \mathbb{R}\right\}, & \omega \neq 0 \\ \{0 + \lambda v:\ \lambda \in \mathbb{R}\}, & \omega = 0 \end{cases} \tag{4.121}$$

2) 节距 h

$$h = \begin{cases} \dfrac{\omega^{T}v}{\|\omega\|^2}, & \omega \neq 0 \\ \infty, & \omega = 0 \end{cases} \tag{4.122}$$

3 螺旋运动的大小 ρ

$$\rho = \begin{cases} \|\boldsymbol{\omega}\|, & \boldsymbol{\omega} \neq \mathbf{0} \\ \|\boldsymbol{v}\|, & \boldsymbol{\omega} = \mathbf{0} \end{cases} \tag{4.123}$$

表 4.4 给出了 4 种特殊的运动旋量（对应 4 种特殊的螺旋运动）。

表 4.4　4 种特殊的运动旋量

序号	运动形式	参数特征	Plücker 坐标	物理意义
1	过坐标原点的纯转动	$h=0, \boldsymbol{r}=\mathbf{0}$	$(\boldsymbol{\omega};\mathbf{0})$	可表示转动副
2	不过坐标原点的纯转动	$h=0$	$(\boldsymbol{\omega};\boldsymbol{r}\times\boldsymbol{\omega})$	可表示转动副
3	纯移动	$h=\infty$	$(\mathbf{0};\boldsymbol{v})$	可表示移动副
4	单位螺旋运动	$\|\boldsymbol{\omega}\|=1$ 或 $\boldsymbol{\omega}=\mathbf{0}$ 且 $\|\boldsymbol{v}\|=1$	$(\boldsymbol{\omega};\boldsymbol{v})$ 或 $(\boldsymbol{\omega};\boldsymbol{r}\times\boldsymbol{\omega}+h\boldsymbol{\omega})$	可把转动副与移动副的刚体运动描述成 $e^{\theta\hat{\boldsymbol{\xi}}}$

【例 4.14】　已知某一刚体的角速度为 $\boldsymbol{\omega}$，其上一点 P 的线速度为 $\boldsymbol{v}_P$，试描述该刚体运动。

解：根据 Chasles 定理，刚体运动也是螺旋运动，因此可以用螺旋运动描述该刚体运动。为此，选择点 P 为坐标原点，$\boldsymbol{v}_P$ 即为刚体在原点处的线速度，这时螺旋运动所对应的运动旋量坐标为 $\boldsymbol{\xi}=(\boldsymbol{\omega}\ ;\ \boldsymbol{v}_P)$。该旋量的轴线方程可由式（4.121）得到。即

$$\boldsymbol{l} = \frac{\boldsymbol{\omega} \times \boldsymbol{v}_P}{\boldsymbol{\omega} \cdot \boldsymbol{\omega}} + \lambda \boldsymbol{\omega}$$

根据式（4.122）可得该旋量的节距。即

$$h = \frac{\boldsymbol{v}_P \cdot \boldsymbol{\omega}}{\boldsymbol{\omega} \cdot \boldsymbol{\omega}}$$

螺旋运动的大小可由式(4.123）得到。即

$$\rho = \|\boldsymbol{\omega}\|$$

前面已经讲过，运动旋量的指数函数表示刚体的相对运动。作为一个变换，$e^{\theta\hat{\boldsymbol{\xi}}}$ 表示将点由起始坐标 $\boldsymbol{p}(0) \in \mathbb{R}^3$ 变换到经刚体运动后的坐标

$$\boldsymbol{p}(\theta) = e^{\theta\hat{\boldsymbol{\xi}}}\boldsymbol{p}(0) \tag{4.124}$$

式中，$\boldsymbol{p}(\theta)$ 和 $\boldsymbol{p}(0)$ 都是相对同一坐标系来表示的。

物体坐标系 $\{B\}$ 经螺旋运动后，$\{B\}$ 相对惯性坐标系 $\{A\}$ 的瞬时位形为

$${}_B^A g(\theta) = e^{\theta\hat{\boldsymbol{\xi}}}\,{}_B^A g(0) \tag{4.125}$$

该变换的意义在于：右乘 ${}_B^A g(0)$ 表示将一点相对 $\{B\}$ 系的坐标变换映射为相对 $\{A\}$ 系的坐标，而指数变换则是将点变换到最终位置。

【例 4.15】　考察一个绕空间固定轴旋转的刚体运动(图 4.10)。已知该运动的旋转轴方向 $\boldsymbol{\omega}=(0,\ 0,\ 1)^{\mathrm{T}}$，且经过点 $\boldsymbol{r}=(0,\ l,\ 0)^{\mathrm{T}}$，节距为 0。

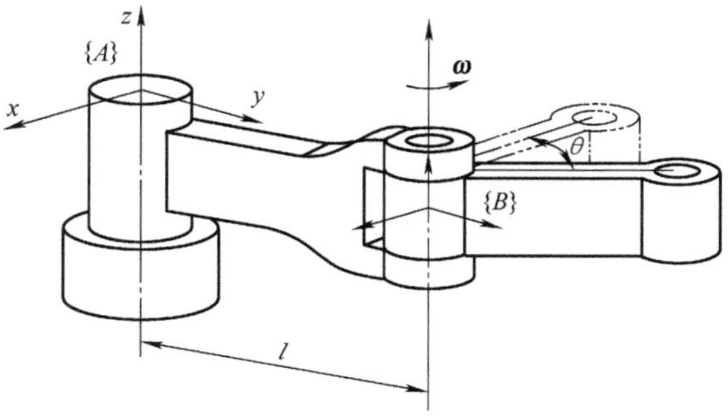

图 4.10　例 4.15 图

解：该刚体运动对应的运动旋量

$$\boldsymbol{\xi} = (\boldsymbol{\omega}\ ;\ \boldsymbol{r}\times\boldsymbol{\omega}) = (0,\ 0,\ 1\ ;\ l,\ 0,\ 0)$$

其矩阵指数形式为

$$\mathrm{e}^{\theta\hat{\boldsymbol{\xi}}} = \begin{pmatrix} \mathrm{e}^{\theta\hat{\boldsymbol{\omega}}} & (\boldsymbol{E}-\mathrm{e}^{\theta\hat{\boldsymbol{\omega}}})(\boldsymbol{\omega}\times\boldsymbol{v}) + \theta\boldsymbol{\omega}\boldsymbol{\omega}^{\mathrm{T}}\boldsymbol{v} \\ \boldsymbol{0} & 1 \end{pmatrix} = \begin{pmatrix} \cos\theta & -\sin\theta & 0 & l\sin\theta \\ \sin\theta & \cos\theta & 0 & l(1-\cos\theta) \\ 0 & 0 & 1 & 0 \\ 0 & 0 & 0 & 1 \end{pmatrix}$$

$${}_B^A g(0) = \begin{pmatrix} \boldsymbol{E}_3 & (0,l,0)^{\mathrm{T}} \\ \boldsymbol{0} & 1 \end{pmatrix}$$

$${}_B^A g(\theta) = \mathrm{e}^{\theta\hat{\boldsymbol{\xi}}}\,{}_B^A g(0) = \begin{pmatrix} \cos\theta & -\sin\theta & 0 & 0 \\ \sin\theta & \cos\theta & 0 & l \\ 0 & 0 & 1 & 0 \\ 0 & 0 & 0 & 1 \end{pmatrix}$$

4.6.3 螺旋运动的速度

我们再来讨论一下经螺旋运动产生的刚体速度问题。

前面提到，物体坐标系$\{B\}$经螺旋运动$\mathrm{e}^{\theta\hat{\boldsymbol{\xi}}}$后，$\{B\}$相对惯性坐标系$\{A\}$的瞬时位形可以表示成

$${}_B^A g(\theta) = \mathrm{e}^{\theta\hat{\boldsymbol{\xi}}}\,{}_B^A g(0)$$

如果这里的单位运动旋量是一个常值，则

$$\frac{\mathrm{d}}{\mathrm{d}t}(\mathrm{e}^{\theta\hat{\boldsymbol{\xi}}}) = \mathrm{e}^{\theta\hat{\boldsymbol{\xi}}}(\dot{\theta}\hat{\boldsymbol{\xi}}) \tag{4.126}$$

因此，刚体运动的空间速度可以写成

$${}_B^A\hat{\boldsymbol{V}}^S = {}_B^A\dot{g}(\theta)\,{}_B^A g^{-1}(\theta) = (\dot{\theta}\hat{\boldsymbol{\xi}}\mathrm{e}^{\theta\hat{\boldsymbol{\xi}}}\,{}_B^A g(0))({}_B^A g^{-1}(0)\mathrm{e}^{-\theta\hat{\boldsymbol{\xi}}}) = \dot{\theta}\hat{\boldsymbol{\xi}} \tag{4.127}$$

由此，可以得出刚体的空间速度就是由与该螺旋运动相对应的运动旋量所产生的速度。

同理可导出该螺旋运动的物体速度为

$$\begin{aligned} {}_B^A\hat{\boldsymbol{V}}^B &= {}_B^A g^{-1}(\theta)\,{}_B^A\dot{g}(\theta) = ({}_B^A g^{-1}(\boldsymbol{0})\mathrm{e}^{-\theta\hat{\boldsymbol{\xi}}})(\dot{\theta}\hat{\boldsymbol{\xi}}\mathrm{e}^{\theta\hat{\boldsymbol{\xi}}}\,{}_B^A g(\boldsymbol{0})) = \dot{\theta}({}_B^A g^{-1}(\boldsymbol{0})\hat{\boldsymbol{\xi}}\,{}_B^A g(\boldsymbol{0})) \\ &= \dot{\theta}\,(\mathrm{Ad}_{{}_B^A g^{-1}(\boldsymbol{0})}\boldsymbol{\xi})^{\wedge} \end{aligned} \tag{4.128}$$

考虑一种特殊情况：如果${}_B^A g(\boldsymbol{0}) = \boldsymbol{E}$，即物体坐标系与惯性坐标系在初始位形情况下($\theta=0$)重合，这时

$${}_B^A\hat{\boldsymbol{V}}^S = {}_B^A\hat{\boldsymbol{V}}^B = \dot{\theta}\hat{\boldsymbol{\xi}} \tag{4.129}$$

4.7 扩展阅读文献

1. 戴建生. 机构学与机器人学的几何基础与旋量代数[M]. 北京：高等教育出版

社，2014.

2. Dai J S. Screw Algebra and Kinematic Approaches for Mechanisms and Robotics[M]. London: Springer, 2014.

3. Meng J, Liu G F, Li Z X. A geometric theory for synthesis and analysis of sub-6 DoF parallel manipulators[J]. IEEE Transaction on Robotics, 2007, 23 (4): 625-649.

4. Murray R, Li Z X, Sastry S. A Mathematical Introduction to Robotic Manipulation [M]. Boca Raton: CRC Press, 1994.

5. Selig J M. Geometry Foundations in Robotics[M]. Hong Kong: World Scientific Publishing Co. Pte. Ltd., 2000.

习　题

4.1　已知 $\boldsymbol{X}=\begin{pmatrix}0 & -t & 0\\ t & 0 & 0\\ 0 & 0 & 0\end{pmatrix}$，求 $\mathrm{e}^{\boldsymbol{X}}$。

4.2　已知 $\boldsymbol{X}=\begin{pmatrix}-3t & 3t & 0\\ -10t & 8t & 0\\ 0 & 0 & 0\end{pmatrix}$，求 $\mathrm{e}^{\boldsymbol{X}}$。

4.3　试证明当矩阵 $\boldsymbol{A}$ 与 $\boldsymbol{B}$ 的乘积具有互换性时（或者 $[\boldsymbol{A},\boldsymbol{B}]=0$），满足 $\mathrm{e}^{\boldsymbol{A}}\mathrm{e}^{\boldsymbol{B}}=\mathrm{e}^{\boldsymbol{A}+\boldsymbol{B}}$。

4.4　试证明矩阵指数的以下特性：

(1) $g\mathrm{e}^{\boldsymbol{X}}g^{-1}=\mathrm{e}^{g\boldsymbol{X}g^{-1}}$，$g$ 为可逆矩阵；

(2) $\dfrac{\mathrm{d}}{\mathrm{d}t}\mathrm{e}^{\theta\boldsymbol{X}}=(\boldsymbol{X}\dot{\theta})\mathrm{e}^{\theta\boldsymbol{X}}=\mathrm{e}^{\theta\boldsymbol{X}}(\dot{\theta}\boldsymbol{X})$，$\dfrac{\mathrm{d}}{\mathrm{d}t}\Big|_{t=0}\mathrm{e}^{t\boldsymbol{X}}=\boldsymbol{X}$（单参数子群的特性）；

(3) $\mathrm{e}^{-\boldsymbol{X}}=(\mathrm{e}^{\boldsymbol{X}})^{-1}$。

4.5　试证明当 $\|\boldsymbol{\omega}\|\neq 1$ 时，

$$\mathrm{e}^{\theta\hat{\boldsymbol{\omega}}}=\boldsymbol{E}_3+\frac{\hat{\boldsymbol{\omega}}}{\|\boldsymbol{\omega}\|}\sin\|\boldsymbol{\omega}\|\theta+\frac{\hat{\boldsymbol{\omega}}^2}{\|\boldsymbol{\omega}^2\|}(1-\cos\|\boldsymbol{\omega}\|\theta)$$

4.6 试证明当 $\|\boldsymbol{\omega}\|\neq 1$ 时，

$$\mathrm{e}^{\hat{\boldsymbol{\xi}}\theta}=\begin{pmatrix}\mathrm{e}^{\frac{\hat{\boldsymbol{\omega}}}{\|\boldsymbol{\omega}\|}\theta} & \theta\boldsymbol{v}+(1-\cos\theta)\dfrac{\hat{\boldsymbol{\omega}}}{\|\boldsymbol{\omega}\|}\boldsymbol{v}+(\theta-\sin\theta)\dfrac{\hat{\boldsymbol{\omega}}^2}{\|\boldsymbol{\omega}\|^2}\boldsymbol{v}\\ \boldsymbol{0} & 1\end{pmatrix}$$

4.7　计算 $SO(2)$ 的李代数。

4.8　计算 $T(3)$ 的李代数。

4.9　计算 $SO(3)$ 的李代数。

4.10　计算 $SE(3)$ 的李代数。

4.11　计算 $SE(2)$ 的李代数。

4.12　对于旋转群及其李代数，

(1) 若 $\boldsymbol{R} \in SO(3)$，$\hat{\boldsymbol{\omega}}$ 为对应的李代数，试证明 $(\boldsymbol{R}\boldsymbol{\omega})^{\wedge} = \boldsymbol{R}\hat{\boldsymbol{\omega}}\boldsymbol{R}^{\mathrm{T}}$；

(2) 若 $\boldsymbol{R} \in SO(2)$，$\hat{\boldsymbol{\omega}}$ 为对应的李代数，试证明 $\hat{\boldsymbol{\omega}} = \boldsymbol{R}\hat{\boldsymbol{\omega}}\boldsymbol{R}^{\mathrm{T}}$。

4.13　对于由移动 $\boldsymbol{t} \in \mathbb{R}^2$ 和 2×2 旋转矩阵 $\boldsymbol{R}$ 组成的平面刚体变换 $g = (\boldsymbol{R}, \boldsymbol{t}) \in SE(2)$，可以用齐次坐标将其表示为 3×3 矩阵

$$g = \begin{pmatrix} \boldsymbol{R} & \boldsymbol{t} \\ \boldsymbol{0} & 1 \end{pmatrix}$$

对应的运动旋量 $\hat{\boldsymbol{\xi}} \in se(2)$ 可以表示成

$$\hat{\boldsymbol{\xi}} = \begin{pmatrix} \hat{\boldsymbol{\omega}} & \boldsymbol{v} \\ \boldsymbol{0} & 0 \end{pmatrix}, \hat{\boldsymbol{\omega}} = \begin{pmatrix} 0 & -\omega \\ \omega & 0 \end{pmatrix}, \boldsymbol{v} \in \mathbb{R}^2,\ \omega \in \mathbb{R}$$

对应的运动旋量坐标表示成 $\boldsymbol{\xi} = (\omega; \boldsymbol{v}) \in \mathbb{R}^3$。

(1) 证明 $\hat{\boldsymbol{\xi}} \in se(2)$ 中运动旋量的指数给出了一个在 $SE(2)$ 上的刚体变换；

(2) 证明绕点 $\boldsymbol{q}$ 的纯转动平面运动旋量和沿 $\boldsymbol{v}$ 方向的纯移动平面运动旋量为

$$\boldsymbol{\xi} = (1\ ;\ q_y,\ -q_x)\quad（纯转动）,\boldsymbol{\xi} = (0\ ;\ v_x,\ v_y)\ （纯移动）$$

4.14　证明 $\dot{\boldsymbol{R}}(t)\boldsymbol{R}^{-1}(t)$ 和 $\boldsymbol{R}^{-1}(t)\dot{\boldsymbol{R}}(t)$ 都是反对称矩阵。

4.15　证明 $\mathrm{Ad}_g^{-1} = \mathrm{Ad}_{g^{-1}}$。

4.16　对于由移动 $\boldsymbol{t} \in \mathbb{R}^3$ 和 3×3 旋转矩阵 $\boldsymbol{R}$ 组成的刚体变换 $g = (\boldsymbol{R}, \boldsymbol{t})$，可以用齐次坐标将其表示为 4×4 矩阵

$$g = \begin{pmatrix} \boldsymbol{R} & \boldsymbol{t} \\ \boldsymbol{0} & 1 \end{pmatrix}$$

对应的运动旋量 $\hat{\boldsymbol{\xi}}$ 可以表示成

$$\hat{\boldsymbol{\xi}} = \begin{pmatrix} \hat{\boldsymbol{\omega}} & \boldsymbol{v} \\ \boldsymbol{0} & 0 \end{pmatrix}, \hat{\boldsymbol{\omega}} = \begin{pmatrix} 0 & -\omega & 0 \\ \omega & 0 & 0 \\ 0 & 0 & 0 \end{pmatrix}, \boldsymbol{v} \in \mathbb{R}^3,\ \omega \in \mathbb{R}$$

对应的运动旋量坐标表示成 $\boldsymbol{\xi} = (0,\ 0,\ \omega\ ;\ \boldsymbol{v}) \in \mathbb{R}^6$。

(1) 证明该刚体变换 g 为李群；

(2) 推导该刚体变换在其李代数上的伴随表达公式；

(3) 给出至少两种满足该刚体变换的机器人机构（不限串联、并联、混联），画出机构示意图。

4.17　证明平面刚体运动的伴随变换可由下式给出：

$$\mathrm{Ad}_g = \begin{pmatrix} \boldsymbol{R}_{2\times 2} & \begin{matrix} t_y \\ -t_x \end{matrix} \\ 0 & 1 \end{pmatrix}$$

4.18　已知一维螺旋运动子群的正则表示为 $\mathcal{H}_p(0,z) = \left\{\begin{pmatrix} \mathrm{e}^{\theta\hat{z}} & p\theta z \\ \boldsymbol{0} & 1 \end{pmatrix}, \theta \in [0,\ 2\pi]\right\}$，求其共轭子群的矩阵表达。

4.19　已知旋转群的正则表示为 $\mathcal{S}(0) = \left\{\begin{pmatrix} \boldsymbol{R} & \boldsymbol{0} \\ \boldsymbol{0} & 1 \end{pmatrix}, \boldsymbol{R} \in SO(3)\right\}$，证明其共轭子群的矩阵表达形式为 $\mathcal{S}(N) = \left\{\begin{pmatrix} \boldsymbol{R} & (\boldsymbol{E}_3 - \boldsymbol{R})\boldsymbol{p}_N \\ \boldsymbol{0} & 1 \end{pmatrix}, \boldsymbol{R} \in SO(3)\right\}$。

4.20　已知 Schönflies 群的正则表示为 $\mathcal{X}(z) = \left\{\begin{pmatrix} e^{\theta\hat{z}} & \boldsymbol{t} \\ \boldsymbol{0} & 1 \end{pmatrix}, \theta \in [0, 2\pi], \boldsymbol{t} \in \mathbb{R}^3\right\}$，求其共轭子群的矩阵表达。

第 5 章　机器人运动学基础

【内容提示】

本章开始涉及如何应用几何方法来分析机器人运动学。那么什么是机器人运动学呢？机器人运动学的主要任务是描述机器人关节与组成机器人的各刚体之间的运动关系。大多数机器人都是由一组通过运动副（关节）连接而成的刚性连杆构成。不管机器人关节采用何种运动副，都可以将它们分解为单自由度的转动副和移动副。

机器人的位置与速度分析是求解机器人运动学的基础。它主要讨论机器人输入与输出构件间的位置与速度关系，是机器人运动学研究的最基本任务，同时也是各类运动性能分析及尺度综合的基础。其中速度分析的核心是建立雅可比矩阵。

本章以前面介绍的旋量指数映射理论为工具，建立起一般串联机器人的运动学描述。内容的核心是使学生了解如何应用指数积（POE）方法实现对串联机器人的正逆运动学问题进行求解。因此，本章主要包括以下三个方面的内容：①串联机器人正向运动学的 POE 公式；②串联机器人反向运动学的子问题分类；③基于 POE 公式的速度雅可比矩阵。

5.1　D-H 参数与串联机器人正向运动学

串联机器人实质上是一种由运动副连接各个杆件组成的空间运动链。为描述各杆件间的相对位姿，通常采用 D-H 参数法。D-H 参数法的核心在于引入了连杆坐标系。

根据连杆坐标系$\{i\}$与连杆 i 的位置关系，D-H 参数法有坐标系前置与坐标系后置两种：其中图 5.1a 所示的为前置方式，图 5.1b 所示的为后置方式。

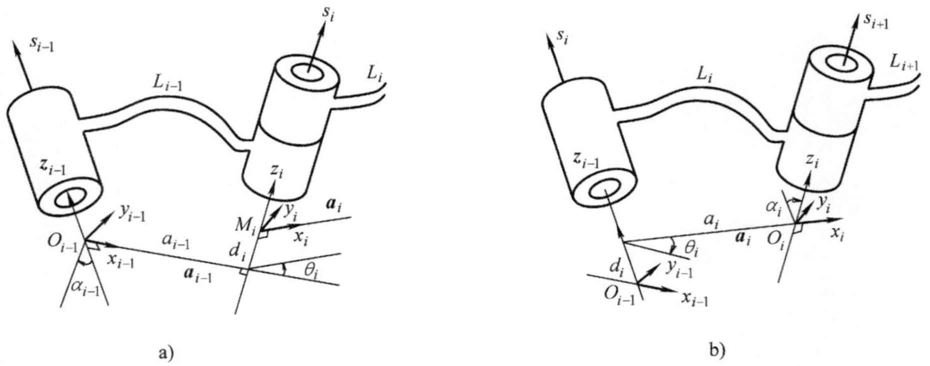

图 5.1　D-H 参数的定义

a）坐标系前置　b）坐标系后置

本书中采用的是坐标系后置方式，其中图中各符号的定义如下：

1）关节轴线 $\mathbf{s}_{i+1}$ 表示连杆 L_{i+1} 相对 L_i 的相对运动轴线，同时也是z_i 轴；

2）连杆长度 a_i 表示轴线$\mathbf{s}_i$ 到轴线$\mathbf{s}_{i+1}$的距离；

3）连杆的扭转角 α_i 表示轴线$\mathbf{s}_i$ 到轴线$\mathbf{s}_{i+1}$的转角，遵循右手定则；

4）关节的转角 θ_i 表示连杆 L_i 相对 L_{i-1}的转角；

5）连杆的偏距 d_i 表示从 a_{i-1}与轴线$\mathbf{s}_i$ 的交点到 a_i 与轴线$\mathbf{s}_i$ 的交点的有向距离；

6）连杆坐标系 $O_i\boldsymbol{x}_i\boldsymbol{y}_i\boldsymbol{z}_i$ 的建立原则：原点取在 $\boldsymbol{a}_i$ 与轴线 $\boldsymbol{s}_{i+1}$ 的交点处，$\boldsymbol{z}_i$ 轴沿轴线 $\boldsymbol{s}_{i+1}$方向，$\boldsymbol{x}_i$ 轴沿 $\boldsymbol{a}_i$ 方向。

惯性坐标系（或基坐标系）$\{S\}$（有时写成 $\{0\}$）的选取：一般取在机器人的机座位置。

从图 5.1 可以看到每个连杆坐标系 $\{i\}$ 都对应着 4 个参数：a_i，α_i，d_i，θ_i。可通过以下四步导出从连杆坐标系 $\{i-1\}$ 到坐标系 $\{i\}$ 的齐次变换。①绕 $\boldsymbol{s}_i(\boldsymbol{z}_{i-1})$ 轴转动 θ_i；②沿$\boldsymbol{s}_i$ 轴平移 d_i；③沿 $\boldsymbol{a}_i(\boldsymbol{x}_i)$ 轴平移 a_i；④绕 $\boldsymbol{a}_i$ 轴转动 α_i。因此得到

$$
{}_{i}^{i-1}g=(\boldsymbol{R}_z(\theta_i)\boldsymbol{t}_z(d_i))(\boldsymbol{t}_x(a_i)\boldsymbol{R}_x(\alpha_i))=\begin{pmatrix}\cos\theta_i & -\sin\theta_i\cos\alpha_i & \sin\theta_i\sin\alpha_i & a_i\cos\theta_i\\ \sin\theta_i & \cos\theta_i\cos\alpha_i & -\cos\theta_i\sin\alpha_i & a_i\sin\theta_i\\ 0 & \sin\alpha_i & \cos\alpha_i & d_i\\ 0 & 0 & 0 & 1\end{pmatrix}\tag{5.1}
$$

对于自由度为 n 的串联机器人而言，总共需要建立（$n+1$）个连杆坐标系。

【例 5.1】　标出图 5.2 所示的 3 自由度 3R 机器人的连杆坐标系，并给出其 D-H 参数。

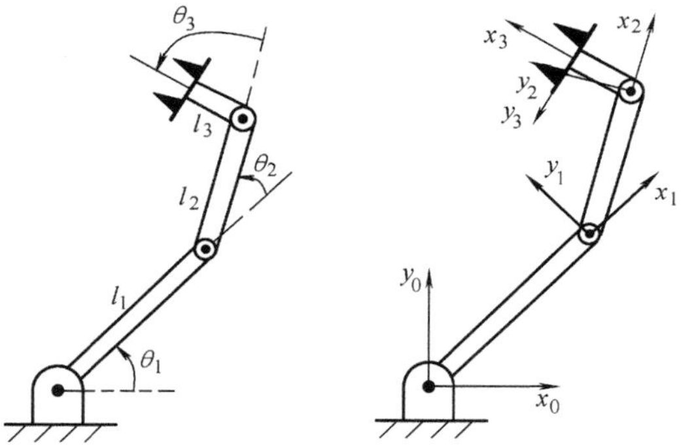

i	α_i	a_i	d_i	θ_i
1	0	l_1	0	θ_1
2	0	l_2	0	θ_2
3	0	l_3	0	θ_3

图 5.2　3 自由度机器人的连杆坐标系及其 D-H 参数

串联机器人的**正向运动学**（forward kinematics）是指：在给定相邻连杆的相对位置情况下，确定机器人末端执行器的位形。注意：大多数串联机器人都是由一组通过单自由度的转动副或移动副连接而成的刚性连杆构成。

从经典理论角度来看，串联机器人的正向运动学可以通过将各个关节引起的刚体运动加以合成。如果利用传统的 D-H 参数法来计算工具坐标系 $\{T\}$ 相对惯性坐标系 $\{S\}$ 的位形，需在各个关节上建立连杆坐标系 $\{i\}$，然后利用连杆坐标系将相邻的刚体运动联系起来。定义${}_{i}^{i-1}g(\theta_i)$ 为相邻连杆坐标系间的齐次变换矩阵，则对于具有 n 个关节的串联机器人正解的一般计算公式为

$$
{}_{T}^{S}g(\boldsymbol{\theta})={}_{1}^{0}g(\theta_1)\,{}_{2}^{1}g(\theta_2)\cdots{}_{i}^{i-1}g(\theta_i)\cdots{}_{n}^{n-1}g(\theta_n)\,{}_{T}^{n}g\tag{5.2}
$$

式中，${}_{T}^{S}g(\boldsymbol{\theta})$ 表示机器人运动学的正解。

【例 5.2】　利用 D-H 参数法对例 5.1 中的 3R 机器人进行正向运动学求解。

解：例 5.1 中已经给出了该机器人的 D-H 参数，这样可以建立相邻连杆坐标系间的齐

次变换矩阵。

$$ {}^{i-1}_{i}g(\theta_i)=\begin{pmatrix}\cos\theta_i & -\sin\theta_i & 0 & a_i\cos\theta_i\\ \sin\theta_i & \cos\theta_i & 0 & a_i\sin\theta_i\\ 0 & 0 & 1 & 0\\ 0 & 0 & 0 & 1\end{pmatrix}(i=1,2,3) \tag{5.3}$$

进而根据式（5.2）对其正向运动学进行求解。

$$ {}^{S}_{T}g(\boldsymbol{\theta})={}^{0}_{1}g(\theta_1){}^{1}_{2}g(\theta_2){}^{2}_{3}g(\theta_3){}^{3}_{T}g \tag{5.4}$$

如果工具坐标系与连杆 3 的坐标系重合，上式中，

$$ {}^{3}_{T}g=\begin{pmatrix}1 & 0 & 0 & 0\\ 0 & 1 & 0 & 0\\ 0 & 0 & 1 & 0\\ 0 & 0 & 0 & 1\end{pmatrix} \tag{5.5}$$

因此，将式（5.3）和式（5.5）代入到式（5.4）中，得到

$$ {}^{S}_{T}g(\boldsymbol{\theta})=\begin{pmatrix}c\theta_{123} & -s\theta_{123} & 0 & l_1c\theta_1+l_2c\theta_{12}+l_3c\theta_{123}\\ s\theta_{123} & c\theta_{123} & 0 & l_1s\theta_1+l_2s\theta_{12}+l_3s\theta_{123}\\ 0 & 0 & 1 & 0\\ 0 & 0 & 0 & 1\end{pmatrix} \tag{5.6}$$

式中，θ_{ij}是 $\theta_i+\theta_j$ 的简写；$c\theta_{ij}=\cos(\theta_i+\theta_j)$；$s\theta_{ij}=\sin(\theta_i+\theta_j)$，依此类推，并且适用本书以后各章。如果用 $g=(x, y, \varphi)$ 表示机器人末端的位姿，则由式（5.6）可以得到

$$\begin{cases}x=l_1c\theta_1+l_2c\theta_{12}+l_3c\theta_{123}\\ y=l_1s\theta_1+l_2s\theta_{12}+l_3s\theta_{123}\\ \varphi=\theta_{123}\end{cases}$$

5.2　串联机器人正向运动学的指数积公式[101,152]

5.2.1　指数积公式

利用本节介绍的方法来求解机器人运动学正解在某种程度上要比传统的 D-H 参数法简单。因为它无需建立各连杆坐标系，整个系统中只有两个坐标系即可：一个是惯性坐标系 $\{S\}$，另一个是与末端执行器固连的工具坐标系 $\{T\}$。

由于各关节的运动由与之关联的关节轴线的运动旋量产生，由此可以给出其运动学的几何描述。我们回顾一下前面所讲的内容，如果用 $\boldsymbol{\xi}$ 表示该关节轴线的单位运动旋量坐标，则沿此轴线的刚体运动可表示为

$$g(\boldsymbol{\theta})=e^{\theta\hat{\boldsymbol{\xi}}}g(\boldsymbol{0}) \tag{5.7}$$

式中，如果 $\boldsymbol{\xi}$ 对应的是一个零节距的转动副轴线，则 $\theta\in\mathbb{S}^1$ 表示的是轴线的转角；反之，如果 $\boldsymbol{\xi}$ 对应的是一个无穷大节距的移动副轴线，则 $\theta\in\mathbb{R}$ 表示的是移动的距离。

下面考虑一个 2 自由度的机器人正向运动学的求解，如图 5.3 所示。

首先将转动副 1 固定不动只转动 θ_2，这时 $\theta_1=0$，工具坐标系的位形只与 θ_2 有关。根据

式（5.7），可得

$$ {}_{T}^{S}g(\theta_2)=\mathrm{e}^{\theta_2\hat{\boldsymbol{\xi}}_2}\,{}_{T}^{S}g(\mathbf{0}) \tag{5.8}$$

然后将转动副2固定不动只转动 θ_1，根据刚体运动的叠加原理可以得到

$$ {}_{T}^{S}g(\theta_1,\theta_2)=\mathrm{e}^{\theta_1\hat{\boldsymbol{\xi}}_1}\,{}_{T}^{S}g(\theta_2)=\mathrm{e}^{\theta_1\hat{\boldsymbol{\xi}}_1}\mathrm{e}^{\theta_2\hat{\boldsymbol{\xi}}_2}\,{}_{T}^{S}g(\mathbf{0}) \tag{5.9}$$

从式（5.8）可以看到，该机器人的运动似乎与运动副的顺序有关（先运动 θ_2 后运动 θ_1）。实际上是否如此呢？我们可以证明一下。

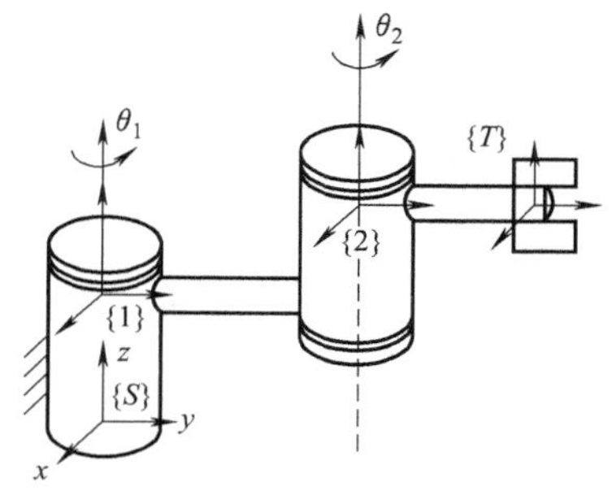

图5.3　2自由度的机器人

假设我们这次选择运动副的顺序正好与前面的相反，即首先转动 θ_1，并保证 θ_2 固定不动，这时

$$ {}_{T}^{S}g(\theta_1)=\mathrm{e}^{\theta_1\hat{\boldsymbol{\xi}}_1}\,{}_{T}^{S}g(\mathbf{0}) \tag{5.10}$$

然后让转动副2运动 θ_2，这时第二个连杆将绕**新的轴线**转动。即

$$\boldsymbol{\xi}_2'=\mathrm{Ad}\,\mathrm{e}^{\theta_1\hat{\boldsymbol{\xi}}_1}\boldsymbol{\xi}_2\text{，或者 }\hat{\boldsymbol{\xi}}_2'=\mathrm{e}^{\theta_1\hat{\boldsymbol{\xi}}_1}\hat{\boldsymbol{\xi}}_2\mathrm{e}^{-\theta_1\hat{\boldsymbol{\xi}}_1}$$

再根据矩阵指数的性质 $\mathrm{e}^{g\hat{\xi}g^{-1}}=g\mathrm{e}^{\hat{\xi}}g^{-1}$，得到

$$\mathrm{e}^{\theta_2\hat{\boldsymbol{\xi}}_2'}=\mathrm{e}^{\theta_1\hat{\boldsymbol{\xi}}_1}\mathrm{e}^{\theta_2\hat{\boldsymbol{\xi}}_2}\mathrm{e}^{-\theta_1\hat{\boldsymbol{\xi}}_1} \tag{5.11}$$

根据刚体运动的叠加原理可以得到

$$ {}_{T}^{S}g(\theta_1,\theta_2)=\mathrm{e}^{\theta_2\hat{\boldsymbol{\xi}}_2'}\mathrm{e}^{\theta_1\hat{\boldsymbol{\xi}}_1}\,{}_{T}^{S}g(\mathbf{0})=\mathrm{e}^{\theta_1\hat{\boldsymbol{\xi}}_1}\mathrm{e}^{\theta_2\hat{\boldsymbol{\xi}}_2}\mathrm{e}^{-\theta_1\hat{\boldsymbol{\xi}}_1}\mathrm{e}^{\theta_1\hat{\boldsymbol{\xi}}_1}\,{}_{T}^{S}g(\mathbf{0})=\mathrm{e}^{\theta_1\hat{\boldsymbol{\xi}}_1}\mathrm{e}^{\theta_2\hat{\boldsymbol{\xi}}_2}\,{}_{T}^{S}g(\mathbf{0}) \tag{5.12}$$

式（5.9）与式（5.12）结果完全一样，因此可以得出结论，该机器人的运动学公式与运动副的顺序选择无关。

根据**数学归纳法**，上面所得的结论完全可以推广到具有 n 个关节的串联机器人正向运动学的求解。定义机器人的初始位形（或者参考位形）为机器人对应于 $\boldsymbol{\theta}=\mathbf{0}$ 时的位形，并用 ${}_{T}^{S}g(\mathbf{0})$ 表示机器人位于初始位形时惯性坐标系与工具坐标系间的刚体变换。对于每个关节都可以构造一个单位运动旋量 $\boldsymbol{\xi}_i$，这时除第 i 个关节之外的所有其他关节均固定于初始位形（$\theta_j=0$）。

对于转动副，

$$\boldsymbol{\xi}_i=\begin{pmatrix}\boldsymbol{\omega}_i\\ \boldsymbol{r}_i\times\boldsymbol{\omega}_i\end{pmatrix} \tag{5.13}$$

对于移动副，

$$\boldsymbol{\xi}_i=\begin{pmatrix}\mathbf{0}\\ \boldsymbol{v}_i\end{pmatrix} \tag{5.14}$$

这时，机器人正向运动学的指数积公式如下：

$$ {}_{T}^{S}g(\boldsymbol{\theta})=\mathrm{e}^{\theta_1\hat{\boldsymbol{\xi}}_1}\mathrm{e}^{\theta_2\hat{\boldsymbol{\xi}}_2}\cdots\mathrm{e}^{\theta_i\hat{\boldsymbol{\xi}}_i}\cdots\mathrm{e}^{\theta_n\hat{\boldsymbol{\xi}}_n}\,{}_{T}^{S}g(\mathbf{0}) \tag{5.15}$$

利用指数积公式，机器人的运动学完全可以用机器人各个关节的运动旋量坐标表征。

5.2.2　惯性坐标系与初始位形的选择

一般情况下，机器人的惯性坐标系取在机器人的基座上。不过，这种选取并不是唯一的，可以根据实际情况选取惯性坐标系的位置。为了简化计算，一种典型的选取方法是将惯

性坐标系取在与初始位形时的工具坐标系重合的位置。即当 $\boldsymbol{\theta}=\mathbf{0}$ 时，惯性坐标系与工具坐标系重合，即 ${}_T^S g(\mathbf{0})=\boldsymbol{E}$。这样，式（5.15）就简化成

$$ {}_T^S g(\boldsymbol{\theta})=\mathrm{e}^{\theta_1\hat{\boldsymbol{\xi}}_1}\mathrm{e}^{\theta_2\hat{\boldsymbol{\xi}}_2}\cdots\mathrm{e}^{\theta_i\hat{\boldsymbol{\xi}}_i}\cdots\mathrm{e}^{\theta_n\hat{\boldsymbol{\xi}}_n} \tag{5.16}$$

在描述机器人正向运动学时，初始位形选取的自由度更大。由于各个关节的运动旋量坐标取决于初始位形（以及惯性坐标系）的选择，因此在选取初始位形时应遵循使运动分析尽量简单的原则。

5.2.3　D-H 参数法与 POE 公式之间的关系

前面讨论了两种求解串联机器人正向运动学的方法：D-H 参数法和 POE 法。下面再讨论一下它们之间的联系。

通过观察得知，**在机器人的关节 D-H 参数与其对应的运动旋量坐标之间并不存在着一一映射的关系**（对于单个关节而言，完全描述其 D-H 参数需要 4 个参数，而用旋量坐标需要 6 个参数）。这是因为每个运动副的旋量坐标都是相对惯性坐标系来描述的，它不能反映相邻杆件之间的相对运动。

我们可以得到

$$ {}_i^{i-1}g(\theta_i)=(\mathrm{e}^{{}_i^{i-1}\hat{\boldsymbol{\xi}}\theta_i})\,{}_i^{i-1}g(\mathbf{0}) \tag{5.17}$$

这样，根据式（5.2）可得

$$ {}_T^S g(\boldsymbol{\theta})=(\mathrm{e}^{{}_1^0\hat{\boldsymbol{\xi}}\theta_1})\,{}_1^0g(\mathbf{0})(\mathrm{e}^{{}_2^1\hat{\boldsymbol{\xi}}\theta_2})\,{}_2^1g(\mathbf{0})\cdots(\mathrm{e}^{{}_i^{i-1}\hat{\boldsymbol{\xi}}\theta_i})\,{}_i^{i-1}g(\mathbf{0})\cdots(\mathrm{e}^{{}_n^{n-1}\hat{\boldsymbol{\xi}}\theta_n})\,{}_n^{n-1}g(\mathbf{0}) \tag{5.18}$$

很显然与式（5.12）给出的 POE 公式不同，但存在着某些相似之处。作进一步变换得

$$ {}_T^S g(\boldsymbol{\theta})=(\mathrm{e}^{{}_1^0\hat{\boldsymbol{\xi}}\theta_1})({}_1^0g(\mathbf{0})\mathrm{e}^{{}_2^1\hat{\boldsymbol{\xi}}\theta_2}\,{}_1^0g^{-1}(\mathbf{0}))({}_2^0g(\mathbf{0})\mathrm{e}^{{}_3^2\hat{\boldsymbol{\xi}}\theta_3}\,{}_2^0g^{-1}(\mathbf{0}))\cdots({}_{n-1}^{0}g(\mathbf{0})\mathrm{e}^{{}_n^{n-1}\hat{\boldsymbol{\xi}}\theta_n}\,{}_{n-1}^{0}g^{-1}(\mathbf{0}))\,{}_n^0g(\mathbf{0}) \tag{5.19}$$

根据矩阵指数的性质 $\mathrm{e}^{g\hat{\boldsymbol{\xi}}g^{-1}}=g\mathrm{e}^{\hat{\boldsymbol{\xi}}}g^{-1}$，得到

$$ g\mathrm{e}^{\theta\hat{\boldsymbol{\xi}}}g^{-1}=\mathrm{e}^{\theta g\hat{\boldsymbol{\xi}}g^{-1}}=\mathrm{e}^{\theta\widehat{\mathrm{Ad}_g\boldsymbol{\xi}}} \tag{5.20}$$

将式（5.20）代入式（5.19）中，得到

$$ {}_T^S g(\boldsymbol{\theta})=(\mathrm{e}^{{}_1^0\hat{\boldsymbol{\xi}}\theta_1})(\mathrm{e}^{\theta_2(\widehat{\mathrm{Ad}_{{}_1^0g(0)}{}_2^1\boldsymbol{\xi}})})\cdots(\mathrm{e}^{\theta_n(\widehat{\mathrm{Ad}_{{}_{n-1}^{0}g(0)}{}_n^{n-1}\boldsymbol{\xi}})})\,{}_n^0g(\mathbf{0}) \tag{5.21}$$

由于 ${}_T^S g(\mathbf{0})={}_n^0g(\mathbf{0})$，将式（5.21）与前面给出的串联机器人的 POE 公式进行比较，可以得到

$$ \boldsymbol{\xi}_i=\mathrm{Ad}_{{}_{i-1}^{0}g(\mathbf{0})}\,{}_i^{i-1}\boldsymbol{\xi} \tag{5.22}$$

式（5.22）验证了 $\boldsymbol{\xi}_i$ 所代表的物理意义：即第 i 个关节在**初始位形下相对惯性坐标系**的单位运动旋量坐标。

根据以上的推导，我们找到了一种根据串联机器人的 D-H 参数来求解各个关节运动旋量坐标的方法。具体方法如下：由于 D-H 参数法给定，则 ${}_i^{i-1}g(\theta_i)$ 已知，根据式（5.17）可求得 ${}_i^{i-1}\boldsymbol{\xi}$，再根据式（5.22）求得 $\boldsymbol{\xi}_i$。不过更多情况下可直接通过观察得到 $\boldsymbol{\xi}_i$。

5.2.4　实例分析

下面举例来说明如何应用指数积公式对机器人的正向运动学问题进行求解，以及如何选择合适的惯性坐标系及初始位形。

【例 5.3】　利用指数积公式对例 5.1 中的 3R 机器人进行正向运动学求解。

解：建立惯性坐标系 $\{S\}$ 和工具坐标系 $\{T\}$。取机器人完全展开时的位形为初始位形坐标系与参数如图 5.4 所示。初始位形时惯性坐标系与工具坐标系的变换为

$$ {}_T^S g(\mathbf{0}) = \begin{pmatrix} \boldsymbol{E}_{3\times 3} & \begin{matrix} l_1+l_2+l_3 \\ 0 \\ 0 \end{matrix} \\ \mathbf{0} & 1 \end{pmatrix} $$

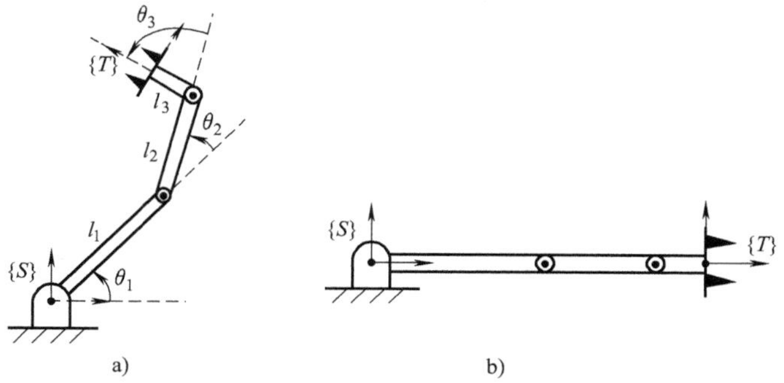

图 5.4　3R 机器人的坐标系建立
a）一般位形　b）初始位形

各个关节的单位运动旋量计算如下：

$$ \boldsymbol{\omega}_1=\boldsymbol{\omega}_2=\boldsymbol{\omega}_3=\begin{pmatrix}0\\0\\1\end{pmatrix},\quad \boldsymbol{r}_1=\begin{pmatrix}0\\0\\0\end{pmatrix},\quad \boldsymbol{r}_2=\begin{pmatrix}l_1\\0\\0\end{pmatrix},\quad \boldsymbol{r}_3=\begin{pmatrix}l_1+l_2\\0\\0\end{pmatrix} $$

因此

$$ \boldsymbol{\xi}_1=\begin{pmatrix}\boldsymbol{\omega}_1\\ \boldsymbol{r}_1\times\boldsymbol{\omega}_1\end{pmatrix}=\begin{pmatrix}0\\0\\1\\0\\0\\0\end{pmatrix}\quad \boldsymbol{\xi}_2=\begin{pmatrix}\boldsymbol{\omega}_2\\ \boldsymbol{r}_2\times\boldsymbol{\omega}_2\end{pmatrix}=\begin{pmatrix}0\\0\\1\\0\\-l_1\\0\end{pmatrix}\quad \boldsymbol{\xi}_3=\begin{pmatrix}\boldsymbol{\omega}_3\\ \boldsymbol{r}_3\times\boldsymbol{\omega}_3\end{pmatrix}=\begin{pmatrix}0\\0\\1\\0\\-l_1-l_2\\0\end{pmatrix} $$

考虑到

$$ \mathrm{e}^{\theta\hat{\boldsymbol{\xi}}}=\begin{pmatrix}\mathrm{e}^{\theta\hat{\boldsymbol{\omega}}} & (\boldsymbol{E}-\mathrm{e}^{\theta\hat{\boldsymbol{\omega}}})(\boldsymbol{\omega}\times\boldsymbol{v})+\theta\boldsymbol{\omega}\,\boldsymbol{\omega}^{\mathrm{T}}\boldsymbol{v}\\ \mathbf{0} & 1\end{pmatrix},\boldsymbol{\omega}\neq\mathbf{0} $$

则

$$ \mathrm{e}^{\theta_1\hat{\boldsymbol{\xi}}_1}=\begin{pmatrix}\mathrm{c}\theta_1 & -\mathrm{s}\theta_1 & 0 & 0\\ \mathrm{s}\theta_1 & \mathrm{c}\theta_1 & 0 & 0\\ 0 & 0 & 1 & 0\\ 0 & 0 & 0 & 1\end{pmatrix},\quad \mathrm{e}^{\theta_2\hat{\boldsymbol{\xi}}_2}=\begin{pmatrix}\mathrm{c}\theta_2 & -\mathrm{s}\theta_2 & 0 & l_1(1-\mathrm{c}\theta_2)\\ \mathrm{s}\theta_2 & \mathrm{c}\theta_2 & 0 & -l_1\mathrm{s}\theta_2\\ 0 & 0 & 1 & 0\\ 0 & 0 & 0 & 1\end{pmatrix}, $$

$$ \mathrm{e}^{\theta_3\hat{\boldsymbol{\xi}}_3}=\begin{pmatrix}\mathrm{c}\theta_3 & -\mathrm{s}\theta_3 & 0 & (l_1+l_2)(1-\mathrm{c}\theta_3)\\ \mathrm{s}\theta_3 & \mathrm{c}\theta_3 & 0 & -(l_1+l_2)\mathrm{s}\theta_3\\ 0 & 0 & 1 & 0\\ 0 & 0 & 0 & 1\end{pmatrix} $$

因此

$$
{}_T^S g(\boldsymbol{\theta}) = \mathrm{e}^{\theta_1\hat{\boldsymbol{\xi}}_1}\mathrm{e}^{\theta_2\hat{\boldsymbol{\xi}}_2}\mathrm{e}^{\theta_3\hat{\boldsymbol{\xi}}_3}{}_T^S g(\boldsymbol{0}) = \begin{pmatrix} \mathrm{c}\theta_{123} & -\mathrm{s}\theta_{123} & 0 & l_1\mathrm{c}\theta_1 + l_2\mathrm{c}\theta_{12} + l_3\mathrm{c}\theta_{123} \\ \mathrm{s}\theta_{123} & \mathrm{c}\theta_{123} & 0 & l_1\mathrm{s}\theta_1 + l_2\mathrm{s}\theta_{12} + l_3\mathrm{s}\theta_{123} \\ 0 & 0 & 1 & 0 \\ 0 & 0 & 0 & 1 \end{pmatrix}
$$

这与例 5.2 的求解结果完全一致。

【例 5.4】 利用 POE 公式对 SCARA 机器人的正向运动学进行求解。

解法 1：建立惯性坐标系 $\{S\}$ 和工具坐标系 $\{T\}$，坐标系与参数如图 5.5a 所示。取机器人完全展开时的位形为初始位形。初始位形下惯性坐标系与工具坐标系的变换为

$$
{}_T^S g(\boldsymbol{0}) = \begin{pmatrix} \boldsymbol{E}_{3\times 3} & \begin{matrix} 0 \\ l_1 + l_2 \\ l_0 \end{matrix} \\ \boldsymbol{0} & 1 \end{pmatrix}
$$

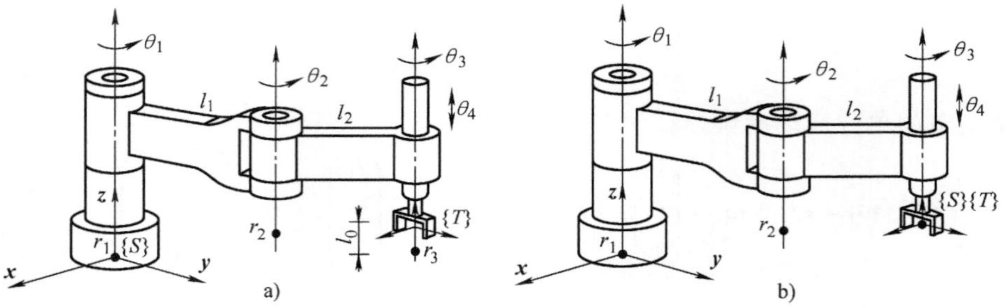

图 5.5　SCARA 机器人

各个关节的单位运动旋量计算如下：

$$
\boldsymbol{\omega}_1 = \boldsymbol{\omega}_2 = \boldsymbol{\omega}_3 = \boldsymbol{v}_4 = \begin{pmatrix} 0 \\ 0 \\ 1 \end{pmatrix}, \quad \boldsymbol{r}_1 = \begin{pmatrix} 0 \\ 0 \\ 0 \end{pmatrix}, \quad \boldsymbol{r}_2 = \begin{pmatrix} 0 \\ l_1 \\ 0 \end{pmatrix}, \quad \boldsymbol{r}_3 = \begin{pmatrix} 0 \\ l_1 + l_2 \\ 0 \end{pmatrix}
$$

因此，

$$
\boldsymbol{\xi}_1 = \begin{pmatrix} \boldsymbol{\omega}_1 \\ \boldsymbol{r}_1 \times \boldsymbol{\omega}_1 \end{pmatrix} = \begin{pmatrix} 0 \\ 0 \\ 1 \\ 0 \\ 0 \\ 0 \end{pmatrix}, \quad \boldsymbol{\xi}_2 = \begin{pmatrix} \boldsymbol{\omega}_2 \\ \boldsymbol{r}_2 \times \boldsymbol{\omega}_2 \end{pmatrix} = \begin{pmatrix} 0 \\ 0 \\ 1 \\ l_1 \\ 0 \\ 0 \end{pmatrix}, \quad \boldsymbol{\xi}_3 = \begin{pmatrix} \boldsymbol{\omega}_3 \\ \boldsymbol{r}_3 \times \boldsymbol{\omega}_3 \end{pmatrix} = \begin{pmatrix} 0 \\ 0 \\ 1 \\ l_1 + l_2 \\ 0 \\ 0 \end{pmatrix}, \quad \boldsymbol{\xi}_4 = \begin{pmatrix} \boldsymbol{0} \\ \boldsymbol{v}_4 \end{pmatrix} = \begin{pmatrix} 0 \\ 0 \\ 0 \\ 0 \\ 0 \\ 1 \end{pmatrix}
$$

考虑到

$$
\begin{cases} \mathrm{e}^{\theta\hat{\boldsymbol{\xi}}} = \begin{pmatrix} \boldsymbol{E} & \boldsymbol{v}\theta \\ \boldsymbol{0} & 1 \end{pmatrix}, & \boldsymbol{\omega} = 0 \\ \mathrm{e}^{\theta\hat{\boldsymbol{\xi}}} = \begin{pmatrix} \mathrm{e}^{\theta\hat{\boldsymbol{\omega}}} & (\boldsymbol{E} - \mathrm{e}^{\theta\hat{\boldsymbol{\omega}}})(\boldsymbol{\omega} \times \boldsymbol{v}) + \theta\boldsymbol{\omega}\boldsymbol{\omega}^{\mathrm{T}}\boldsymbol{v} \\ \boldsymbol{0} & 1 \end{pmatrix}, & \boldsymbol{\omega} \neq 0 \end{cases}
$$

则

$$e^{\theta_1\hat{\xi}_1}=\begin{pmatrix}c\theta_1 & -s\theta_1 & 0 & 0\\ s\theta_1 & c\theta_1 & 0 & 0\\ 0 & 0 & 1 & 0\\ 0 & 0 & 0 & 1\end{pmatrix},\quad e^{\theta_2\hat{\xi}_2}=\begin{pmatrix}c\theta_2 & -s\theta_2 & 0 & l_1 s\theta_1\\ s\theta_2 & c\theta_2 & 0 & l_1(1-c\theta_1)\\ 0 & 0 & 1 & 0\\ 0 & 0 & 0 & 1\end{pmatrix},$$

$$e^{\theta_3\hat{\xi}_3}=\begin{pmatrix}c\theta_3 & -s\theta_3 & 0 & (l_1+l_2)s\theta_2\\ s\theta_3 & c\theta_3 & 0 & (l_1+l_2)(1-c\theta_2)\\ 0 & 0 & 1 & 0\\ 0 & 0 & 0 & 1\end{pmatrix},\quad e^{\theta_4\hat{\xi}_4}=\begin{pmatrix}1 & 0 & 0 & 0\\ 0 & 1 & 0 & 0\\ 0 & 0 & 1 & \theta_4\\ 0 & 0 & 0 & 1\end{pmatrix}$$

利用指数积公式，并代入上面求得的参数，可得到机器人的运动学正解。

$$\begin{aligned}{}_T^S g(\boldsymbol{\theta}) &= e^{\theta_1\hat{\xi}_1}e^{\theta_2\hat{\xi}_2}e^{\theta_3\hat{\xi}_3}e^{\theta_4\hat{\xi}_4}\,{}_T^S g(\mathbf{0})\\ &=\begin{pmatrix}c\theta_{123} & -s\theta_{123} & 0 & -l_1 s\theta_1 - l_2 s\theta_{12}\\ s\theta_{123} & c\theta_{123} & 0 & l_1 c\theta_1 + l_2 c\theta_{12}\\ 0 & 0 & 1 & l_0+\theta_4\\ 0 & 0 & 0 & 1\end{pmatrix}\end{aligned}$$

解法 2：建立如图 5.5b 所示的惯性坐标系和工具坐标系，并且仍然取机器人完全展开时的位形为初始位形。这时，初始位形下惯性坐标系与工具坐标系的变换为

$${}_T^S g(0) = \boldsymbol{E}_{4\times 4}$$

各个关节的单位运动旋量计算如下：

$$\boldsymbol{\omega}_1=\boldsymbol{\omega}_2=\boldsymbol{\omega}_3=\boldsymbol{v}_4=\begin{pmatrix}0\\0\\1\end{pmatrix},\boldsymbol{r}_1=\begin{pmatrix}0\\-l_1-l_2\\0\end{pmatrix},\boldsymbol{r}_2=\begin{pmatrix}0\\-l_2\\0\end{pmatrix},\boldsymbol{r}_3=\begin{pmatrix}0\\0\\0\end{pmatrix}$$

因此，

$$\boldsymbol{\xi}_1=\begin{pmatrix}\boldsymbol{\omega}_1\\ \boldsymbol{r}_1\times\boldsymbol{\omega}_1\end{pmatrix}=\begin{pmatrix}0\\0\\1\\-l_1-l_2\\0\\0\end{pmatrix},\quad \boldsymbol{\xi}_2=\begin{pmatrix}\boldsymbol{\omega}_2\\ \boldsymbol{r}_2\times\boldsymbol{\omega}_2\end{pmatrix}=\begin{pmatrix}0\\0\\1\\-l_2\\0\\0\end{pmatrix},\quad \boldsymbol{\xi}_3=\begin{pmatrix}\boldsymbol{\omega}_3\\ \boldsymbol{r}_3\times\boldsymbol{\omega}_3\end{pmatrix}=\begin{pmatrix}0\\0\\1\\0\\0\\0\end{pmatrix},\quad \boldsymbol{\xi}_4=\begin{pmatrix}\mathbf{0}\\ \boldsymbol{v}_4\end{pmatrix}=\begin{pmatrix}0\\0\\0\\0\\0\\1\end{pmatrix}$$

利用指数积公式，并代入上面求得的参数，可得到机器人的运动学正解。

$$\begin{aligned}{}_T^S g(\boldsymbol{\theta}) &= e^{\theta_1\hat{\xi}_1}e^{\theta_2\hat{\xi}_2}e^{\theta_3\hat{\xi}_3}e^{\theta_4\hat{\xi}_4}\,{}_T^S g(\mathbf{0})\\ &=\begin{pmatrix}c\theta_{123} & -s\theta_{123} & 0 & -l_1 s\theta_1 - l_2 s\theta_{12}\\ s\theta_{123} & c\theta_{123} & 0 & -l_1-l_2+l_1 c\theta_1 + l_2 c\theta_{12}\\ 0 & 0 & 1 & \theta_4\\ 0 & 0 & 0 & 1\end{pmatrix}\end{aligned}$$

可以将解法 1 和解法 2 进行一下比较。

5.3 串联机器人反向运动学的指数积公式[36,101,152]

5.3.1 反向运动学的指数积公式

串联机器人的**反向运动学**（inverse kinematics，亦称运动学反解）是指给定工具坐标系所期望的位形，找出与该位形相对应的各个关节输出。如果取初始位形时惯性坐标系与工具坐标系重合，则

$$ {}_T^S g(\boldsymbol{\theta}) = \mathrm{e}^{\theta_1 \hat{\boldsymbol{\xi}}_1} \mathrm{e}^{\theta_2 \hat{\boldsymbol{\xi}}_2} \cdots \mathrm{e}^{\theta_i \hat{\boldsymbol{\xi}}_i} \cdots \mathrm{e}^{\theta_n \hat{\boldsymbol{\xi}}_n} \tag{5.23} $$

式中，$\hat{\boldsymbol{\xi}}_i \in se(3)$ 和${}_T^S g(\boldsymbol{\theta}) \in SE(3)$ 均为已知量；待求值为 θ_i。从上式看关节量之间相互耦合，给串联机器人运动学反解的求解势必造成一定的困难。因此需要利用刚体运动的某些特性消去耦合的关节量，达到简化求解的目的。

通常情况下，串联机器人运动学反解可分为两类：**封闭解**和**数值解**。利用前面讨论的运动学正解的指数积公式可以构造运动学反解问题的几何算法。

为求解一般情况下的串联机器人运动学反解问题，必须首先解决常见的运动学反解子问题，然后设法将整个运动学反解问题分解成若干个解为已知的子问题。这些子问题应具有明确的几何意义和数值稳定性。

在具体讨论子问题之前，先给出反解过程中需遵循的三个原则[36]。即①位置保持不变原则；②距离保持不变原则；③姿态保持不变原则。前两个原则与转动有关，第三个原则与移动有关。

【定理 5.1】 给定一个单位运动旋量坐标为 $\boldsymbol{\xi} = (\boldsymbol{\omega};\ \boldsymbol{r} \times \boldsymbol{\omega}) \in se(3)$ 的纯转动，则转轴上任一点 P 的位置保持不变，即 $\mathrm{e}^{\theta\hat{\boldsymbol{\xi}}}\boldsymbol{p} = \boldsymbol{p}$（图 5.6a）。

证明：第 4 章式（4.118）给出了刚体变换矩阵

$$ g = \begin{pmatrix} \mathrm{e}^{\theta\hat{\boldsymbol{\omega}}} & (\boldsymbol{E} - \mathrm{e}^{\theta\hat{\boldsymbol{\omega}}})\boldsymbol{r} + h\theta\boldsymbol{\omega} \\ \boldsymbol{0} & 1 \end{pmatrix} $$

得到

$$ g\boldsymbol{p} = \boldsymbol{r} + \mathrm{e}^{\theta\hat{\boldsymbol{\omega}}}(\boldsymbol{p} - \boldsymbol{r}) + h\theta\boldsymbol{\omega} $$

由于 $\boldsymbol{\omega}$ 是旋转轴，因此 $h = 0$。同时考虑到 $\boldsymbol{p}$、$\boldsymbol{r}$ 都在旋转轴线上，因此，$\boldsymbol{p} - \boldsymbol{r} = \lambda\boldsymbol{\omega}$。上式简化为

$$ g\boldsymbol{p} = \boldsymbol{r} + \lambda \mathrm{e}^{\theta\hat{\boldsymbol{\omega}}}\boldsymbol{\omega} \tag{5.24} $$

对 $\mathrm{e}^{\theta\hat{\boldsymbol{\omega}}}$展开，得到

$$ \mathrm{e}^{\theta\hat{\boldsymbol{\omega}}} = \boldsymbol{E} + \hat{\boldsymbol{\omega}}\sin\theta + \hat{\boldsymbol{\omega}}^2(1 - \cos\theta) \tag{5.25} $$

代入式（5.24），化简得到

$$ g\boldsymbol{p} = \boldsymbol{p} $$

基于该特性，可以消去指数积公式中与转动副相对应的一个角度变量。

$$ g\boldsymbol{p} = \mathrm{e}^{\theta\hat{\boldsymbol{\xi}}}\boldsymbol{p} = \boldsymbol{p} \tag{5.26} $$

【定理 5.2】 给定一个运动旋量坐标为 $\boldsymbol{\xi} = (\boldsymbol{\omega};\ \boldsymbol{r} \times \boldsymbol{\omega}) \in se(3)$ 的纯转动，则不在转轴上的任一点 $\boldsymbol{p}$ 到转轴上的定点 $\boldsymbol{r}$ 的距离保持不变，即 $\| \mathrm{e}^{\theta\hat{\boldsymbol{\xi}}}\boldsymbol{p} - \boldsymbol{r} \| = \| \boldsymbol{p} - \boldsymbol{r} \|$（图 5.6b）。

证明：对于转动变换 $g = \mathrm{e}^{\theta\hat{\boldsymbol{\xi}}}$，$\boldsymbol{\xi} = (\boldsymbol{\omega};\ \boldsymbol{r} \times \boldsymbol{\omega}) \in se$（3）。由于点 $\boldsymbol{r}$ 是转轴上的一点，因

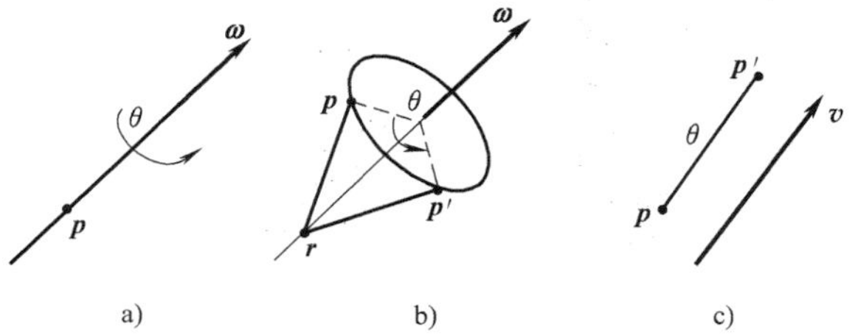

图 5.6　三个原则

a）纯转动下轴线位置保持不变　b）纯转动下距离保持不变

c）纯移动下姿态保持不变

此由式（5.26）可知 $g\boldsymbol{r}=\boldsymbol{r}$，这样

$$\|g\boldsymbol{p}-\boldsymbol{r}\|=\|g\boldsymbol{p}-g\boldsymbol{r}\|=\|g(\boldsymbol{p}-\boldsymbol{r})\|$$

由刚体运动的特点可知，$\|g(\boldsymbol{p}-\boldsymbol{r})\|=\|\boldsymbol{p}-\boldsymbol{r}\|$，因此

$$\|g\boldsymbol{p}-\boldsymbol{r}\|=\|\boldsymbol{p}-\boldsymbol{r}\|$$

基于该特性，可以消去指数积公式中与转动副相对应的一个角度变量。

$$\|g\boldsymbol{p}-\boldsymbol{r}\|=\|\mathrm{e}^{\theta\hat{\boldsymbol{\xi}}}\boldsymbol{p}-\boldsymbol{r}\|=\|\boldsymbol{p}-\boldsymbol{r}\| \tag{5.27}$$

【定理 5.3】 给定一个沿单位运动旋量为 $\boldsymbol{\xi}=(\boldsymbol{0};\ \boldsymbol{v})\in se(3)$ 的纯移动，则对于空间中的任一点 $\boldsymbol{p}$ 均满足 $(\mathrm{e}^{\theta\hat{\boldsymbol{\xi}}}\boldsymbol{p}-\boldsymbol{p})\times\boldsymbol{v}=\boldsymbol{0}$（图 5.6c）。

证明：对于移动变换 $g=\mathrm{e}^{\theta\hat{\boldsymbol{\xi}}}$，$\boldsymbol{\xi}=(\boldsymbol{0};\ \boldsymbol{v})\in se(3)$，我们有

$$g=\begin{pmatrix}\boldsymbol{E} & \theta\boldsymbol{v}\\ \boldsymbol{0} & 1\end{pmatrix}$$

则

$$g\boldsymbol{p}=\boldsymbol{p}+\theta\boldsymbol{v}$$

因此

$$(g\boldsymbol{p}-\boldsymbol{p})\times\boldsymbol{v}=\theta\boldsymbol{v}\times\boldsymbol{v}=\boldsymbol{0}$$

基于该特性，可以消去指数积公式中与移动副相对应的一个移动变量。

$$(g\boldsymbol{p}-\boldsymbol{p})\times\boldsymbol{v}=(\mathrm{e}^{\theta\hat{\boldsymbol{\xi}}}\boldsymbol{p}-\boldsymbol{p})\times\boldsymbol{v}=\boldsymbol{0} \tag{5.28}$$

应用以上三个定理可以有效地消去指数积公式（5.23）中的一些未知变量，从而简化反向运动学方程的求解。根据实际情况，又可以细分为直接分解法和变量消元法两种。

直接分解法是指直接消去 POE 公式中更多的变量，使得对 POE 公式的求解问题变成对**运动子链**（kinematic subchain）的求解问题。位移保持不变原则就属于此类。例如，几个关节运动旋量相交于一点时可以使用位置保持不变原则进行方程简化。

【例 5.5】 已知6自由度 PRRRRR 机器人，其结构简图如图 5.7 所示，特点是后三个转动关节交于一点 $\boldsymbol{q}$。

解：根据式（5.23），可得

$$g(\boldsymbol{\theta})=\mathrm{e}^{\theta_1\hat{\boldsymbol{\xi}}_1}\mathrm{e}^{\theta_2\hat{\boldsymbol{\xi}}_2}\cdots\mathrm{e}^{\theta_6\hat{\boldsymbol{\xi}}_6}$$

其中，$\boldsymbol{\xi}_1=(\boldsymbol{0};\ \boldsymbol{v}_1)\in se(3)$ 表示移动副的运动旋量，$\boldsymbol{\xi}_i\in se(3)(i=2,\ 3,\ \cdots,\ 6)$ 表示转动副的运动旋量。由于后三个转动关节相交于一点 $\boldsymbol{q}$，因此，应用位置保持不变原则，由式（5.26）可得

$$e^{\theta_4\hat{\xi}_4}e^{\theta_5\hat{\xi}_5}e^{\theta_6\hat{\xi}_6}\boldsymbol{q}=\boldsymbol{q}$$

这样可将后三个转动关节变量从指数积公式中消掉，剩下的指数积子链仅含有三个未知关节变量。因此得到

$$e^{\theta_1\hat{\xi}_1}e^{\theta_2\hat{\xi}_2}e^{\theta_3\hat{\xi}_3}\boldsymbol{q}=g(\boldsymbol{\theta})\boldsymbol{q}$$

与直接分解法不同，**变量消元法**只能消去 POE 公式中的一个变量，下面举例说明。

【例 5.6】 考察如图 5.8 所示的空间 RRR 机器人。

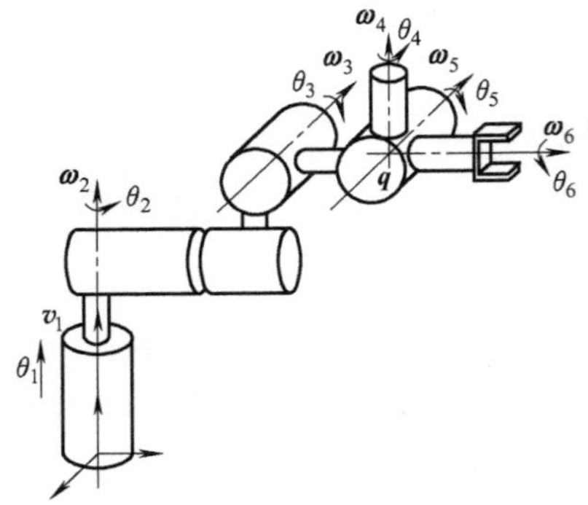

图 5.7 6 自由度的 PRRRRR 机器人结构简图

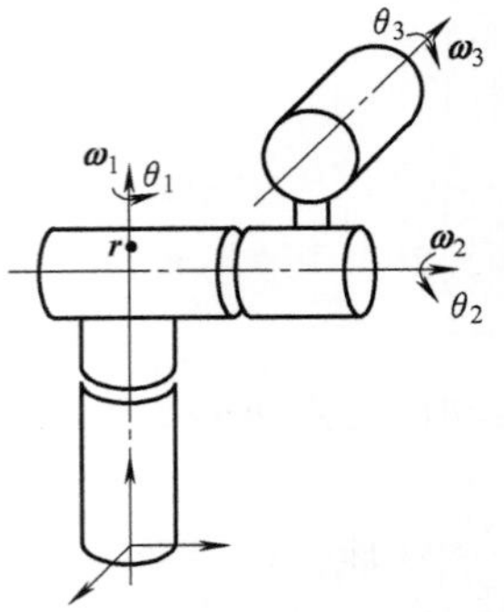

图 5.8 3 自由度的 RRR 机器人结构简图

解：根据式（5.23），可得

$$g(\boldsymbol{\theta})=e^{\theta_1\hat{\xi}_1}e^{\theta_2\hat{\xi}_2}e^{\theta_3\hat{\xi}_3}$$

其中，$\boldsymbol{\xi}_1$，$\boldsymbol{\xi}_2$，$\boldsymbol{\xi}_3\in se(3)$ 分别表示 3 个转动关节的运动旋量。进行下列变换：

$$g(\boldsymbol{\theta})\boldsymbol{p}=e^{\theta_1\hat{\xi}_1}e^{\theta_2\hat{\xi}_2}e^{\theta_3\hat{\xi}_3}\boldsymbol{p}=e^{\theta_1\hat{\xi}_1}(e^{\theta_2\hat{\xi}_2}e^{\theta_3\hat{\xi}_3}\boldsymbol{p})=g_1(\theta_1)\boldsymbol{q}$$

其中，$g_1(\theta_1)=e^{\theta_1\hat{\xi}_1}$，$\boldsymbol{q}=e^{\theta_2\hat{\xi}_2}e^{\theta_3\hat{\xi}_3}\boldsymbol{p}$。应用距离保持不变原则，由式（5.27）可得

$$\|g_1(\theta_1)\boldsymbol{q}-\boldsymbol{r}\|=\|\boldsymbol{q}-\boldsymbol{r}\|$$

其中，$\boldsymbol{r}$ 为转动关节 $\boldsymbol{\xi}_1$ 轴线上的任一点。

由此可消去转动关节变量 θ_1，即

$$\|e^{\theta_2\hat{\xi}_2}e^{\theta_3\hat{\xi}_3}\boldsymbol{p}-\boldsymbol{r}\|=\|g(\boldsymbol{\theta})\boldsymbol{p}-\boldsymbol{r}\|$$

【例 5.7】 考察如图 5.9 所示的空间 PRR 机器人。

解：根据式（5.23），可得

$$g(\boldsymbol{\theta})=e^{\theta_1\hat{\xi}_1}e^{\theta_2\hat{\xi}_2}e^{\theta_3\hat{\xi}_3}$$

其中，$\boldsymbol{\xi}_1=(\boldsymbol{0};\ \boldsymbol{v}_1)\in se(3)$ 表示移动副的运动旋量，$\boldsymbol{\xi}_2$，$\boldsymbol{\xi}_3\in se(3)$ 表示转动副的运动旋量。

$$g(\boldsymbol{\theta})\boldsymbol{p}=e^{\theta_1\hat{\xi}_1}e^{\theta_2\hat{\xi}_2}e^{\theta_3\hat{\xi}_3}\boldsymbol{p}=e^{\theta_1\hat{\xi}_1}(e^{\theta_2\hat{\xi}_2}e^{\theta_3\hat{\xi}_3}\boldsymbol{p})=g_1(\theta_1)\boldsymbol{q}$$

其中，$g_1(\theta_1)=e^{\theta_1\hat{\xi}_1}$，$\boldsymbol{q}=e^{\theta_2\hat{\xi}_2}e^{\theta_3\hat{\xi}_3}\boldsymbol{p}$。应用姿态保持不变原则，由式（5.28）得到

$$[g_1(\theta_1)\boldsymbol{q}-\boldsymbol{q}]\times\boldsymbol{v}_1=\boldsymbol{0}$$

由此可消去移动关节变量，即

$$[g(\boldsymbol{\theta})\boldsymbol{p}-e^{\theta_2\hat{\xi}_2}e^{\theta_3\hat{\xi}_3}\boldsymbol{p}]\times\boldsymbol{v}_1=\boldsymbol{0}$$

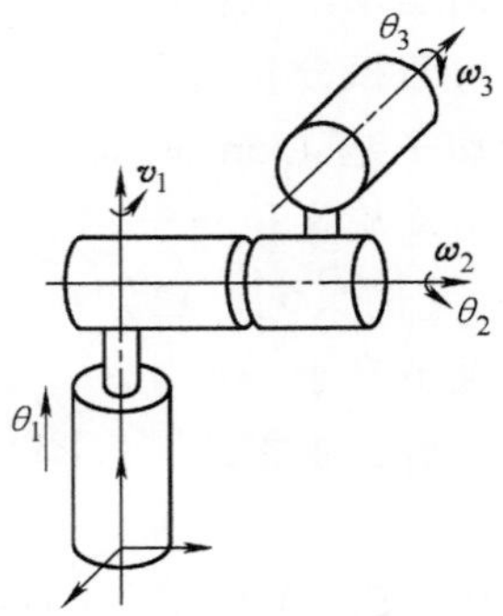

图 5.9 3 自由度的 PRR 机器人结构简图

5.3.2　典型子问题的求解

反向运动学求解的子问题一般是指涉及的运动旋量个数（即子问题的阶数）不超过 3，且具有明确的几何意义和数值稳定性。所有子问题求解都是建立在几个基本子问题基础之上的，通常称之为 Paden-Kahan 子问题。

【Paden-Kahan 子问题 1】　即 SubProb-R($\boldsymbol{\xi}$，$\boldsymbol{p}$，$\boldsymbol{q}$)——绕某个轴的旋转。

已知：单位运动旋量 $\boldsymbol{\xi}=(\boldsymbol{\omega};\ \boldsymbol{r}\times\boldsymbol{\omega})\in se(3)$，$\boldsymbol{p}$，$\boldsymbol{q}\in\mathbb{R}^3$ 是空间两点。

求解：满足条件 $e^{\theta\hat{\xi}}\boldsymbol{p}=\boldsymbol{q}$ 的 θ。

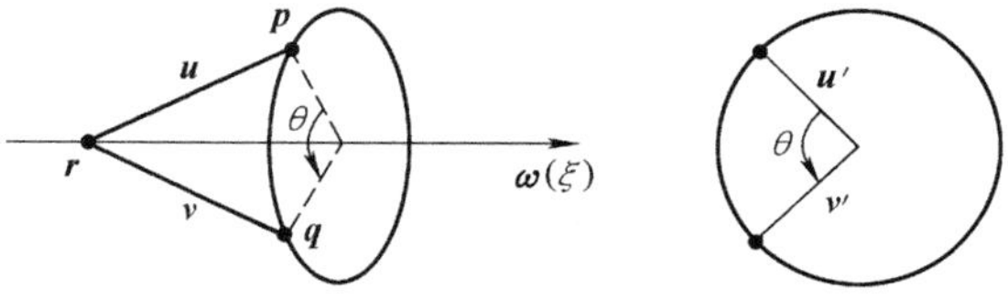

图 5.10　子问题 1：SubProb-R（$\boldsymbol{\xi}$，$\boldsymbol{p}$，$\boldsymbol{q}$）

解：该问题实质上是将点 $\boldsymbol{p}$ 绕给定轴 $\boldsymbol{\xi}$ 旋转到与点 $\boldsymbol{q}$ 重合，如图 5.10 所示。为此，假设 $\boldsymbol{r}$ 是转轴上的一点，定义

$$\boldsymbol{u}=\boldsymbol{p}-\boldsymbol{r},\quad \boldsymbol{v}=\boldsymbol{q}-\boldsymbol{r}$$

由于

$$e^{\theta\hat{\xi}}\boldsymbol{p}=\boldsymbol{q},\quad e^{\theta\hat{\xi}}\boldsymbol{r}=\boldsymbol{r}\text{(位置不变原则)}$$

则

$$e^{\theta\hat{\xi}}\boldsymbol{u}=\boldsymbol{v}\tag{5.29}$$

定义 $\boldsymbol{u}'$，$\boldsymbol{v}'$为 $\boldsymbol{u}$，$\boldsymbol{v}$ 在垂直于转轴 $\boldsymbol{\xi}$ 的平面上的投影。则

$$\boldsymbol{u}'=\boldsymbol{u}-\boldsymbol{\omega}\boldsymbol{\omega}^{\mathrm{T}}\boldsymbol{u},\boldsymbol{v}'=\boldsymbol{v}-\boldsymbol{\omega}\boldsymbol{\omega}^{\mathrm{T}}\boldsymbol{v}\tag{5.30}$$

式（5.29）有解的条件是当且仅当 $\boldsymbol{u}$，$\boldsymbol{v}$ 在轴 $\boldsymbol{\omega}$ 上的投影等长，在与轴 $\boldsymbol{\omega}$ 垂直的平面上的投影也等长，即

$$\boldsymbol{\omega}^{\mathrm{T}}\boldsymbol{u}=\boldsymbol{\omega}^{\mathrm{T}}\boldsymbol{v},\ \|\boldsymbol{u}'\|=\|\boldsymbol{v}'\|\tag{5.31}$$

如果式（5.31）成立，可根据投影矢量 $\boldsymbol{u}'$，$\boldsymbol{v}'$求得 θ。若 $\boldsymbol{u}'\neq\boldsymbol{0}$，则

$$\begin{cases}\boldsymbol{u}'\cdot\boldsymbol{v}'=\|\boldsymbol{u}'\|\|\boldsymbol{v}'\|\cos\theta\\ \boldsymbol{u}'\times\boldsymbol{v}'=\boldsymbol{\omega}\|\boldsymbol{u}'\|\|\boldsymbol{v}'\|\sin\theta\end{cases}\tag{5.32}$$

$$\theta=\alpha\tan2[\omega^{\mathrm{T}}(\boldsymbol{u}'\times\boldsymbol{v}'),\boldsymbol{u}'^{\mathrm{T}}\boldsymbol{v}']\tag{5.33}$$

若 $\boldsymbol{u}'=0$，则存在无穷多个解。这时，$\boldsymbol{p}=\boldsymbol{r}$ 且两点都在旋转轴上。

【Paden-Kahan 子问题 2】　即 SubProb-RR（$\boldsymbol{\xi}_1$，$\boldsymbol{\xi}_2$，$\boldsymbol{p}$，$\boldsymbol{q}$）的特例——绕两个相交轴的旋转。

已知：两个单位运动旋量 $\boldsymbol{\xi}_1=(\boldsymbol{\omega}_1;\ \boldsymbol{r}\times\boldsymbol{\omega}_1)\in se(3)$，$\boldsymbol{\xi}_2=(\boldsymbol{\omega}_2;\ \boldsymbol{r}\times\boldsymbol{\omega}_2)\in se(3)$，$\boldsymbol{\xi}_1$ 与 $\boldsymbol{\xi}_2$ 相交于一点 $\boldsymbol{r}$，$\boldsymbol{p}$，$\boldsymbol{q}\in\mathbb{R}^3$ 是空间两点。

求解：满足下面条件的 θ_1，θ_2。

$$e^{\theta_1\hat{\xi}_1}e^{\theta_2\hat{\xi}_2}\boldsymbol{p}=\boldsymbol{q}$$

解：该问题实质上是将点 $\boldsymbol{p}$ 绕给定轴 $\boldsymbol{\xi}_2$ 旋转 θ_2，再绕轴 $\boldsymbol{\xi}_1$ 旋转 θ_1 到点 $\boldsymbol{q}$ 重合，如图

5.11 所示。为此，令 $\boldsymbol{q}_1$ 是转轴 $\boldsymbol{\xi}_1$ 上的任一点，由距离保持不变原则得到

$$\| e^{\theta_2\hat{\boldsymbol{\xi}}_2}\boldsymbol{p}-\boldsymbol{q}_1 \| = \| \boldsymbol{q}-\boldsymbol{q}_1 \|$$

令 $\delta = \| \boldsymbol{q}-\boldsymbol{q}_1 \|$，则

$$\| e^{\theta_2\hat{\boldsymbol{\xi}}_2}\boldsymbol{p}-\boldsymbol{q}_1 \| = \delta$$

令 $\boldsymbol{q}_2$ 是转轴 $\boldsymbol{\xi}_2$ 上的任一点，并定义

$$\boldsymbol{u}=\boldsymbol{p}-\boldsymbol{q}_2,\boldsymbol{v}=\boldsymbol{q}_1-\boldsymbol{q}_2$$

因此

$$\| e^{\theta_2\hat{\boldsymbol{\xi}}_2}\boldsymbol{u}-\boldsymbol{v} \|^2 = \delta^2$$

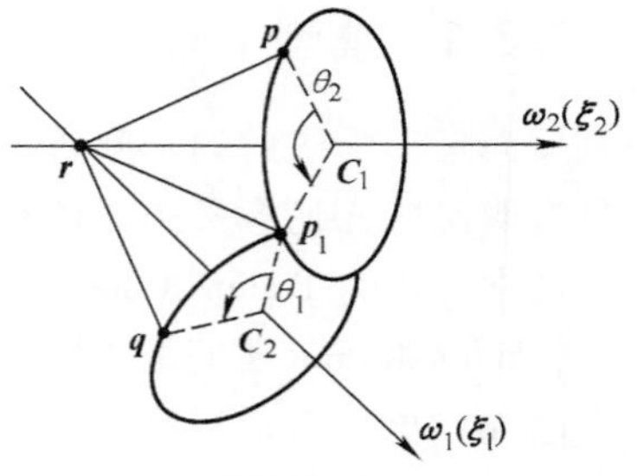

图 5.11　子问题 2：SubProb-RR ($\boldsymbol{\xi}_1$，$\boldsymbol{\xi}_2$，$\boldsymbol{p}$，$\boldsymbol{q}$)

将所有点向垂直于 $\boldsymbol{\omega}_2$ 的平面上投影，并定义 $\boldsymbol{u}'$，$\boldsymbol{v}'$ 为 $\boldsymbol{u}$，$\boldsymbol{v}$ 在垂直于 $\boldsymbol{\omega}_2$ 的平面上的投影。则

$$\boldsymbol{u}'=\boldsymbol{u}-\boldsymbol{\omega}_2\boldsymbol{\omega}_2^{\mathrm{T}}\boldsymbol{u},\boldsymbol{v}'=\boldsymbol{v}-\boldsymbol{\omega}_2\boldsymbol{\omega}_2^{\mathrm{T}}\boldsymbol{v}$$

同样对 δ 投影，可以得到

$$\delta'^2=\delta^2-\|\boldsymbol{\omega}_2^{\mathrm{T}}(\boldsymbol{p}-\boldsymbol{q}_1)\|^2$$

这样，上式变成

$$\| e^{\theta_2\hat{\boldsymbol{\omega}}_2}\boldsymbol{u}'-\boldsymbol{v}' \| = \delta'^2$$

设 θ_0 为矢量 $\boldsymbol{u}'$与 $\boldsymbol{v}'$之间的夹角，则

$$\theta_{\mathrm{o}}=\mathrm{atan2}[\boldsymbol{\omega}^{\mathrm{T}}(\boldsymbol{u}'\times\boldsymbol{v}'),\boldsymbol{u}'^{\mathrm{T}}\boldsymbol{v}'] \tag{5.34}$$

现在用余弦定理来求解角 $\phi=\theta_0-\theta_2$。由图 5.12 可知

$$\|\boldsymbol{u}'\|^2+\|\boldsymbol{v}'\|^2-2\|\boldsymbol{u}'\|\|\boldsymbol{v}'\|\cos\phi=\delta'^2$$

因此

$$\theta_2=\theta_0\pm\arccos\left(\frac{\|\boldsymbol{u}'\|^2+\|\boldsymbol{v}'\|^2-\delta'^2}{2\|\boldsymbol{u}'\|\|\boldsymbol{v}'\|}\right) \tag{5.35}$$

此式可能无解，也可能有 1 个或 2 个解，这取决于半径为 $\|\boldsymbol{u}'\|$ 的圆与半径为 δ'的圆的交点的数目。

求得了 θ_2，则可由 $\boldsymbol{p}_1=e^{\theta_2\hat{\boldsymbol{\xi}}_2}\boldsymbol{p}$ 求得 $\boldsymbol{p}_1$，再根据 $e^{\theta_1\hat{\boldsymbol{\xi}}_1}\boldsymbol{p}_1=\boldsymbol{q}$ 计算出 θ_1（具体求解方法参考子问题 1）。

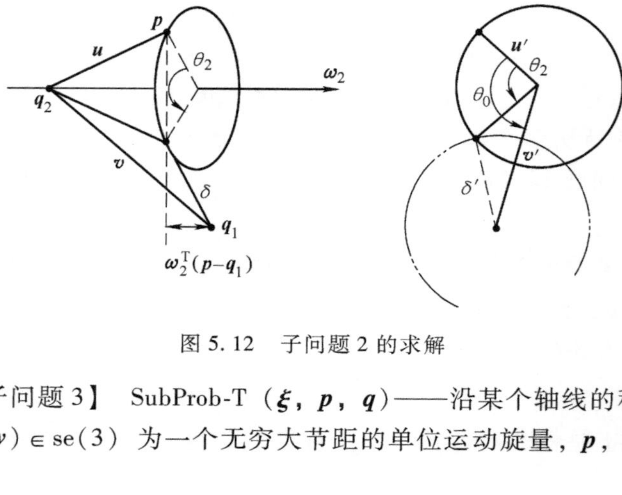

图 5.12　子问题 2 的求解

【Paden-Kahan 子问题 3】　SubProb-T ($\boldsymbol{\xi}$，$\boldsymbol{p}$，$\boldsymbol{q}$)——沿某个轴线的移动。

已知：$\boldsymbol{\xi}=(\boldsymbol{0};\ \boldsymbol{v})\in se(3)$ 为一个无穷大节距的单位运动旋量，$\boldsymbol{p}$，$\boldsymbol{q}\in\mathbb{R}^3$ 是空间两点。

求解：满足条件 $e^{\theta\hat{\xi}}\boldsymbol{p}=\boldsymbol{q}$ 的 θ。

解：该问题实质上是将点 $\boldsymbol{p}$ 沿给定轴 $\boldsymbol{\xi}$ 移动到点 $\boldsymbol{q}$，如图 5.13 所示。很显然，

$$\theta=(\boldsymbol{q}-\boldsymbol{p})\cdot\boldsymbol{v} \tag{5.36}$$

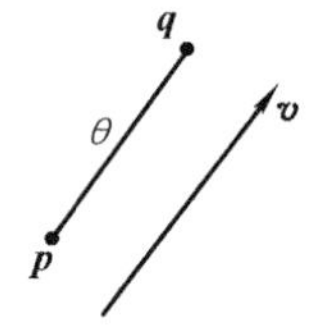

图 5.13　子问题 3：SubProb-T（$\boldsymbol{\xi}$，$\boldsymbol{p}$，$\boldsymbol{q}$）

5.3.3　应用举例

下面举几个例子来说明如何应用上述的子问题对复杂机器人进行反向运动学求解。

【例 5.8】　求 6 自由度的 RRRRRR 机器人（图 5.14）的运动学反解（RRR 表示汇交于一点）。

解：该机器人的 POE 公式为

$$g(\boldsymbol{\theta})=e^{\theta_1\hat{\xi}_1}e^{\theta_2\hat{\xi}_2}\cdots e^{\theta_6\hat{\xi}_6}$$

其中，$g(\boldsymbol{\theta})={}_T^Sg(\boldsymbol{\theta}){}_T^Sg^{-1}(\boldsymbol{0})$，$\boldsymbol{\xi}_i=(\boldsymbol{\omega}_i,\ \boldsymbol{v}_i)\in se(3)(i=1,2,3,\cdots,6)$表示各个转动副的单位运动旋量。

（1）利用子问题 2 求解 θ_1，θ_2，θ_3。

由于后三个转动关节相交于一点 $\boldsymbol{q}_w$，因此，应用位置保持不变原则可得

$$e^{\theta_4\hat{\xi}_4}e^{\theta_5\hat{\xi}_5}e^{\theta_6\hat{\xi}_6}\boldsymbol{q}_w=\boldsymbol{q}_w$$

这样可将后三个转动关节变量从指数积公式中消掉，剩下的指数积公式中仅含有 3 个未知关节变量，即

$$e^{\theta_1\hat{\xi}_1}e^{\theta_2\hat{\xi}_2}e^{\theta_3\hat{\xi}_3}\boldsymbol{q}_w=g(\boldsymbol{\theta})\boldsymbol{q}_w$$

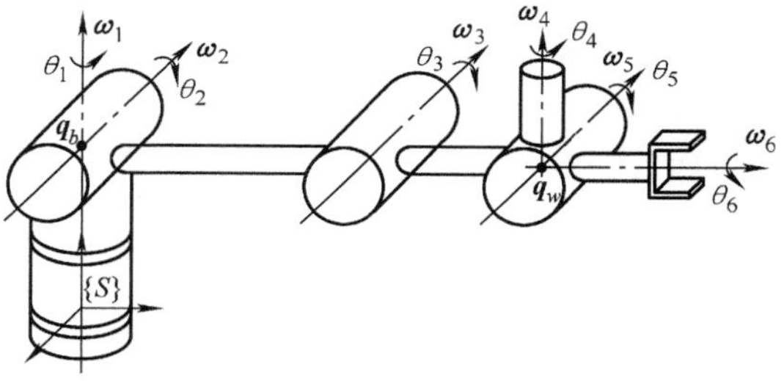

图 5.14　6 自由度的 RRRRRR机器人

令 $\boldsymbol{p}_w=g(\boldsymbol{\theta})\boldsymbol{q}_w$，则上式变成

$$e^{\theta_1\hat{\xi}_1}e^{\theta_2\hat{\xi}_2}e^{\theta_3\hat{\xi}_3}\boldsymbol{q}_w=\boldsymbol{p}_w$$

可以应用子问题对其进行求解：考虑该机器人前三个关节的特点——前两个关节轴线相交。这样，可先求出 θ_3。再根据 $e^{\theta_1\hat{\xi}_1}e^{\theta_2\hat{\xi}_2}\boldsymbol{p}_1=\boldsymbol{q}$ 求得 θ_1，θ_2（参考子问题 2）。

（2）利用子问题 2 求解 θ_4，θ_5，θ_6。

由式（5.37）可得

$$e^{-\theta_3\hat{\xi}_3}e^{-\theta_2\hat{\xi}_2}e^{-\theta_1\hat{\xi}_1}g(\boldsymbol{\theta})=e^{\theta_4\hat{\xi}_4}e^{\theta_5\hat{\xi}_5}e^{\theta_6\hat{\xi}_6}$$

上面的方程中左边为已知量，同样可利用子问题 2 的求解方法对上式求解。

【例 5.9】　求 SCARA 机器人（图 5.5）的运动学反解。

解：在例 5.4 中已经讨论过 SCARA 机器人的运动学正解问题，下面来求它的反解。

（1）求 θ_4。

已知机器人在工具坐标系下的位形为

$$ {}_T^Sg(\boldsymbol{\theta})=e^{\theta_1\hat{\xi}_1}e^{\theta_2\hat{\xi}_2}e^{\theta_3\hat{\xi}_3}e^{\theta_4\hat{\xi}_4}{}_T^Sg(\boldsymbol{0})=\begin{pmatrix}\cos\Psi & -\sin\Psi & 0 & x\\ \sin\Psi & \cos\Psi & 0 & y\\ 0 & 0 & 1 & z\\ 0 & 0 & 0 & 1\end{pmatrix}$$

而在前面其正向运动学求解过程中推导的工具坐标系原点的位置坐标为

$$p(\theta)=\begin{pmatrix}x\\y\\z\end{pmatrix}=\begin{pmatrix}-l_1\sin\theta_1-l_2\sin(\theta_1+\theta_2)\\l_1\cos\theta_1+l_2\cos(\theta_1+\theta_2)\\l_0+\theta_4\end{pmatrix}$$

由此可导出 $\theta_4=z-l_0$。可以看出对 θ_4 的求解没有利用前面讨论过的任一子问题。

（2）求 θ_1，θ_2，θ_3。

$$e^{\theta_1\hat{\xi}_1}e^{\theta_2\hat{\xi}_2}e^{\theta_3\hat{\xi}_3}={}_T^Sg(\theta)\,{}_T^Sg^{-1}(\mathbf{0})e^{-\theta_4\hat{\xi}_4}$$

上式的右边是已知量，从方程形式上看属于子问题2，因此可按照对子问题2的求解方法进行求解，这样可解出 θ_3；再通过子问题1的求解方法分别求得 θ_1，θ_2。

5.4 基于POE公式的机器人速度雅可比矩阵[101, 152]

我们知道，串联机器人末端执行器的速度是由各个关节速度来实现的，由关节速度到末端执行器速度之间的映射矩阵我们称为串联机器人的速度雅可比矩阵（简称雅可比）。

传统描述机器人雅可比矩阵的方法是对其正向运动学进行微分求解，通常情况下求解过程和结果都比较复杂。不过运用 **POE公式**可以自然清晰地描述串联机器人的雅可比矩阵，并能突出机器人的几何特征，同时可避免微分法中采用局部参数表示的不足。

下面首先利用**运动旋量与POE公式**导出机器人雅可比矩阵的表征。

设 g：$Q\rightarrow SE(3)$ 表示串联机器人正向运动学的映射，其中关节的位形空间 $\boldsymbol{\theta}\in Q$，末端执行器的位形空间 $g(\boldsymbol{\theta})\in SE(3)$。这时，由前面导出的机器人瞬时空间速度结果可得

$$\hat{V}^S=\dot{g}(\boldsymbol{\theta})g^{-1}(\boldsymbol{\theta})=\sum_{i=1}^{n}\left(\frac{\partial g}{\partial\theta_i}\dot{\theta}_i\right)g^{-1}(\boldsymbol{\theta})=\sum_{i=1}^{n}\left(\frac{\partial g}{\partial\theta_i}g^{-1}(\boldsymbol{\theta})\right)\dot{\theta}_i \tag{5.37}$$

可以看出末端执行器的速度与各个关节速度之间是一种线性的关系。对应的运动旋量坐标可以表示成

$$V^S=\sum_{i=1}^{n}\left(\frac{\partial g}{\partial\theta_i}g^{-1}(\boldsymbol{\theta})\right)^{\vee}\dot{\theta}_i \tag{5.38}$$

令 $\boldsymbol{J}^S(\boldsymbol{\theta})=\left(\left(\frac{\partial g}{\partial\theta_1}g^{-1}(\boldsymbol{\theta})\right)^{\vee},\cdots,\left(\frac{\partial g}{\partial\theta_n}g^{-1}(\boldsymbol{\theta})\right)^{\vee}\right)$，$\dot{\boldsymbol{\theta}}=(\dot{\theta}_1,\cdots,\dot{\theta}_n)^{\mathrm{T}}$，则式（5.37）变为

$$\boldsymbol{V}^S=\boldsymbol{J}^S(\boldsymbol{\theta})\dot{\boldsymbol{\theta}} \tag{5.39}$$

我们进一步对 $\boldsymbol{J}^S(\boldsymbol{\theta})$ 进行分析，以了解它的几何意义。由正向运动学POE公式得

$$g(\boldsymbol{\theta})=e^{\theta_1\hat{\xi}_1}e^{\theta_2\hat{\xi}_2}\cdots e^{\theta_i\hat{\xi}_i}\cdots e^{\theta_n\hat{\xi}_n}g(\mathbf{0}) \tag{5.40}$$

因此，

$$\begin{aligned}\frac{\partial g}{\partial\theta_i}g^{-1}(\boldsymbol{\theta})&=e^{\theta_1\hat{\xi}_1}e^{\theta_2\hat{\xi}_2}\cdots e^{\theta_{i-1}\hat{\xi}_{i-1}}\frac{\partial}{\partial\theta_i}(e^{\theta_i\hat{\xi}_i})e^{\theta_{i+1}\hat{\xi}_{i+1}}\cdots e^{\theta_n\hat{\xi}_n}g(\mathbf{0})g^{-1}(\boldsymbol{\theta})\\&=e^{\theta_1\hat{\xi}_1}e^{\theta_2\hat{\xi}_2}\cdots e^{\theta_{i-1}\hat{\xi}_{i-1}}(\hat{\boldsymbol{\xi}}_i)e^{\theta_i\hat{\xi}_i}e^{\theta_{i+1}\hat{\xi}_{i+1}}\cdots e^{\theta_n\hat{\xi}_n}g(\mathbf{0})g^{-1}(\boldsymbol{\theta})\\&=e^{\theta_1\hat{\xi}_1}e^{\theta_2\hat{\xi}_2}\cdots e^{\theta_{i-1}\hat{\xi}_{i-1}}(\hat{\boldsymbol{\xi}}_i)e^{-\theta_{i-1}\hat{\xi}_{i-1}}\cdots e^{-\theta_2\hat{\xi}_2}e^{-\theta_1\hat{\xi}_1}\end{aligned} \tag{5.41}$$

写成运动旋量坐标的形式为

$$\left(\frac{\partial g}{\partial \theta_i} g^{-1}(\boldsymbol{\theta})\right)^{\vee} = \mathrm{Ad}_{(e^{\theta_1\hat{\xi}_1} e^{\theta_2\hat{\xi}_2} \cdots e^{\theta_{i-1}\hat{\xi}_{i-1}})} \boldsymbol{\xi}_i \tag{5.42}$$

令 $\boldsymbol{\xi}_i' = \mathrm{Ad}_{(e^{\theta_1\hat{\xi}_1} e^{\theta_2\hat{\xi}_2} \cdots e^{\theta_{i-1}\hat{\xi}_{i-1}})} \boldsymbol{\xi}_i$，则式（5.39）变成

$$\boldsymbol{V}^S = \boldsymbol{J}^S(\boldsymbol{\theta})\dot{\boldsymbol{\theta}} = (\boldsymbol{\xi}'_1, \boldsymbol{\xi}'_2, \cdots, \boldsymbol{\xi}'_n)\begin{pmatrix} \dot{\boldsymbol{\theta}}_1 \\ \dot{\boldsymbol{\theta}}_2 \\ \vdots \\ \dot{\boldsymbol{\theta}}_n \end{pmatrix} \tag{5.43}$$

式中，

$$\begin{cases} \boldsymbol{J}^S(\boldsymbol{\theta}) = (\boldsymbol{\xi}_1', \boldsymbol{\xi}_2', \cdots, \boldsymbol{\xi}_n') \\ \boldsymbol{\xi}_i' = \mathrm{Ad}_{(e^{\theta_1\hat{\xi}_1} e^{\theta_2\hat{\xi}_2} \cdots e^{\theta_{i-1}\hat{\xi}_{i-1}})} \boldsymbol{\xi}_i \end{cases} \tag{5.44}$$

以上各式中 $\boldsymbol{V}^S$ 表示末端执行器的空间速度（相对惯性坐标系），$\dot{\boldsymbol{\theta}}$ 为各个关节速度，$\boldsymbol{J}^S$（$\boldsymbol{\theta}$）称为机器人空间速度的雅可比矩阵，简称机器人的雅可比矩阵。其中 $\boldsymbol{\xi}'_i = \mathrm{Ad}_{(e^{\theta_1\hat{\xi}_1} e^{\theta_2\hat{\xi}_2} \cdots e^{\theta_{i-1}\hat{\xi}_{i-1}})} \boldsymbol{\xi}_i$ 与经刚体变换 $e^{\theta_1\hat{\xi}_1} e^{\theta_2\hat{\xi}_2} \cdots e^{\theta_{i-1}\hat{\xi}_{i-1}}$ 的第 i 个关节的单位运动旋量 $\boldsymbol{\xi}_i$ 相对应，表示将第 i 个关节坐标系由初始位形变换到机器人的当前位形。因而机器人雅可比矩阵的第 i 列就是变换到机器人**当前位形**下的第 i 个关节的单位运动旋量（相对于惯性坐标系）。这一特性将在很大程度上简化机器人雅可比的计算。

另外，根据单位运动旋量坐标的定义，与旋转关节对应的运动副旋量坐标为

$$\boldsymbol{\xi}_i' = \begin{pmatrix} \boldsymbol{\omega}_i' \\ \boldsymbol{r}_i' \times \boldsymbol{\omega}_i' \end{pmatrix} \tag{5.45}$$

式中，$\boldsymbol{r}_i'$为当前位形下轴线上一点的位置矢量；$\boldsymbol{\omega}_i'$为当前位形下旋转关节轴线方向的单位矢量，并且满足

$$\boldsymbol{\omega}_i' = e^{\theta_1\hat{\boldsymbol{\omega}}_1} e^{\theta_2\hat{\boldsymbol{\omega}}_2} \cdots e^{\theta_{i-1}\hat{\boldsymbol{\omega}}_{i-1}} \boldsymbol{\omega}_i \tag{5.46}$$

$$\begin{pmatrix} \boldsymbol{r}_i' \\ 1 \end{pmatrix} = e^{\theta_1\hat{\xi}_1} e^{\theta_2\hat{\xi}_2} \cdots e^{\theta_{i-1}\hat{\xi}_{i-1}} \begin{pmatrix} \boldsymbol{r}_i(\boldsymbol{0}) \\ 1 \end{pmatrix} \tag{5.47}$$

式中，$\boldsymbol{r}_i(\boldsymbol{0})$ 为初始位形下轴线上一点的位置矢量。

对于移动关节，

$$\boldsymbol{\xi}_i' = \begin{pmatrix} \boldsymbol{0} \\ \boldsymbol{v}_i' \end{pmatrix} \tag{5.48}$$

式中，$\boldsymbol{v}_i' = e^{\theta_1\hat{\boldsymbol{\omega}}_1} e^{\theta_2\hat{\boldsymbol{\omega}}_2} \cdots e^{\theta_{i-1}\hat{\boldsymbol{\omega}}_{i-1}} \boldsymbol{v}_i$。

如果 $\boldsymbol{J}^S(\boldsymbol{\theta})$ 可逆，则

$$\dot{\boldsymbol{\theta}} = (\boldsymbol{J}^S(\boldsymbol{\theta}))^{-1} \boldsymbol{V}^S \tag{5.49}$$

利用同样的推导方法可以得到末端执行器物体速度的雅可比矩阵 $\boldsymbol{J}^B(\boldsymbol{\theta})$，即

$$\boldsymbol{V}^B = \boldsymbol{J}^B(\boldsymbol{\theta})\dot{\boldsymbol{\theta}} \tag{5.50}$$

式中，

$$\begin{cases} \boldsymbol{J}^B(\boldsymbol{\theta}) = (\boldsymbol{\xi}''_1, \boldsymbol{\xi}''_2, \cdots, \boldsymbol{\xi}''_n) \\ \boldsymbol{\xi}''_i = \mathrm{Ad}^{-1}_{(e^{\theta_i \hat{\xi}_i} e^{\theta_{i+1} \hat{\xi}_{i+1}} \cdots e^{\theta_n \hat{\xi}_n})} \xi_i \end{cases} \tag{5.51}$$

$\boldsymbol{J}^B$ ($\boldsymbol{\theta}$) 的第 i 列表示变换到机器人**当前位形**下的第 i 个关节的单位运动旋量（在工具坐标系中表示）。

空间速度的雅可比矩阵与物体速度的雅可比矩阵之间的映射关系可以用伴随变换来表示。即

$$\boldsymbol{J}^S(\boldsymbol{\theta}) = \mathrm{Ad}_g \boldsymbol{J}^B(\boldsymbol{\theta}) \tag{5.52}$$

【例 5.10】　计算 SCARA 机器人（图 5.15）的雅可比矩阵。

解：建立惯性坐标系 $\{S\}$，当前位形下各个关节对应的运动旋量坐标表示如下：

由于初始位形下 $\boldsymbol{\omega}_1 = \boldsymbol{\omega}_2 = \boldsymbol{\omega}_3 = \boldsymbol{v}_4 = (0,\ 0,\ 1)^{\mathrm{T}}$，在运动过程中，各个关节对应的运动副旋量其方向并不发生改变，但位置发生变化。因此，

$$\boldsymbol{\omega}'_1 = \boldsymbol{\omega}'_2 = \boldsymbol{\omega}'_3 = \boldsymbol{v}'_4 = \begin{pmatrix} 0 \\ 0 \\ 1 \end{pmatrix}$$

$$\boldsymbol{r}'_1 = \begin{pmatrix} 0 \\ 0 \\ 0 \end{pmatrix}, \boldsymbol{r}'_2 = e^{\theta_1 \hat{z}} \begin{pmatrix} 0 \\ l_1 \\ 0 \end{pmatrix} = \begin{pmatrix} -l_1 \sin\theta_1 \\ l_1 \cos\theta_1 \\ 0 \end{pmatrix}, \boldsymbol{r}'_3 = e^{\theta_1 \hat{z}} \begin{pmatrix} 0 \\ l_1 \\ 0 \end{pmatrix} + e^{\theta_1 \hat{z}} e^{\theta_2 \hat{z}} \begin{pmatrix} 0 \\ l_2 \\ 0 \end{pmatrix} = \begin{pmatrix} -l_1 s\theta_1 - l_2 s\theta_{12} \\ l_1 c\theta_1 + l_2 c\theta_{12} \\ 0 \end{pmatrix}$$

则由式（5.46）~式（5.48）得到

$$\boldsymbol{\xi}'_1 = \begin{pmatrix} 0 \\ 0 \\ 1 \\ 0 \\ 0 \\ 0 \end{pmatrix}, \quad \boldsymbol{\xi}'_2 = \begin{pmatrix} 0 \\ 0 \\ 1 \\ l_1 c\theta_1 \\ l_1 s\theta_1 \\ 0 \end{pmatrix}, \quad \boldsymbol{\xi}'_3 = \begin{pmatrix} 0 \\ 0 \\ 1 \\ l_1 c\theta_1 + l_2 c\theta_{12} \\ l_1 s\theta_1 - l_2 s\theta_{12} \\ 0 \end{pmatrix}, \quad \boldsymbol{\xi}'_4 = \begin{pmatrix} 0 \\ 0 \\ 0 \\ 0 \\ 0 \\ 1 \end{pmatrix}$$

因此，机器人空间速度的雅可比矩阵（简称机器人的雅可比矩阵）可以写成

$$\boldsymbol{J}^S(\boldsymbol{\theta}) = (\boldsymbol{\xi}'_1, \boldsymbol{\xi}'_2, \boldsymbol{\xi}'_3, \boldsymbol{\xi}'_4)$$

【例 5.11】　计算 STANFORD 机器人（图 5.16）的雅可比矩阵。

解：建立惯性坐标系 $\{S\}$，当前位形下各个关节对应的运动副旋量坐标表示如下：

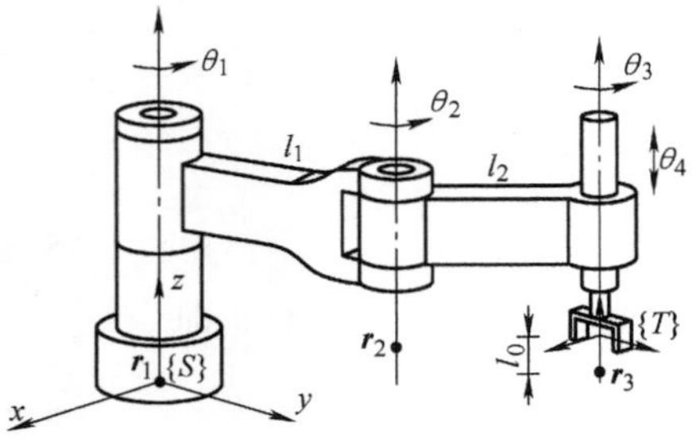

图 5.15　SCARA 机器人

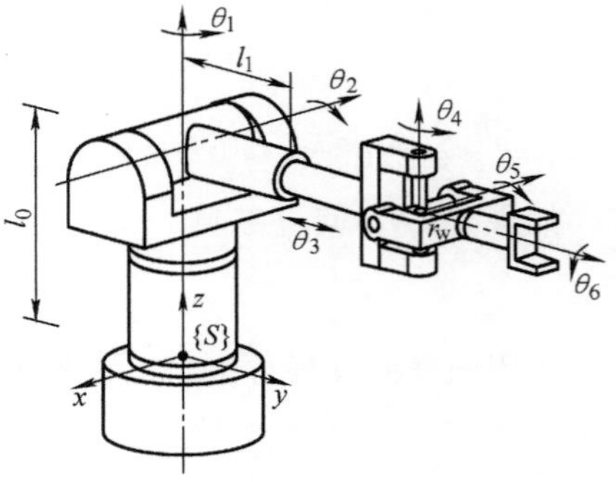

图 5.16　STANFORD 机器人

$$\boldsymbol{\omega}_1' = \begin{pmatrix}0\\0\\1\end{pmatrix}, \quad \boldsymbol{\omega}_2' = \mathrm{e}^{\theta_1\hat{z}}\begin{pmatrix}-1\\0\\0\end{pmatrix} = \begin{pmatrix}-\mathrm{c}\theta_1\\-\mathrm{s}\theta_1\\1\end{pmatrix}, \quad \boldsymbol{r}_1' = \boldsymbol{r}_2' = \begin{pmatrix}0\\0\\l_0\end{pmatrix}$$

$$\boldsymbol{v}_3' = \mathrm{e}^{\theta_1\hat{z}}\mathrm{e}^{-\theta_2\hat{x}}\begin{pmatrix}0\\1\\0\end{pmatrix} = \begin{pmatrix}-\mathrm{s}\theta_1\mathrm{c}\theta_2\\\mathrm{c}\theta_1\mathrm{c}\theta_2\\-\mathrm{s}\theta_2\end{pmatrix}, \quad \boldsymbol{r}_w' = \begin{pmatrix}0\\0\\l_0\end{pmatrix} + \mathrm{e}^{\theta_1\hat{z}}\mathrm{e}^{-\theta_2\hat{x}}\begin{pmatrix}0\\l_1+\theta_3\\0\end{pmatrix} = \begin{pmatrix}-(l_1+\theta_3)\mathrm{s}\theta_1\mathrm{c}\theta_2\\(l_1+\theta_3)\mathrm{c}\theta_1\mathrm{c}\theta_2\\l_0-(l_1+\theta_3)\mathrm{s}\theta_2\end{pmatrix}$$

$$\boldsymbol{\omega}_4' = \mathrm{e}^{\theta_1\hat{z}}\mathrm{e}^{-\theta_2\hat{x}}\begin{pmatrix}0\\0\\1\end{pmatrix} = \begin{pmatrix}-\mathrm{s}\theta_1\mathrm{s}\theta_2\\\mathrm{c}\theta_1\mathrm{s}\theta_2\\\mathrm{c}\theta_2\end{pmatrix}, \quad \boldsymbol{\omega}_5' = \mathrm{e}^{\theta_1\hat{z}}\mathrm{e}^{-\theta_2\hat{x}}\mathrm{e}^{\theta_4\hat{z}}\begin{pmatrix}-1\\0\\0\end{pmatrix} = \begin{pmatrix}-\mathrm{c}\theta_1\mathrm{c}\theta_4+\mathrm{s}\theta_1\mathrm{c}\theta_2\mathrm{s}\theta_4\\-\mathrm{s}\theta_1\mathrm{c}\theta_4-\mathrm{c}\theta_1\mathrm{c}\theta_2\mathrm{s}\theta_4\\\mathrm{s}\theta_2\mathrm{s}\theta_4\end{pmatrix}$$

$$\boldsymbol{\omega}_6' = \mathrm{e}^{\theta_1\hat{z}}\mathrm{e}^{-\theta_2\hat{x}}\mathrm{e}^{\theta_4\hat{z}}\mathrm{e}^{-\theta_5\hat{x}}\begin{pmatrix}0\\1\\0\end{pmatrix} = \begin{pmatrix}-\mathrm{c}\theta_5(\mathrm{s}\theta_1\mathrm{c}\theta_2\mathrm{c}\theta_4+\mathrm{c}\theta_1\mathrm{s}\theta_4)+\mathrm{s}\theta_1\mathrm{s}\theta_2\mathrm{s}\theta_5\\\mathrm{c}\theta_5(\mathrm{c}\theta_1\mathrm{c}\theta_2\mathrm{c}\theta_4-\mathrm{s}\theta_1\mathrm{s}\theta_4)-\mathrm{c}\theta_1\mathrm{s}\theta_2\mathrm{s}\theta_5\\-\mathrm{s}\theta_2\mathrm{c}\theta_4\mathrm{c}\theta_5-\mathrm{c}\theta_2\mathrm{s}\theta_5\end{pmatrix}$$

则由式（5.45）~式（5.48）得到该机器人的雅可比矩阵。

$$\boldsymbol{J}^S(\boldsymbol{\theta}) = (\boldsymbol{\xi}_1', \boldsymbol{\xi}_2', \boldsymbol{\xi}_3', \boldsymbol{\xi}_4', \boldsymbol{\xi}_5', \boldsymbol{\xi}_6') = \begin{pmatrix}\boldsymbol{\omega}_1' & \boldsymbol{\omega}_2' & \boldsymbol{0} & \boldsymbol{\omega}_3' & \boldsymbol{\omega}_5' & \boldsymbol{\omega}_6'\\\boldsymbol{0} & \boldsymbol{r}_3'\times\boldsymbol{\omega}_2' & \boldsymbol{v}_3' & \boldsymbol{r}_w'\times\boldsymbol{\omega}_4' & \boldsymbol{r}_w'\times\boldsymbol{\omega}_5' & \boldsymbol{r}_w'\times\boldsymbol{\omega}_6'\end{pmatrix}$$

5.5 扩展阅读文献

1. 戴建生. 机构学与机器人学的几何基础与旋量代数［M］. 北京：高等教育出版社，2014.

2. 熊有伦. 机器人学［M］. 北京：机械工业出版社，1992.

3. 于靖军，刘辛军，丁希仑，等. 机器人机构学的数学基础［M］. 北京：机械工业出版社，2008

4. Brockett R. Robotic manipulators and the product of exponential formula［C］//International Symposium in Mathematic Theory of Network and Systems, New York：Springer-Verlag, 1983：120-129.

5. Gao Y. Decomposable closed-form inverse kinematics for reconfigurable robots using product-of-exponentials［D］. Singapore：Nanyang Technological University, 2000.

6. Murray R, Li Z X, Sastry S. A Mathematical Introductionto Robotic Manipulation［M］. Boca, Raton：CRC Press, 1994.

习 题

5.1 证明串联机器人正向运动学中，机器人末端执行器的运动与转动及移动的顺序无关。

5.2 利用坐标系前置方式标出图 5.17 所示胡克铰的连杆坐标系，并给出其 D-H 参数。

5.3 利用 D-H 参数法求解图 5.17 所示胡克铰的位移。已知输入角 θ_1 和输出角 β，求其他各铰链的输出角度。

5.4　利用 D-H 参数法对图 5.18 所示的空间 3R 机器人进行正、逆运动学求解。

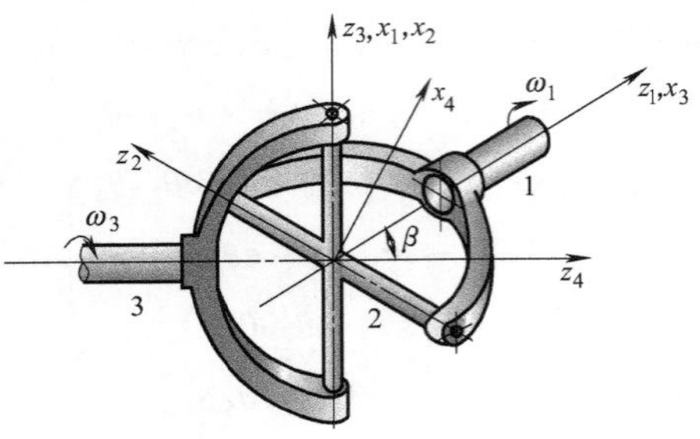

图 5.17　胡克铰

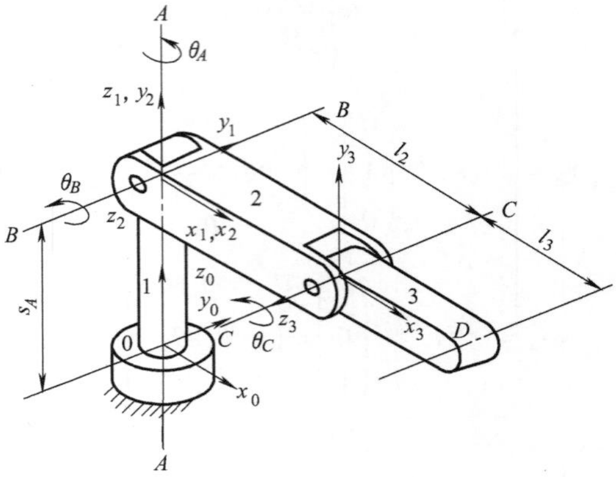

图 5.18　空间 3R 机器人

5.5　利用 D-H 参数法对图 5.5 所示的 SCARA 机器人进行正、逆运动学求解。

5.6　利用 POE 公式对图 5.18 所示的空间 3R 机器人进行正、逆运动学求解。

5.7　试建立图 5.19 所示各机器人的 D-H 参数。

5.8　分别利用 D-H 参数法和 POE 公式求解图 5.19 所示各机器人的正向运动学。

5.9　求解图 5.2 所示 3R 机器人的速度雅可比矩阵。

5.10　对图 5.19 所示 4 种空间机械手逆向运动学进行子问题分解。

5.11　求解图 5.18 所示空间 3R 机器人的速度雅可比矩阵。

5.12　求解图 5.19 所示 4 种空间机械手的速度雅可比矩阵。

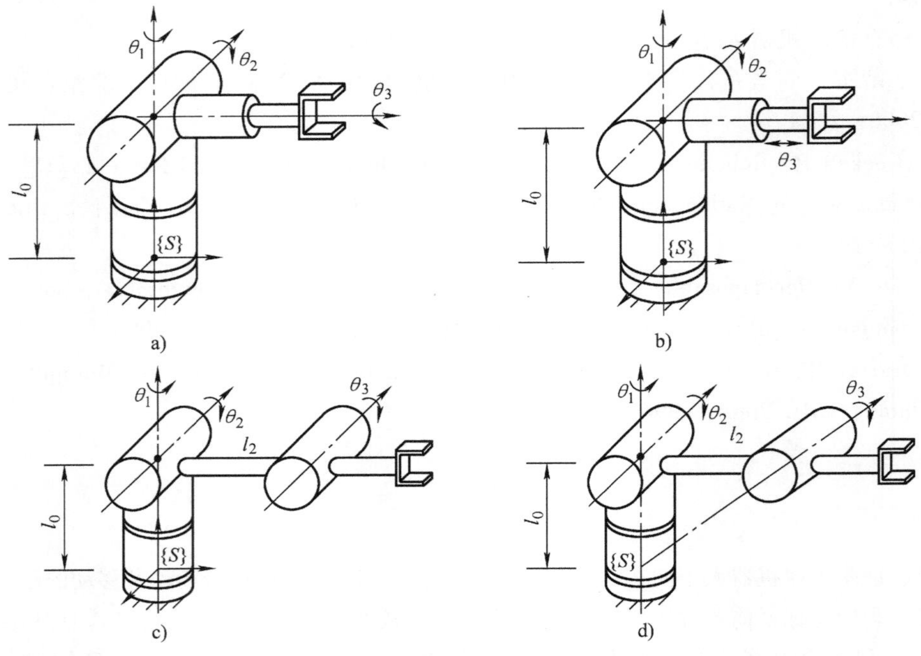

图 5.19　4 种类型的机器人

第 6 章　旋量及其运算

【内容提示】

从本章开始将向读者介绍有关旋量理论方面的基础知识及应用，从中体现旋量理论在机构分析与综合中的若干优势，其中部分理论与李群李代数理论相互交融。

Chasles 证明了任何物体从一个位形到另一个位形的刚体运动都可以用绕某直线的转动和沿该直线的移动复合实现。通常将这种复合运动称为螺旋运动，而螺旋运动的无穷小量就是运动旋量，从而将李群、旋量与螺旋运动紧密结合起来。另一方面，Poinsot 发现作用在刚体上的任何力系都可以合成为一个由沿某直线的集中力与绕该直线轴的力矩组成的广义力，这一广义力称为力旋量。这些都成为了旋量理论的起源。19 世纪末，英国剑桥大学的 R. S. Ball 教授首先对旋量理论进行了系统的研究，并于 1900 年完成了经典著作《旋量理论讲义》（A Treatise on the Theory of Screws）。书中指出运动旋量（系）与约束力旋量（系）之间存在着**互易性**（reciprocity）。

旋量理论已成为空间机构学研究中一种非常重要的数学工具，涉及的主要概念包括主旋量、运动旋量及力旋量等。通常意义上的旋量由 2 个三维矢量组成，可以同时表示向量的方向和位置，如刚体运动中的速度与角速度、（约束）力与力偶等。因此，在分析复杂的空间机构时，运用旋量理论可以把问题的描述和解决变得十分简洁统一，而且易于和其他方法如向量法、矩阵法等进行相互转换。

本章主要向读者介绍与旋量有关的基本概念，包括自互易旋量、力旋量、反旋量等，学习中注意这些概念的物理意义以及与刚体运动之间的联系。

6.1　速度瞬心

如图 6.1 所示，刚体 2 相对固定坐标系或静止刚体 1 作平面运动（包括移动、转动、一般平面运动）。其上 P 点的绝对速度为零，与该点位置重合的静止刚体 1 上点的绝对速度也为零，由此，定义该点为刚体 2 相对 1 的瞬心，同时也为两个刚体的同速点。或者说，在任一瞬时，某一刚体的平面运动都可看作绕某一相对静止点的转动，该相对静止点称为速度瞬心(instantaneous center of velocity)。任意两个刚体都有相对瞬心。找到瞬心 P 后，就可以容易地确定刚体上其他各点的速度。例如，图 6.1 上点 C 的速度为

$$\boldsymbol{v}_C = \boldsymbol{v}_P + \boldsymbol{v}_{CP} = \boldsymbol{\omega}_2 \times \boldsymbol{r}_{CP} \tag{6.1}$$

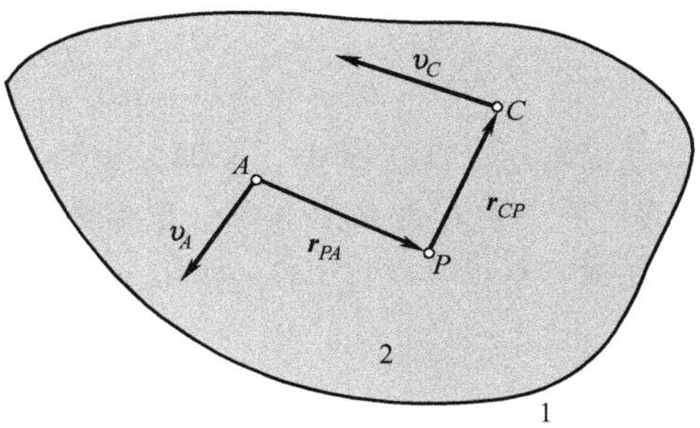

图 6.1　刚体的速度瞬心

平面运动刚体速度瞬心（简称瞬心）概念最先由伯努利（Bernoulli）于 1742 年提出，而后 Chasles 于 1830 年将其概念由平面扩展到空间，提出了空间运动刚体的瞬时螺旋轴概念，并

且得出“**任何空间刚体瞬时运动就是瞬时螺旋运动**”的结论。那么，何为瞬时螺旋轴和螺旋运动呢？为了更好地理解瞬时螺旋轴和螺旋运动的概念，我们首先给出一个通用的概念。

6.2　旋量的定义

我们知道，点、直线和平面是描述欧氏几何空间的三种基本元素，而作为另外一种几何元素，**旋量**（screw quantity 或 screw），亦称**螺旋**，是由直线引申而来的。根据 Ball 的定义，“**旋量是一条具有节距的直线**”。简单而言，可直观地视之为一个机械螺旋。

【旋量的定义】 设 $\boldsymbol{s}$ 与 $\boldsymbol{s}^0$ 为三维空间的两个矢量，其中 $\boldsymbol{s}$ 为单位矢量，$\boldsymbol{s}^0=\boldsymbol{r}\times\boldsymbol{s}+h\boldsymbol{s}$，则 $\boldsymbol{s}$ 与 $\boldsymbol{s}^0$ 共同构成一个**单位旋量**（图 6.2），记作

$$\$=(\boldsymbol{s};\boldsymbol{s}^0)=(\boldsymbol{s};\boldsymbol{s}_0+h\boldsymbol{s})=(\boldsymbol{s};\boldsymbol{r}\times\boldsymbol{s}+h\boldsymbol{s})=(L,M,N;P^*,Q^*,R^*)\tag{6.2}$$

或者

$$\$=\begin{pmatrix}\boldsymbol{s}\\ \boldsymbol{s}^0\end{pmatrix}=\begin{pmatrix}\boldsymbol{s}\\ \boldsymbol{r}\times\boldsymbol{s}+h\boldsymbol{s}\end{pmatrix}=\begin{pmatrix}\boldsymbol{s}\\ \boldsymbol{s}_0+h\boldsymbol{s}\end{pmatrix}\tag{6.3}$$

或者

$$\$=\begin{pmatrix}\hat{\boldsymbol{s}} & \boldsymbol{r}\times\boldsymbol{s}+h\boldsymbol{s}\\ \boldsymbol{0} & 0\end{pmatrix}\tag{6.4}$$

或者

$$\$=\boldsymbol{s}+\in\boldsymbol{s}^0\tag{6.5}$$

其中，式（6.2）是旋量的 Plücker 坐标表示形式；式（6.3）是旋量的向量表示形式；式（6.4）是旋量的李代数表示形式；式（6.5）是旋量的对偶数表示形式，$\boldsymbol{s}$ 为原部矢量，$\boldsymbol{s}^0$ 为对偶部矢量。

式中，$\boldsymbol{s}$ 为表示旋量轴线方向的单位矢量，可用 3 个方向余弦表示，即 $\boldsymbol{s}=(L,\ M,\ N)$，$L^2+M^2+N^2=1$；$\boldsymbol{r}$ 为旋量轴线上的任意一点（可以看出：$\boldsymbol{r}$ 用 $\$$ 上其他点 $\boldsymbol{r}'$（$\boldsymbol{r}'=\boldsymbol{r}+\lambda\boldsymbol{s}$）代替时，式（6.2）得到相同的结果，即 $\boldsymbol{r}$ 在 $\$$ 上可以任意选定）；$\boldsymbol{s}^0$ 为旋量的对偶部矢量，$\boldsymbol{s}^0=(P^*,\ Q^*,\ R^*)=(P+hL,\ Q+hM,\ R+hN)$；$h$ 为节距（pitch），$h=\boldsymbol{s}\cdot\boldsymbol{s}^0=LP^*+MQ^*+NR^*$。

特例：

1）当节距 h 为零（即 $\boldsymbol{s}\cdot\boldsymbol{s}^0=0$）时，单位旋量退化为单位**线矢量**（或称**直线旋量**），如图 6.3a 所示，记作

$$\$_0=\begin{pmatrix}\boldsymbol{s}\\ \boldsymbol{s}_0\end{pmatrix}=\begin{pmatrix}\boldsymbol{s}\\ \boldsymbol{r}\times\boldsymbol{s}\end{pmatrix}\tag{6.6}$$

或者

$$\$_0=(\boldsymbol{s};\boldsymbol{s}_0)=(L,M,N;P,Q,R)\tag{6.7}$$

可以看出，线矢量中，原部矢量与对偶部矢量相互正交。

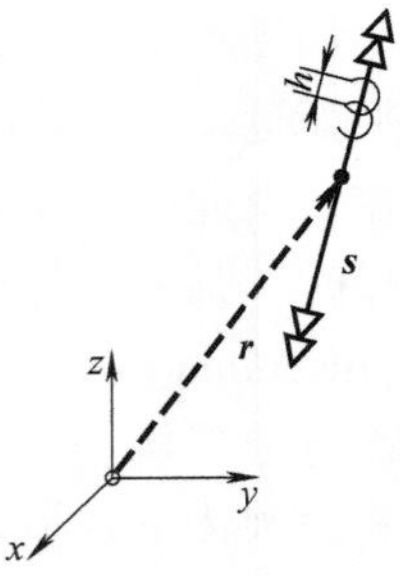

图 6.2　单位旋量

2）当节距 h 为无穷大时，单位旋量退化为单位**偶量**（couple）或**自由矢量**，如图 6.3b 所示，记作

$$\$_\infty=\begin{pmatrix}\boldsymbol{0}\\ \boldsymbol{s}\end{pmatrix}\tag{6.8}$$

或者

$$\$_\infty=(\boldsymbol{0};\boldsymbol{s})\tag{6.9}$$

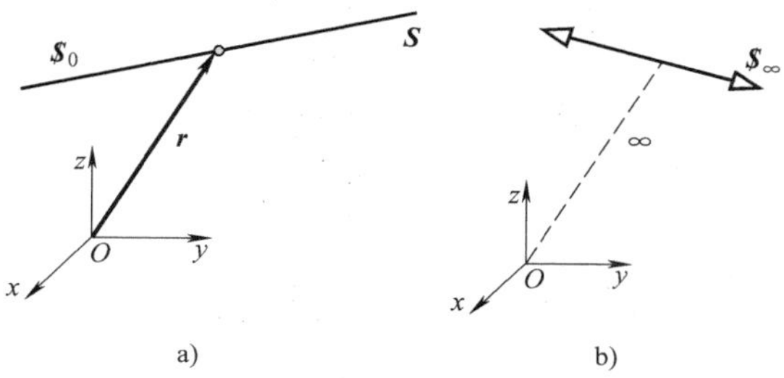

图 6.3　线矢量与偶量
a）线矢量　b）偶量

为简化表示（尤其对于特别指明的旋量类型），本书中一般旋量用两端带双箭头的线表示，偶量用两端各带一个空心箭头的线表示，线矢量用两端无箭头的线表示。

很显然，由于单位旋量满足 $\boldsymbol{s}\cdot\boldsymbol{s}=1$（归一化条件），这样，6 个 Plücker 坐标中只需要 5 个独立的参数来确定。不过，如果用 Plücker 坐标表示一个任意的旋量，而不是单位旋量，还需要 6 个独立的参数坐标。

定义

$$\vec{\$}=(\mathcal{L},\mathcal{M},\mathcal{N};\mathcal{P}^*,\mathcal{Q}^*,\mathcal{R}^*)=(\vec{s};\vec{s}^{\,0}) \tag{6.10}$$

且

$$\vec{\$}=\rho\$ \tag{6.11}$$

式中，ρ 表示旋量的幅值。

考虑单位旋量 $\$=(\boldsymbol{s};\ \boldsymbol{s}^0)$ 是齐次坐标的表达形式，因此用纯量 ρ 数乘后，$\rho(\boldsymbol{s};\ \boldsymbol{s}^0)$ 仍表示同一旋量。

可以证明，单位旋量中旋量的方向 $\boldsymbol{s}$ 与原点的位置选择无关；而 $\boldsymbol{s}^0$ 与原点的位置有关。例如，将旋量（$\boldsymbol{s}$；$\boldsymbol{s}^0$）的原点由点 O 移至点 A，旋量变成（$\boldsymbol{s}$；$\boldsymbol{s}^A$），且

$$\boldsymbol{s}^A=\boldsymbol{s}^0+\overline{AO}\times\boldsymbol{s} \tag{6.12}$$

对上式两边点乘 $\boldsymbol{s}$，得到

$$\boldsymbol{s}\cdot\boldsymbol{s}^A=\boldsymbol{s}\cdot\boldsymbol{s}^0 \tag{6.13}$$

可以看到 $\boldsymbol{s}\cdot\boldsymbol{s}^0$ 是原点不变量。同样可以证明旋量的节距 h 也是原点不变量（习题 6.4）。

旋量在空间中对应有一条确定的轴线。为此，可将 $\boldsymbol{s}^0$ 分解成平行和垂直于 $\boldsymbol{s}$ 的两个分量 $h\boldsymbol{s}$ 和 $\boldsymbol{s}^0-h\boldsymbol{s}$，即

$$\$=(\boldsymbol{s};\boldsymbol{s}^0)=(\boldsymbol{s};\boldsymbol{s}^0-h\boldsymbol{s})+(\boldsymbol{0};h\boldsymbol{s})=(\boldsymbol{s};\boldsymbol{s}_0)+(\boldsymbol{0};h\boldsymbol{s}) \tag{6.14}$$

式（6.14）表明 1 个线矢量和 1 个偶量可以组成 1 个旋量，而 1 个旋量可以看作是 1 个线矢量和 1 个偶量的同轴叠加。如图 6.4 所示。

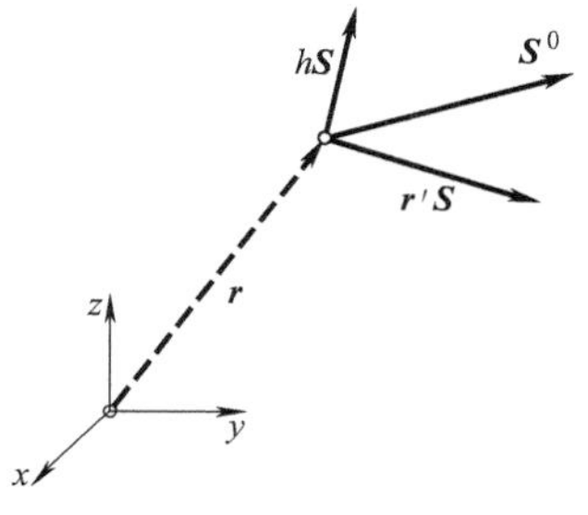

图 6.4　单位旋量的分解

另外，根据式（6.2）和式（6.10）可以导出任一（单位）旋量的节距和轴线位置。即

$$h=\frac{\vec{s}\cdot\vec{s}^{\,0}}{\vec{s}\cdot\vec{s}},\boldsymbol{r}=\frac{\vec{s}\times\vec{s}^{\,0}}{\vec{s}\cdot\vec{s}} \tag{6.15}$$

$$h=\boldsymbol{s}\cdot\boldsymbol{s}^0,\boldsymbol{r}=\boldsymbol{s}\times\boldsymbol{s}^0 \tag{6.16}$$

【例 6.1】求单位旋量 $\$ = (1, 0, 0; 1, 0, 1)$ 的轴线与节距。如图 6.5 所示。

解：首先根据式（6.16）中第一个式子计算旋量的节距

$$h = \boldsymbol{s} \cdot \boldsymbol{s}^0 = \mathcal{L}\mathcal{P}^* + \mathcal{M}\mathcal{Q}^* + \mathcal{N}\mathcal{R}^* = 1$$

然后再根据式（6.16）中第二式子计算轴线位置

$$\boldsymbol{r} = \boldsymbol{s} \times \boldsymbol{s}^0 = \begin{pmatrix} 0 \\ -1 \\ 0 \end{pmatrix}$$

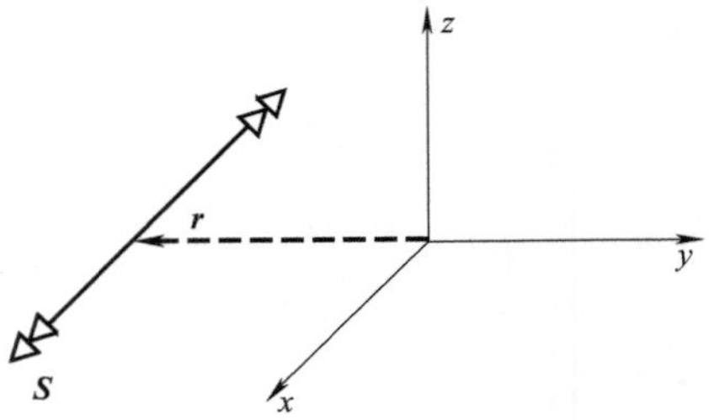

图 6.5　例 6.1 图

【旋量互易积的定义】　两旋量的**互易积**（reciprocal product）是指将两旋量 $\$_1$ 和 $\$_2$ 的原部矢量与对偶矢量交换后作点积之和，即

$$M_{12} = \$_1^{\mathrm{T}} \Delta \$_2 = \$_2^{\mathrm{T}} \Delta \$_1 = M_{21} \tag{6.17}$$

式中，

$$\boldsymbol{\Delta} = \begin{bmatrix} \boldsymbol{0} & \boldsymbol{E} \\ \boldsymbol{E} & \boldsymbol{0} \end{bmatrix}$$

Δ 实质上是一个反对称单位矩阵，它具有以下特性：

$$(1)\ \boldsymbol{\Delta}\boldsymbol{\Delta} = \boldsymbol{E} \tag{6.18a}$$

$$(2)\ \boldsymbol{\Delta}^{-1} = \boldsymbol{\Delta} \tag{6.18b}$$

$$(3)\ \boldsymbol{\Delta}^{\mathrm{T}} = \boldsymbol{\Delta} \tag{6.18c}$$

如图 6.6 所示，对式（6.17）进行展开，得到

$$\begin{aligned} M_{12} = \$_1^{\mathrm{T}} \boldsymbol{\Delta} \$_2 &= \boldsymbol{s}_1 \cdot (\boldsymbol{r}_2 \times \boldsymbol{s}_2 + h_2 \boldsymbol{s}_2) + \boldsymbol{s}_2 \cdot (\boldsymbol{r}_1 \times \boldsymbol{s}_1 + h_1 \boldsymbol{s}_1) \\ &= (h_1 + h_2)(\boldsymbol{s}_1 \cdot \boldsymbol{s}_2) + (\boldsymbol{r}_2 - \boldsymbol{r}_1) \cdot (\boldsymbol{s}_2 \times \boldsymbol{s}_1) \\ &= (h_1 + h_2)\cos\alpha_{12} - \alpha_{12}\sin\alpha_{12} \end{aligned} \tag{6.19}$$

其中，M_{12}称为两旋量 $\$_1$ 和 $\$_2$ 的**互矩**（mutual moment）。

若取两个旋量为同一旋量，则上式退化为

$$M_{11} = 2h_1 \tag{6.20}$$

因此，对于单位旋量，其节距

$$h = \frac{1}{2}\$^{\mathrm{T}} \boldsymbol{\Delta} \$ \tag{6.21}$$

对于一般旋量，其节距

$$h = \frac{1}{2} \frac{\$^{\mathrm{T}} \boldsymbol{\Delta} \$}{\$^{\mathrm{T}} \boldsymbol{\Gamma} \$} \tag{6.22}$$

式中，

$$\boldsymbol{\Gamma} = \begin{bmatrix} \boldsymbol{E} & \boldsymbol{0} \\ \boldsymbol{0} & \boldsymbol{0} \end{bmatrix}$$

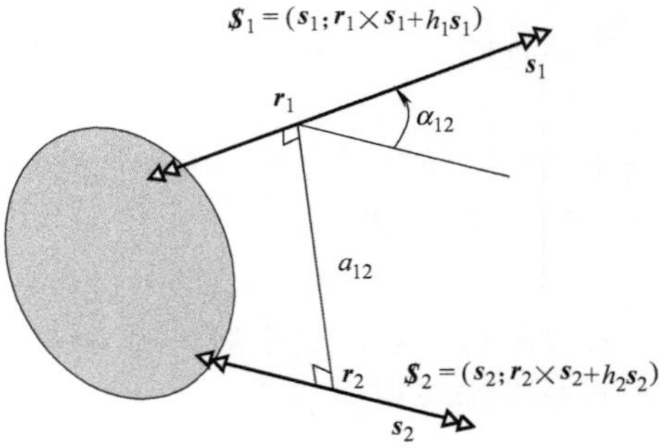

图 6.6　旋量的互易积

由以上各式可以看出，**旋量的互易积与坐标原点的选择无关**。

【自互易旋量的定义】**互易旋量与自互易旋量**：如果两旋量 $\$_1$ 和 $\$_2$ 的互易积为零（或互矩为零），则称 $\$_1$ 是 $\$_2$ 的**互易旋量或反旋量**（reciprocal screw），反之亦然。即

$$M_{12}=(h_1+h_2)\cos\alpha_{12}-\alpha_{12}\sin\alpha_{12}=0 \tag{6.23}$$

如果一个旋量 $\$$ 与其自身的互易积为零，则称 $\$$ 为**自互易旋量**，即 $M_{11}=0$。

【定理】只有**线矢量**和**偶量是自互易旋量**。

一方面，可根据线矢量和偶量的定义从而直接验证以上结论。另一方面，可通过 $\$^{\mathrm{T}}\Delta\$=2\boldsymbol{s}\cdot\boldsymbol{s}^0=0$ 得，①$\boldsymbol{s}=0$；或者②$\boldsymbol{s}^0=0$；或者③$\boldsymbol{s}\cdot\boldsymbol{s}^0=0$。其中，①表明 $\$$ 是偶量；②和③表明 $\$$ 是线矢量。

6.3 旋量的物理含义

6.3.1 旋量的物理意义

如图 6.7 所示，若用 $\boldsymbol{\omega}$（$\boldsymbol{\omega}\in\mathbb{R}^3$）替换 $\boldsymbol{s}$，用 $\boldsymbol{v}$（$\boldsymbol{v}\in\mathbb{R}^3$）替换 $\boldsymbol{s}^0$，则式（6.3）变成

$$\$=\begin{pmatrix}\boldsymbol{\omega}\\ \boldsymbol{v}\end{pmatrix}=\begin{pmatrix}\boldsymbol{\omega}\\ \boldsymbol{r}\times\boldsymbol{\omega}+h\boldsymbol{\omega}\end{pmatrix} \tag{6.24}$$

可以赋予式（6.24）明确的物理意义，即用来表示刚体的运动（瞬时速度），因此将其称之为单位**运动旋量**（twist）。式（6.24）表示的是单位运动旋量的**射线坐标**（ray coordinates），写成 Plücker 坐标为（$\boldsymbol{\omega}$; $\boldsymbol{v}$）。还可以给出运动旋量另外一种表达式。即

$$\begin{pmatrix}\boldsymbol{v}\\ \boldsymbol{\omega}\end{pmatrix}=\begin{pmatrix}\boldsymbol{r}\times\boldsymbol{\omega}+h\boldsymbol{\omega}\\ \boldsymbol{\omega}\end{pmatrix} \tag{6.25}$$

上式是单位运动旋量的**轴线坐标**（axis coordinates）表示形式，写成 Plücker 坐标为（$\boldsymbol{v}$; $\boldsymbol{\omega}$）。

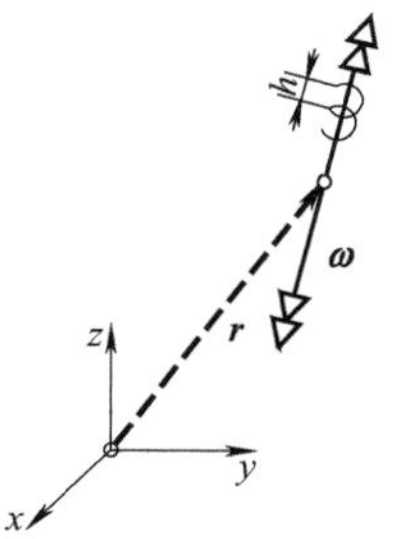

图 6.7　运动旋量

至此，我们给出了单位运动旋量的两种坐标表达形式：轴线坐标（$\boldsymbol{v}$; $\boldsymbol{\omega}$）和射线坐标（$\boldsymbol{\omega}$; $\boldsymbol{v}$）。显然两者之间是原部矢量与对偶部矢量互换的关系。因此，可通过算子$\boldsymbol{\Delta}$，来实现运动旋量的轴线坐标与射线坐标之间的相互转化。

本书中在不作特别声明的情况下，一般采用单位运动旋量的射线坐标表示形式。另外，我们可以看到表示运动旋量时使用的符号与一般旋量的坐标表示符号不太一致。运动旋量中，单位转轴矢量的符号一般用 $\boldsymbol{\omega}$，单位运动旋量的坐标通常用 $\boldsymbol{\xi}=(\boldsymbol{\omega};\ \boldsymbol{v})$ 表示；而在一般旋量中经常用 $\boldsymbol{s}$ 表示单位转轴，对应的旋量坐标通常采用 $\$=(\boldsymbol{s};\ \boldsymbol{s}^0)$。

注意以上的表达均没有考虑幅值的存在，如果考虑幅值的存在，则式（6.24）变成

$$\boldsymbol{T}=\omega\$=\begin{pmatrix}\vec{\boldsymbol{\omega}}\\ \vec{\boldsymbol{v}}\end{pmatrix}=\begin{pmatrix}\vec{\boldsymbol{\omega}}\\ \boldsymbol{r}\times\vec{\boldsymbol{\omega}}+h\vec{\boldsymbol{\omega}}\end{pmatrix}=(\omega_x,\omega_y,\omega_z,v_x,v_y,v_z)^{\mathrm{T}} \tag{6.26}$$

式中，$\vec{\boldsymbol{\omega}}$ 表示刚体绕坐标轴旋转的角速度；而 $\vec{\boldsymbol{v}}$ 则表示刚体上**与原点重合的点的瞬时线速度**。

如果式中 $\boldsymbol{T}$ 的节距为零，则该运动旋量退化为一个线矢量，刚体运动则退化成纯转动，相应的运动旋量可以表示该转动的转轴。如果式中 $\boldsymbol{T}$ 的节距为无穷大，则该运动旋量退化为一个偶量，螺旋运动则退化成移动运动，相应的运动旋量可以表示移动线的方向。反之，如果式中 $\boldsymbol{T}$ 的节距为有限大的非零值，则整个运动旋量可以表示为该旋量轴线的移动与转动的耦合运动（即一般螺旋运动）。

运动旋量的分解：由式（6.26）可知，一个运动旋量 $\boldsymbol{T}$ 可以通过 3 个参数来给定：$\vec{\boldsymbol{\omega}}$，$\boldsymbol{r}$，$h$。反之，假设给定一个运动旋量，则也可以唯一确定这 3 个参数。具体可以通过对运动旋量分解来实现。如图 6.8 所示，将运动旋量分解成一个与转动轴线平行的分量（沿 $\vec{\boldsymbol{\omega}}$ 方向）和一个与转动轴线正交的分量（沿 $\boldsymbol{r}\times\vec{\boldsymbol{\omega}}$ 方向），则

$$|\vec{\boldsymbol{v}}|\cos\varphi = h|\vec{\boldsymbol{\omega}}| \tag{6.27}$$

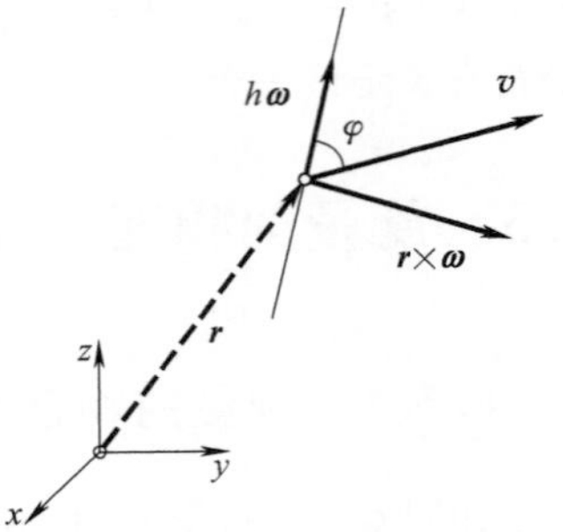

图 6.8　运动旋量的分解

由于根据矢量标量积的定义，可得

$$\vec{\boldsymbol{\omega}}\cdot\vec{\boldsymbol{v}} = |\vec{\boldsymbol{\omega}}||\vec{\boldsymbol{v}}|\cos\varphi \tag{6.28}$$

因而

$$h = \frac{\vec{\boldsymbol{\omega}}\cdot\vec{\boldsymbol{v}}}{\vec{\boldsymbol{\omega}}\cdot\vec{\boldsymbol{\omega}}} \tag{6.29}$$

$$\boldsymbol{r} = \frac{\vec{\boldsymbol{\omega}}\times\vec{\boldsymbol{v}}}{\vec{\boldsymbol{\omega}}\cdot\vec{\boldsymbol{\omega}}} \tag{6.30}$$

由此可以导出 h 和 $\boldsymbol{r}$。这样就求得了运动旋量 $\boldsymbol{T}$ 的三个参数 $\vec{\boldsymbol{\omega}}$，$\boldsymbol{r}$，$h$。

【例 6.2】　已知某一运动旋量为 $\boldsymbol{T}=(1,\ 1,\ 0;\ 1,\ 3,\ 0)$，求 $\boldsymbol{\omega}$，$\boldsymbol{r}$，h。

解：根据运动旋量的表达，可直接得到

$$\vec{\boldsymbol{v}} = (1,3,0)^{\mathrm{T}},\vec{\boldsymbol{\omega}} = (1,1,0)^{\mathrm{T}}$$

正则化 $\vec{\boldsymbol{\omega}}$ 得单位矢量

$$\boldsymbol{\omega} = \left(\frac{\sqrt{2}}{2},\frac{\sqrt{2}}{2},0\right)^{\mathrm{T}}$$

再根据式（6.29）和式（6.30）求得其他两个参数。

$$h = \frac{\vec{\boldsymbol{\omega}}\cdot\vec{\boldsymbol{v}}}{\vec{\boldsymbol{\omega}}\cdot\vec{\boldsymbol{\omega}}} = 2$$

$$\boldsymbol{r} = \frac{\vec{\boldsymbol{\omega}}\times\vec{\boldsymbol{v}}}{\vec{\boldsymbol{\omega}}\cdot\vec{\boldsymbol{\omega}}} = (0,0,1)^{\mathrm{T}}$$

与表示刚体瞬时运动相似，刚体上的作用力也可以表示成旋量的表达。与运动旋量相对应的物理概念是**力旋量**（wrench），这两个概念都是 Ball 最先提出来的。

如图 6.9 所示，若用 $\boldsymbol{f}$（$\boldsymbol{f}\in\mathbb{R}^3$）替换单位旋量中的 $\boldsymbol{s}$，用 $\boldsymbol{\tau}$（$\boldsymbol{\tau}\in\mathbb{R}^3$）替换 $\boldsymbol{s}^0$，则式（6.3）变成

$$\$ = \begin{pmatrix}\boldsymbol{f}\\ \boldsymbol{\tau}\end{pmatrix} = \begin{pmatrix}\boldsymbol{f}\\ \boldsymbol{r}\times\boldsymbol{f}+h\boldsymbol{f}\end{pmatrix} \tag{6.31}$$

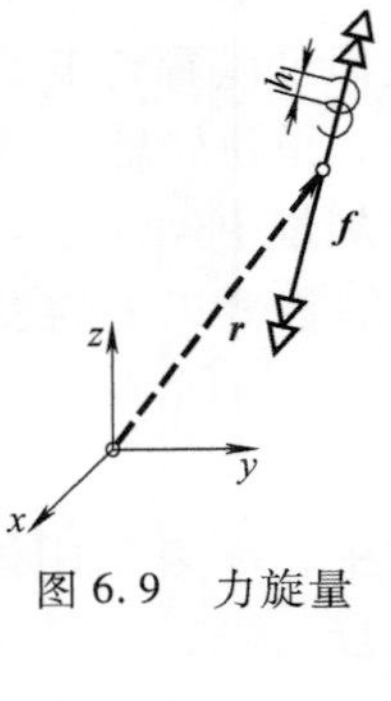

图 6.9　力旋量

实际上，式（6.31）有着明确的物理意义，即可以表示刚体上的广义力，因此将其称之为单位力旋量。

注意以上的表达均没有考虑幅值的存在，如果考虑幅值的存在，则式（6.31）变成

$$\boldsymbol{W} = f\$ = \begin{pmatrix}\vec{\boldsymbol{f}}\\ \vec{\boldsymbol{\tau}}\end{pmatrix} = \begin{pmatrix}\vec{\boldsymbol{f}}\\ \boldsymbol{r}\times\vec{\boldsymbol{f}}+h\vec{\boldsymbol{f}}\end{pmatrix} = (f_x,f_y,f_z,\tau_x,\tau_y,\tau_z)^{\mathrm{T}} \tag{6.32}$$

式中，$\vec{\boldsymbol{f}}$ 表示作用在刚体上的纯力；而 $\vec{\boldsymbol{\tau}}$ 则表示对**原点的矩**。用 Plücker 坐标（射线坐标形式）表示为

$$W=(\vec{f};\vec{\tau}) \tag{6.33}$$

考虑两种特殊的单位力旋量：

（1）**单位力**（force，简称力线矢）：作用在刚体上的纯力可表示成f（$\boldsymbol{f}$；$\boldsymbol{r}\times\boldsymbol{f}$），其中$f$为作用力的大小，（$\boldsymbol{f}$；$\boldsymbol{r}\times\boldsymbol{f}$）为单位力线矢。

（2）**单位力偶**（couple）：在刚体上作用两个大小相等、方向相反的平行力构成一个力偶，同样也可用一个特殊的旋量——偶量来表示τ（$\boldsymbol{0}$；$\boldsymbol{\tau}$），其中τ为作用力偶的大小，（$\boldsymbol{0}$；$\boldsymbol{\tau}$）为单位力偶。力偶是自由矢量，它可在刚体内自由地平行移动但并不改变对刚体的作用效果。

6.3.2　自互易旋量的物理意义

作为特殊的旋量类型，自互易旋量（线矢量和偶量）对机构学研究具有十分重要的意义。实际上，线矢量可以表示运动学中的**纯转动**或者静力学中的**纯力**（或**约束力**）。而偶量可以表示运动学中的**纯移动**或者静力学中的**纯力偶**（或者约束**力偶**）。

1. 刚体的瞬时转动和转动副

如图6.10所示，刚体绕某一个转动关节做瞬时转动。设$\boldsymbol{\omega}$（$\boldsymbol{\omega}\in\mathbb{R}^3$）是表示其旋转轴方向的单位矢量，角速度大小为$\omega$，$\boldsymbol{r}$为转轴上一点。我们知道，描述刚体在三维空间上绕某个轴的旋转运动只用一个角速度矢量是不够的，还需要给出该转动轴线的空间位置。很显然，根据前面对线矢量的定义，可以很容易地给出与该转动关节对应的Plücker坐标为$\omega(\boldsymbol{\omega};\ \boldsymbol{v}_0)$，或者

$$\omega\begin{pmatrix}\boldsymbol{\omega}\\ \boldsymbol{r}\times\boldsymbol{\omega}\end{pmatrix} \tag{6.34}$$

其中，线矢量的第二项$\omega\boldsymbol{v}_0=\omega\boldsymbol{r}\times\boldsymbol{\omega}$表示刚体上与原点重合的点的速度，也就是转动刚体在该重合点处的切向速度。因此当转轴通过坐标系原点时，表示该转轴的线矢量可以简化为$\omega(\boldsymbol{\omega};\ \boldsymbol{0})$。

2. 刚体的瞬时移动和移动副

如图6.11所示的刚体做移动运动。设v（$\boldsymbol{v}\in\mathbb{R}^3$）是表示移动副导路中心线方向的单位矢量，速度大小为v。我们知道，对于移动运动，刚体上所有点都有相同的移动速度，也就是说将速度方向平移并不改变刚体的运动状态，因而这里的$\boldsymbol{v}$是自由矢量。该自由矢量对应的Plücker坐标为v（$\boldsymbol{0}$；v），它是一个偶量。另外，刚体移动可以看作是绕转动轴线位于与$\boldsymbol{v}$正交的无穷远平面内的一个瞬时转动。

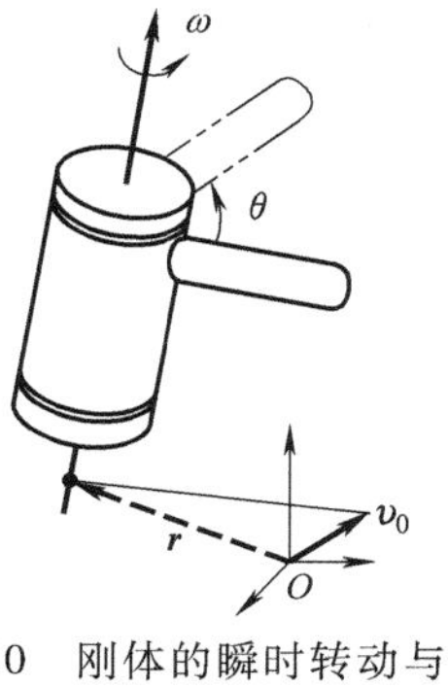

图6.10　刚体的瞬时转动与转轴

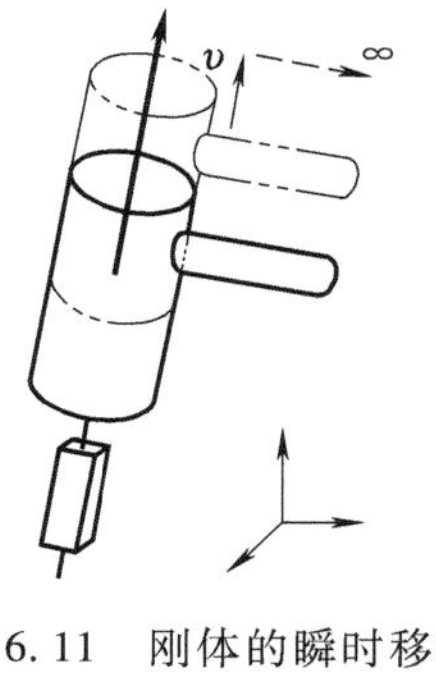

图6.11　刚体的瞬时移动

3. 刚体上的作用力（或者力约束）

与刚体瞬时转动的表示相类似，作用在刚体上的纯力或者施加在刚体上的纯力约束也可以用线矢量来表示。

如图 6.12 所示，某刚体作用一纯力或力约束。设 $\boldsymbol{f}(\boldsymbol{f}\in\mathbb{R}^3)$ 是表示该力作用线方向的单位矢量，大小为 f，$\boldsymbol{r}$ 为作用线上一点。若要清楚描述该力只用一个方向矢量是不够的，还需要给出该作用线的空间位置。很显然，根据前面对线矢量的定义，可以很容易地给出表示该力作用线的线矢量 $f(\boldsymbol{f};\ \boldsymbol{\tau}_0)$，即

$$f\begin{pmatrix}\boldsymbol{f}\\ \boldsymbol{r}\times\boldsymbol{f}\end{pmatrix} \tag{6.35}$$

其中，线矢量的第二项 $f\boldsymbol{\tau}_0=f\boldsymbol{r}\times\boldsymbol{f}$ 表示力对原点的力矩。当该力通过坐标系原点时，该线矢量可以简化为 $f(\boldsymbol{f};\ \boldsymbol{0})$。

4. 刚体上作用的力偶（或者约束力偶）

如图 6.13 所示的刚体受到纯力偶的作用。设 $\boldsymbol{\tau}(\boldsymbol{\tau}\in\mathbb{R}^3)$ 是表示力偶平面法线方向的单位矢量，力偶大小为 τ。实际上，力偶也是一个自由矢量，即将力偶在其所在平面内平移并不改变它对刚体的作用效果。该自由矢量对应的 Plücker 坐标为 $\tau(\boldsymbol{0};\ \boldsymbol{\tau})$，它也是一个偶量。另外，（约束）力偶也可以看作是一个作用在刚体上的“无限小的力”对原点的矩，该力的作用线与 $\boldsymbol{\tau}$ 正交，并位于无穷远的平面上。

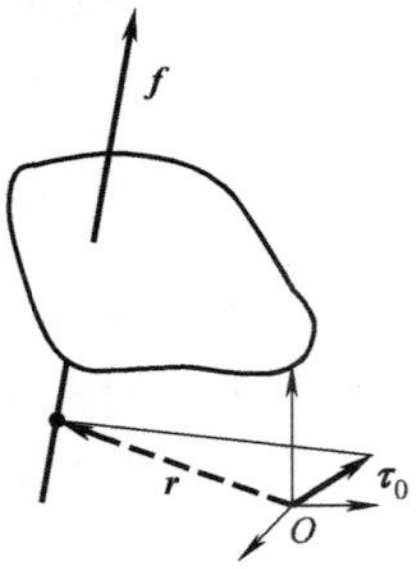

图 6.12　刚体受纯力（或者约束力）的作用

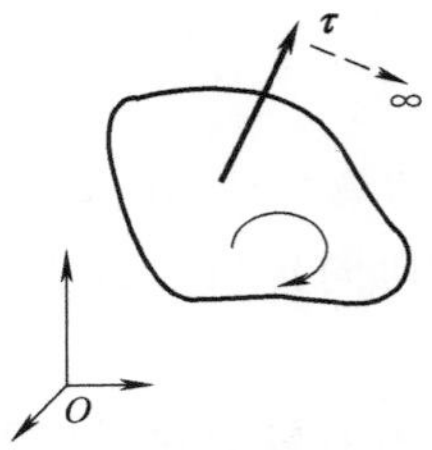

图 6.13　刚体受力偶（或者约束力偶）的作用

6.4　力旋量

与表示刚体瞬时运动相似，刚体上的作用力也可以表示成旋量的形式。与运动旋量相对应的物理概念是力旋量。因此，本节重点讨论力旋量的基本概念以及与力旋量相关的一些几何特性，这些特性将加深对力旋量的理解。

6.4.1　力旋量的概念

相对于某一参考坐标系，作用在刚体上的广义力包括移动分量 $\boldsymbol{f}$（纯力）和作用在一点的转动分量 $\boldsymbol{\tau}$（纯力矩），可用一个六维列向量来表示，即

$$\boldsymbol{F}=\begin{pmatrix}\boldsymbol{f}\\ \boldsymbol{\tau}\end{pmatrix} \tag{6.36}$$

或者用 Plücker 坐标（射线坐标形式）表示，即

$$\boldsymbol{F}=(\boldsymbol{f};\boldsymbol{\tau}) \tag{6.37}$$

式中，$\boldsymbol{f}$, $\boldsymbol{\tau}\in\mathbb{R}^3$。通常将力与力矩组合而成的六维向量称为力旋量。

力旋量 $\boldsymbol{F}\in\mathbb{R}^6$ 的值与表示力和力矩的坐标系有关。例如，若 $\{B\}$ 为物体坐标系，则作用于 $\{B\}$ 系坐标原点的力旋量记为 ${}^B\boldsymbol{F}=({}^B\boldsymbol{f};{}^B\boldsymbol{\tau})$，其中 ${}^B\boldsymbol{f}$ 和 ${}^B\boldsymbol{\tau}$ 均在坐标系 $\{B\}$ 中描述。

力旋量与运动旋量的互易积即可定义成瞬时功。考虑刚体运动 ${}_B^Ag(\theta)$，其中 $\{A\}$ 系为惯性坐标系，$\{B\}$ 系为物体坐标系。设 ${}_B^A\boldsymbol{V}^B\in\mathbb{R}^6$ 表示刚体瞬时速度，${}^B\boldsymbol{F}$ 表示施加给刚体的力旋量。如果在坐标系 $\{B\}$ 中来描述这两个量，二者的互易积可表示无穷小的元功

$$\delta W={}^B\boldsymbol{F}\circ{}_B^A\boldsymbol{V}^B={}^B\boldsymbol{F}^{\mathrm{T}}(\boldsymbol{\Delta}{}_B^A\boldsymbol{V}^B)={}^B\boldsymbol{F}^{\mathrm{T}}{}_B^A\tilde{\boldsymbol{V}}^B={}^B\boldsymbol{F}\cdot{}_B^A\tilde{\boldsymbol{V}}^B=({}^B\boldsymbol{f}\cdot{}_B^A\boldsymbol{v}^B+{}^B\boldsymbol{\tau}\cdot{}_B^A\boldsymbol{\omega}^B) \tag{6.38}$$

式中，${}_B^A\tilde{\boldsymbol{V}}^B$ 表示轴线坐标形式的物体速度。

如果有两个力旋量对于任何可能的刚体运动所做的功相同，则称它们等价。利用等价力旋量可以替换作用在不同点处或者不同坐标系下的力旋量。

【例 6.3】　已知一力旋量 ${}^B\boldsymbol{F}$ 作用在坐标系 $\{B\}$ 中的原点，要求确定作用在坐标系 $\{C\}$ 原点处的等价力旋量（图 6.14）。

解：根据等价力旋量的定义，考察经过任意刚体运动时力旋量所做的瞬时元功。可得

$$\delta W={}^C\boldsymbol{F}\cdot{}_C^A\tilde{\boldsymbol{V}}^B={}^B\boldsymbol{F}\cdot{}_B^A\tilde{\boldsymbol{V}}^B=(\mathrm{Ad}_{{}_B^Cg}{}_C^A\tilde{\boldsymbol{V}}^B)\cdot{}^B\boldsymbol{F}=(\mathrm{Ad}_{{}_B^Cg}{}^B\boldsymbol{F})\cdot{}_C^A\tilde{\boldsymbol{V}}^B \tag{6.39}$$

因此

$${}^C\boldsymbol{F}=\mathrm{Ad}_{{}_B^Cg}{}^B\boldsymbol{F} \tag{6.40}$$

将上式展开得到

$$\begin{pmatrix}{}^C\boldsymbol{f}\\{}^C\boldsymbol{\tau}\end{pmatrix}=\begin{pmatrix}{}_B^C\boldsymbol{R} & \boldsymbol{0}\\ {}_B^C\hat{\boldsymbol{t}}{}_B^C\boldsymbol{R} & {}_B^C\boldsymbol{R}\end{pmatrix}\begin{pmatrix}{}^B\boldsymbol{f}\\{}^B\boldsymbol{\tau}\end{pmatrix} \tag{6.41}$$

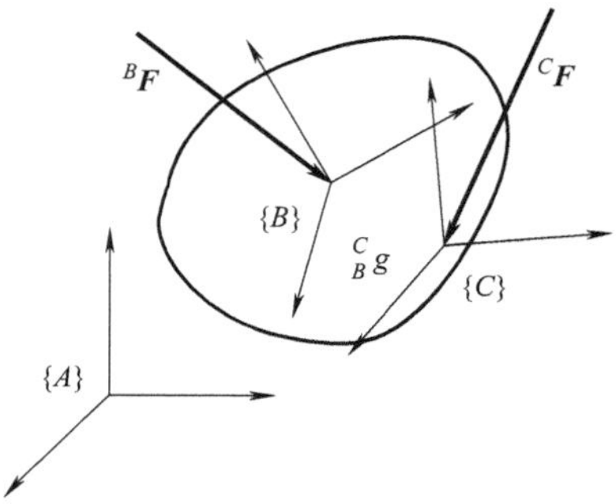

图 6.14　例 6.3 图

对于刚体位形为 ${}_B^Ag\in SE(3)$，作用在其上的合力旋量通常有两种表示方法：一种在物体坐标系 $\{B\}$ 中表示，这时，力旋量记为 ${}^B\boldsymbol{F}$，它表示等价力旋量作用在坐标系 $\{B\}$ 中的原点；另一种在惯性坐标系 $\{A\}$ 中表示，这时，力旋量记为 ${}^A\boldsymbol{F}$。这些表示方法类似于刚体速度的惯性坐标系表示或物体坐标系表示。因此，借助前面的速度表示，可以很方便地给出力旋量在不同坐标系中的相互关系，具体可通过下列伴随矩阵的转置变换来表达。

$${}^A\boldsymbol{F}=\mathrm{Ad}_g{}^B\boldsymbol{F} \tag{6.42}$$

对比式（6.42）和式（4.112），两者的表示形式是完全一致的。

表 6.1 给出了本书中几种常见物理量的旋量坐标。

如果有任意多个力旋量同时作用在同一个刚体上（构成空间力系），那么都可以等效简化为一个力旋量即合力旋量的作用，而作用在刚体上的合力旋量可通过力旋量的叠加来确定。其通用的表达形式是 $f\$=f(\boldsymbol{s};\ \boldsymbol{s}^0)=(f\boldsymbol{s};\ f\boldsymbol{s}_0+h\boldsymbol{s})$，它表示一个力线矢 $(f\boldsymbol{s};\ f\boldsymbol{s}^0-h\boldsymbol{s})$ 和一个与之共轴的力偶 $(\boldsymbol{0};\ h\boldsymbol{s})$ 之和。

表 6.1 各种物理量的旋量坐标比较

类别	节距特点	运动学	静力学	通用表达式
线矢量	$h=0$	角速度$(\boldsymbol{\omega};\boldsymbol{r}\times\boldsymbol{\omega})$	力$(\boldsymbol{f};\boldsymbol{r}\times\boldsymbol{f})$	$(\boldsymbol{s};\boldsymbol{r}\times\boldsymbol{s})$或者$(\boldsymbol{s};\boldsymbol{s}_0)$
偶量	$h=\infty$	线速度$(\boldsymbol{0};\boldsymbol{v})$	力偶$(\boldsymbol{0};\boldsymbol{\tau})$	$(\boldsymbol{0};\boldsymbol{s})$
旋量	h为有限值	螺旋速度$(\boldsymbol{\omega};\boldsymbol{r}\times\boldsymbol{\omega}+h\boldsymbol{\omega})$ 或者$(\boldsymbol{\omega};\boldsymbol{v})$	力旋量$(\boldsymbol{f};\boldsymbol{r}\times\boldsymbol{f}+h\boldsymbol{f})$ 或者$(\boldsymbol{f};\boldsymbol{\tau})$	$(\boldsymbol{s};\boldsymbol{r}\times\boldsymbol{s}+h\boldsymbol{s})$ 或者$(\boldsymbol{s};\boldsymbol{s}^0)$

为使叠加有意义，所有力旋量应在同一坐标系中表示。因此，对于给定的一组力旋量，必须先将每个力旋量表示成同一坐标系中的等价力旋量，然后再进行叠加得到作用在刚体上的合力旋量。

6.4.2 力旋量的旋量坐标

一般力旋量都可以通过沿空间某轴线施加一个力与绕该轴线的力矩复合而成。Chasles 指出，每一运动旋量对应的刚体运动都可以由某个螺旋运动产生。Poinsot 得出了一个与其类似的结论：每一力旋量都等价于沿某轴线的力与绕此轴的力矩的复合。二者都可以用旋量坐标来表示。

在惯性坐标系$\{A\}$中，设螺旋运动 S 的轴线为 $\boldsymbol{l}=\{\boldsymbol{r}+\lambda\boldsymbol{s}:\ \lambda\in\mathbb{R}\}$，$\|\boldsymbol{s}\|=1$，节距为 h，大小为 ρ。螺旋运动 S 由通过施加的一个沿轴线 $\boldsymbol{l}$、大小为 ρ 的力 $\boldsymbol{f}$ 及绕此轴、大小为 $h\rho$ 的力矩 $\boldsymbol{\tau}$ 产生（若 $h=\infty$，可通过施加绕轴线 $\boldsymbol{l}$、大小为 $h\rho$ 的纯力矩 $\boldsymbol{\tau}$ 产生）。与给定的螺旋运动 $S(\boldsymbol{l},h,\rho)$ 相对应的力旋量在坐标系 $\{A\}$ 中可表示为

$$\begin{cases}\boldsymbol{F}=\begin{pmatrix}\boldsymbol{f}\\ \boldsymbol{\tau}\end{pmatrix}=\rho\begin{pmatrix}\boldsymbol{s}\\ \boldsymbol{r}\times\boldsymbol{s}+h\boldsymbol{s}\end{pmatrix},h\text{ 为有限值时}\\ \boldsymbol{F}=\begin{pmatrix}\boldsymbol{0}\\ \boldsymbol{\tau}\end{pmatrix}=\rho\begin{pmatrix}\boldsymbol{0}\\ \boldsymbol{s}\end{pmatrix},h=\infty\end{cases}\tag{6.43}$$

式中，$\boldsymbol{r}\times\boldsymbol{s}$ 为旋量轴线偏离坐标系 $\{A\}$ 原点的距离；$\boldsymbol{F}$ 为沿螺旋运动 S 的力旋量。由于式中所有量都在坐标系 $\{A\}$ 中描述，故省去下标。

【Poinsot 定理】 作用在刚体上的力旋量等价为一个沿固定轴线的力和一个绕此轴的力矩。

证明：采用构造法。

设 $\boldsymbol{F}=(\boldsymbol{f};\ \boldsymbol{\tau})$ 为施加于刚体上的合力旋量，不考虑 $\boldsymbol{F}=\boldsymbol{0}$ 的情况。

(1) $\boldsymbol{f}=\boldsymbol{0}$，纯力矩。

令

$$\rho=\|\boldsymbol{\tau}\|,\quad \boldsymbol{s}=\frac{\boldsymbol{\tau}}{\rho},\quad h=\infty$$

由式 (6.43) 可知，$S(\boldsymbol{l},\infty,\rho)$ 就代表了力旋量 $\boldsymbol{F}$ 对应的螺旋运动。

(2) $\boldsymbol{f}\neq\boldsymbol{0}$。

令

$$\rho=\|\boldsymbol{f}\|,\boldsymbol{s}=\frac{\boldsymbol{f}}{\rho}$$

则根据 $\rho(\boldsymbol{r}\times\boldsymbol{s}+h\boldsymbol{s})=\boldsymbol{\tau}$ 解得

$$h=\frac{\boldsymbol{f}^{\mathrm{T}}\boldsymbol{\tau}}{\|\boldsymbol{f}\|^2}\boldsymbol{r}=\frac{\boldsymbol{f}\times\boldsymbol{\tau}}{\|\boldsymbol{f}\|^2}$$

由于轴 $\boldsymbol{l}$ 上的任意一点 $\boldsymbol{r}'(\boldsymbol{r}'=\boldsymbol{r}+\lambda\boldsymbol{s})$ 都满足式（6.43），因此解不是唯一的。

下面根据 Poinsot 定理给出力旋量 $\boldsymbol{F}=(\boldsymbol{f};\ \boldsymbol{\tau})$ 的旋量坐标表示。

（1）轴 $\boldsymbol{l}$

$$\boldsymbol{l}=\begin{cases}\left\{\dfrac{\boldsymbol{f}\times\boldsymbol{\tau}}{\|\boldsymbol{f}\|^2}+\lambda\boldsymbol{f}:\lambda\in\mathbb{R}\right\}, & \boldsymbol{f}\neq\boldsymbol{0}\\ \{\boldsymbol{0}+\lambda\boldsymbol{\tau}:\lambda\in\mathbb{R}\}, & \boldsymbol{f}=\boldsymbol{0}\end{cases}\tag{6.44}$$

（2）力旋量的节距 h

$$h=\begin{cases}\dfrac{\boldsymbol{f}^{\mathrm{T}}\boldsymbol{\tau}}{\|\boldsymbol{f}\|^2}, & \boldsymbol{f}\neq\boldsymbol{0}\\ \infty, & \boldsymbol{f}=\boldsymbol{0}\end{cases}\tag{6.45}$$

（3）ρ 的大小

$$\rho=\begin{cases}\|\boldsymbol{f}\|, & \boldsymbol{f}\neq\boldsymbol{0}\\ \|\boldsymbol{\tau}\|, & \boldsymbol{f}=\boldsymbol{0}\end{cases}\tag{6.46}$$

6.5　机器人的力雅可比矩阵

本节以机器人的力雅可比矩阵为例，讨论一下运动旋量与力旋量之间的**对偶**（duality）关系。

6.5.1　静力雅可比矩阵

利用功能等效（或虚功）原理，可以导出作用在末端执行器的输出力旋量与由关节力或力矩组成的关节力旋量之间的映射关系。为此，令 $g(\boldsymbol{\theta})\in SE(3)$ 表示末端执行器的运动，其上的输出力旋量为 ${}^{B}\boldsymbol{F}$（在物体坐标系中描述），则系统所做的功

$$W=\int_{t_1}^{t_2}{}^{B}\boldsymbol{F}\cdot\tilde{\boldsymbol{V}}^{B}\mathrm{d}t=\int_{t_1}^{t_2}(\tilde{\boldsymbol{V}}^{B})^{\mathrm{T}\,B}\boldsymbol{F}\mathrm{d}t\tag{6.47}$$

式中，$\tilde{\boldsymbol{V}}^{B}$ 表示末端执行器的物体速度（轴线坐标表示）。如果不考虑摩擦及重力影响的话，系统所做的功还等于关节力旋量 ${}^{B}\boldsymbol{\sigma}$ 对系统所做的功，即

$$W=\int_{t_1}^{t_2}{}^{B}\boldsymbol{\sigma}\cdot\widetilde{\dot{\boldsymbol{\theta}}}^{B}\mathrm{d}t\tag{6.48}$$

由于无论是关节力矩还是关节力，它们对系统所做的功与时间区间的选择无关，因此由式（6.47）和式（6.48）可以导出

$$(\tilde{\boldsymbol{V}}^{B})^{\mathrm{T}}({}^{B}\boldsymbol{F})=(\widetilde{\dot{\boldsymbol{\theta}}}^{B})^{\mathrm{T}}({}^{B}\boldsymbol{\sigma})\tag{6.49}$$

根据机器人速度雅可比矩阵的定义，得 $\boldsymbol{V}^{B}=\boldsymbol{J}^{B}\dot{\theta}^{B}$，因此有

$$(\widetilde{\dot{\boldsymbol{\theta}}}^{B})^{\mathrm{T}}(\boldsymbol{J}^{B})^{\mathrm{T}\,B}\boldsymbol{F}=(\widetilde{\dot{\boldsymbol{\theta}}}^{B})^{\mathrm{T}}({}^{B}\boldsymbol{\sigma})\tag{6.50}$$

即

$${}^{B}\boldsymbol{\sigma}=(\boldsymbol{J}^{B})^{\mathrm{T}\,B}\boldsymbol{F}\tag{6.51}$$

运用类似的方法，还可以得到末端执行器的空间力旋量 ${}^{S}\boldsymbol{F}$（在惯性坐标系下描述）与关节力旋量之间的映射关系。即

$$^{S}\boldsymbol{\sigma}=(\boldsymbol{J}^{S})^{\mathrm{T}\,S}\boldsymbol{F} \tag{6.52}$$

由式（6.51）和式（6.52）可以得出结论：机器人雅可比矩阵的转置可以表征末端执行器上的力旋量与关节力旋量之间的映射关系。这时称其为机器人的**静力雅可比矩阵**（简称力雅可比），该公式无论对串联式机器人还是并联式机器人都适用。而式（6.51）和式（6.52）也可以通过**虚功原理**（principle of virtual work）得到，具体推导可参考文献［119］。

下面看一个例子。

【例 6.4】　讨论一下 SCARA 机器人的力雅可比矩阵。

解：例 5.10 的分析已经给出了该机器人的速度雅可比矩阵，根据力雅可比与速度雅可比之间的映射关系，可以得到

$$(\boldsymbol{J}^{S})^{\mathrm{T}}=\begin{pmatrix}0&0&1&0&0&0\\0&0&1&0&l_1\mathrm{s}\theta_1&l_1\mathrm{c}\theta_1\\0&0&1&l_1\mathrm{c}\theta_1+l_2\mathrm{c}\theta_{12}&l_1\mathrm{s}\theta_1+l_2\mathrm{s}\theta_{12}&0\\0&0&0&0&0&1\end{pmatrix}$$

6.5.2　力雅可比与速度雅可比之间的对偶性（duality）讨论[164-166]

由以上讨论可知，施加给末端执行器的力旋量与关节力旋量之间的映射关系可用机器人的力雅可比矩阵来表达；而另一方面，力雅可比的转置也就是速度雅可比，可用来描述机器人末端运动旋量与关节运动旋量之间的映射关系。前者反映的是机器人静力传递关系，而后者描述的是速度传递关系。因此说，机器人静力学与运动学之间必然存在着某种密切的联系。

机器人的微分运动与静力传递之间的关系可用图 6.15 所示的线性映射图来表示。我们知道，机器人的微分运动方程可以看成是从关节空间（n 维向量空间 $\mathbb{V}^n$）向位形空间（m 维向量空间 $\mathbb{V}^m$）的线性映射，雅可比矩阵 $\boldsymbol{J}^S(\boldsymbol{\theta})$（以下简写成 $\boldsymbol{J}(\boldsymbol{\theta})$）与给定的位形 $\boldsymbol{\theta}$ 一一对应。其中，n 表示关节数，m 表示位形空间维数。$\boldsymbol{J}(\boldsymbol{\theta})$ 的**域空间**（range space）$R(\boldsymbol{J})$ 代表关节运动能够产生的全部操作速度集合。当 $\boldsymbol{J}(\boldsymbol{\theta})$ 降秩时，机器人处于奇异位形，$R(\boldsymbol{J})$ 不能张满整个位形空间，即存在至少一个末端操作手不能运动的方向。子空间 $N(\boldsymbol{J})$ 为 $\boldsymbol{J}(\boldsymbol{\theta})$ 的零空间，用来表示不产生操作速度的关节速度集合，即满足 $\boldsymbol{J}(\boldsymbol{\theta})\dot{\boldsymbol{\theta}}=\boldsymbol{0}$。如果 $\boldsymbol{J}(\boldsymbol{\theta})$ 满秩，$N(\boldsymbol{J})$ 的维数为机器人的冗余自由度（$n-m$）；当 $\boldsymbol{J}(\boldsymbol{\theta})$ 降秩时，$R(\boldsymbol{J})$ 的维数减少，$N(\boldsymbol{J})$ 的维数增多，但两者的总和总是为 n，即

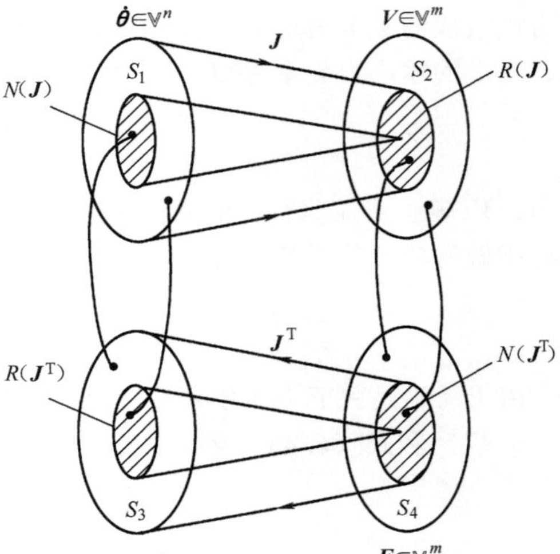

图 6.15　运动学与静力学的对偶性

$$\dim[R(\boldsymbol{J})]+\dim[N(\boldsymbol{J})]=n \tag{6.53}$$

与微分运动映射不同，静力映射是从位形空间（m 维向量空间$\mathbb{V}^m$）向关节空间（n 维向量空间$\mathbb{V}^n$）的线性映射。因此，关节力旋量 $\boldsymbol{\sigma}$ 总是由末端操作力旋量 $\boldsymbol{F}$ 唯一地确定。反过来，对于给定的关节力旋量，末端操作力旋量却不总存在，这与微分运动的情况类似。令零空间 $N(\boldsymbol{J}^{\mathrm{T}})$ 代表不需要任何关节力旋量与之平衡的所有末端操作力旋量的集合，这时的末端力全部由机器人机构本身承担（如由约束反力来平衡）。而域空间 $R(\boldsymbol{J}^{\mathrm{T}})$ 代表所有能平衡末端操作力的关节力旋量集合。

$\boldsymbol{J}$ 与 $\boldsymbol{J}^{\mathrm{T}}$ 的域空间和零空间有着密切关系。由线性代数的有关理论可知，零空间 $N(\boldsymbol{J})$ 是域空间 $R(\boldsymbol{J}^{\mathrm{T}})$ 在 $\mathscr{V}^n$上的正交补，反之亦然。若用 S_1 表示 $N(\boldsymbol{J})$ 在$\mathbb{V}^n$上的正交补，则 S_1 与 $R(\boldsymbol{J}^{\mathrm{T}})$ 等价；同样，若用 S_3 表示 $R(\boldsymbol{J}^{\mathrm{T}})$ 在$\mathbb{V}^n$上的正交补，则 S_3 与 $N(\boldsymbol{J})$ 等价。这说明在不产生任何末端操作速度的那些关节速度方向上，关节力旋量不可能被任何末端操作力平衡。为了保持末端操作臂静止不动，关节力旋量必须为零。

在位形空间$\mathbb{V}^m$中存在类似的对应关系，即域空间 $R(\boldsymbol{J})$ 是零空间 $N(\boldsymbol{J}^{\mathrm{T}})$ 的正交补。故 S_2 与 $N(\boldsymbol{J}^{\mathrm{T}})$ 等价，S_4 与 $R(\boldsymbol{J})$ 等价。因此，当外力作用在末端不能运动的方向时，不需要关节力旋量来平衡末端操作力；同样，当外力加在末端可以运动的方向时，必须全部由关节力旋量来平衡。如果雅可比矩阵降秩或称操作手处于奇异位形时，$N(\boldsymbol{J}^{\mathrm{T}})$ 不降为零，外力的一部分由约束力来平衡。微分运动学与静力学的这种关系称之为**运动学与静力学的对偶性**。

6.6　反旋量

6.6.1　反旋量的物理意义[149]

反旋量又称互易旋量，可用运动旋量与力旋量的瞬时功率来定义。

一个刚体只允许沿单位旋量 $\$_1=(\boldsymbol{s}_1;\ \boldsymbol{s}^{01})=(\boldsymbol{s}_1;\ \boldsymbol{r}_1\times\boldsymbol{s}_1+h_1\boldsymbol{s}_1)$ 作螺旋运动，相对应的单位运动旋量的坐标为 $\boldsymbol{\xi}=(\boldsymbol{\omega}_1;\ \boldsymbol{v}_1)=(\boldsymbol{\omega}_1;\ \boldsymbol{r}_1\times\boldsymbol{\omega}_1+h_1\boldsymbol{\omega}_1)$。设想在其上沿单位旋量 $\$_2=(\boldsymbol{s}_2;\ \boldsymbol{s}^{02})=(\boldsymbol{s}_2;\ \boldsymbol{r}_2\times\boldsymbol{s}_2+h_2\boldsymbol{s}_2)$ 方向作用一个单位力旋量 $\boldsymbol{F}=(\boldsymbol{f}_2;\ \boldsymbol{\tau}_2)=(\boldsymbol{f}_2;\ \boldsymbol{r}_2\times\boldsymbol{f}_2+h_2\boldsymbol{f}_2)$，如图 6.16 所示。

不失一般性，假定点 $\boldsymbol{r}_1$，$\boldsymbol{r}_2$ 分别位于距离最近的两轴线上，因此 $\boldsymbol{r}_2$ 可改写成 $\boldsymbol{r}_2=\boldsymbol{r}_1+a_{12}\boldsymbol{n}$，其中 $\boldsymbol{n}$ 是垂直于两轴线的单位向量。这时，$\boldsymbol{\xi}$ 与 $\boldsymbol{F}$ 的瞬时功率为

$$
\begin{aligned}
P_{12}&=\boldsymbol{F}\circ\boldsymbol{\xi}=\boldsymbol{F}^{\mathrm{T}}\boldsymbol{\Delta}\boldsymbol{\xi}\\
&=\boldsymbol{f}_2\cdot\boldsymbol{v}_1+\boldsymbol{\tau}_2\cdot\boldsymbol{\omega}_1\\
&=\boldsymbol{f}_2\cdot(\boldsymbol{r}_1\times\boldsymbol{\omega}_1+h_1\boldsymbol{\omega}_1)+\boldsymbol{\omega}_1\cdot(\boldsymbol{r}_2\times\boldsymbol{f}_2+h_2\boldsymbol{f}_2)\\
&=(h_1+h_2)(\boldsymbol{\omega}_1\cdot\boldsymbol{f}_2)+(\boldsymbol{r}_2-\boldsymbol{r}_1)\cdot(\boldsymbol{f}_2\times\boldsymbol{\omega}_1)\\
&=(h_1+h_2)\cos\alpha_{12}-a_{12}\sin\alpha_{12}
\end{aligned}
\tag{6.54}
$$

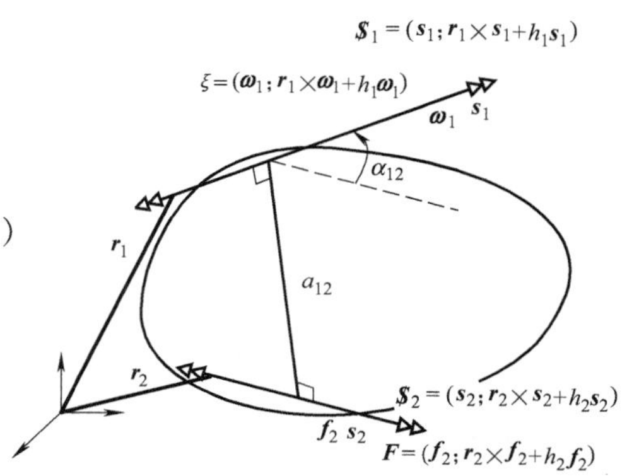

图 6.16　互易旋量的概念

而根据本章第二节所给出的两旋量互易积的定义，可得

$$
\begin{aligned}
\$_1 \circ \$_2 &= \$_1^{\mathrm{T}} \boldsymbol{\Delta} \, \$_2 = \boldsymbol{s}_1 \cdot (\boldsymbol{r}_2 \times \boldsymbol{s}_2 + h_2 \boldsymbol{s}_2) + \boldsymbol{s}_2 \cdot (\boldsymbol{r}_1 \times \boldsymbol{s}_1 + h_1 \boldsymbol{s}_1) \\
&= (h_1 + h_2)(\boldsymbol{s}_1 \cdot \boldsymbol{s}_2) + (\boldsymbol{r}_2 - \boldsymbol{r}_1) \cdot (\boldsymbol{s}_2 \times \boldsymbol{s}_1) \\
&= (h_1 + h_2)\cos\alpha_{12} - a_{12}\sin\alpha_{12}
\end{aligned} \tag{6.55}
$$

对比式（6.54）与式（6.55），结果完全相同，则表明力旋量 $\boldsymbol{F}$ 与运动旋量 $\boldsymbol{\xi}$ 的互易积正是这两个旋量产生的瞬时功率。因此，如果 $\$_1$，$\$_2$的互易积为零，则意味着力旋量与运动旋量的瞬时功率为零。这种情况下，无论该力旋量中力或力矩有多大，都不会对刚体做功，也不能改变该约束作用下刚体的运动状态。由此称与 $\$_2$构成互易积为零的旋量 $\$_1$为 $\$_2$的**反旋量**（reciprocal screw，也称**互易旋量**），反之亦然。

反旋量的概念最初是由 Ball 提出来的，它从运动旋量与力旋量引申而来，习惯上主要表征力旋量。而从物理意义上讲是一种**约束力旋量**，可表示物体在三维空间内受到的**理想约束**（ideal constraint）。

6.6.2　特殊几何条件下的互易旋量对

1. 旋量 $\$_1$与反旋量 $\$_2$的轴线相交

这时公法线为零，即 $a_{12}=0$，则式（6.55）简化为

$$(h_1 + h_2)\cos\alpha_{12} = 0 \tag{6.56}$$

特殊情况 1：旋量 $\$_1$与反旋量 $\$_2$轴线相交但不垂直（图 6.17）

由于 $\cos\alpha_{12} \neq 0$，因而

$$h_1 = -h_2 \tag{6.57}$$

这是两个**轴线相交但不垂直的一般旋量**互易时应满足的几何条件（图 6.17a）。

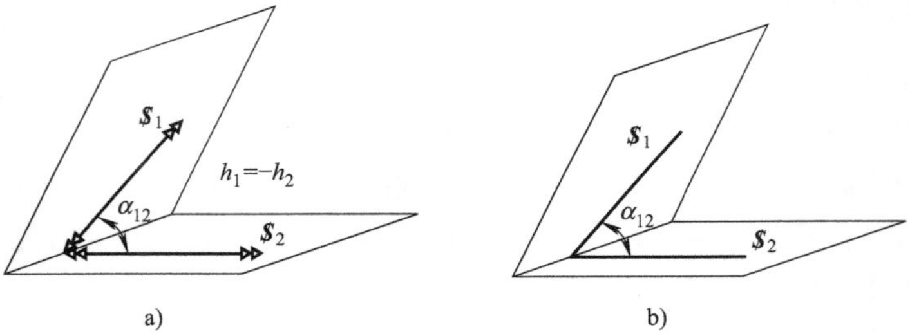

图 6.17　旋量 $\$_1$与反旋量 $\$_2$的轴线相交不垂直

a）一般旋量对　b）一个直线对

特殊情况 2：旋量 $\$_1$与反旋量 $\$_2$轴线相交，且其中之一的节距为零（$h_1=0$ 或 $h_2=0$）

根据式（6.55），要满足互易的条件，可导出另外一个旋量的节距也为零（图 6.17b）。这时，两旋量均为直线。即可以得出结论：**共面的两条直线一定互易**。而前面第一章已经证明两条互易的直线必共面。因而可以得到：两条直线互易的充要条件是它们共面。反之，不共面的两条直线必不互易。

特殊情况 3：旋量 $\$_1$与反旋量 $\$_2$的轴线垂直相交（图 6.18）

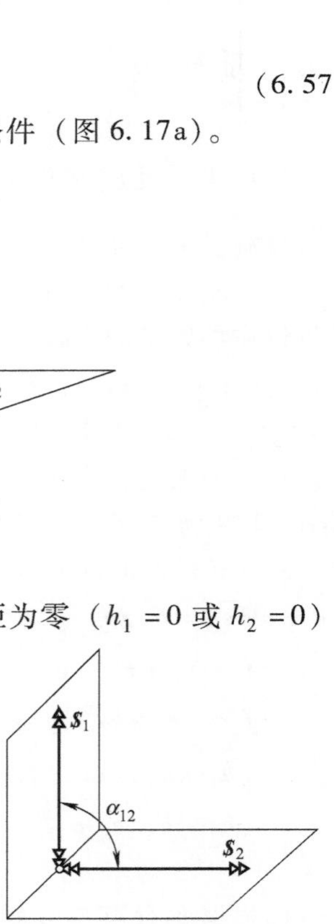

图 6.18　旋量 $\$_1$与反旋量 $\$_2$的轴线垂直相交

由于 $a_{12}=0$，$\cos\alpha_{12}=0$，满足式（6.55），因而无论节距取何值，两个旋量都互易。这表明与运动旋量垂直相交的力旋量，

无论节距多大都无法改变刚体的运动状态。

2. 旋量 $\$_1$ 与反旋量 $\$_2$ 的轴线平行（图 6.19）

这时扭角为零，即 $\alpha_{12}=0$，则式（6.55）简化为

$$(h_1+h_2)\cos\alpha_{12}=0 \tag{6.58}$$

由于 $\cos\alpha_{12}\neq 0$，因而

$$h_1=-h_2 \tag{6.59}$$

3. 旋量 $\$_1$ 与反旋量 $\$_2$ 的轴线异面，但其中之一的节距为零（$h_1=0$ 或 $h_2=0$）

如图 6.20 所示，不妨令 $h_1=0$，则式（6.55）退化为

$$h_2=a_{12}\tan\alpha_{12} \tag{6.60}$$

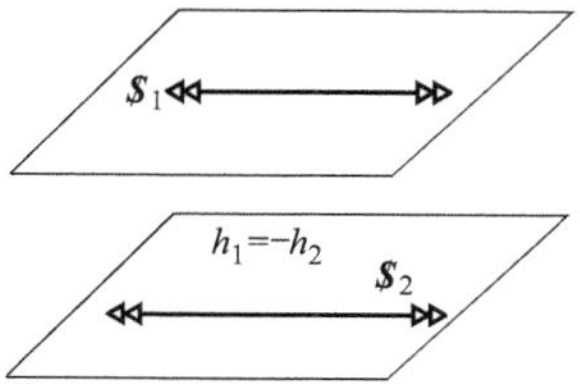

图 6.19　旋量 $\$_1$ 与反旋量 $\$_2$ 的轴线平行

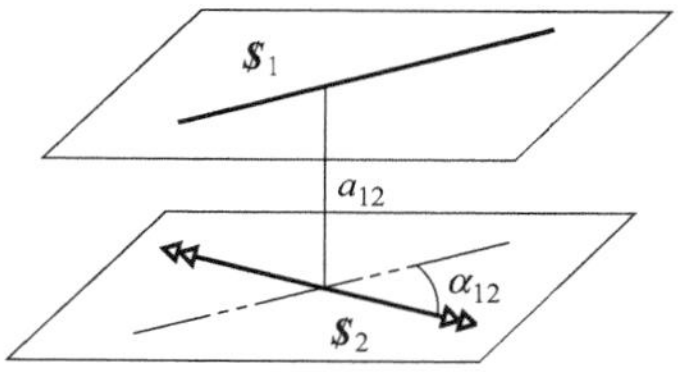

图 6.20　旋量 $\$_1$ 与反旋量 $\$_2$ 的轴线异面，但其中之一的节距为零

因此，如果 $a_{12}=0$ 但 $\alpha_{12}\neq 0$ 或者 $\alpha_{12}\neq 90°$（退化成图 6.21a 的形式），则 $\$_2$ 的节距也应为零（$h_2=0$），这时 $\$_2$ 退化成一条直线。如果 $\$_1$ 表示约束力，则其反旋量 $\$_2$ 为与之相交的纯转动轴线。如果 $\alpha_{12}=0$（两个旋量轴线平行，退化成图 6.21b 的形式），则 $\$_2$ 的节距也应为零（$h_2=0$），这时 $\$_2$ 也退化成一条直线。如果 $\$_1$ 表示约束力，则其反旋量 $\$_2$ 为与之平行的纯转动轴线。

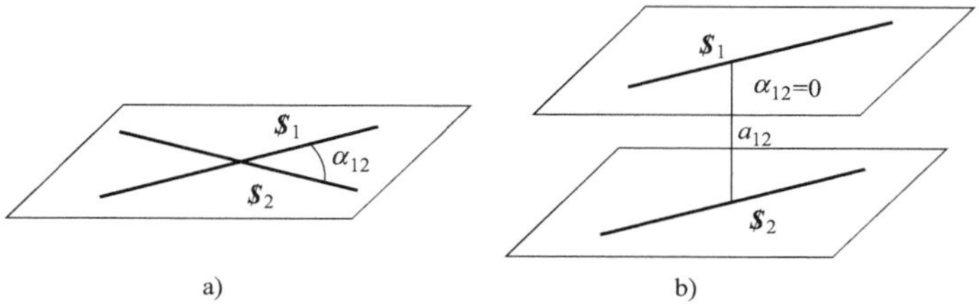

图 6.21　两种特例

a）轴线相交　b）轴线平行

特例：如果 $\alpha_{12}=90°$ 但 $a_{12}\neq 0$（图 6.22a），则 $\$_2$ 的节距应为无穷大（$h_2=\infty$），这时 $\$_2$ 退化成一个偶量。如果 $\$_1$ 表示约束力，则其反旋量 $\$_2$ 为纯移动。

还有一种特殊情况，即 $a_{12}=0$ 且 $\alpha_{12}=90°$（图 6.22b）。这时，$\$_2$ 的节距可能为任意情况。

除以上四种情况之外（即 $a_{12}\neq 0$，$\alpha_{12}\neq 0$，$\alpha_{12}\neq 90°$），根据式（6.55）可得 $\$_2$ 为一个一般旋量，其节距为 $a_{12}\tan\alpha_{12}$。

4. 考虑纯移动情况

当物体受到约束，仅能沿 $\boldsymbol{v}_2$ 方向移动，速度为 $\boldsymbol{v}_2(\boldsymbol{0};\ \boldsymbol{v}_2)$，作用在物体上的力旋量为

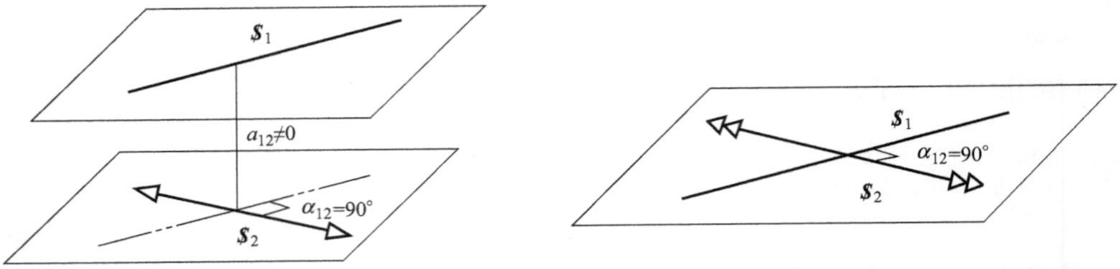

a)　　b)

图 6.22　两轴线正交的两种特例

a）两轴线正交但不相交　b）两轴线垂直相交

$f_1(\boldsymbol{f}_1;\ \boldsymbol{\tau}_1)$，所引起的瞬时功率为

$$P_{12}=f_1\boldsymbol{f}_1\cdot v_2\boldsymbol{v}_2=f_1v_2\boldsymbol{f}_1\cdot\boldsymbol{v}_2=f_1v_2\cos\alpha_{12} \tag{6.61}$$

因此，除非运动旋量与力旋量的轴线相互垂直，或者力旋量退化成一个纯力偶，有限节距或零节距的力旋量都能对物体做功，进而改变物体的运动状态。

由此，根据以上分析可得到以下几点结论：

1）2 条直线互易的充要条件是共面；

2）2 个偶量必然互易；

3）1 条直线与 1 个偶量只有当它们的轴线相互垂直时才互易，否则不互易；

4）直线与偶量都具有自互易性；

5）任何垂直相交的 2 个旋量必然互易，且与其节距大小无关；

6）任何平行或相交的 2 个旋量，只要它们的节距等值反向，则必然互易；

7）给定任一一般旋量 $\$_1$，与之互易的 $\$_2$ 可能为一般旋量、偶量或直线，在方向上两者可能异面或相交，但节距必须满足 $h_1+h_2=a_{12}\tan\alpha_{12}$；

8）给定任一偶量 $\$_1$，与之互易的 $\$_2$ 若为一般旋量，则必与 $\$_1$ 正交，反之亦然；

9）给定任一直线 $\$_1$，与之互易的 $\$_2$ 若为一般旋量，则节距必须满足 $h_2=a_{12}\tan\alpha_{12}$，反之亦然。

可简单地将上述结论写成如表 6.2 所示的表格形式。

表 6.2　两旋量互易的几何条件

几何条件		给定旋量 $\$_1$ 的特征		
		直线（$h_1=0$）	偶量（$h_1=\infty$）	一般旋量（h_1 为有限值）
反旋量 $\$_2$ 的特征	直线（$h_2=0$）	共面 $a_{12}\sin\alpha_{12}=0$	正交 $\alpha_{12}=90°$	$h_1=a_{12}\tan\alpha_{12}$
	偶量（$h_2=\infty$）	正交 $\alpha_{12}=90°$	任意方向	正交 $\alpha_{12}=90°$
	一般旋量（h_2 为有限值）	$h_2=a_{12}\tan\alpha_{12}$	正交 $\alpha_{12}=90°$	$h_1+h_2=a_{12}\tan\alpha_{12}$

【例 6.5】　有一已知运动旋量 $\$_1=(1,\ 0,\ 0;\ 1,\ 0,\ 0)$，求过轴线外一点 $P\ (0,\ 1,\ 0)^{\mathrm{T}}$ 而又与 $\$_1$ 互易的所有约束力（图 6.23）。

解： 令 $\$_2=(\boldsymbol{s};\boldsymbol{r}\times\boldsymbol{s})$，$\boldsymbol{s}=(x,y,z)^{\mathrm{T}}$，$\boldsymbol{r}=(0,1,0)^{\mathrm{T}}$，$\boldsymbol{i}=(1,0,0)^{\mathrm{T}}$，则根据 $\$_2^{\mathrm{T}}\boldsymbol{\Delta}\,\$_1=0$ 得到

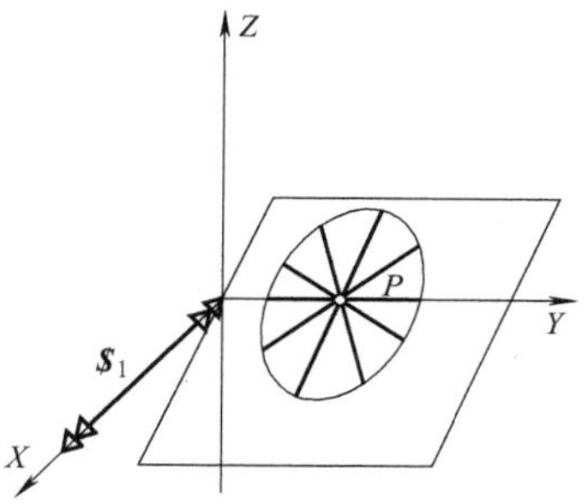

图 6.23　例 6.5 图

$$\boldsymbol{i}\cdot\boldsymbol{s}+\boldsymbol{i}\cdot(\boldsymbol{r}\times\boldsymbol{s})=0$$
$$\boldsymbol{i}\cdot(\boldsymbol{E}+\hat{\boldsymbol{r}})\boldsymbol{s}=0$$

可导出

$$x=-z$$

上式表明直线 $\$_2$应是在 $x=-z$ 平面内，且汇交点为 P 的一个径向圆盘。

6.7　扩展阅读文献

1. 戴建生. 旋量代数与李群、李代数［M］. 北京：高等教育出版社，2014.

2. 戴建生. 机构学与机器人学的几何基础与旋量代数［M］. 北京：高等教育出版社，2014.

3. 黄真，孔令富，方跃法. 并联机器人机构学理论及控制［M］. 北京：机械工业出版社，1997.

4. 黄真，刘婧芳，李艳文. 论机构自由度——寻找了 150 年的自由度通用公式［M］. 北京：科学出版社，2011.

5. 熊有伦. 机器人学［M］. 北京：机械工业出版社，1992.

6. 于靖军，裴旭，宗光华. 机械装置的图谱化创新设计［M］. 北京：科学出版社，2014.

7. Ball R S. The Theory of Screws［M］. Cambridge：Cambridge University Press，1998.

8. Davidson J K，Hunt K H. Robots and Screw theory：Applications of Kinematics and Statics to Robotics［M］. Oxford：Oxford University Press，2004.

9. Duffy J. Statics and Kinematics with Applications to Robotics［M］. Cambridge：Cambridge University Press，1996.

10. Murray R，Li Z X，Sastry S. A Mathematical Introduction to Robotic Manipulation. Boca Raton：CRC Press，1994.

习　　题

6.1　证明所有轴线经过坐标原点 O 的旋量必然满足 $\mathcal{P}^*/\mathcal{L}=\mathcal{Q}^*/\mathcal{M}=\mathcal{R}^*/\mathcal{N}=h$。

6.2　填空：补充空格的数值，使之表示一个线矢量。

(1) (1, 0, 0; _, 0, 0)

(2) (1, 1, 0; 1, _, 0)

(3) (1, 1, 0; 0, _, 1)

(4) (0, _, 0; 1, 0, 1)

6.3　填空：补充空格的数值，使之表示一个满足特定节距的旋量。

(1) (1, 0, 0; _, 0, 0), $h=1$

(2) (1, 0, 0; 1, _, 0), $h=1$

(3) (1, 0, 0; 1, _, 0), $h=10$

(4) (1, _, 0; 1, 0, 0), $h=1$

6.4　证明旋量的节距是原点不变量。

6.5　试证明自互易旋量有且只有线矢量和偶量两种类型。

6.6　从射影几何的角度来看，偶量可看作是处于无穷远处的线矢量。试从极限的角度证明之。

6.7　填空：补充空格的数值，使之表示一个单位旋量，并确定该旋量的节距和轴线坐标。

(1) $\left(\frac{1}{\sqrt{2}},\ 0,\ \_;\ 1,\ 0,\ 1\right)$

(2) $\left(\frac{3}{5\sqrt{2}},\ \frac{4}{5\sqrt{2}},\ \_;\ 0,\ -\frac{5}{4},\ 1\right)$

6.8　试给出图 6.24 所示单位正方体中 12 条边所对应单位**线矢量**的旋量坐标表达，参考坐标系如图 6.24 所示。

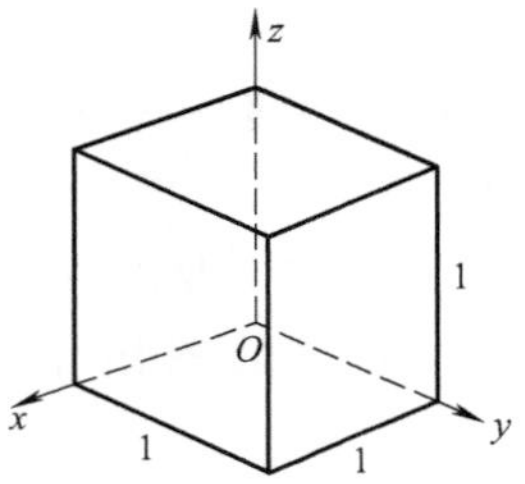

图 6.24　习题 6.8 图

6.9　试给出单位正方体中 12 条边所对应单位**偶量**的旋量坐标表达，参考坐标系如图 6.24 所示。

6.10　就旋量的物理意义而言，除了运动旋量和力旋量之外，你还能举出其他具有物理意义的旋量类型吗？

6.11　无论是空间速度还是物体速度，它们都可以用旋量来表达。试问空间加速度或物体加速度也可表示成旋量的形式吗？

6.12　如果一种运算与坐标系的选择无关，则称该运算具有坐标系无关性。试证明：旋量的互易积具有坐标系无关性。

6.13　证明：在空间任何一点处，都存在唯一一条过该点的线矢量与给定的旋量互易。

6.14　证明：轴线垂直相交的两旋量必互易。

6.15　**Blanding 法则**：自由度线与约束线一定相交[5]。请用互易旋量与射影几何的知识证明之。

6.16　运动旋量与约束旋量是一对互易旋量。能否给出其中的物理意义？如果刚体受到了纯力约束的作用，该刚体什么运动受到了约束？如果刚体受到了纯力偶约束的作用，该物体什么运动又受到了约束？

6.17　已知一旋量 $\boldsymbol{\$}=(1,\ 0,\ 0;\ 0,\ 0,\ 0)$，求过轴线外一点 $P(0,\ 1,\ 0)^{\mathrm{T}}$ 而又与 $\boldsymbol{\$}$ 互易的所有力旋量，用图示之。

6.18　试问旋量的对偶性（duality）与互易性（reciprocity）有何区别？

6.19　已知在惯性坐标系 $\{A\}$ 原点的运动旋量 ${}^{A}\boldsymbol{\xi}$ 和齐次变换矩阵 ${}_{B}^{A}\boldsymbol{T}$ 分别为

$$
{}^{A}\boldsymbol{\xi}=\begin{pmatrix}\frac{\sqrt{2}}{2}\\ \frac{\sqrt{2}}{2}\\ 0\\ 0\\ 1\\ 1\end{pmatrix},\quad {}_{B}^{A}\boldsymbol{T}=\begin{pmatrix}\frac{\sqrt{3}}{2} & -\frac{1}{2} & 0 & 10\\ \frac{1}{2} & \frac{\sqrt{3}}{2} & 0 & 0\\ 0 & 0 & 1 & 5\\ 0 & 0 & 0 & 1\end{pmatrix}
$$

试计算 ${}^{B}\boldsymbol{\xi}$。

6.20　已知平面 2 自由度 2R 机器人的雅可比矩阵为

$$
\boldsymbol{J}^{S}=\begin{pmatrix}-l_1\sin\theta_1-l_2\sin(\theta_1+\theta_2) & -l_2\sin(\theta_1+\theta_2)\\ l_1\cos\theta_1+l_2\cos(\theta_1+\theta_2) & l_2\cos(\theta_1+\theta_2)\end{pmatrix}
$$

若忽略重力，当末端受到外力旋量 ${}^{S}\boldsymbol{F}=(1,\ 0,\ 0;\ 0,\ 0,\ 0)$ 作用时，求与此力平衡的关节力旋量。

第 7 章　线几何与旋量系

【内容提示】

旋量系（screw system）是旋量理论中的一个重要组成部分。研究旋量系理论的目的在于通过研究机构或机械系统中运动与约束之间的关系，进而了解系统的运动特性及力特性。从物理意义上讲，旋量系是运动旋量或力旋量在旋量空间中的基表达。

根据旋量系的阶数（或维数），可分成旋量 1 ~ 6 系六种。其中一些特殊旋量系与线几何紧密相关，因此对旋量系的分类问题可同线几何紧密联系起来。

反旋量系与旋量系之间具有互易性，在代数上对它们的求解可以看成是计算齐次线性方程组的零空间；而利用旋量系的几何特性同样可以以图形化的方式进行互易性描述。

因此，学习本章内容的重点在于掌握互易旋量系的概念、物理意义以及几何或解析求解方法，难点在于区分旋量系的分类，以及特殊旋量系的几何特性。

7.1　线几何

7.1.1　线矢量集、线簇及分类

n 条单位线矢量 $\$_1$，$\$_2$，…，$\$_n$ 可以组成一个**线矢量集**（line set），记为 $S=\{\$_1, \$_2, \cdots, \$_n\}$。如果在线矢量集 S 中，存在一组线性无关的单位线矢量 $\$_1$，$\$_2$，…，$\$_r$，并且 S 中的其他所有线矢量都是这些 r 条线矢量的线性组合，则称该 r 条线矢量为线矢量集 S 的一组基。即这 r 条线矢量连同它们的线性组合共同组成所谓的**线簇**（line variety）S，r 为该线簇的阶数或维数，记作 $r=\mathrm{rank}(S)$。例如，由所有通过坐标原点的线矢量所组成的线矢量集中，任意一条线矢量都可以通过下面 3 条正交（线性无关）的单位线矢量线性组合而成，它们组成了一个维数为 3 的线簇。

$$\begin{cases}\$_1=(1,0,0;0,0,0)\\ \$_2=(0,1,0;0,0,0)\\ \$_3=(0,0,1;0,0,0)\end{cases}\tag{7.1}$$

事实上，根据不同的维数，存在许多具有不同几何特性的**线簇**（line variety）。由此可以根据其所具有的几何特性将线簇进行分类研究。注意这里的 n 取值为 1 ~ 6 而不是更多，源于这些线簇具有很强的物理意义。实际上法国数学家 Grassmann 在 19 世纪的时候就研究了其中一些典型线簇的几何特性，后人称之为 Grassmann 线几何[97-98]（Grassmann line geometry）。

如表 7.1 所示，Merlet 所给的 Grassmann 线几何包括以下内容：

由 1 条线矢量或多条同轴线矢量所组成的线簇其维数为 1（1a）。

线簇的维数为 2 时包括两种情况：① 平面汇交于一点的任意多条线矢量（平面平行可

以看作相交于平面无穷远点）组成**平面线列**（line pencil），但其中只有 2 条线矢量线性无关（2a）。② 异面（空间交错）的两条线矢量（2b）。

线簇的维数为 3 时包括四种情况：① 空间汇交于一点的任意多条线矢量（空间平行可以看作相交于空间无穷远点）组成空间共点**线束**（line bundle），但其中只有 3 条线矢量线性无关（3a）。② 共面的任意多条线矢量组成共面**线域**（line field），其中也只有 3 条线矢量线性无关（3b）。③ 汇交点在两平面交线上的两个平面线列，其中也只有 3 条线矢量线性无关（3c）。④ 空间既不平行也不相交的 3 条线矢量组成**二次线列**（regulus），它们线性无关，而它们的线性组合可构成一个单叶双曲面（3d）。

线簇的维数为 4 时称为**线汇**（line congruence），它包括四种情况：①由空间既不平行也不相交的 4 条线矢量组成，它们线性无关（4a）。②由空间共点及共面两组线束组成，且汇交点在平面上，这时只有 4 条线矢量线性无关（4b）。③由有 1 条公共交线的 3 个平面线列组成。这种情况下，有 4 条线矢量线性无关（4c）。④能同时与另两条线矢量相交的 4 条线矢量，它们线性无关（4d）。

线簇的维数为 5 时称为**线丛**（linear complex），它包括两种情况：①由空间既不平行也不相交的 5 条线矢量组成**一般线性丛**，也称**非奇异线丛**。这 5 条线矢量线性无关（5a）；②当所有线矢量同时与一条线矢量相交时构成**特殊线性丛**或称**奇异线丛**，这时只有 5 条线矢量线性无关（5b）。

表 7.1　Grassmann 线几何

维数	线簇种类
1	 1a
2	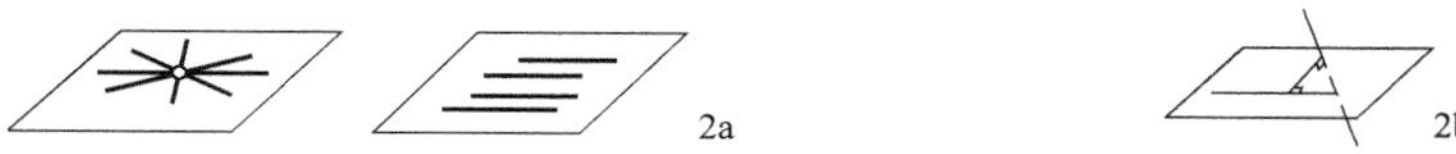 2a 平面线列(平面汇交或共面平行)；2b 异面(空间交错)的两条线矢量
3	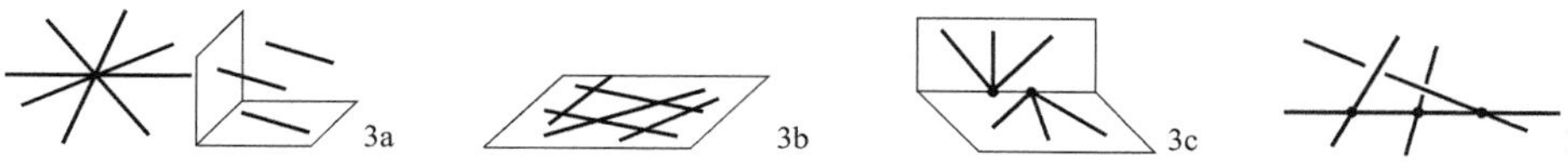 3a 空间共点线束(包括平行)；3b 共面；3c 两平面汇交线束；3d 二次线列
4	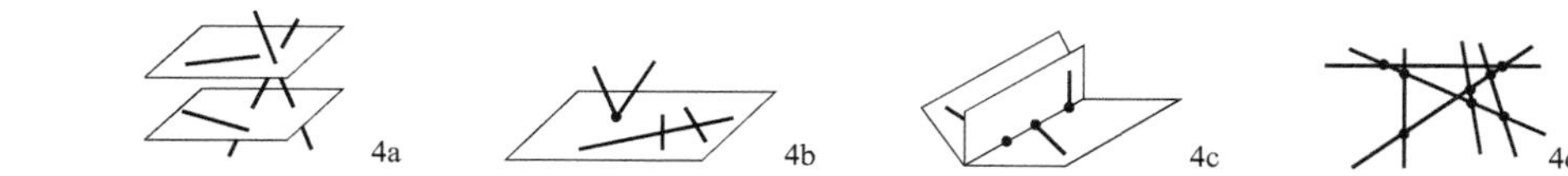 4a 空间不平行不相交的 4 条线矢量；4b 共面共点；4c 交 1 条公共线矢量，且交角一定；4d 交 2 条公共线矢量
5	 5a 非奇异线丛；5b 交 1 条公共线矢量

7.1.2 不同几何条件下的线矢量集相关性判别

上节中在给出了一些典型线簇的同时也给出了其维数（秩）。实际上对于复杂的线矢量集而言，其维数的确定并非是一件容易的事情。而确定维数对认识线簇而言却是最基本的事情。那么如何来正确地确定其维数呢？本节将重点讨论这个问题。

设有由 n 条单位线矢量 $\boldsymbol{\$}_1$，$\boldsymbol{\$}_2$，…，$\boldsymbol{\$}_n$ 组成的集合 $\{\boldsymbol{\$}_1, \boldsymbol{\$}_2, \cdots, \boldsymbol{\$}_n\}$，若存在不全为零的数 λ_1，λ_2，…，λ_n，使得 $\sum_{i=1}^{n}\lambda_i\boldsymbol{\$}_i=\mathbf{0}$，则该线矢量集线性相关；否则，该线矢量集线性无关。设线矢量集中各条线矢量的 Plücker 坐标可表示为（L_i，M_i，N_i；P_i，Q_i，R_i），则该线矢量集的线性相关性可用下列矩阵 $\boldsymbol{A}$ 的秩来判定。

$$\boldsymbol{A}=\begin{pmatrix} L_1 & M_1 & N_1 & P_1 & Q_1 & R_1 \\ L_2 & M_2 & N_2 & P_2 & Q_2 & R_2 \\ \vdots & \vdots & \vdots & \vdots & \vdots & \vdots \\ L_n & M_n & N_n & P_n & Q_n & R_n \end{pmatrix} \tag{7.2}$$

下面讨论一下**线矢量集的线性相关性与坐标系之间的关系**。

当一组线矢量线性相关时，必定可找到一组不全为零的数 a_1，a_2，…，a_n，使得

$$\sum_{i=1}^{n}a_i\boldsymbol{\$}_i=\mathbf{0},\boldsymbol{\$}_i=\boldsymbol{s}_i+\in\boldsymbol{s}_{0i},\quad i=1,2,\cdots,n \tag{7.3}$$

按线矢量的加法法则，有

$$\sum_{i=1}^{n}a_i\boldsymbol{s}_i=\mathbf{0}\text{和}\sum_{i=1}^{n}a_i\boldsymbol{s}_{0i}=\mathbf{0} \tag{7.4}$$

当坐标系由点 O 移至点 A，各线矢量变为（$\boldsymbol{s}_i$；$\boldsymbol{s}_{Ai}$），其中

$$\boldsymbol{s}_{Ai}=\boldsymbol{s}_{0i}+\overline{AO}\times\boldsymbol{s}_i \tag{7.5}$$

为确定经坐标系变换后线矢量的相关性，分析其线性组合

$$\begin{aligned}\sum_{i=1}^{n}a_i\boldsymbol{\$}_{Ai} &= \sum_{i=1}^{n}a_i\boldsymbol{s}_i+\in\sum_{i=1}^{n}a_i\boldsymbol{s}_{Ai}\\ &=\sum_{i=1}^{n}a_i\boldsymbol{s}_i+\in\left(\sum_{i=1}^{n}a_i\boldsymbol{s}_{0i}+\overline{AO}\times\sum_{i=1}^{n}a_i\boldsymbol{s}_i\right)\end{aligned} \tag{7.6}$$

将式（7.4）代入式（7.6），三项均为零，因此得到

$$\sum_{i=1}^{n}a_i\boldsymbol{\$}_{Ai}=\mathbf{0} \tag{7.7}$$

上式表明在原坐标系下为线性相关的线矢量集，在新坐标系下仍保持线性相关。容易证明本问题的对称命题，即在原坐标系下为线性无关的线矢量集，在新坐标系下仍保持线性无关。所以，**线矢量集的线性相关性与坐标系的选择无关**。这使得在后面的解析法分析中（如果需要的话），可以选取最方便的坐标系，从而可以最大限度地将线矢量坐标表达简化。例如，尽量使线矢量集中各线矢量的 Plücker 坐标中出现更多的 1 和 0 元素[149-151]。

下面我们再来讨论一下线簇线性无关特性的应用。即根据“**线矢量集的线性相关性与坐标系的选择无关**”的特性来讨论三维空间中线矢量集在不同几何条件下的维数（或者最

大线性无关组的维数），即所生成的线簇情况。

1. 同轴

不妨选择将参考坐标系的 X 轴与各条线矢量重合（图 7.1）。则对于单位线矢量，其 Plücker 坐标是 $\$=(1,\ 0,\ 0;\ 0,\ 0,\ 0)$，由此可以判断**同轴条件下任意多条线矢量**所组成的集合 $\boldsymbol{S}$ 其维数为 1，记为 $\dim(\boldsymbol{S})=1$。由此可得，同轴条件下的线矢量可构成一维线簇。

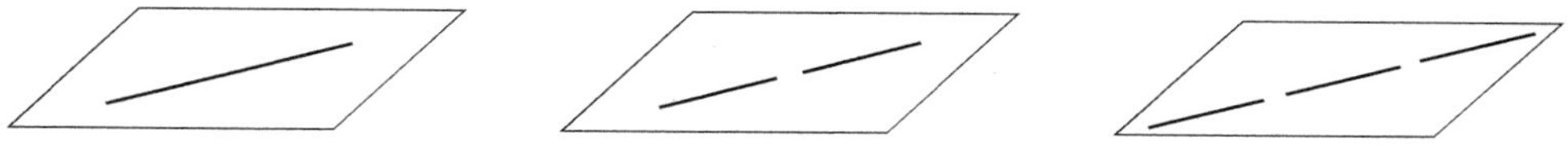

图 7.1 同轴条件下的线簇

如果用集合来表达，可表示成

$$^{1}\boldsymbol{S}=\{k\$\,|\,\$=(\boldsymbol{s};\boldsymbol{r}\times\boldsymbol{s})\} \tag{7.8}$$

也可用更简单的集合符号来表达，即

$$R(N,\boldsymbol{s}) \tag{7.9}$$

式中，N 表示线矢量上的一点；$\boldsymbol{s}$ 表示线矢量的方向（单位矢量表示）。

2. 平面汇交

不妨将线矢量置于参考坐标系的 X-Y 平面内，且选择汇交点为坐标系的原点（图 7.2）。则对于单位线矢量，其一般表达是 $\$=(L,\ M,\ 0;\ 0,\ 0,\ 0)$，由此可以判断**平面汇交条件下任意多条线矢量**所组成的集合 $\boldsymbol{S}$ 其维数为 2，记为 $\dim(\boldsymbol{S})=2$。由此可得，共面共点的线矢量可构成二维线簇。

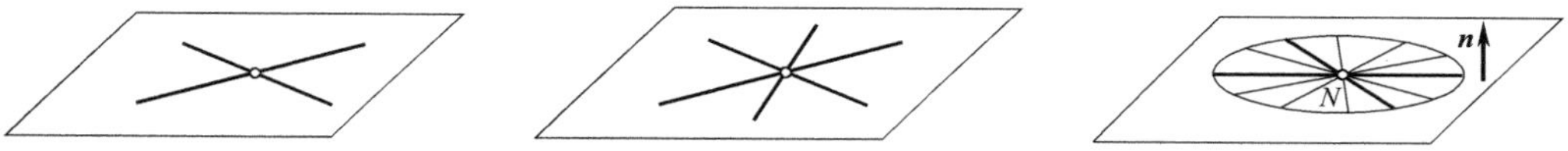

图 7.2 平面汇交条件下的线簇

如果用集合来表达，可表示成

$$^{2}\boldsymbol{S}=\{\$=k_1\$_1+k_2\$_2,k_1\neq0\text{或 }k_2\neq0\}$$

式中，

$$\$_1=\begin{pmatrix}\boldsymbol{s}_1\\ \boldsymbol{r}\times\boldsymbol{s}_1\end{pmatrix},\quad \$_2=\begin{pmatrix}\boldsymbol{s}_2\\ \boldsymbol{r}\times\boldsymbol{s}_2\end{pmatrix} \tag{7.10}$$

$$\$=k_1\$_1+k_2\$_2=\begin{pmatrix}k_1\boldsymbol{s}_1+k_2\boldsymbol{s}_2\\ \boldsymbol{r}\times(k_1\boldsymbol{s}_1+k_2\boldsymbol{s}_2)\end{pmatrix}=\begin{pmatrix}\boldsymbol{s}\\ \boldsymbol{r}\times\boldsymbol{s}\end{pmatrix},\quad \boldsymbol{s}=k_1\boldsymbol{s}_1+k_2\boldsymbol{s}_2 \tag{7.11}$$

也可用更简单的集合符号来表达，即

$$U(N,\boldsymbol{n})\quad(\boldsymbol{n}=\boldsymbol{s}_1\times\boldsymbol{s}_2) \tag{7.12}$$

式中，N 表示汇交点；$\boldsymbol{n}$ 表示汇交线矢量所在平面的法线（单位矢量表示）。

3. 共面平行

不妨将线矢量置于参考坐标系的 X-Y 平面内，且与 X 轴平行（图 7.3）。则对于单位线矢量，其一般表达是 $\$=(1,\ 0,\ 0;\ 0,\ 0,\ R)$，由此可以判断**共面平行条件下任意多条线矢量**所组成的集合 $\boldsymbol{S}$ 其维数为 2，记为 $\dim(\boldsymbol{S})=2$。由此可得，共面平行的线矢量可构成二维线簇。

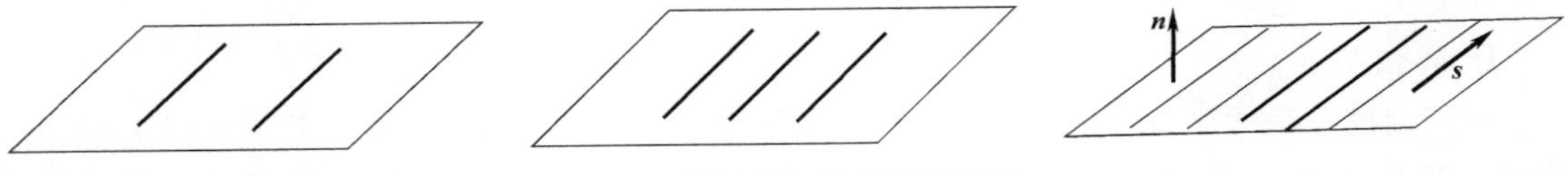

图 7.3　共面平行条件下的线簇

如果用集合来表达，可表示成

$$ {}^{2}\boldsymbol{S}=\{\$=k_1\$_1+k_2\$_2, k_1\neq 0 \text{或} k_2\neq 0\} $$

式中，

$$ \$_1=\begin{pmatrix}\boldsymbol{s}\\ \boldsymbol{r}_1\times\boldsymbol{s}\end{pmatrix},\quad \$_2=\begin{pmatrix}\boldsymbol{s}\\ \boldsymbol{r}_2\times\boldsymbol{s}\end{pmatrix} \tag{7.13} $$

$$ \$=k_1\$_1+k_2\$_2=\begin{pmatrix}(k_1+k_2)\boldsymbol{s}\\ (k_1\boldsymbol{r}_1+k_2\boldsymbol{r}_2)\times\boldsymbol{s}\end{pmatrix}=\begin{pmatrix}\boldsymbol{s}\\ \boldsymbol{r}'\times\boldsymbol{s}\end{pmatrix},\quad \boldsymbol{r}'=\frac{k_1}{k_1+k_2}\boldsymbol{r}_1+\frac{k_2}{k_1+k_2}\boldsymbol{r}_2 \tag{7.14} $$

也可用更简单的集合符号来表达，即

$$ F_2(N,\boldsymbol{s},\boldsymbol{n})\ (\boldsymbol{s}\cdot\boldsymbol{n}=0) \tag{7.15} $$

式中，N 表示平面上的一点；$\boldsymbol{s}$ 表示所有平行线矢量的方向（单位矢量表示）；$\boldsymbol{n}$ 表示平行线矢量所在平面的法线（单位矢量表示）。

4. 平面内两两汇交

不妨将线矢量置于参考坐标系的 X-Y 平面内（图 7.4）。则对于单位线矢量，其一般表达是 $\$=(L,\ M,\ 0;\ 0,\ 0,\ R)$，由此可以判断**共面条件下任意多条线矢量**所组成的集合 $\boldsymbol{S}$ 其维数为 3，记为 $\dim(\boldsymbol{S})=3$。由此可得，平面内两两汇交的线矢量可构成三维线簇。

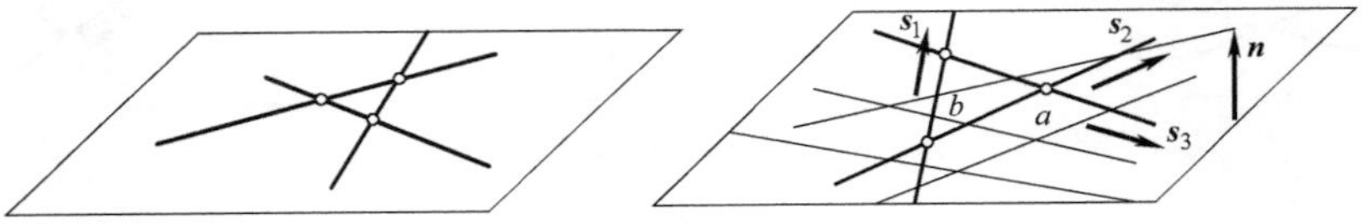

图 7.4　平面内两两汇交条件下的线簇

如果用集合来表达，可表示成

$$ {}^{3}\boldsymbol{S}=\{\$=k_1\$_1+k_2\$_2+k_3\$_3, k_1\neq 0 \text{或} k_2\neq 0 \text{或} k_3\neq 0\} \tag{7.16} $$

式中

$$ \begin{cases}\$_1=(\boldsymbol{s}_1;\boldsymbol{r}\times\boldsymbol{s}_1)\\ \$_2=(\boldsymbol{s}_2;\boldsymbol{r}\times\boldsymbol{s}_2)\\ \$_3=(\boldsymbol{s}_3;\boldsymbol{r}_3\times\boldsymbol{s}_3)\end{cases}\quad (\boldsymbol{s}_3=a\,\boldsymbol{s}_2-b\,\boldsymbol{s}_1, \boldsymbol{r}_3=\boldsymbol{r}+a\,\boldsymbol{s}_2) \tag{7.17} $$

也可用更简单的集合符号来表达，即

$$ L(N,\boldsymbol{n}) \tag{7.18} $$

式中，N 表示平面上的一点；$\boldsymbol{n}$ 表示平面的法线（单位矢量表示）。

5. 空间共点

不妨将汇交点选作参考坐标系的原点（图 7.5）。则对于单位线矢量，其一般表达是 $\$=(L,\ M,\ N;\ 0,\ 0,\ 0)$，由此可以判断**空间共点条件下任意多条线矢量**所组成的集合 $\boldsymbol{S}$ 其维数为 3，记为 $\dim(\boldsymbol{S})=3$。由此可得，空间共点线矢量可构成三维线簇。

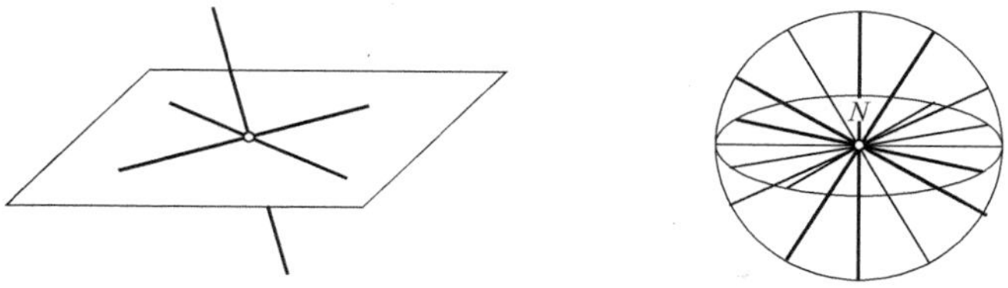

图 7.5　空间共点条件下的线簇

如果用集合来表达，可表示成

$${}^{3}\boldsymbol{S}=\{\$=k_1\$_1+k_2\$_2+k_3\$_3, k_1\neq 0 \text{或} k_2\neq 0 \text{或} k_3\neq 0\}$$

式中，

$$\$_1=\begin{pmatrix}\boldsymbol{s}_1\\ \boldsymbol{r}\times\boldsymbol{s}_1\end{pmatrix},\quad \$_2=\begin{pmatrix}\boldsymbol{s}_2\\ \boldsymbol{r}\times\boldsymbol{s}_2\end{pmatrix},\quad \$_3=\begin{pmatrix}\boldsymbol{s}_3\\ \boldsymbol{r}\times\boldsymbol{s}_3\end{pmatrix} \tag{7.19}$$

$$\$=k_1\$_1+k_2\$_2+k_3\$_3=\begin{pmatrix}k_1\boldsymbol{s}_1+k_2\boldsymbol{s}_2+k_3\boldsymbol{s}_3\\ \boldsymbol{r}\times(k_1\boldsymbol{s}_1+k_2\boldsymbol{s}_2+k_3\boldsymbol{s}_3)\end{pmatrix}=\begin{pmatrix}\boldsymbol{s}\\ \boldsymbol{r}\times\boldsymbol{s}\end{pmatrix}, \boldsymbol{s}=k_1\boldsymbol{s}_1+k_2\boldsymbol{s}_2+k_3\boldsymbol{s}_3 \tag{7.20}$$

也可用更简单的集合符号来表达，即

$$S(N) \tag{7.21}$$

式中，N 表示汇交点。

6. 空间平行

不妨选择参考坐标系的 X 轴与线矢量平行（图 7.6）。则对于单位线矢量，其一般表达是 $\$=(1, 0, 0; 0, Q, R)$，由此可以判断**空间平行条件下任意多条线矢量**所组成的集合 $\boldsymbol{S}$ 其维数为 3，记为 $\dim(\boldsymbol{S})=3$。由此可得，空间平行线矢量可构成三维线簇。

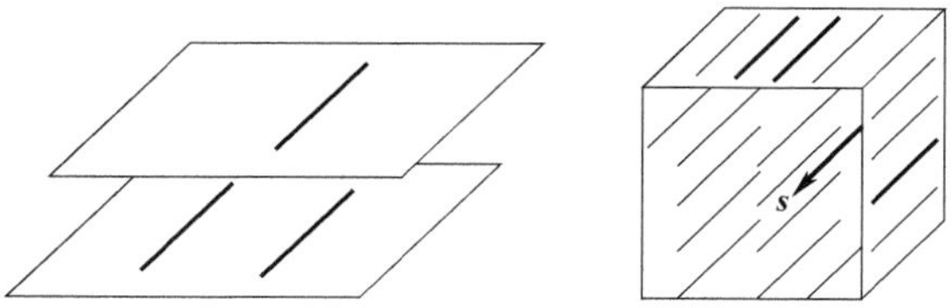

图 7.6　空间平行条件下的线簇

如果用集合来表达，可表示成

$${}^{3}\boldsymbol{S}=\{\$=k_1\$_1+k_2\$_2+k_3\$_3, k_1\neq 0 \text{或} k_2\neq 0 \text{或} k_3\neq 0\}$$

式中，

$$\$_1=\begin{pmatrix}\boldsymbol{s}\\ \boldsymbol{r}_1\times\boldsymbol{s}\end{pmatrix},\quad \$_2=\begin{pmatrix}\boldsymbol{s}\\ \boldsymbol{r}_2\times\boldsymbol{s}\end{pmatrix},\quad \$_3=\begin{pmatrix}\boldsymbol{s}\\ \boldsymbol{r}_3\times\boldsymbol{s}\end{pmatrix},\quad (\boldsymbol{r}_1\times\boldsymbol{r}_2\times\boldsymbol{r}_3\neq\boldsymbol{0}) \tag{7.22}$$

$$\$=\sum_{i=1}^{3}k_i\$_i=\begin{pmatrix}(k_1+k_2+k_3)\boldsymbol{s}\\ (k_1\boldsymbol{r}_1+k_2\boldsymbol{r}_2+k_3\boldsymbol{r}_3)\times\boldsymbol{s}\end{pmatrix}=\begin{pmatrix}\boldsymbol{s}\\ \boldsymbol{r}'\times\boldsymbol{s}\end{pmatrix},\quad \boldsymbol{r}'=\frac{k_1\boldsymbol{r}_1+k_2\boldsymbol{r}_2+k_3\boldsymbol{r}_3}{k_1+k_2+k_3} \tag{7.23}$$

也可用更简单的集合符号来表达，即

$$F(\boldsymbol{s}) \tag{7.24}$$

式中，$\boldsymbol{s}$ 表示所有平行线矢量的方向（单位矢量表示）。

7. 交3条公共轴线

由于相交的两条线矢量一定互易，因此当有线矢量与这3条公共轴线同时相交时，可以很容易判断出：此条件下由**任意多条线矢量**组成的线矢量集 $\boldsymbol{S}$ 其维数为3，记为 dim（$\boldsymbol{S}$）=3。具体分为两种情况：一种为3条轴线不平行同一平面情况（图7.7a），另一种为3条轴线同时平行同一平面情况（图7.7b）。前者对应的是**单叶双曲面**；后者对应的则是**双曲抛物面**。

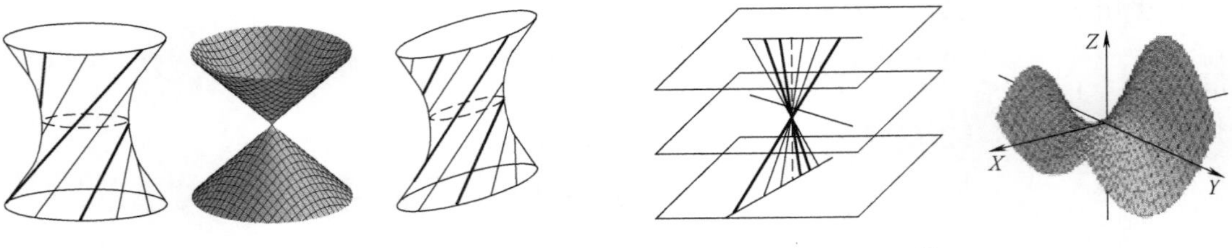

a)　　　　b)

图7.7　与3条公共轴线相交的线簇（二次线列）

a）单叶双曲面　b）双曲抛物面

8. 汇交点在两平面交线上的两平面汇交线束组合

不妨将线矢量分别置于参考坐标系的 X-Y 与 Z-X 平面内，交线为 X 轴，汇交点取为原点（图7.8a）。这时，对于两组线束，其一般表达分别是 $\boldsymbol{\$}_1=(L_1,\ M_1,\ 0;\ 0,\ 0,\ 0)$，$\boldsymbol{\$}_2=(L_2,\ 0,\ N_2;\ 0,\ kN_2,\ 0)$，由此可以判断此条件下由**任意多条线矢量**组成的集合 $\boldsymbol{S}$ 其维数为3，记为 dim($\boldsymbol{S}$)=3。

9. 平面汇交线束与平面平行线束的组合

不妨将线矢量分别置于参考坐标系的 X-Y 与 Z-X 平面内，交线为 X 轴，汇交点取为原点（图7.8b）。这时，对于两组线束，其一般表达分别是 $\boldsymbol{\$}_1=(L_1,\ M_1,\ 0;\ 0,\ 0,\ 0)$，$\boldsymbol{\$}_2=(1,\ 0,\ 0;\ 0,\ Q_2,\ 0)$，由此可以判断此条件下由**任意多条线矢量**组成的集合 $\boldsymbol{S}$ 其维数为3，记为 dim($\boldsymbol{S}$)=3。

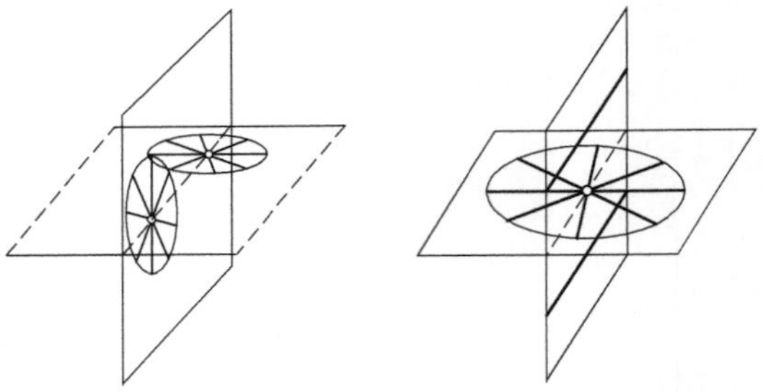

a)　　　　b)

图7.8　汇交点在两平面交线上的两平面汇交线簇

10. 共面与空间共点线簇

不妨将共面的线矢量置于参考坐标系的 Y-Z 平面内，共点线矢量的汇交点取为原点（图7.9）。这时，对于两组线束，其一般表达分别是 $\boldsymbol{\$}_1=(0,\ M_1,\ N_1;\ P_1,\ 0,\ 0)$，$\boldsymbol{\$}_2=(L_2,\ M_2,\ N_2;\ 0,\ 0,\ 0)$，由此可以判断在此条件下由**任意多条线矢量**组成的集合 $\boldsymbol{S}$ 其维数为4，记为 dim($\boldsymbol{S}$)=4。

11. 交于2条公共轴线

由于相交的两条线矢量一定互易，因此当所有线矢量都与2条公共轴线相交时（图7.10），可以很容易判断出：此条件下由**任意多条线矢量**组成的线矢量集 $\boldsymbol{S}$ 其维数为4，记为 dim($\boldsymbol{S}$)=4。

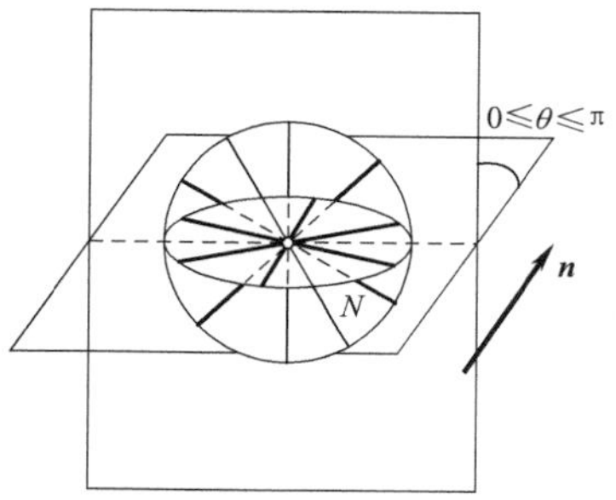

图 7.9　共面与空间共点组合线簇（点在面上）

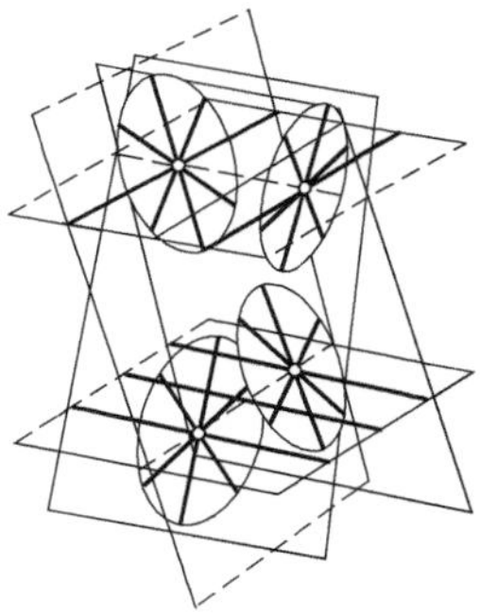

图 7.10　与 2 条公共轴线相交的线簇

12. 交于 1 条公共轴线，且交角一定

存在两种情况，如图 7.11 所示。不妨以图 7.11a 为例，将各条线矢量均与参考坐标系的 X 轴相交，且与 X 轴的交角为直角。对于单位线矢量，其一般表达是 $\boldsymbol{\$}=(0, M, N; 0, Q, R)$，从而可以判断这种情况下由**任意多条线矢量**组成的线矢量集 $\boldsymbol{S}$ 其维数为 4，记为 $\dim(\boldsymbol{S})=4$。

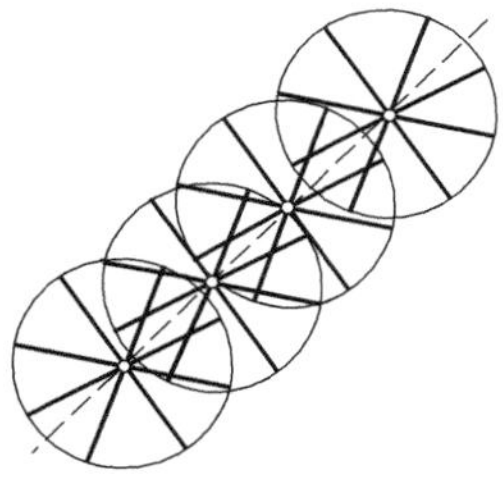

a)

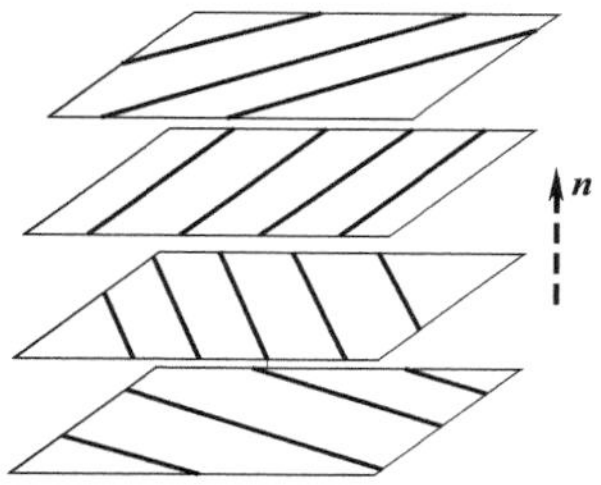

b)

图 7.11　与 1 条公共轴线相交，且交角一定的线簇

13. 交于 1 条公共轴线

不妨将各条线矢量均与参考坐标系的 X 轴相交（图 7.12）。对于单位线矢量，其一般表达是 $\boldsymbol{\$}=(L, M, N; 0, Q, R)$，从而可以判断这种情况下由**任意多条线矢量**组成的线矢量集 $\boldsymbol{S}$ 其维数为 5，记为 $\dim(\boldsymbol{S})=5$。此种条件下又称**奇异线丛**。

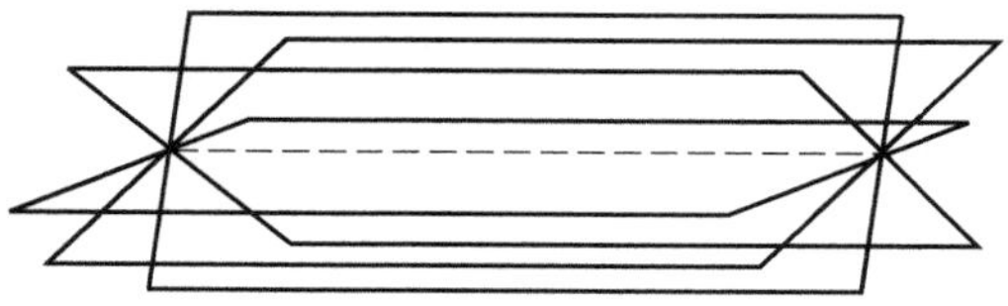

a)

b)

图 7.12　与 1 条公共轴线相交的线簇

14. 含 1 条公法线的平面线域组合

不妨取平行平面的法线为参考坐标系的 Z 轴（图 7.13）。对于单位线矢量，其一般表达是 $\boldsymbol{\$}=(L, M, 0; P, Q, R)$，由此可以判断此条件下由**任意多条线矢量**组成的线矢量集 $\boldsymbol{S}$ 其维数为 5，记为 $\dim(\boldsymbol{S})=5$。

15. 非奇异线丛（无公共交线，空间交错）

非奇异线丛是指线丛中所有线矢量空间交错，且无公共交线，因此又称**一般线丛**（图 7.14）。例如，由一系列单叶双曲面组合而成的线簇就是非奇异线丛。该条件下全部由线矢量组成的线矢量集 $\boldsymbol{S}$ 其维数为 5，记为 $\dim(\boldsymbol{S})=5$。

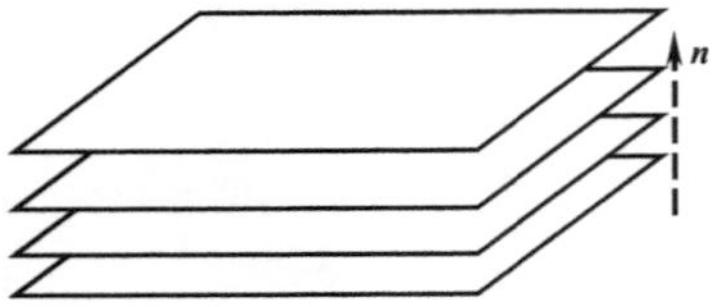

图 7.13　含 1 条公法线的平面线列组合

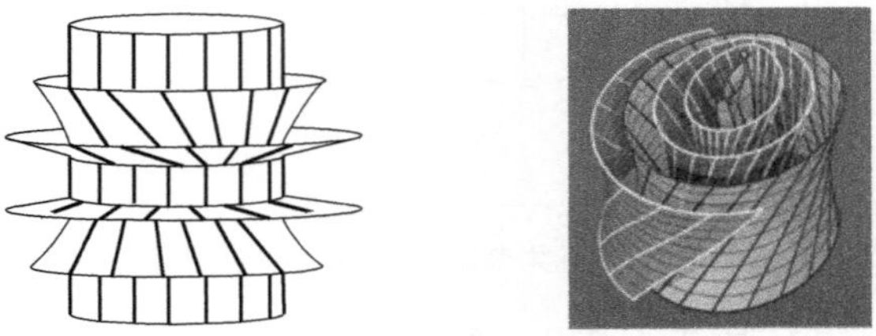

图 7.14　非奇异线丛

这时有人可能会问，隐藏在线矢量集无关性背后的物理意义是什么。这个问题我们在第 8 章还要详细讨论，这里只先简单提及一下。由第 6 章我们知道，线矢量可以表示约束力。如果一个刚体受到空间共点力约束，这就意味着非共面的 3 个共点力就足够实现预期的约束，任何多余的共点力都是**冗余约束**（redundant constraint）或者**虚约束**，即所增加的约束不会改变对刚体的约束效果。反之，如果多余的约束满足不了共点的几何条件，则这些多余的约束就变成了真正约束，原有的约束状态发生变化。

7.1.3　线空间

前面已经提到，Merlet 基于 Grassmann 线几何讨论了一些典型的线簇分类问题，总体来看这些是泛泛的，还缺少详细的、有针对性的描述，尤其结合物理意义的阐述。

由于线矢量的 Plücker 坐标只有六维，因而由它们组成线簇的最高维数为 6。为此可根据线簇的阶数将线簇分为一、二、三、四、五、六阶线簇。其中 1 ~ 3 维为低维线簇，4 ~ 6 维为高维线簇。实际上，我们在上一节中已经提到了若干种线簇：如表 7.1 中所描述的 Grassmann 线几何都可以构成线簇。根据几何特征，线簇又可分为基本型（表 7.2）和组合型，前者一般按照几何特征进行分类，而后者通常是由前者组合而成的。

引入**线空间**（line space）的概念可以使线簇更加形象化。这里的线空间是指将各类线簇描述成几何空间的形式，其中的组成元素就是该线簇所包含的所有线矢量，如我们在前面的**线图**（line pattern）表示。这种形象化的方式在这里更习惯称之为可视化（或图谱化）表达，例如表 7.2 所示的就是基本型线空间的线图表达形式。鉴于线簇的集合特性，线空间还可借助集合论的方法来进行描述。

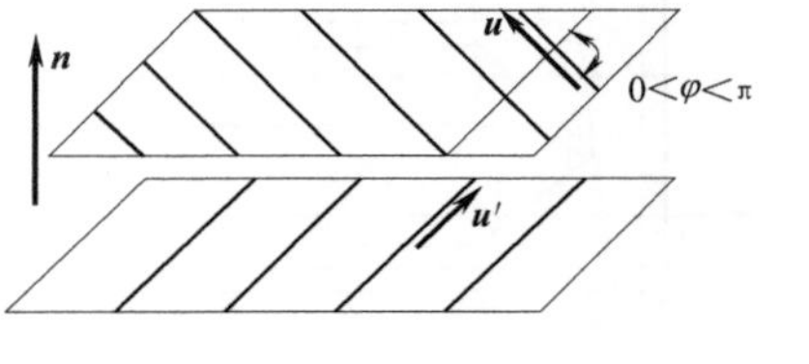

图 7.15　$F_2(N,\ \boldsymbol{u},\ \boldsymbol{n})\cup F_2(N',\ \boldsymbol{u}',\ \boldsymbol{n})$

对以上基本型线空间枚举式求并（包括同类线空间，也包括满足某种特殊条件下的多个线空间求并），可以得到组合型线空间。通过这种方式可以得到不同类型的高维线空间。例如，2 个平行的平面二维基本型线空间可以组合而成 1 个三维线空间，如图 7.15 所示。

用集合符号表示，即

$$F_2(N,\boldsymbol{u},\boldsymbol{n})\cup F_2(N',\boldsymbol{u}',\boldsymbol{n})$$

考虑到

$$F_2(N,\boldsymbol{u},\boldsymbol{n})\cap F_2(N',\boldsymbol{u}',\boldsymbol{n})=T(\boldsymbol{n})$$

注意：式中的 $T(\boldsymbol{n})$ 表示偶量（本书 7.1.4 节详细介绍）。

根据维数定理得到

$$\dim[F_2(N,\boldsymbol{u},\boldsymbol{n})\cup F_2(N',\boldsymbol{u}',\boldsymbol{n})]=2+2-1=3$$

表 7.2　基本型线簇的可视化表达

维数	图示	集合符号	几何条件
1	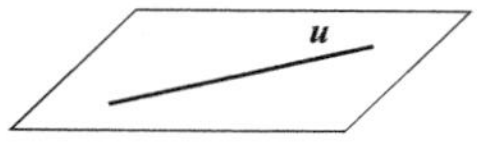	$R(N,\boldsymbol{u})$	N 是线矢量上任意一点，$\boldsymbol{u}$ 表示线矢量的方向
2	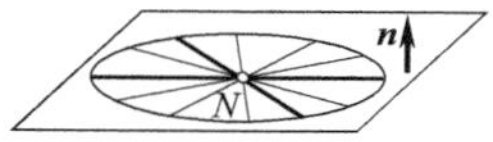	$U(N,\boldsymbol{n})$	N 在两线矢量所在平面上，$\boldsymbol{n}$ 是平面的法线
	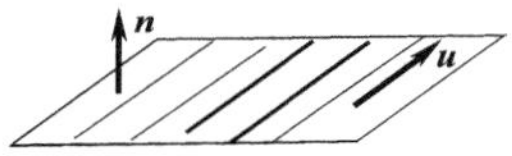	$F_2(N,\boldsymbol{u},\boldsymbol{n})$	N 在两线矢量所在平面上，平行线的方向 $\boldsymbol{u}$ 与平面的法线 $\boldsymbol{n}$ 满足 $\boldsymbol{u}\cdot\boldsymbol{n}=0$
	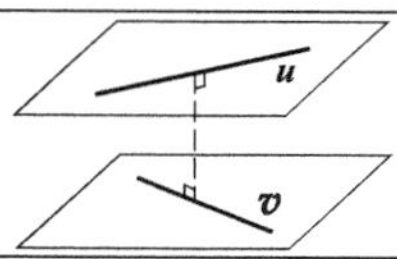	$N_2(\boldsymbol{u},\boldsymbol{v})$	$\boldsymbol{u}$ 和 $\boldsymbol{v}$ 分别代表 2 条发生线的方向
3	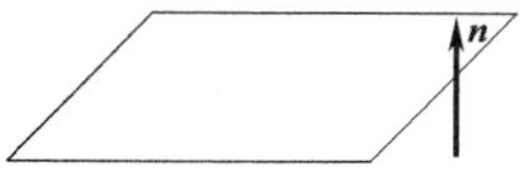	$L(N,\boldsymbol{n})$	$\boldsymbol{n}$ 是平面的法线
	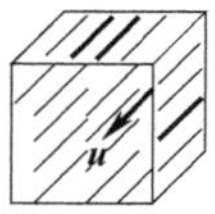	$F(\boldsymbol{u})$	$\boldsymbol{u}$ 表示所有平行线的方向
	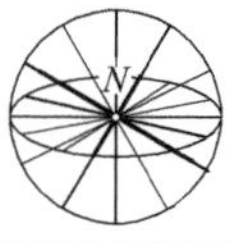	$S(N)$	N 是所有线的交点
	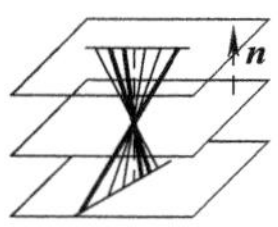	$N(\boldsymbol{n})$	$\boldsymbol{n}$ 与所有发生线都正交
	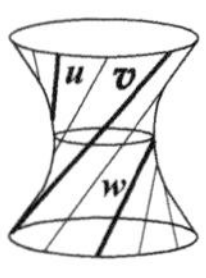	$N(\boldsymbol{u},\boldsymbol{v},\boldsymbol{w})$	$\boldsymbol{u}$，$\boldsymbol{v}$ 和 $\boldsymbol{w}$ 分别代表 3 条发生线的方向

7.1.4 偶量系

全部由偶量组成的集合称为**偶量集**。

为形象地反映出偶量集的线性相关性，这里以约束力偶为例来说明一下各类偶量集的最大线性相关性：

1）无论是空间平行还是共面平行，方向是相同的，其实质上都是限制一个方向的转动，所以最大线性无关数是 1。

2）无论是平面汇交还是在一个平面上两两相交，其实质上都是限制两个方向上的转动，所以最大线性无关数是 2。

3）空间汇交情况下 3 个力偶实质上是限制 3 个方向的转动，所以最大线性无关数是 3。

在空间中无论有多少个力偶，最后的结果都可以得出上述结论。因而，偶量集的最大维数是 **3** 而不是 6。从偶量的 Plücker 坐标表达（$\boldsymbol{0}$；$\boldsymbol{s}$）也可以得出这一结论。

表 7.3 和表 7.4 分别给出了偶量集的线性相关性条件以及偶量空间的可视化表达形式。

表 7.3　偶量集的线性相关性

各偶量满足的几何条件	维数	所代表的物理意义
共轴或平行	1	沿偶量轴线方向的移动或者限制偶量轴线方向的转动
共面(含平面汇交或两两相交)	2	所有沿与两偶量轴线所在平面(或平行平面)的移动或者限制与偶量轴线方向平行平面的所有转动
非共面(如空间汇交)	3	空间的所有三维移动或者限制空间的所有三维转动

表 7.4　偶量空间的可视化表达

维数	图示	集合符号	几何条件
1	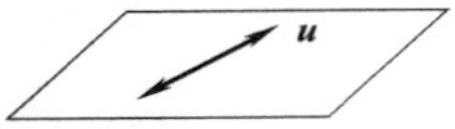	$T(\boldsymbol{u})$	$\boldsymbol{u}$ 表示偶量的方向
2	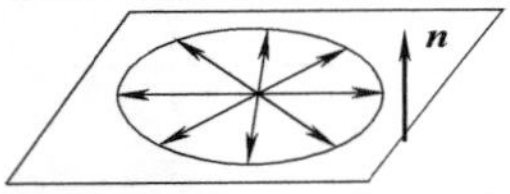	$T_2(\boldsymbol{n})$	$\boldsymbol{n}$ 与平面内的所有偶量正交
3	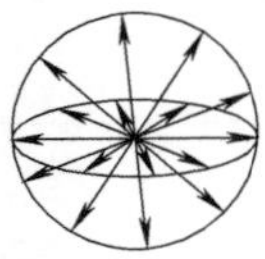	T	包含空间所有偶量

7.1.5 等效线簇

以平面 3R 机械手为例，该机构的自由度可以表示为

$$R(N,\boldsymbol{s})\cup T_2(\boldsymbol{s}) \tag{7.25}$$

其中含有 3 个线性无关量。写成 Plücker 坐标形式

$$\begin{cases}\$_1=(\boldsymbol{s};\boldsymbol{r}\times\boldsymbol{s})\\ \$_2=(\boldsymbol{0};\boldsymbol{s}_2)\qquad(\boldsymbol{s}\cdot\boldsymbol{s}_i=0,i=2,3)\\ \$_3=(\boldsymbol{0};\boldsymbol{s}_3)\end{cases} \tag{7.26}$$

通过线性组合（$\$_1+\$_2$，$\$_1+\$_3$）可以得到另外一组基。即

$$\begin{cases}\$_{e1}=\$_1=(\boldsymbol{s};\boldsymbol{r}\times\boldsymbol{s})\\ \$_{e2}=\$_1+\$_2=(\boldsymbol{s};\boldsymbol{r}_2\times\boldsymbol{s})\\ \$_{e3}=\$_1+\$_3=(\boldsymbol{s};\boldsymbol{r}_3\times\boldsymbol{s})\end{cases} \tag{7.27}$$

式（7.27）所给出的正是$F(\boldsymbol{s})$的一组基。因此，我们有

$$R(N,\boldsymbol{s})\cup T_2(\boldsymbol{s})=F(\boldsymbol{s}) \tag{7.28}$$

说明这两种线图是等效的。运用类似的方法也可以导出

$$F_2(N,\boldsymbol{s},\boldsymbol{n})\cup T(\boldsymbol{n}) \tag{7.29}$$

与$F(\boldsymbol{s})$也是等效的。

图7.16给出了上述等效线图的图示表达。

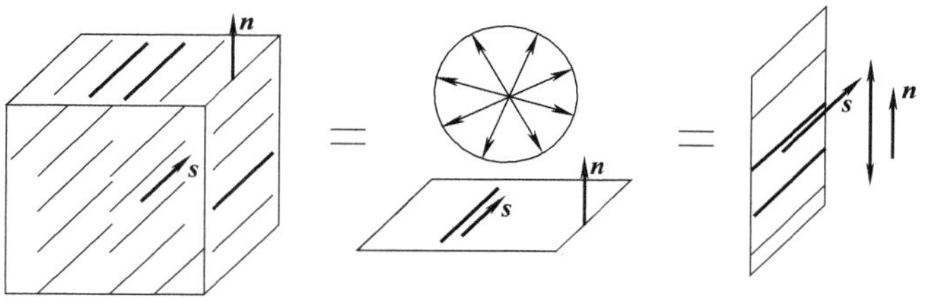

图7.16　三维空间平行线图的等效线图

再以平面线图$L(N,\ \boldsymbol{n})$为例。该线图的一组基（图7.17）可以写成

$$\begin{cases}\$_1=(\boldsymbol{s}_1;\boldsymbol{r}\times\boldsymbol{s}_1)\\ \$_2=(\boldsymbol{s}_2;\boldsymbol{r}\times\boldsymbol{s}_2)\quad(\boldsymbol{s}_3=a\,\boldsymbol{s}_2-b\,\boldsymbol{s}_1,\boldsymbol{r}_3=\boldsymbol{r}+a\,\boldsymbol{s}_2)\\ \$_3=(\boldsymbol{s}_3;\boldsymbol{r}_3\times\boldsymbol{s}_3)\end{cases} \tag{7.30}$$

通过对上式进行线性组合（$b\,\$_1-a\,\$_2+\$_3$）可以得到与式（7.30）等效的一组基。即

$$\begin{cases}\$_1=(\boldsymbol{s}_1;\boldsymbol{r}\times\boldsymbol{s}_1)\\ \$_2=(\boldsymbol{s}_2;\boldsymbol{r}\times\boldsymbol{s}_2)\\ \$_3=(0;ab\,\boldsymbol{s}_1\times\boldsymbol{s}_2)\end{cases} \tag{7.31}$$

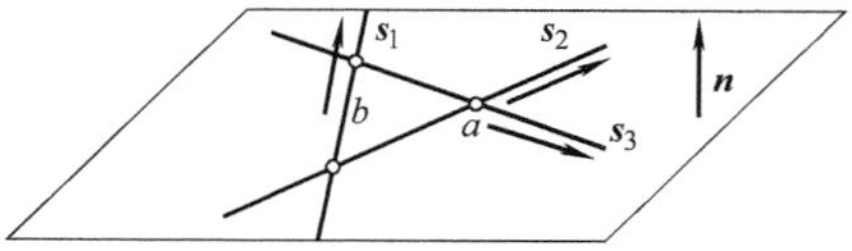

图7.17　三维平面线图

式（7.31）所给出的正是组合线空间$U(N,\ \boldsymbol{n})\cup T(\boldsymbol{n})$的一组基表达。因此说$U(N,\ \boldsymbol{n})\cup T(\boldsymbol{n})$与$L(N,\ \boldsymbol{n})$是等效的。

运用类似的方法可以导出

$$L(N,\boldsymbol{n})\cup T(\boldsymbol{n})=L(N,\boldsymbol{n}) \tag{7.32}$$

这说明$L(N,\ \boldsymbol{n})\cup T(\boldsymbol{n})$与$L(N,\ \boldsymbol{n})$也是等效的。

图7.18给出了平面线图的等效图示表达。

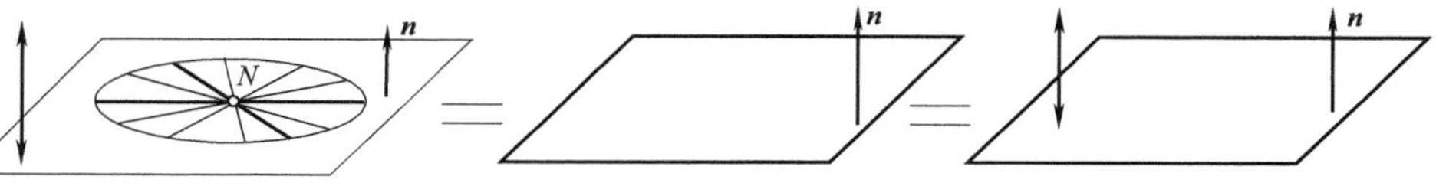

图7.18　三维平面线图的等效线图

上面的例子中都涉及了线矢量与偶量相混合的情况。这种情况下一般都比较复杂，但当满足某种特殊几何条件时，这类混合空间可以向线空间等效。可以证明，**当混合空间中的所有偶量均与该空间中的所有线矢量正交时，则可以等效成完全由线矢量组成的空间（即线空间）**。表 7.5 给出了几种常见的含偶量的空间及其等效线空间。

表 7.5　含偶量的空间及其等效线空间

维数	含偶量子空间的线空间	等效线空间
2	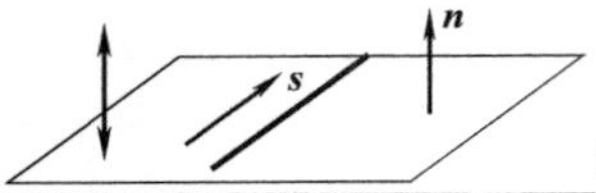 (1+1)*	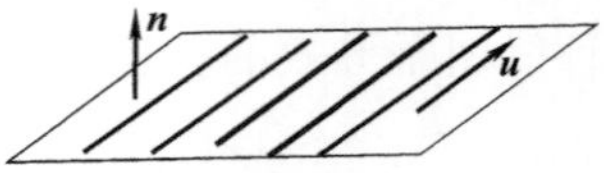
3	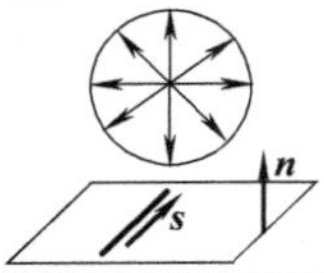 (1+2)	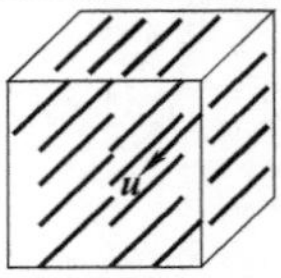
	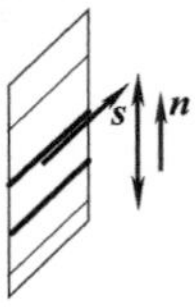 (2+1)	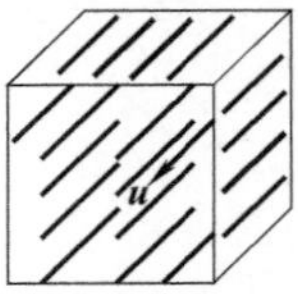
	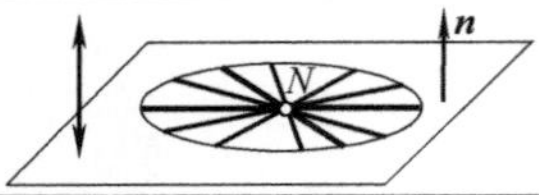 (2+1)	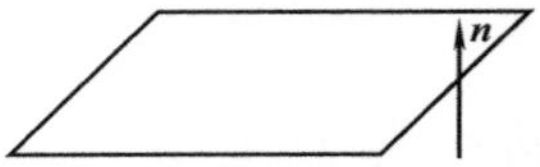
	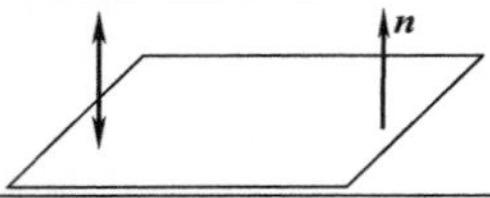 (3+1)	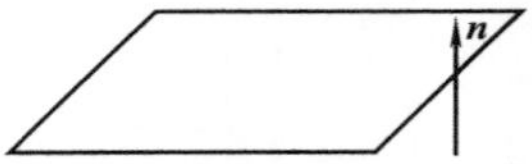
	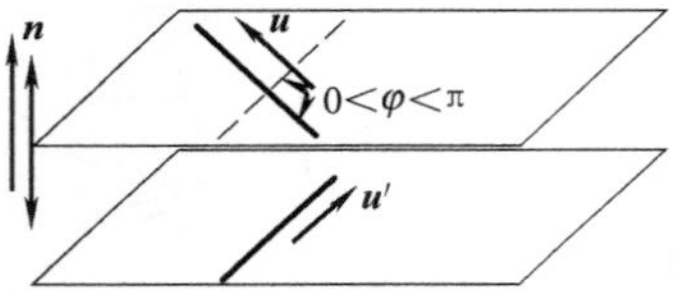 (2+1)	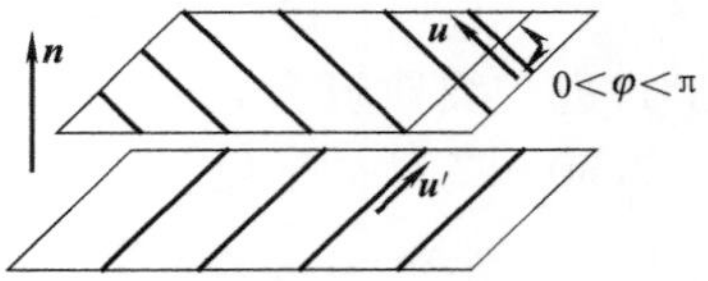
4	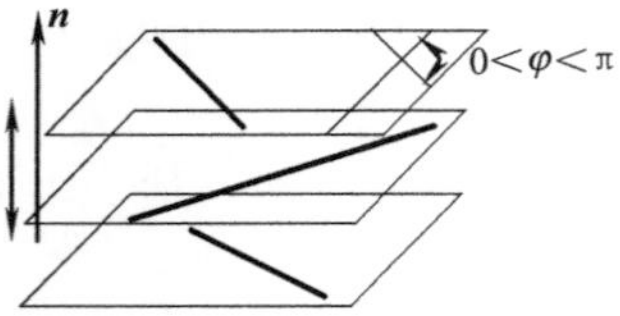 (3+1)	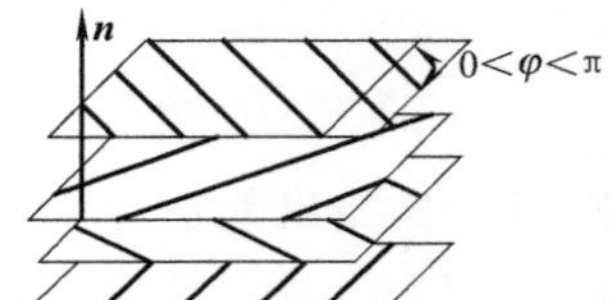
5	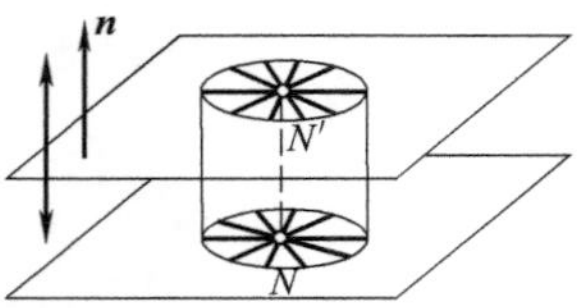 (4+1)	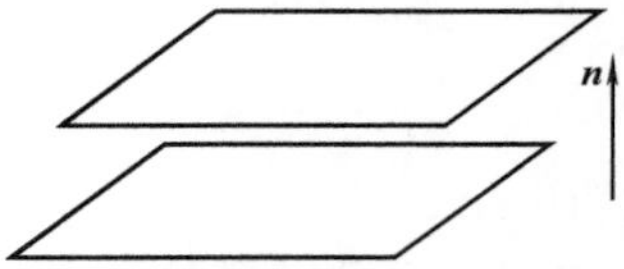
	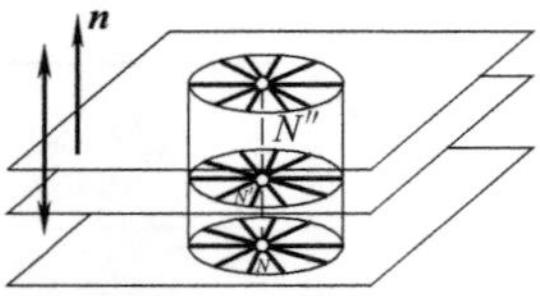 (4+1)	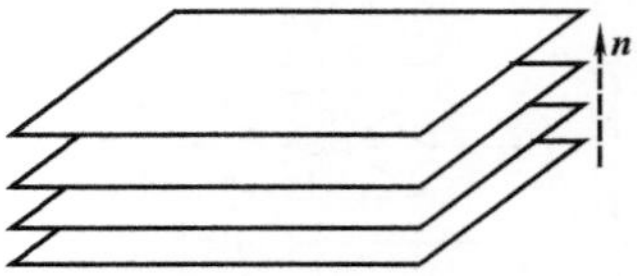

*（$a+b$）中，a 表示线子空间的维数，b 表示偶量子空间的维数。

7.2 旋量系

7.2.1 旋量系的定义

n 个单位旋量 $\$_1$，$\$_2$，…，$\$_n$可以组成一个**旋量集**，记为 $S=\{\$_1, \$_2, \cdots, \$_n\}$。如果在旋量集 S 中，存在一组线性无关的单位旋量 $\$_1$，$\$_2$，…，$\$_r$，并且 S 中的其他所有旋量都是这 r 个旋量的线性组合，则称该 r 个旋量为旋量集 S 的一组基。即这 r 个旋量（连同它们的线性组合共同）组成所谓的**旋量系** S，r 为该旋量系的阶数或维数，记作 $r=\text{rank}(S)$。例如，刚体在空间的所有瞬时运动可以由六维旋量系的一组标准正交基表示，即

$$\begin{cases}\$_1=(1,0,0;0,0,0)\\ \$_2=(0,1,0;0,0,0)\\ \$_3=(0,0,1;0,0,0)\\ \$_4=(0,0,0;1,0,0)\\ \$_5=(0,0,0;0,1,0)\\ \$_6=(0,0,0;0,0,1)\end{cases} \tag{7.33}$$

考虑一个串联机械臂，其末端的运动可以表示为各个构件运动的叠加；当每个关节的运动用旋量坐标表示时，末端的运动就是这些旋量的线性组合。所有决定末端运动的这些旋量所组成的集合构成一个旋量集，如果这些旋量线性无关，就构成了一个旋量系。

下面考虑 n 个旋量的线性组合。设 $\$_1$，$\$_2$，…，$\$_n$是 n 个线性无关的单位旋量，这样，n 阶旋量系中的任一旋量都可以表示成 $\$_1$，$\$_2$，…，$\$_n$的线性组合形式。

$$\$=\sum_{i=1}^{n}k_i\$_i=\begin{pmatrix}\boldsymbol{s}\\ \boldsymbol{s}^0\end{pmatrix}=\begin{pmatrix}\boldsymbol{Pk}\\ \boldsymbol{P}_0\boldsymbol{k}\end{pmatrix},\quad (i=1,2,\cdots,n) \tag{7.34}$$

式中，k_i（$i=1, 2, \cdots, n$）为不同时为零的任意实数。$\boldsymbol{P}=(\boldsymbol{s}_1, \cdots, \boldsymbol{s}_n)_{3\times n}$，$\boldsymbol{P}_0=(\boldsymbol{s}^{01}, \cdots, \boldsymbol{s}^{0n})_{3\times n}$，$\boldsymbol{k}=(k_1, \cdots, k_n)^{\mathrm{T}}$。该旋量的节距可以表示成

$$h=\frac{\boldsymbol{s}\cdot\boldsymbol{s}^0}{\boldsymbol{s}\cdot\boldsymbol{s}}=\frac{\boldsymbol{k}^{\mathrm{T}}\boldsymbol{Bk}}{\boldsymbol{k}^{\mathrm{T}}\boldsymbol{Ak}} \tag{7.35}$$

式中，

$$\boldsymbol{A}=\boldsymbol{P}^{\mathrm{T}}\boldsymbol{P}=\begin{bmatrix}1 & \boldsymbol{s}_1\cdot\boldsymbol{s}_2 & \cdots & \boldsymbol{s}_1\cdot\boldsymbol{s}_n\\ \boldsymbol{s}_2\cdot\boldsymbol{s}_1 & 1 & \cdots & \boldsymbol{s}_2\cdot\boldsymbol{s}_n\\ \vdots & \vdots & & \vdots\\ \boldsymbol{s}_n\cdot\boldsymbol{s}_1 & \boldsymbol{s}_n\cdot\boldsymbol{s}_2 & \cdots & 1\end{bmatrix}_{n\times n},\quad \boldsymbol{B}=\boldsymbol{P}^{\mathrm{T}}\boldsymbol{P}_0=\begin{pmatrix}h_1 & \boldsymbol{s}_1\cdot\boldsymbol{s}^{02} & \cdots & \boldsymbol{s}_1\cdot\boldsymbol{s}^{0n}\\ \boldsymbol{s}_2\cdot\boldsymbol{s}^{01} & h_2 & \cdots & \boldsymbol{s}_2\cdot\boldsymbol{s}^{0n}\\ \vdots & \vdots & & \vdots\\ \boldsymbol{s}_n\cdot\boldsymbol{s}^{01} & \boldsymbol{s}_n\cdot\boldsymbol{s}^{02} & \cdots & h_n\end{pmatrix}_{n\times n}$$

若 n 阶旋量系 S 中的一组基 $S=\{\$_1, \$_2, \cdots, \$_n\}$可由 n 个自互易旋量 $\$_i^s$（$i=1, 2, \cdots, n$）线性组合而成，即

$$\$_i^s=\sum_{j=1}^{n}k_{ij}\$_j,\quad (\$_i^s)^{\mathrm{T}}\boldsymbol{\Delta}\,\$_i^s=0,\quad (i,j=1,2,\cdots,n) \tag{7.36}$$

则称该旋量系为**自互易旋量系**（self-reciprocal screw system）。

我们最关注的还是旋量系中的线矢量元素。文献上将 n 阶旋量系中所有线矢量的集合称为**线簇**[108]。如果 n 阶旋量系中存在一组由 n 条线性无关的线矢量组成的基旋量，则该旋量系即可构成一个**直线旋量系**（line screw system）。更特殊的情况下，旋量系中的所有元素都由线矢量组成，则该旋量系构成**线系**（line system）；如果旋量系中所有元素均为偶量，则称该旋量系为**偶量系**（couple system）。以上概念的集合关系可用图 7.19 来表示。

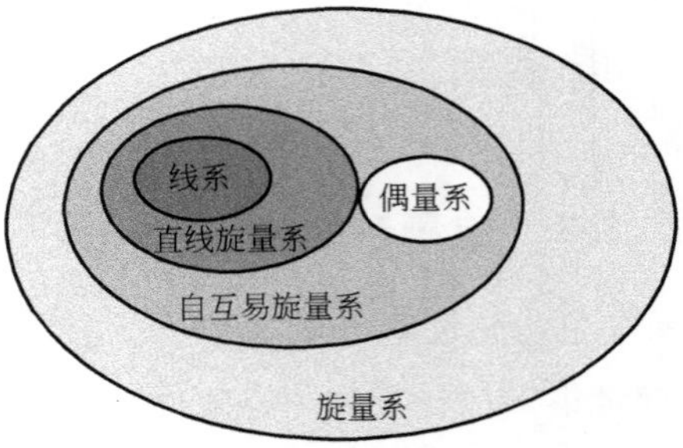

图 7.19　各类旋量系及其集合关系

直线旋量系和偶量系一定都是自互易旋量系。由**两个线性无关的自互易旋量所生成的二阶旋量系一定是自互易旋量系**。其中，①两条线性无关的线矢量张成线系的充要条件是共面；②一条线矢量和一个偶量所张成的二阶旋量系成为线系的充要条件是两者正交；③两个线性无关的偶量所张成的二阶旋量系一定是偶量系。

【例 7.1】　验证下面的二阶旋量系是自互易旋量系。

$$\begin{cases} \$_1 = (1,1,0;0,1,1) \\ \$_2 = (1,-1,0;0,1,-1) \end{cases}$$

上面的旋量系可由下面 2 个自互易旋量张成（$\$_1 = \$_{e1} + \$_{e2}$，$\$_2 = \$_{e1} - \$_{e2}$）。

$$\begin{cases} \$_{e1} = (1,0,0;0,1,0) \\ \$_{e2} = (0,1,0;0,0,1) \end{cases}$$

【例 7.2】　验证下面的二阶旋量系不是自互易旋量系。

$$\begin{cases} \$_1 = (1,0,0;0,0,0) \\ \$_2 = (0,0,1;0,0,1) \end{cases}$$

上面的旋量系中只有一个自互易旋量 $\$_1$。

【例 7.3】　验证下面的二阶旋量系是线系。

$$\begin{cases} \$_1 = (1,0,0;0,1,0) \\ \$_2 = (0,1,0;-1,0,0) \end{cases}$$

上面旋量系中的两条线矢量相交（共面）。几何上，相交的两个线矢量可构成二维平面汇交线束。

【例 7.4】　验证下面的二阶旋量系是线系。

$$\begin{cases} \$_1 = (1,0,0;0,0,0) \\ \$_2 = (0,0,0;0,1,0) \end{cases}$$

上面旋量系中的线矢量 $\$_1$ 与偶量 $\$_2$ 相互正交，因此可等效为二维平面平行线系。

若 n 阶旋量系 $\boldsymbol{S}$ 中的一组基为 $\boldsymbol{S} = \{\$_1, \$_2, \cdots, \$_n\}$，由此可写成列向量的形式，$\boldsymbol{A} = (\$_1^{\mathrm{T}}, \$_2^{\mathrm{T}}, \cdots, \$_n^{\mathrm{T}})_{6\times n}$，对其自身作互易积，得到自互易矩阵

$$
\boldsymbol{M}=\boldsymbol{A}^{\mathrm{T}}\boldsymbol{\Delta}\boldsymbol{A}=\begin{pmatrix} M_{11} & M_{12} & \cdots & M_{1n} \\ M_{21} & M_{22} & \cdots & M_{2n} \\ \vdots & \vdots & & \vdots \\ M_{n1} & M_{n2} & \cdots & M_{nn} \end{pmatrix}_{n\times n}=\begin{pmatrix} \$_1^{\mathrm{T}}\boldsymbol{\Delta}\$_1 & \$_1^{\mathrm{T}}\boldsymbol{\Delta}\$_2 & \cdots & \$_1^{\mathrm{T}}\boldsymbol{\Delta}\$_n \\ \$_2^{\mathrm{T}}\boldsymbol{\Delta}\$_1 & \$_2^{\mathrm{T}}\boldsymbol{\Delta}\$_2 & \cdots & \$_2^{\mathrm{T}}\boldsymbol{\Delta}\$_n \\ \vdots & \vdots & & \vdots \\ \$_n^{\mathrm{T}}\boldsymbol{\Delta}\$_1 & \$_n^{\mathrm{T}}\boldsymbol{\Delta}\$_2 & \cdots & \$_n^{\mathrm{T}}\boldsymbol{\Delta}\$_n \end{pmatrix}_{n\times n} \tag{7.37}
$$

可以看出 $\boldsymbol{M}$ 是一个 $n\times n$ 阶的实对称矩阵，因此，它具有 n 个实特征值和 n 个线性无关的实特征向量。令 λ_i（$i=1, 2, \cdots, n$）为 $\boldsymbol{M}$ 的特征值，d 为 $\boldsymbol{M}$ 的维数，即 $d=\mathrm{rank}(\boldsymbol{M})$，可以导出以下结论。

直接通过定义很容易证明 $\boldsymbol{M}$ 的所有主对角线元素都为零，即 $\sum \lambda_i=\mathrm{trace}(\boldsymbol{M})=0$。因此我们有，**如果旋量系是一个自互易旋量系，则其自互易积矩阵的特征值 $\lambda_i=0(i=1, 2, \cdots, n)$**。

若旋量系 $\boldsymbol{S}$ 中的某一个非空子集 $\boldsymbol{S}_i$ 在旋量加法与数乘下封闭，则 $\boldsymbol{S}_i$ 称为 $\boldsymbol{S}$ 的一个**旋量子系**。旋量系 $\boldsymbol{S}$ 中的两个旋量子系 $\boldsymbol{S}_i$ 和 $\boldsymbol{S}_j$ 满足以下运算法则。

交运算：
$$
\boldsymbol{S}_i\cap\boldsymbol{S}_j=\{\$\mid\$\in\boldsymbol{S}_i,\$\in\boldsymbol{S}_j\} \tag{7.38}
$$

并运算：
$$
\boldsymbol{S}_i\cup\boldsymbol{S}_j=\{\$_i+\$_j\mid\$_i\in\boldsymbol{S}_i,\$_j\in\boldsymbol{S}_j\} \tag{7.39}
$$

7.2.2　旋量系维数（或旋量集的相关性）的一般判别方法

旋量系的维数（或旋量集的相关性）判别方法与7.1.2节所讲的线矢量集相关性判别方法相同。设旋量集中各个旋量的 Plücker 坐标为（$L_i, M_i, N_i; P_i^*, Q_i^*, R_i^*$），则该旋量集的线性相关性可用下列矩阵 $\boldsymbol{A}$ 的秩来判定。

$$
\boldsymbol{A}=\begin{pmatrix} L_1 & M_1 & N_1; & P_1^* & Q_1^* & R_1^* \\ L_2 & M_2 & N_2; & P_2^* & Q_2^* & R_2^* \\ \vdots & \vdots & \vdots & \vdots & \vdots & \vdots \\ L_n & M_n & N_n; & P_n^* & Q_n^* & R_n^* \end{pmatrix} \tag{7.40}
$$

同样，我们可以得到：**旋量系的维数与坐标系的选择无关**。这种纯几何特性是我们采用图谱分析与设计的理论基础之一。后面还要提到，**旋量系的互易性也与坐标系的选择无关**。这则是我们应用图谱分析及设计的另一重要理论基础。其重要意义在于：**无论是我们在前面章节中提到的各类直线旋量系（或线簇）还是一般旋量系，它们中一些内在的特性具有几何不变性（即与坐标系无关的特性），因此可以作为一个整体或模块来度量。这样，便省却了传统代数法中必须建立参考坐标系的环节，而不对最后的结果产生丝毫影响**。

【例7.5】　试通过对图7.20中所示的机构或运动链选取合适的坐标系，建立与之对应的运动旋量集，并计算该旋量集的秩，进而给出与之对应的一组旋量系。进而确定该旋量系是否为自互易旋量系、直线旋量系、线系或偶量系？

解：建立如图中所示的坐标系，分别写出各自对应旋量系的解析表达。具体如下：

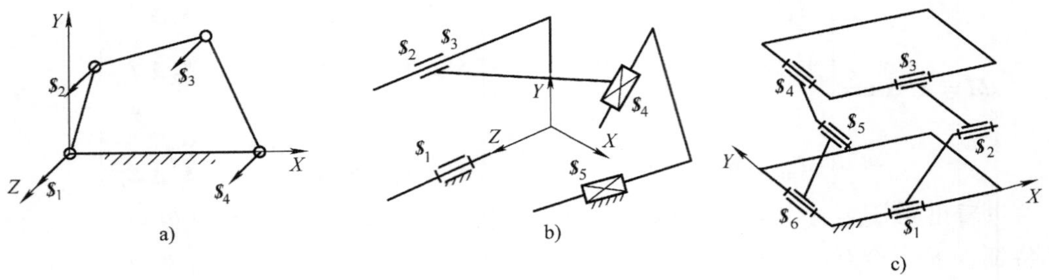

图 7.20　例 7.7 图

a）平行四杆机构　b）空间 RCPP 机构　c）Sarrut 机构

(a)

$$\begin{cases} \$_1 = (0,0,1;0,0,0) \\ \$_2 = (0,0,1;P_2,Q_2,0) \\ \$_3 = (0,0,1;P_3,Q_3,0) \\ \$_4 = (0,0,1;0,Q_4,0) \end{cases}$$

可以看到 4 个旋量的 Plücker 坐标中，第 1，2，6 列元素都为零，故该旋量集的秩为 3。可以进一步判断该旋量系为线系（同时也是直线旋量系和自互易旋量系）。

(b)

$$\begin{cases} \$_1 = (0,0,1;0,0,0) \\ \$_2 = (0,0,1;P_2,Q_2,0) \\ \$_3 = (0,0,0;0,0,1) \\ \$_4 = (0,0,0;P_4,Q_4,R_4) \\ \$_5 = (0,0,0;P_5,Q_5,R_5) \end{cases}$$

注意上面的 C 副从运动等效的角度可以分解成 R，P 两个同轴单自由度的旋量表达形式。可以看到以上 5 个旋量的 Plücker 坐标中，第 1，2 列元素都为零，故该旋量集的秩为 4。可以进一步判断该旋量系为自互易旋量系，但既不是直线旋量系、线系，也不是偶量系。

(c)

$$\begin{cases} \$_1 = (1,\ 0,\ 0;\ 0,\ 0,\ 0) \\ \$_2 = (1,\ 0,\ 0;\ 0,\ Q_2,\ R_2) \\ \$_3 = (1,\ 0,\ 0;\ 0,\ Q_3,\ R_3) \\ \$_4 = (0,\ 1,\ 0;\ 0,\ 0,\ 0) \\ \$_5 = (0,\ 1,\ 0;\ P_5,\ 0,\ R_5) \\ \$_6 = (0,\ 1,\ 0;\ P_6,\ 0,\ R_6) \end{cases}$$

可以看到 6 个旋量的 Plücker 坐标中，第 3 列元素都为零，故该旋量集的秩为 5。可以进一步判断该旋量系为自互易旋量系，但既不是直线旋量系、线系，也不是偶量系。

同样，也可将某些特殊旋量系描述成几何线图的表达，以张成具有特定维数的一般**旋量空间**（screw space）。结合本书前面有关线空间及偶量空间的讨论，表 7.6 给出了不同几何条件下各类典型空间线图的表达及其维数，以方便读者查询。

表 7.6　不同几何条件下的线图空间及其维数（部分）

几何条件	线空间(线簇)		偶量空间		一般旋量空间	
	线图	维数	线图	维数	线图	最大(最小*)维数
共轴	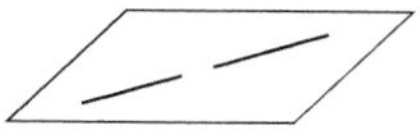	1	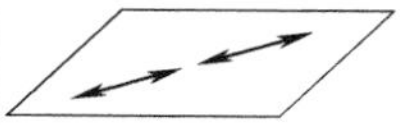	1	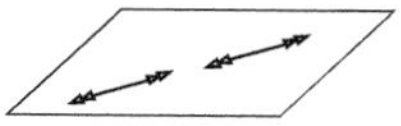	2(1)
共面平行	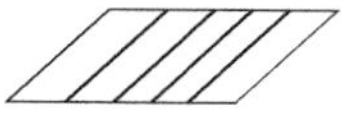	2		1	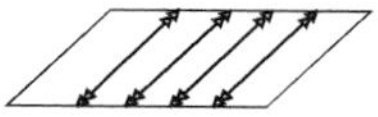	3(2)
平面汇交	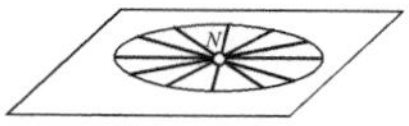	2	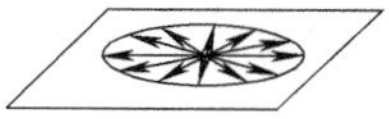	2	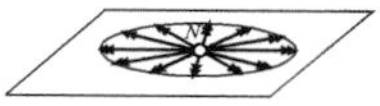	4(2)
空间平行	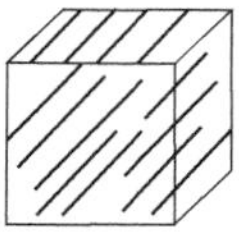	3	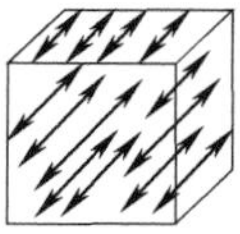	1	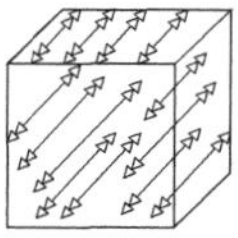	4(3)
空间共点	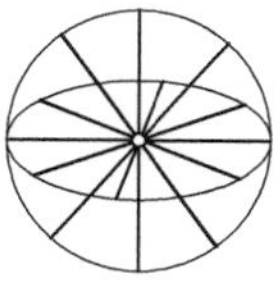	3	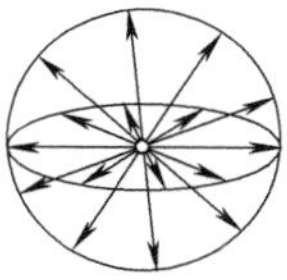	3	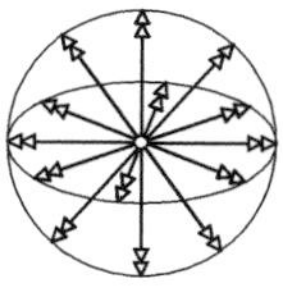	6(3)
共面	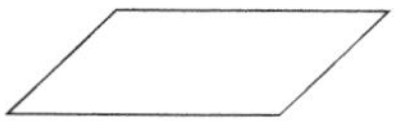	3	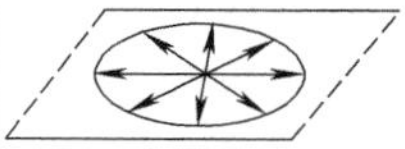	2	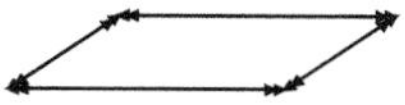	5(3)
单叶双曲面（交3条公共线矢量）	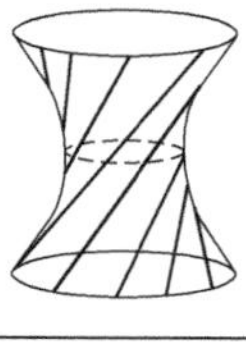	3	—	—	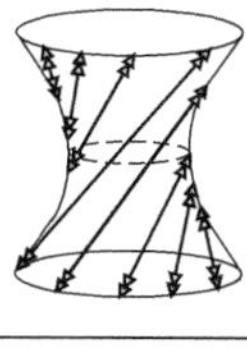	6(3)
交于1条公共线矢量，且与法线的交角相同	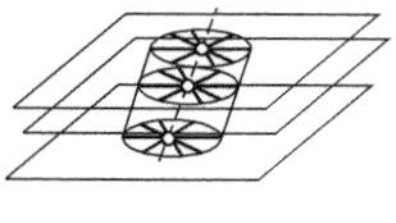	4	—	—	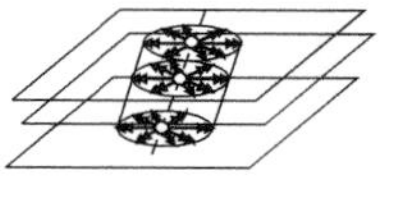	6(4)
具有1条公共法线，且与法线的交角相同	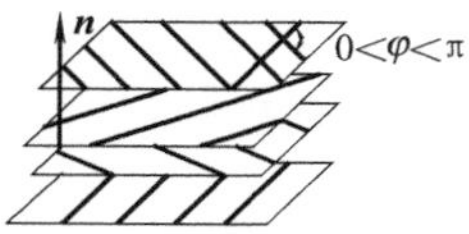	4	—	—	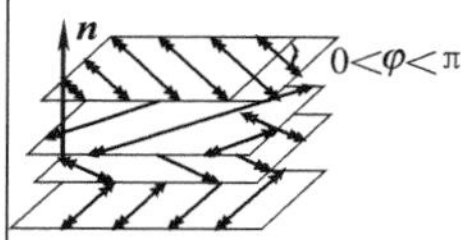	5(4)
交于1条公共线矢量	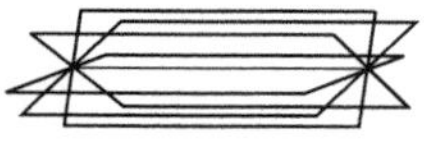	5	—	—	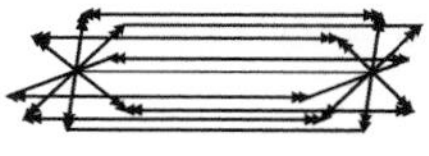	6(5)
具有1条公共法线	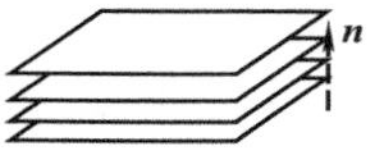	5	—	—		5(4)

（续）

几何条件	线空间(线簇)		偶量空间		一般旋量空间	
	线图	维数	线图	维数	线图	最大(最小*)维数
与1条旋量满足固定的关系式	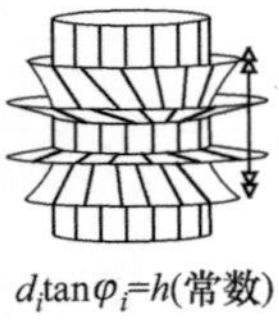 $d_i\tan\varphi_i=h$(常数)	5	—	—	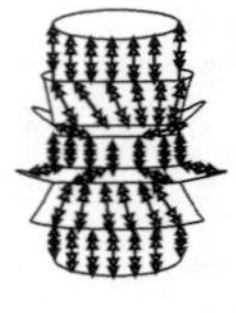 $d_i\tan\varphi_i=h+q_i$(常数)	6(5)
空间任意分布	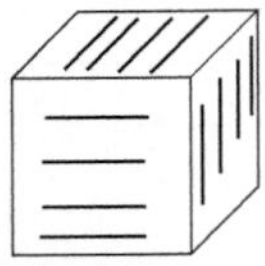	6	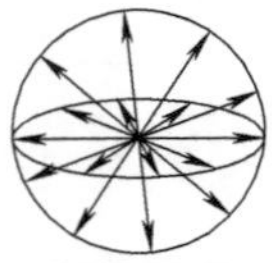	3	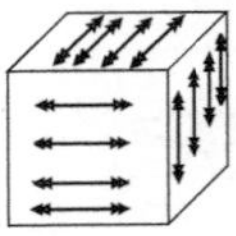	6

* 一般情况下，当所有旋量的节距相等时，取最小维数。

7.2.3 旋量系的分类

由于旋量系中任一旋量坐标都可以写成 Plücker 坐标形式，因此旋量系的最高维数也是6。根据旋量系的阶数可将旋量系分为1～6阶旋量系，简称旋量一系、旋量二系、旋量三系、旋量四系、旋量五系和旋量六系。根据旋量系的运动特性及约束特性可将旋量系分为运动旋量系和约束旋量系。研究旋量系的目的在于确定运动旋量节距的范围和运动旋量轴线的分布曲面，进而从几何角度研究机构或机械系统的运动特性。根据不同的旋量系分类方法，可以得到许多不同类型的旋量系。不过，我们更关注那些常用的"特殊"旋量系。

旋量系的分类问题[14,23,37-38,62,108-109,113-114,118-119,140,150,160]一直是一个令众多学者感兴趣的问题。早在1900年，Ball在其著作中就提到了这个问题，他研究的**拟圆柱面**（cylindroid）就认为是对所有旋量二系的分类研究。1978年，Hunt[62]在其权威著作中对所有类型的旋量系进行了系统的分类，并根据主旋量节距的特性将旋量系区分为一般和特殊两种。1990年，Gibson和Hunt[37-38]用射影几何的理论提出了一种新的旋量系分类方法，他们将一个旋量当作五维射影空间中的一点，利用的是用旋量系与Klein二次曲面及无穷远平面相交的思想。1992年，Rico和Duffy[114-115]基于正交空间与子空间理论对旋量系的分类再次进行了分析，并应用此法对旋量一系、旋量二系、旋量三系进行了分类。2000年，黄真教授等[150,160]从几何性质与几何特征等形象思维的角度，对旋量二系和旋量三系中所有旋量的轴线在主坐标下的空间分布进行了讨论。2001年，Dai和Rees[14,140]提出了旋量系分类的关联定理，这一定理对旋量系的独立性与相关性作了论证，并从集合角度给出了旋量系与反旋量系的关联关系。鉴于这方面的研究不是本书的重点，这里不再赘述。

7.2.4 可实现连续运动的旋量系

旋量系能够表征机构或机器人末端执行器位形的瞬时运动，一般情况下，当位形发生改变或者自由度发生变化时，旋量系或者旋量系的阶数也将随之发生变化。这实际上反映了一般旋量系所具有的瞬时特性。不过，还存在一类特殊旋量系即所谓的"**不变旋量系**"（invariant screw systems）[23]，这类旋量系所表征的运动具有连续性。只要旋量系的形式不发生改变，就可以实现大范围的运动。表 7.7 给出了所有相关的不变旋量系，旋量系的表达都采用了正则坐标的形式。不变旋量系的一个重要特性是旋量系中各旋量的顺序无关紧要，所反映的一个物理意义是运动副的连接顺序并不影响机构的相对运动。而这一特性正好反映了位移子群的某种特征，并且可以看出不变旋量系（李子代数）与位移子群具有一一映射的关系。

表 7.7　可实现连续运动的旋量系（对应的是位移子群）

旋量系	正则坐标	对应的位移子群	物理意义
一系	(1,0,0;*h*,0,0)	$SO_p(2)$	螺旋副
	(1,0,0;0,0,0)	$SO(2)$	转动副
	(0,0,0;1,0,0)	$T(1)$	移动副
二系	(1,0,0;0,0,0) (0,0,0;1,0,0)	$SO(2)\otimes T(1)$	圆柱副
	(0,0,0;1,0,0) (0,0,0;0,1,0)	$T(2)$	平面二维移动
三系	(1,0,0;0,0,0) (0,1,0;0,0,0) (0,0,1;0,0,0)	$SO(3)$	空间转动
	(1,0,0;*h*,0,0) (0,0,0;0,1,0) (0,0,0;0,0,1)	$SO_p(2)\times T(2)$	平面螺旋运动
	(1,0,0;0,0,0) (0,0,0;0,1,0) (0,0,0;0,0,1)	$SE(2)$	平面运动(平面副)
	(0,0,0;1,0,0) (0,0,0;0,1,0) (0,0,0;0,0,1)	$T(3)$	三维移动
四系	(1,0,0;0,0,0) (0,0,0;1,0,0) (0,0,0;0,1,0) (0,0,0;0,0,1)	$SE(2)\otimes T(1)$	Schönflies 运动
六系	(1,0,0;0,0,0) (0,1,0;0,0,0) (0,0,1;0,0,0) (0,0,0;1,0,0) (0,0,0;0,1,0) (0,0,0;0,0,1)	$SE(3)$	一般刚体运动

7.3　互易旋量系

7.3.1　互易旋量系的定义

【互易旋量系的定义】　有一个 n 阶旋量系 $\boldsymbol{S}=\{\$_1,\$_2,\cdots,\$_n\}$，必然存在一个（$6-n$）阶的**互易旋量系**（或**反旋量系**）$\boldsymbol{S}^r=\{\$_1^r,\$_2^r,\cdots,\$_{6-n}^r\}$，该旋量系由（$6-n$）个与 $\boldsymbol{S}$ 中所有旋量都互易（简称与 $\boldsymbol{S}$ 互易）的旋量组成，反之亦然。

$$\dim(\boldsymbol{S}\cup\boldsymbol{S}^r)=\dim(\boldsymbol{S})+\dim(\boldsymbol{S}^r)-\dim(\boldsymbol{S}\cap\boldsymbol{S}^r) \tag{7.41}$$

式中，dim（ ）表示旋量系的阶数或维数。

$$\boldsymbol{S}_d=\{\$_{d1},\$_{d2},\cdots,\$_{df}\}=\boldsymbol{S}\cap\boldsymbol{S}^r=\{\$_{di}\mid\$_{di}\in\boldsymbol{S},\text{且}\$_{di}\in\boldsymbol{S}^r,i=1,2,\cdots,f\} \tag{7.42}$$

用集合图示，旋量系与反旋量系之间的关系可以表示成图7.21中的各种可能形式。

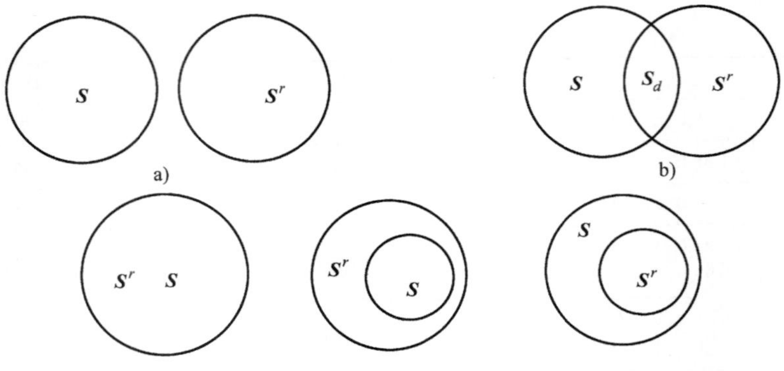

图7.21　旋量系与互易旋量系之间关系的集合表示

7.3.2　互易旋量系的解析求解[15, 16, 140]

可基于**线性代数**方法对互易旋量系进行解析求解，该方法具有通用性和快速性。其中比较典型的方法是 Gram - Schmidt 法。2002年，Dai 和 Rees[15, 16, 140]提出了旋量系零空间理论，采用矩阵扩展法求解一维旋量系零空间、矩阵分块法求解旋量系多维零空间，从而给出了一种确定互易旋量系的解析方法。这里主要介绍旋量系零空间法。

对于一个矩阵表示形式的 n 阶旋量系 $\boldsymbol{S}=(\$_1^{\mathrm{T}},\ \$_2^{\mathrm{T}},\ \cdots,\ \$_n^{\mathrm{T}})^{\mathrm{T}}$，必然存在一个（$6-n$）阶的互易旋量系$\boldsymbol{S}^r=(\$_1^r,\ \$_2^r,\ \cdots,\ \$_{6-n}^r)$，且满足

$$\boldsymbol{S}\boldsymbol{\Delta}\,\boldsymbol{S}^r=\boldsymbol{0} \tag{7.43}$$

令 $\boldsymbol{\Delta}\,\boldsymbol{S}^r=\boldsymbol{X}$，则

$$\boldsymbol{S}\boldsymbol{X}=\boldsymbol{0} \tag{7.44}$$

对上式的求解可归结为线性代数中的求解齐次线性方程的**零空间**（null space）问题。

1. 利用增广矩阵法求解一维零空间

考虑五阶旋量系（旋量五系），这时它的互易旋量系中只含有1个旋量，矩阵 $\boldsymbol{A}$ 的零空间为一维向量空间。这时，式（7.44）变为

$$\boldsymbol{A}\boldsymbol{b}=\boldsymbol{0} \tag{7.45}$$

式中，$\boldsymbol{A}$ 为 5×6 阶矩阵，且

$$\boldsymbol{b}=\boldsymbol{\Delta}\,\$^r \tag{7.46}$$

直接求解式（7.46）是比较困难的，下面给出一种增广矩阵法对其求解。具体过程如下：

首先将 5×6 阶矩阵 $\boldsymbol{A}$ 通过增加一个旋量扩增成 6×6 阶矩阵$\boldsymbol{A}_a$，增加的旋量与其他5个旋量线性无关。为此，可以找到如下所示的旋量。

$$\$_a=(-|\boldsymbol{A}_{s1}|,|\boldsymbol{A}_{s2}|,-|\boldsymbol{A}_{s3}|;|\boldsymbol{A}_{s4}|,-|\boldsymbol{A}_{s5}|,|\boldsymbol{A}_{s6}|) \tag{7.47}$$

式中，$\boldsymbol{A}_{sj}$是删除矩阵$\boldsymbol{A}$的第j列后得到的5×5阶子矩阵。可以证明由此得到的增广矩阵$\boldsymbol{A}_a$是一个非奇异矩阵。这时，

$$\boldsymbol{\$}_a \circ \boldsymbol{\$}^r = \gamma \neq 0 \tag{7.48}$$

式（7.46）可以写成

$$\boldsymbol{A}_a \boldsymbol{b} = \boldsymbol{\Gamma} \tag{7.49}$$

式中，

$$\boldsymbol{A}_a = \begin{pmatrix} \boldsymbol{\$}_1^{\mathrm{T}} \\ \boldsymbol{\$}_2^{\mathrm{T}} \\ \boldsymbol{\$}_3^{\mathrm{T}} \\ \boldsymbol{\$}_4^{\mathrm{T}} \\ \boldsymbol{\$}_5^{\mathrm{T}} \\ \boldsymbol{\$}_a^{\mathrm{T}} \end{pmatrix}, \quad \boldsymbol{\Gamma} = \begin{pmatrix} 0 \\ 0 \\ 0 \\ 0 \\ 0 \\ \gamma \end{pmatrix} \tag{7.50}$$

这样将式（7.46）所示对齐次方程的求解就转化为式（7.50）所示对非齐次方程的求解问题，对应的一维零空间可通过下式给出。

$$\boldsymbol{b} = \boldsymbol{A}_a^{-1}\boldsymbol{\Gamma} = \frac{\mathrm{adj}(\boldsymbol{A}_a)}{|\boldsymbol{A}_a|}\boldsymbol{\Gamma} = \frac{\begin{pmatrix} \cdot & \cdot & \cdot & \cdot & \cdot & \mathrm{cof}(a_{61}) \\ \cdot & \cdot & \cdot & \cdot & \cdot & \mathrm{cof}(a_{62}) \\ \cdot & \cdot & \cdot & \cdot & \cdot & \mathrm{cof}(a_{63}) \\ \cdot & \cdot & \cdot & \cdot & \cdot & \mathrm{cof}(a_{64}) \\ \cdot & \cdot & \cdot & \cdot & \cdot & \mathrm{cof}(a_{65}) \\ \cdot & \cdot & \cdot & \cdot & \cdot & \mathrm{cof}(a_{66}) \end{pmatrix}}{|\boldsymbol{A}_a|}\boldsymbol{\Gamma} = \frac{\gamma}{|\boldsymbol{A}_a|}\begin{pmatrix} -|\boldsymbol{A}_{s1}| \\ |\boldsymbol{A}_{s2}| \\ -|\boldsymbol{A}_{s3}| \\ |\boldsymbol{A}_{s4}| \\ -|\boldsymbol{A}_{s5}| \\ |\boldsymbol{A}_{s6}| \end{pmatrix} \tag{7.51}$$

由于计算得到的旋量只有一个自由度，其幅值可忽略掉。这样，就得到了所要求得的互易旋量。

$$\boldsymbol{\$}^r = \begin{pmatrix} |\boldsymbol{A}_{s4}| \\ -|\boldsymbol{A}_{s5}| \\ |\boldsymbol{A}_{s6}| \\ -|\boldsymbol{A}_{s1}| \\ |\boldsymbol{A}_{s2}| \\ -|\boldsymbol{A}_{s3}| \end{pmatrix} \tag{7.52}$$

【例 7.6】　有一个 RRPRR 型串联操作手，具体结构布局如图 7.22 所示，求它的互易旋量。

解：与基座最近的 2 个转动副相互正交，第三个关节是移动副，与第二个关节垂直，偏移距离为a，第四个关节与第三个关节共线不过是转动副，第五个转动关节与第四个转动关节垂直。由此可列出各个关节对应的单位运动旋量坐标。

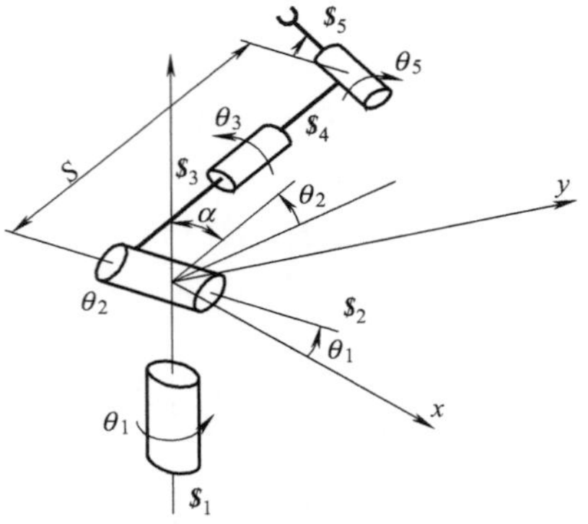

图 7.22　RRPRR 型串联操作手

$$
\begin{cases}
\boldsymbol{\$}_1=(0,0,1;0,0,0)\\
\boldsymbol{\$}_2=(\cos\theta_1,\sin\theta_1,0;0,0,0)\\
\boldsymbol{\$}_3=(0,0,0;-\sin\theta_1\cos\theta_2,\cos\theta_1\cos\theta_2,\sin\theta_2)\\
\boldsymbol{\$}_4=(-\sin\theta_1\cos\theta_2,\cos\theta_1\cos\theta_2,\sin\theta_2;-a\sin\theta_1\sin\theta_2,a\cos\theta_1\sin\theta_2,-a\cos\theta_2)\\
\boldsymbol{\$}_5=(L_5,M_5,N_5;P_5,Q_5,R_5)
\end{cases}
$$

其中，
$$
\begin{cases}
L_5=-\cos\theta_1\cos\theta_4+\sin\theta_1\sin\theta_2\sin\theta_4\\
M_5=-\sin\theta_1\cos\theta_4-\cos\theta_1\sin\theta_2\sin\theta_4\\
N_5=\cos\theta_2\sin\theta_4\\
P_5=S(\sin\theta_1\sin\theta_2\cos\theta_4+\cos\theta_1\sin\theta_4)-a\sin\theta_1\cos\theta_2\sin\theta_4\\
Q_5=S(\sin\theta_1\sin\theta_4-\cos\theta_1\sin\theta_2\cos\theta_4)-a\cos\theta_1\cos\theta_2\sin\theta_4\\
R_5=S\cos\theta_2\cos\theta_4+a\sin\theta_2\sin\theta_4
\end{cases}
$$

可以验证这 5 个单位旋量线性无关，从而形成了旋量五系；与之对应的互易旋量 $\boldsymbol{\$}^r$（表示约束力旋量）可通过前面介绍的增广矩阵法计算得到（计算过程从略）：

$$
\begin{cases}
L^r=-S\cos\theta_2\sin\theta_2[\cos(\theta_1+\theta_4)+\cos\theta_1\cos\theta_2\cos\theta_4]+a\cos\theta_1\sin\theta_2\sin\theta_4\\
M^r=-S\cos\theta_2(\sin\theta_1\cos\theta_4+\cos\theta_1\sin\theta_2\sin\theta_4)+a\sin\theta_1\sin\theta_2\sin\theta_4\\
N^r=S\cos\theta_2^2\sin\theta_4\\
P^r=aS\sin\theta_1\sin\theta_4[\cos\theta_1^2\cos\theta_2(\cos\theta_2-\sin\theta_2)-1]-a^2\sin\theta_1^2\cos\theta_1\sin\theta_4(\cos\theta_2-\sin\theta_2)\\
Q^r=aS\cos\theta_1\sin\theta_4\\
R^r=0
\end{cases}
$$

2. 利用矩阵分块法求解多维零空间

矩阵分块法的原理如下：设旋量系的阶数为 r，将 r 阶旋量系中的 r 个旋量作为行向量组成矩阵 $\boldsymbol{A}$，再将其分解成两个子矩阵：$r\times(r+1)$ 阶子矩阵和 $r\times(6-r-1)$ 阶子矩阵。

$$
\boldsymbol{A}=\left(\begin{array}{cccc:cc}
a_{11} & \cdots & a_{1r} & a_{1(r+1)} & \cdots & a_{16}\\
\vdots & & \vdots & \vdots & & \vdots\\
a_{r1} & \cdots & a_{rr} & a_{r(r+1)} & \cdots & a_{r6}
\end{array}\right) \tag{7.53}
$$

写成矩阵的形式为

$$\boldsymbol{A}=(\boldsymbol{A}_1 \vdots \boldsymbol{A}_2) \tag{7.54}$$

对原矩阵 $\boldsymbol{A}$ 增加一个行向量扩展成 $(r+1)\times 6$ 阶增广矩阵 $\boldsymbol{A}_a$，行向量的构造方法与前面所讲的相同。将 $\boldsymbol{A}_a$ 进行第一次分块，具体分成两个子矩阵：$(r+1)\times(r+1)$ 阶子矩阵 $\boldsymbol{A}_{a1}$ 和 $(r+1)\times(6-r-1)$ 阶子矩阵 $\boldsymbol{A}_{a2}$。其中前者是可逆矩阵。

$$\boldsymbol{A}_a=\left(\begin{array}{cccc:cc} a_{11} & \cdots & a_{1r} & a_{1(r+1)} & \cdots & a_{16} \\ \vdots & & \vdots & \vdots & & \vdots \\ a_{r1} & \cdots & a_{rr} & a_{r(r+1)} & \cdots & a_{r6} \\ \cdot & \cdot & \cdot & \cdot & \cdot & \cdot \end{array}\right) \tag{7.55}$$

写成矩阵的形式为

$$\boldsymbol{A}_a=(\boldsymbol{A}_{a1} \vdots \boldsymbol{A}_{a2}) \tag{7.56}$$

展开得到

$$\left(\begin{array}{cccc:cc} a_{11} & \cdots & a_{1r} & a_{1(r+1)} & \cdots & a_{16} \\ \vdots & & \vdots & \vdots & & \vdots \\ a_{r1} & \cdots & a_{rr} & a_{r(r+1)} & \cdots & a_{r6} \\ \cdot & \cdot & \cdot & \cdot & \cdot & \cdot \end{array}\right)\begin{pmatrix} x_1 \\ \vdots \\ x_r \\ x_{r+1} \\ \hdashline \vdots \\ x_6 \end{pmatrix}=\begin{pmatrix} 0 \\ \vdots \\ 0 \\ 0 \\ \vdots \\ \gamma_1 \end{pmatrix} \tag{7.57}$$

式中，$x_i(i=1,\cdots,6)$ 是向量 $\boldsymbol{b}_1$ 中的元素。对上式进一步分解得到

$$\boldsymbol{A}_{a1}\boldsymbol{b}_{11}+\boldsymbol{A}_{a2}\boldsymbol{b}_{12}=\boldsymbol{\Gamma}_1 \tag{7.58}$$

由于 $\boldsymbol{A}_{a1}$ 可逆，故

$$\boldsymbol{b}_{11}+\boldsymbol{A}_{a1}^{-1}\boldsymbol{A}_{a2}\boldsymbol{b}_{12}=\boldsymbol{A}_{a1}^{-1}\boldsymbol{\Gamma}_1 \tag{7.59}$$

令 $\boldsymbol{b}_{12}=\boldsymbol{0}$，则上式简化为

$$\boldsymbol{b}_{11}=\boldsymbol{A}_{a1}^{-1}\boldsymbol{\Gamma}_1 \tag{7.60}$$

这样，就可采用前面求解一维零空间的方法来求解反旋量。具体如下：

$$\boldsymbol{b}_1=\tilde{\boldsymbol{\Delta}}\boldsymbol{\$}_1^r=\begin{pmatrix} \boldsymbol{b}_{11} \\ \boldsymbol{b}_{12} \end{pmatrix}=\begin{pmatrix} \boldsymbol{A}_{a1}^{-1}\boldsymbol{\Gamma}_1 \\ \boldsymbol{0} \end{pmatrix}=\begin{pmatrix} \dfrac{\gamma_1}{|\boldsymbol{A}_{a1}|}\begin{pmatrix} (-1)^{r+2}|\boldsymbol{A}_{1(s1)}| \\ (-1)^{r+3}|\boldsymbol{A}_{1(s2)}| \\ \vdots \\ (-1)^{r+j+1}|\boldsymbol{A}_{1(s(r+1))}| \end{pmatrix} \\ \boldsymbol{0}_{(6-r-1)\times 1} \end{pmatrix} \tag{7.61}$$

式中，$\boldsymbol{A}_{1(sj)}$ 是将矩阵 $\boldsymbol{A}_{a1}$ 第 j 列删除后得到的子矩阵，如果不考虑幅值的大小，可变为

$$\boldsymbol{\Delta}\boldsymbol{\$}_1^r=\begin{pmatrix} \begin{pmatrix} (-1)^{r+2}|\boldsymbol{A}_{1(s1)}| \\ (-1)^{r+3}|\boldsymbol{A}_{1(s2)}| \\ \vdots \\ (-1)^{r+j+1}|\boldsymbol{A}_{1(s(r+1))}| \end{pmatrix} \\ \boldsymbol{0}_{(6-r-1)\times 1} \end{pmatrix} \tag{7.62}$$

采用类似的方法，可求出 $\Delta \$_2^r$。具体来讲，需要对矩阵 $\boldsymbol{A}$ 进行分块，从而分成三个子矩阵：$r\times 1$ 阶子矩阵 ${}^2\boldsymbol{A}_0$、$r\times(r+1)$ 阶子矩阵 ${}^2\boldsymbol{A}_1$ 和 $r\times(6-r-2)$ 阶子矩阵 ${}^2\boldsymbol{A}_2$，再通过增加一个行向量将原矩阵扩展成 $(r+1)\times(r+1)$ 阶增广矩阵 ${}^2\boldsymbol{A}_a$，所对应的三个增广子矩阵分别是 ${}^2\boldsymbol{A}_{a0}$，${}^2\boldsymbol{A}_{a1}$ 和 ${}^2\boldsymbol{A}_{a2}$。其中 ${}^2\boldsymbol{A}_{a1}$ 是可逆矩阵。

$$\left(\begin{array}{c:ccccc:cc} a_{11} & \cdots & a_{1r} & a_{1(r+1)} & a_{1(r+2)} & \cdots & a_{16} \\ \vdots & & \vdots & \vdots & \vdots & & \vdots \\ a_{r1} & \cdots & a_{rr} & a_{r(r+1)} & a_{r(r+2)} & \cdots & a_{r6} \\ \cdot & \cdot & \cdot & \cdot & \cdot & \cdot & \cdot \end{array}\right)\begin{pmatrix} x_1 \\ \cdots\cdots \\ x_2 \\ \vdots \\ x_r \\ x_{r+1} \\ \cdots\cdots \\ x_{r+2} \\ \vdots \\ x_6 \end{pmatrix}=\begin{pmatrix} 0 \\ \vdots \\ 0 \\ 0 \\ \vdots \\ \gamma_2 \end{pmatrix} \tag{7.63}$$

式中，x_i（$i=1$，…，6）是向量 $\boldsymbol{b}_1$ 中的元素。对上式进一步分解得到

$$ {}^2\boldsymbol{A}_{a0}\boldsymbol{b}_{20}+{}^2\boldsymbol{A}_{a1}\boldsymbol{b}_{21}+{}^2\boldsymbol{A}_{a2}\boldsymbol{b}_{22}=\boldsymbol{\Gamma}_2 \tag{7.64}$$

由于 ${}^2\boldsymbol{A}_{a1}$ 可逆，并且令 $\boldsymbol{b}_{20}=\boldsymbol{b}_{22}=\boldsymbol{0}$，则上式简化为

$$\boldsymbol{b}_{21}={}^2\boldsymbol{A}_{a1}^{-1}\boldsymbol{\Gamma}_2 \tag{7.65}$$

同样可采用前面求解一维零空间的方法来求解互易旋量。具体如下：

$$\boldsymbol{b}_2=\boldsymbol{\Delta}\$_2^r=\begin{pmatrix}\boldsymbol{b}_{20}\\ \boldsymbol{b}_{21}\\ \boldsymbol{b}_{22}\end{pmatrix}=\begin{pmatrix}\boldsymbol{0}\\ {}^2\boldsymbol{A}_{a1}^{-1}\boldsymbol{\Gamma}_2\\ \boldsymbol{0}\end{pmatrix}=\begin{pmatrix} 0 \\ \dfrac{\gamma_2}{|{}^2\boldsymbol{A}_{a1}|}\begin{pmatrix}(-1)^{r+3}|{}^2\boldsymbol{A}_{1(s1)}| \\ (-1)^{r+4}|{}^2\boldsymbol{A}_{1(s2)}| \\ \vdots \\ (-1)^{r+j+1}|{}^2\boldsymbol{A}_{1(s(r+1))}|\end{pmatrix} \\ \boldsymbol{0}_{(6-r-2)\times 1}\end{pmatrix} \tag{7.66}$$

式中，${}^2\boldsymbol{A}_{1(sj)}$ 是删除掉矩阵 ${}^2\boldsymbol{A}_{a1}$ 第 j 列后得到的子矩阵。如果不考虑幅值的大小，可变为

$$\boldsymbol{\Delta}\$_2^r=\begin{pmatrix}\boldsymbol{0} \\ \begin{pmatrix}(-1)^{r+3}|{}^2\boldsymbol{A}_{1(s1)}| \\ (-1)^{r+4}|{}^2\boldsymbol{A}_{1(s2)}| \\ \vdots \\ (-1)^{r+j+1}|{}^2\boldsymbol{A}_{1(s(r+1))}|\end{pmatrix} \\ \boldsymbol{0}_{(6-r-2)\times 1}\end{pmatrix} \tag{7.67}$$

同理，可以得到一般形式的求解互易旋量的公式。

$$
\Delta \$_i^r = \begin{pmatrix} \mathbf{0}_{(i-1)\times 1} \\ \begin{pmatrix} (-1)^{r+i+1}\left|{}^i\boldsymbol{A}_{1(s1)}\right| \\ (-1)^{r+i+2}\left|{}^i\boldsymbol{A}_{1(s2)}\right| \\ \vdots \\ (-1)^{r+j+1}\left|{}^i\boldsymbol{A}_{1(s(r+1))}\right| \end{pmatrix} \\ \mathbf{0}_{(6-r-i)\times 1} \end{pmatrix} \tag{7.68}
$$

【例 7.7】 考察一个 4 轴串联操作手（图 7.23）。关节对应的单位运动旋量坐标如下：

$$
\begin{cases}
\$_1 = (0,0,1;0,0,0) \\
\$_2 = (\cos\theta_1, \sin\theta_1, 0;0,0,0) \\
\$_3 = (-\sin\theta_1\cos\theta_2, \cos\theta_1\cos\theta_2, \sin\theta_2; -a\sin\theta_1\sin\theta_2, a\cos\theta_1\sin\theta_2, -a\cos\theta_2) \\
\$_4 = (L_4, M_4, N_4; P_4, Q_4, R_4)
\end{cases}
$$

其中，

$$
\begin{cases}
L_4 = -\cos\theta_1\cos\theta_3 + \sin\theta_1\sin\theta_2\sin\theta_3 \\
M_4 = -\sin\theta_1\cos\theta_3 - \cos\theta_1\sin\theta_2\sin\theta_3 \\
N_4 = \cos\theta_2\sin\theta_3 \\
P_4 = l(\sin\theta_1\sin\theta_2\cos\theta_3 + \cos\theta_1\sin\theta_3) - a\sin\theta_1\cos\theta_2\sin\theta_3 \\
Q_4 = l(\sin\theta_1\sin\theta_3 - \cos\theta_1\sin\theta_2\cos\theta_3) - a\cos\theta_1\cos\theta_2\sin\theta_3 \\
R_4 = l\cos\theta_2\cos\theta_3 + a\sin\theta_2\sin\theta_3
\end{cases}
$$

求它所对应的互易旋量系。

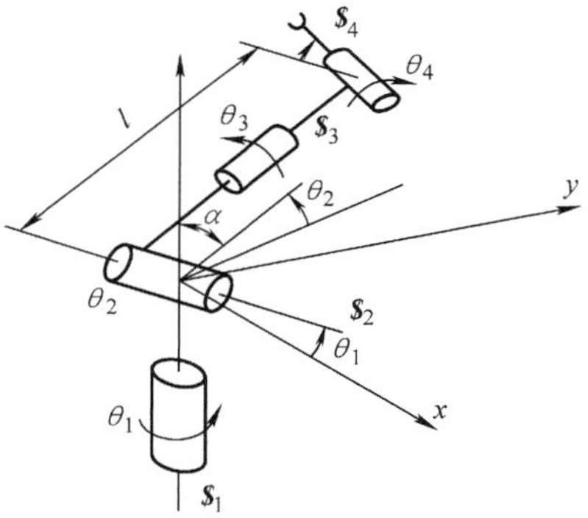

图 7.23 4 轴串联操作手

解：按照上面所给求解互易旋量系的步骤进行求解。

（1）构造矩阵 $\boldsymbol{A}$。

$$
\boldsymbol{A} = \begin{pmatrix} \$_1^{\mathrm{T}} \\ \$_2^{\mathrm{T}} \\ \$_3^{\mathrm{T}} \\ \$_4^{\mathrm{T}} \end{pmatrix} = \begin{pmatrix} 0 & 0 & 1 & 0 & 0 & 0 \\ \cos\theta_1 & \sin\theta_1 & 0 & 0 & 0 & 0 \\ -\sin\theta_1\cos\theta_2 & \cos\theta_1\cos\theta_2 & \sin\theta_2 & -a\sin\theta_1\sin\theta_2 & a\cos\theta_1\sin\theta_2 & -a\cos\theta_2 \\ L_4 & M_4 & N_4 & P_4 & Q_4 & R_4 \end{pmatrix}
$$

（2）构造增广矩阵$\boldsymbol{A}_a$，并进行分块。

$$\boldsymbol{A}_a=\begin{pmatrix} 0 & 0 & 1 & 0 & 0 & * \\ \cos\theta_1 & \sin\theta_1 & 0 & 0 & 0 & * \\ -\sin\theta_1\cos\theta_2 & \cos\theta_1\cos\theta_2 & \sin\theta_2 & -a\sin\theta_1\sin\theta_2 & a\cos\theta_1\sin\theta_2 & * \\ L_4 & M_4 & N_4 & P_4 & Q_4 & * \\ \cdot & \cdot & \cdot & \cdot & \cdot & \cdot \end{pmatrix}$$

（3）求解 $\$_1^r$。这里只给出结果。

$$\begin{cases} L_1^r=-l\cos\theta_2(\sin\theta_1\sin\theta_3-\cos\theta_1\sin\theta_2\cos\theta_3)-a\cos\theta_1\sin\theta_3 \\ M_1^r=l\cos\theta_2(\cos\theta_1\sin\theta_3+\sin\theta_1\sin\theta_2\cos\theta_3)-a\sin\theta_1\sin\theta_3 \\ P_1^r=al\sin\theta_1\sin\theta_2\sin\theta_3 \\ Q_1^r=-al\cos\theta_1\sin\theta_2\sin\theta_3 \\ R_1^r=0 \end{cases}$$

（4）再构造增广矩阵$^2\boldsymbol{A}_a$，并进行分块。

$$\boldsymbol{A}_a=\begin{pmatrix} * & 0 & 1 & 0 & 0 & 0 \\ * & \sin\theta_1 & 0 & 0 & 0 & 0 \\ * & \cos\theta_1\cos\theta_2 & \sin\theta_2 & -a\sin\theta_1\sin\theta_2 & a\cos\theta_1\sin\theta_2 & -a\cos\theta_2 \\ * & M_4 & N_4 & P_4 & Q_4 & R_4 \\ \cdot & \cdot & \cdot & \cdot & \cdot & \cdot \end{pmatrix}$$

（5）求解 $\$_2^r$。这里只给出结果。

$$\begin{cases} L_2^r=-al\sin\theta_1^2\sin\theta_3-a^2\cos\theta_1\sin\theta_1\sin\theta_3 \\ M_2^r=-al\cos\theta_1\sin\theta_1\sin\theta_3+a^2\sin\theta_1^2\sin\theta_3 \\ N_2^r=al\sin\theta_1\sin\theta_1\sin\theta_3 \\ Q_2^r=0 \\ R_2^r=0 \end{cases}$$

除了解析法以外，还有观察法、几何法等，后面的方法其物理意义更为明确。在 7.3.3 节将重点讨论如何应用几何（图谱）法对特殊几何条件下的旋量系及其互易旋量系进行求解。

7.3.3　旋量系与其互易旋量系之间的几何关系

前面已经讨论了一个互易旋量对所满足的几何关系：①2 条共面的线矢量互易；②2 个偶量必然互易；③1 条线矢量与 1 个偶量只有当相互垂直时才互易；④线矢量与偶量都具有自互易性；⑤任何垂直相交的 2 个旋量必然互易，且与其节距大小无关。由此可进一步导出两个互易旋量系之间也满足类似的几何关系：

1）旋量系中的所有线矢量一定与其互易旋量系中的每条线矢量相交；

2）旋量系中的所有线矢量一定与其互易旋量系中的每个偶量的方向线正交；

3）旋量系中所有偶量的方向线一定与其互易旋量系中的每个旋量的轴线和所有线矢量

正交；

4）旋量系中一般旋量的轴线与其互易旋量系中的每个一般旋量的轴线应满足

$$(p_i+q_j)\cos\alpha_{ij}-a_{ij}\sin\alpha_{ij}=0,\quad i=1,2,\cdots,n;\ j=1,2,\cdots,6-n \tag{7.69}$$

7.3.4 互易旋量空间线图表达

基于上面给出的两个互易旋量系之间的几何关系，可直接确定与已知旋量空间互易的旋量空间。

下面举一个简单的例子来说明该方法的应用。

已知一个如图 7.24 所示的五阶直线旋量系 $\boldsymbol{S}$（$\$_i$，$i=1$，2，…，5），求解其互易旋量系。

根据上面给出的互易旋量系之间的几何关系可知，互易旋量系中的线矢量一定与线系 $\boldsymbol{S}$ 中的每条线矢量都相交（这样的线矢量只能找到 1 条，如图 7.24a 所示）；偶量一定与线系 $\boldsymbol{S}$ 中的每条线矢量都正交（不存在）；一般旋量一定与线系 $\boldsymbol{S}$ 中的每条线矢量都满足一定的几何条件（$h=a_i\tan\alpha_i$，$i=1$，2，…，5，如图 7.24b 所示）。实际上，这对互易旋量系之间的关系完全可以采用旋量空间线图来表达，如图 7.24c 所示。

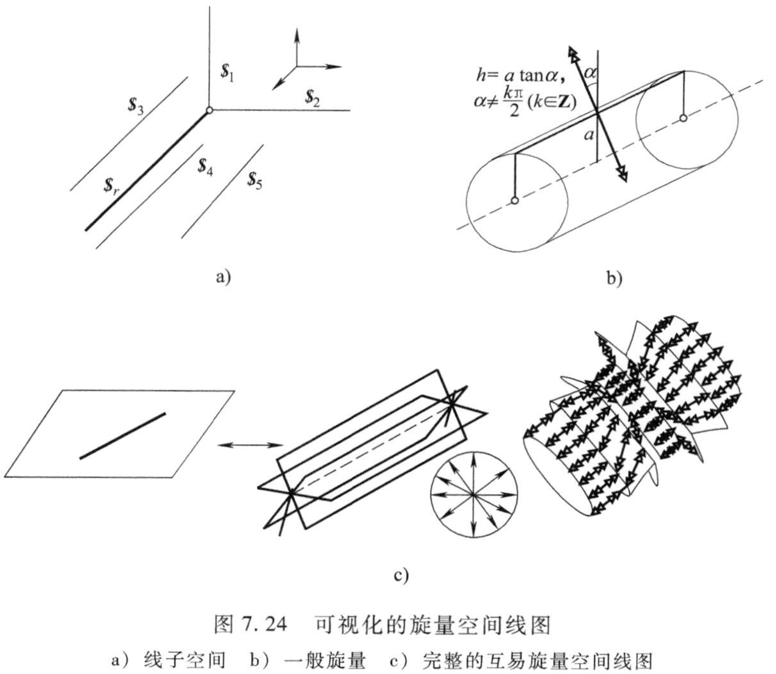

图 7.24　可视化的旋量空间线图

a）线子空间　b）一般旋量　c）完整的互易旋量空间线图

运用类似的方法可以找到任一旋量系下的互易旋量系，并通过线图的形式来表现相应的旋量空间。Hopkins[51]就曾给出了一个较为完备的互易旋量空间线图图谱，该图谱中涵盖了不同自由度下的自由度空间及其对应的约束空间线图。从中可以看出，任一旋量系及旋量空间在理论上讲都可以采用几何线图表示。但就一般旋量系而言，它的互易旋量空间线图虽然完备，但几何特征却变得越发不直观，从而在很大程度上失去了几何直观性的优点，这时反而不如采用解析法。

7.4 扩展阅读文献

1. 戴建生 . 机构学与机器人学的几何基础与旋量代数［M］. 北京：高等教育出版社，2014.

2. 戴建生 . 旋量代数与李群、李代数［M］. 北京：高等教育出版社，2014.

3. 黄真，赵永生，赵铁石. 高等空间机构学［M］. 北京：高等教育出版社，2006.

4. 于靖军，裴旭，宗光华. 机械装置的图谱化创新设计［M］. 北京：科学出版社，2014.

5. Ball R S. The Theory of Screws［M］. Cambridge：Cambridge University Press，1998.

6. Dai J S，Rees J J. Interrelationship between screw systems and corresponding reciprocal systems and applications［J］. Mech. and Mach. Theory，2001，36（5）：633-651.

7. Dai J S，Rees J J. Null space construction using cofactors from a screw algebra context［J］. Proc. Royal Soc. London A：Mathematical，Physical and Engineering Sciences. 2002，458（2024）：1845-1866.

8. Dai，J S，Rees J J. A linear algebraic procedure in obtaining reciprocal screw systems，Special Issue in Commemoration of Prof J［J］. Duffy，Journal of Robotic Systems，2003，20（7）：401-412.

9. Davidson J K，Hunt K H. Robots and Screw theory：Applications of Kinematics and Statics to Robotics［M］. Oxford：Oxford University Press，2004.

10. Gibson C G，Hunt K H. Geometry of screw systems-Ⅰ，classification of screw systems［J］. Mechanisms and Machine Theory，1990，25（1）：1-10.

11. Gibson C G，Hunt K H. Geometry of screw systems-Ⅱ，classification of screw systems［J］. Mechanisms and Machine Theory，1990，25（1）：11-27.

12. Hopkins J B. Design of Flexure-based Motion Stages for Mechatronic Systems via Freedom，Actuation and Constraint Topologies［D］. Cambridge：Massachusetts Institute of Technology，2010.

13. Merlet J P. Parallel Robots［M］. London：Kluwer Academic Publishers，2000.

14. Rico J M，Duffy J. Classification of screw systems-Ⅰ：one-and two-systems［J］. Mechanism and Machine Theory，1992，27（4）：459-470.

15. Rico J M，Duffy J. Classification of screw systems-Ⅲ：three-systems［J］. Mechanism and Machine Theory，1992，27（4）：471-490.

16. Selig J M. Geometry Foundations in Robotics［M］. Hong Kong：World Scientific Publishing Co. Pte. Ltd.，2000.

习　题

7.1　根据不同的空间几何分布给出 3 种二维线簇类型，用线图示之。

7.2　根据不同的空间几何分布给出 5 种三维线簇类型，用线图示之。

7.3　根据不同的空间几何分布给出 3 种四维线簇类型，用线图示之。

7.4　根据不同的空间几何分布给出 3 种五维线簇类型，用线图示之。

7.5　六维旋量空间是否可完全用 6 个线矢量作为基坐标？如果可以，试给出一组基。

7.6　试确定图 7.25 所示 3 个组合线簇的维数。

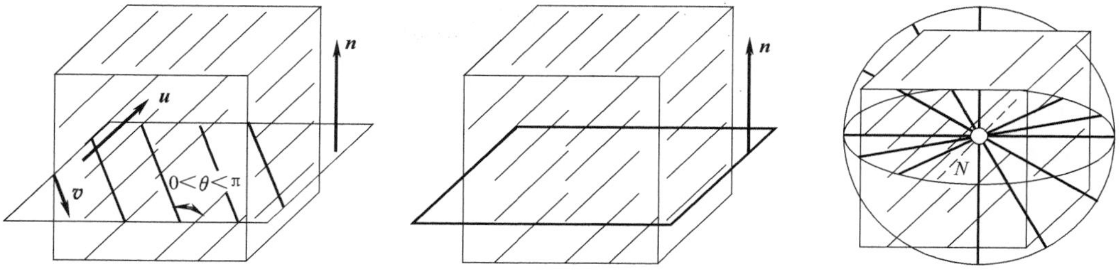

图 7.25　习题 7.6 图

7.7　试判断下面的二阶旋量系是否为自互易旋量系。

$$\begin{cases} \$_1 = (1,0,0;0,0,1) \\ \$_2 = (0,1,0;1,0,0) \end{cases}$$

7.8　试判断下面的三阶旋量系是否为自互易旋量系。

$$\begin{cases} \$_1 = (1,0,0;0,0,0) \\ \$_2 = (0,1,0;0,0,0) \\ \$_2 = (0,0,1;0,0,0) \end{cases}$$

7.9　试确定图 7.26 所示各个旋量空间的维数。

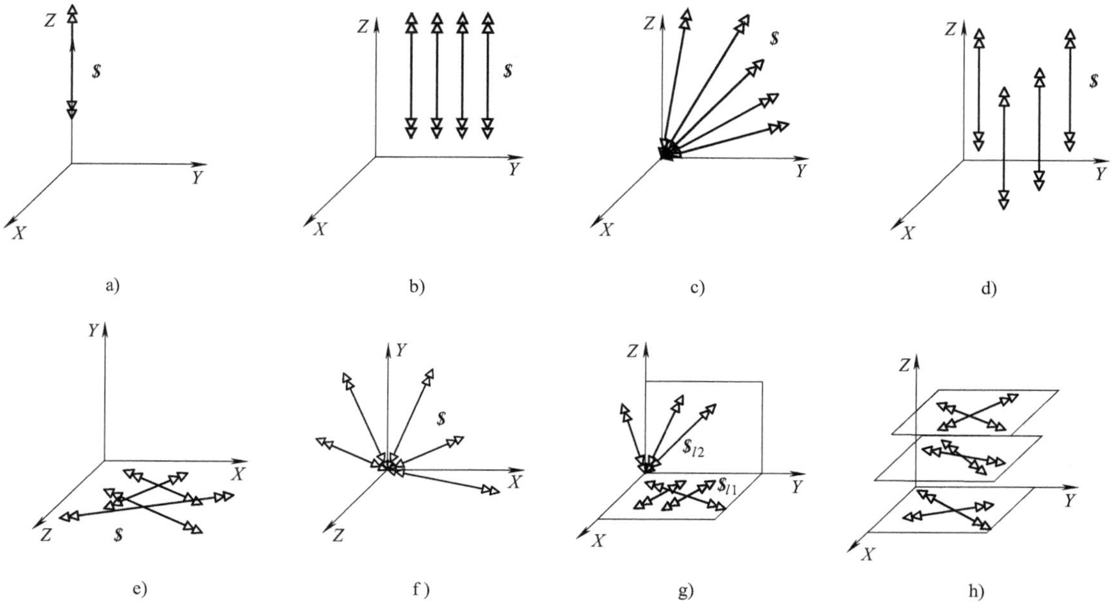

图 7.26　不同几何条件下的旋量系分布

a）共轴　b）共面平行　c）平面汇交　d）空间平行

e）共面　f）空间共点　g）共面共点　h）平行同一平面

7.10　观察下面的一组由相互平行的 4 个旋量组成的旋量四系。

$$\begin{cases} \boldsymbol{\$}_1=(0,0,1;0,0,h_1) \\ \boldsymbol{\$}_2=(0,0,1;a,0,h_2) \\ \boldsymbol{\$}_3=(0,0,1;0,b,h_3) \\ \boldsymbol{\$}_4=(0,0,1;c,d,h_4) \end{cases}$$

证明它们当具有相同节距的情况下线性无关；并且证明具有无穷节距的所有旋量均属于该旋量四系。

7.11　分析表 7.7 中的内容，并回答下列问题。

（1）表中哪个旋量系可以表示球面运动？

（2）证明表中的旋量四系可以由 4 个相互平行的具有不同有限节距的旋量表达。

7.12　主旋量（principal screw）是旋量系理论中一个重要的研究内容。以旋量二系为例，Ball 将两个节距取极值的旋量称为主旋量。试按下面的方法计算这两个主旋量的旋量坐标。假设有 2 个旋量 $\boldsymbol{\$}_1(h_1)$ 和 $\boldsymbol{\$}_2(h_2)$，为方便起见，取坐标轴 Z 沿这两个旋量轴线的公垂线方向，而 X 轴和 Y 轴以及原点按如图 7.27 所示方式选取。

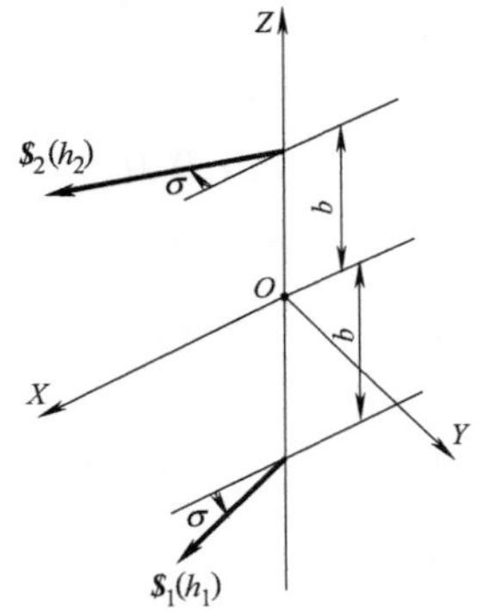

图 7.27　两个旋量的合旋量

7.13　考虑下面的旋量四系，它的 4 条发生线分别是

$$\begin{cases} \boldsymbol{\$}_1=(1,0,0;0,0,0) \\ \boldsymbol{\$}_2=(0,0,0;1,0,0) \\ \boldsymbol{\$}_3=(0,0,0;0,1,0) \\ \boldsymbol{\$}_4=(0,0,0;0,0,1) \end{cases}$$

试给出该旋量系的一组同维子空间，并用图示之。

7.14　考察一个由 3 个关节组成的串联操作手，对应的运动旋量坐标如下：

$$\begin{cases} \boldsymbol{\$}_1=(0,0,1;0,0,0) \\ \boldsymbol{\$}_2=(L_2,M_2,0;P_2,Q_2,0) \\ \boldsymbol{\$}_3=(L_3,M_3,0;P_3,Q_3,0) \end{cases}$$

求与之互易的旋量系。

7.15　考察一个由 3 个旋转关节组成的串联操作手，对应的运动旋量坐标如下：

$$
\begin{cases}
\boldsymbol{\$}_1 = (0,0,1;0,0,0) \\
\boldsymbol{\$}_2 = (c\theta_1, s\theta_1, 0; -z_0 s\theta_1, z_0 c\theta_1, 0) \\
\boldsymbol{\$}_3 = (-s\theta_1 c\theta_2, c\theta_1 c\theta_2, s\theta_2; -z_0 c\theta_1 c\theta_2 + l s\theta_1 s\theta_2, -z_0 s\theta_1 c\theta_2 + l c\theta_1 s\theta_2, l c\theta_2)
\end{cases}
$$

其中，$c\theta_1$ 是 $\cos\theta_1$ 的简写，$s\theta_1$ 是 $\sin\theta_1$ 的简写。求与之互易的旋量系。

7.16　试识别存在如图 7.28 所示正方体各边（有些情况可不受此局限）中的 1 ~6 维线图，并各给出一组与之互易的线图（考虑偶量元素的存在）。

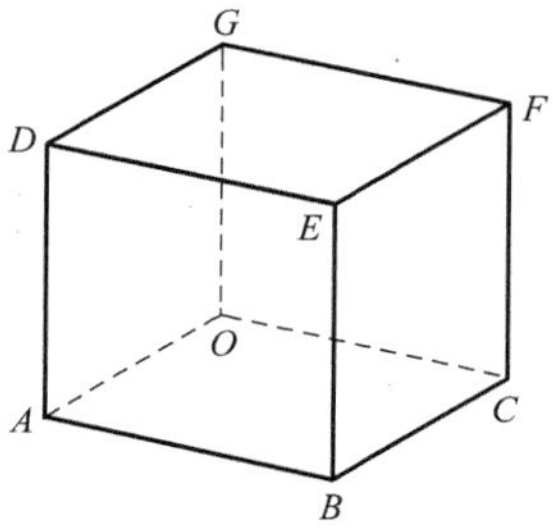

图 7.28　正方体

7.17　试证明：

如果 n 阶旋量系（或 n 维旋量空间）中，存在有线性无关的 r 条线矢量和 s 个偶量，即 $n=r+s$。并且每条线矢量都与这 s 个偶量正交，则可以确定该旋量系（或旋量空间）存在有 n 个线性无关的线矢量（或 n 维线子空间）。

第 8 章　运动与约束

【内容提示】

在旋量理论中，旋量系的概念可以从运动学中演绎出来。对于一个多关节串联机器人，其末端执行器的运动可以表示为各组成构件运动的叠加。当这些运动用旋量表达时，末端的运动就表现为旋量系的特征，这是旋量系的物理表征。如果给这种旋量系与其互易旋量系赋予物理意义的话，就可以将其映射为运动旋量系与约束旋量系。因此，本章内容是第 7 章内容的具体及深化，同时也可以作为研究机械系统及机器人机构学有关结构问题的关键环节。

机械系统结构学的研究内容主要包括两个部分：机构自由度分析与构型综合。自由度分析是由给定的机构求取自由度数目及特性，而构型综合正好相反，构型综合可定义为在给定机构期望自由度数和性质的条件下，寻求机构的具体构型，包括运动副的数目以及运动副在空间的布置。对于并联机构或混联机构，还要考虑各个分支的数目以及分支的布置等。构型综合与自由度分析是对立统一的。

因此，本章的学习重点是如何应用运动旋量系与约束旋量系理论解决机构自由度（或约束）分析与构型综合问题。

8.1　运动旋量系与约束旋量系

研究互易旋量系的主要目的在于从更深层研究机构或机械系统的运动或约束特性。根据旋量系的运动特性及约束特性可将旋量系分为**运动旋量系**（twist system）和**约束旋量系**（constraint wrench system）。

对于一个 n 阶运动（或约束）旋量系 $\boldsymbol{S}=(\$_1,\$_2,\cdots,\$_n)_{6\times n}^{\mathrm{T}}$，必然存在一个 $(6-n)$ 阶约束（或运动）旋量系 $\boldsymbol{S}^r=(\$_1^r,\$_2^r,\cdots,\$_{6-n}^r)$ 与之互易，该约束（或运动）旋量系由 $(6-n)$ 个与 $\boldsymbol{S}$ 中各个旋量都互易的旋量组成，即

$$\boldsymbol{S}\Delta\,\boldsymbol{S}^r=\boldsymbol{0} \tag{8.1}$$

根据定义可知，任何一对运动旋量系与约束旋量系的维度之和都等于 6，即

$$\dim(\boldsymbol{S})+\dim(\boldsymbol{S}^r)=6 \tag{8.2}$$

利用式（8.1）可求得约束旋量系 $\boldsymbol{S}^r$，具体求解过程可归结为线性代数中的求解齐次线性方程的零空间问题（见本书第 7 章内容）。

除了代数方法外，仍然可以采用几何法。根据上一章给出的互易旋量系之间应该满足的几何关系，由此可进一步导出运动旋量系与其约束旋量系之间的几何关系，即广义 Blanding 法则[135,171]。

1）运动旋量系中的所有转动线一定与其互易旋量系中的每条约束力线相交；

2）运动旋量系中的所有转动线一定与其互易旋量系中的每个约束力偶的方向线正交；

3）运动旋量系中的所有移动方向线一定与其互易旋量系中的每条约束力线正交；

4）运动旋量系中一般旋量的轴线与其互易旋量系中每个一般旋量的轴线应满足

$$(p_i+q_j)\cos\alpha_{ij}-a_{ij}\sin\alpha_{ij}=0,\quad i=1,2,\cdots,n;j=1,2,\cdots,6-n \tag{8.3}$$

式中，p_i和 q_j分别为运动旋量系和约束旋量系中各旋量的节距。

例如，已知图 8.1 所示的一个运动旋量系 $\boldsymbol{S}(\$_i,i=1,2,\cdots,5)$，根据上述法则，很容易找到与之互易的一个约束旋量（单个与所有 $\$_i$ 相交的约束力 $\$_r$）。

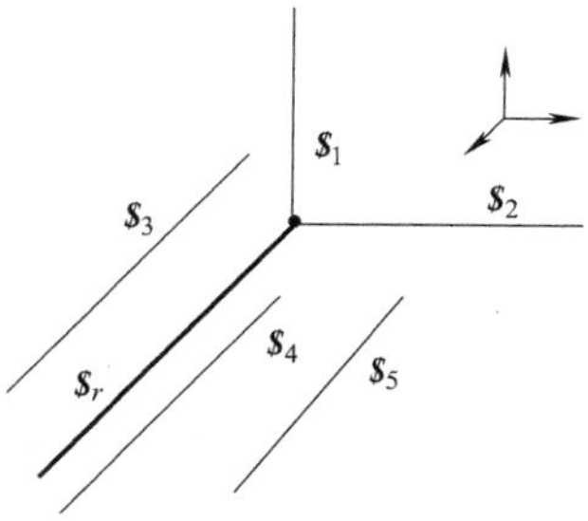

图 8.1　五维运动旋量系及其对偶约束旋量

8.2　等效运动副旋量系

8.2.1　等效运动副旋量系的概念

【运动副旋量的定义】　当用运动旋量来描述基于铰链连接的两个刚体间的运动时，对应的单位运动旋量又可以表示不同类型的运动副，如转动副、移动副、螺旋副等。因此又可以将表示运动副特征的单位运动旋量 $\$$ 称为运动副旋量（kinematic pair screw，简称 KP 旋量）[136]。

【等效运动副旋量系的定义】　如果一个具有 n 个单自由度关节组成的串联操作手或由 n 个运动副组成的分支，可以用 KP 旋量组成的旋量集 $\{\$_1,\cdots,\$_j,\cdots,\$_n\}$ 来描述它的运动。其末端的运动是该旋量集中 n 个 KP 旋量的线性组合。

如果旋量集中各旋量线性无关且 $n<6$，则该旋量集必存在一个维数为 n 的基础解系作为它的子空间。基于线性变换理论，末端执行器的运动完全可以由基础解系中这 n 个旋量线性组合得到。这 n 个旋量通过线性组合可生成一种或多种与基础解系形式不同的 KP 旋量系，但它们与基础解系都表示末端同一运动。为此，称根据线性组合得到的 KP 旋量系为基 KP 旋量系的**等效 KP 旋量系**。类似地，如果旋量集中各旋量线性相关且它的秩 $r<6$，则该旋量集必存在一个维数为 r 的基础解系作为它的子空间。这 r 个旋量通过线性组合可生成一种或多种与基础解系形式不同的 KP 旋量系，但它们与基础解系都表示末端的同一运动。

【例 8.1】　考察平面四杆机构（图 8.2）的 KP 旋量系。

解：建立如图 8.2 所示的坐标系，平面四杆机构的 KP 旋量集可以表示成

$$\begin{cases}\$_1=(\boldsymbol{s};\boldsymbol{0})\\ \$_2=(\boldsymbol{s};\boldsymbol{r}_1\times\boldsymbol{s})\\ \$_3=(\boldsymbol{s};(\boldsymbol{r}_1+\boldsymbol{r}_2)\times\boldsymbol{s})\\ \$_4=(\boldsymbol{s};\boldsymbol{r}_3\times\boldsymbol{s})\end{cases} \tag{8.4}$$

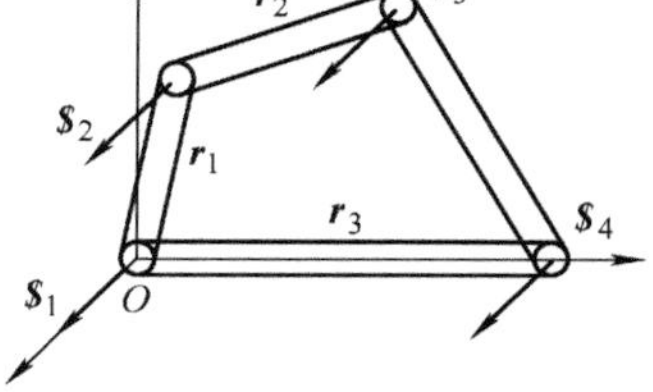

图 8.2　平面四杆机构

通过线性组合可以得到

$$\begin{cases}\$_{e1}=(\boldsymbol{s};\boldsymbol{0})\\ \$_{e2}=(\boldsymbol{0};\boldsymbol{r}_1\times\boldsymbol{s})\\ \$_{e3}=(\boldsymbol{0};\boldsymbol{r}_2\times\boldsymbol{s})\\ \$_{e4}=(\boldsymbol{0};\boldsymbol{r}_3\times\boldsymbol{s})\end{cases}\tag{8.5}$$

再考虑到上式中第 2 项与第 3 项的线性组合可以得到第 4 项，则上式可以进一步等效成

$$\begin{cases}\$_{e1}=(\boldsymbol{s};\boldsymbol{0})\\ \$_{e2}=(\boldsymbol{0};\boldsymbol{r}_1\times\boldsymbol{s})\\ \$_{e3}=(\boldsymbol{0};\boldsymbol{r}_2\times\boldsymbol{s})\end{cases}\tag{8.6}$$

因此，式（8.6）可以作为平面四杆机构的等效 KP 旋量系。

8.2.2　等效运动副旋量系的应用

等效 KP 旋量系的用途包括：① 等效机构或运动链的运动分析（自由度、约束等）；② 等效 KP 旋量系可用来构造运动链，实现机构（或运动链）构型综合之目的。

【例 8.2】　试分析 4R 型平行四杆机构（图 8.3）的等效运动。

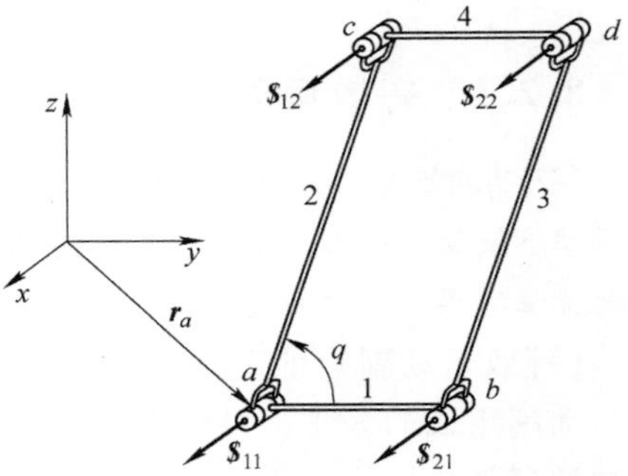

图 8.3　平行四杆机构

解：4R 型平行四杆机构如图 8.3 所示，当以杆 1 为机架、以杆 4 为输出构件时，可视其为由 2 个分支组成。首先建立相应的坐标系，得到表示每个分支各自对应的 KP 旋量系

$$\begin{cases}\$_{11}=(\boldsymbol{s}_a;\boldsymbol{r}_a\times\boldsymbol{s}_a)\\ \$_{12}=(\boldsymbol{s}_c;\boldsymbol{r}_c\times\boldsymbol{s}_c)\end{cases}\tag{8.7}$$

$$\begin{cases}\$_{21}=(\boldsymbol{s}_b;\boldsymbol{r}_b\times\boldsymbol{s}_b)\\ \$_{22}=(\boldsymbol{s}_d;\boldsymbol{r}_d\times\boldsymbol{s}_d)\end{cases}\tag{8.8}$$

其中，$\boldsymbol{s}_a=\boldsymbol{s}_b=\boldsymbol{s}_c=\boldsymbol{s}_d$。且满足

$$\boldsymbol{r}_b=\boldsymbol{r}_a+l_{ab}\boldsymbol{s}_{ab}\tag{8.9}$$

$$\boldsymbol{r}_c=\boldsymbol{r}_a+l_{ac}\boldsymbol{s}_{ac}\tag{8.10}$$

$$\boldsymbol{r}_d=\boldsymbol{r}_a+l_{ab}\boldsymbol{s}_{ab}+l_{bd}\boldsymbol{s}_{bd}\tag{8.11}$$

其中，$\boldsymbol{s}_{ab}$，$\boldsymbol{s}_{ac}$，$\boldsymbol{s}_{bd}$和 l_{ab}，l_{ac}，l_{bd}分别表示线 ab，ac，bd 的方向和长度。代入式（8.7）和式（8.8）中，再通过线性组合，可得到等效 KP 旋量系。

$$\begin{cases}\$_{e11}=(\boldsymbol{s}_a;\boldsymbol{r}_a\times\boldsymbol{s}_a)\\ \$_{e12}=(\boldsymbol{0};\boldsymbol{s}_{ac}\times\boldsymbol{s}_a)\end{cases}\tag{8.12}$$

$$\begin{cases}\$_{e21}=(\boldsymbol{s}_a;\boldsymbol{r}_a+l_{ab}\boldsymbol{s}_{ab}\times\boldsymbol{s}_a)\\ \$_{e22}=(\boldsymbol{0};\boldsymbol{s}_{ac}\times\boldsymbol{s}_a)\end{cases}\tag{8.13}$$

其中，$\$_{e11}=\$_{11},\$_{e12}=\$_{12}-\$_{11},\$_{e21}=\$_{21},\$_{e22}=\$_{22}-\$_{21}$。由此，较容易地导出对应各分支的约束互易旋量系。

$$\begin{cases} \$_{11}^r = (\mathbf{0};\boldsymbol{s}_{ac}\times\boldsymbol{s}_a) \\ \$_{12}^r = (\mathbf{0};\boldsymbol{s}_{ab}\times\boldsymbol{s}_a) \\ \$_{13}^r = (\boldsymbol{s}_a;\mathbf{0}) \\ \$_{14}^r = (\boldsymbol{s}_{ac};\mathbf{0}) \end{cases} \tag{8.14}$$

$$\begin{cases} \$_{21}^r = (\mathbf{0};\boldsymbol{s}_{ac}\times\boldsymbol{s}_a) \\ \$_{22}^r = (\mathbf{0};\boldsymbol{s}_{ab}\times\boldsymbol{s}_a) \\ \$_{23}^r = (\boldsymbol{s}_a;\mathbf{0}) \\ \$_{24}^r = (\boldsymbol{s}_{ac};\boldsymbol{s}_{ab}\times\boldsymbol{s}_{ac}) \end{cases} \tag{8.15}$$

将这 2 个约束旋量系组合成一个新集合，并求出一组基，从而得到输出杆的约束旋量系。

$$\begin{cases} \$_{e1}^r = (\mathbf{0};\boldsymbol{s}_{ac}\times\boldsymbol{s}_a) \\ \$_{e2}^r = (\mathbf{0};\boldsymbol{s}_{ab}\times\boldsymbol{s}_a) \\ \$_{e3}^r = (\mathbf{0};\boldsymbol{s}_{ab}\times\boldsymbol{s}_{ac}) \\ \$_{e4}^r = (\boldsymbol{s}_a;\mathbf{0}) \\ \$_{e5}^r = (\boldsymbol{s}_{ac};\mathbf{0}) \end{cases} \tag{8.16}$$

进而根据运动旋量系与约束旋量系之间的互易关系，可以求得输出杆的运动旋量

$$\$ = (\mathbf{0};\boldsymbol{s}_{ac}\times\boldsymbol{s}_a) \tag{8.17}$$

式（8.17）表示该机构具有 1 个沿$\boldsymbol{s}_{ac}\times\boldsymbol{s}_a$ 方向移动的自由度（实质上是一个沿圆弧曲线的移动）。因此可以将其视为等效移动副，记作$(4R)_P$ 或 P_a。

【例 8.3】　试分析 4S 型平行四杆机构的等效运动。

4S 型平行四杆机构如图 8.4 所示，与 4R 型平行四杆机构类似，只是不同之处在于将其中的转动副换成球面副。当以杆 1 为机架、以杆 4 为输出构件时，可视其为由 2 和 3 两个分支组成的并联机构。

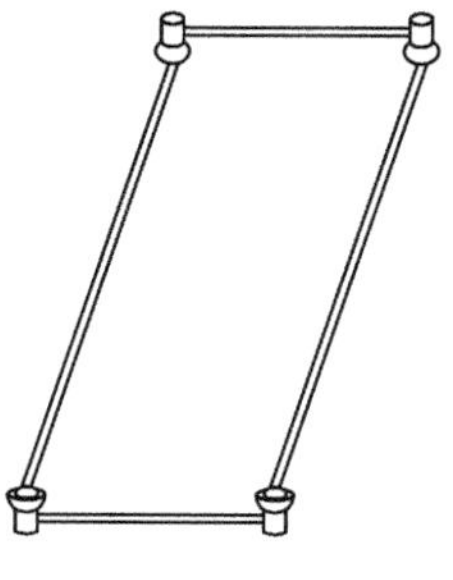

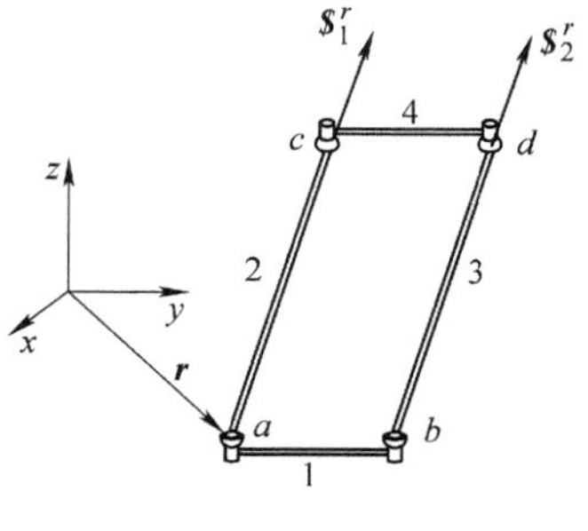

图 8.4　4S 型平行四杆机构

解： 首先建立坐标系（原点任意选，为表达方便，使转动副轴线方向平行坐标轴）。考虑到由两个球面副组成的二力杆所具有的特殊性能，可以直接分析输出杆 4 受到的约束情况，进而导出杆 4 的等效运动。

输出杆 4 分别受到来自于分支 2 和分支 3 施加的约束反力，即

$$S^r:=\begin{cases}\$_1^r=(s_{ac};r\times s_{ac})\\ \$_2^r=(s_{bd};(r+l_{ab}s_{ab})\times s_{bd})\end{cases}\tag{8.18}$$

令 $l_{ab}s_{ab}\equiv u$，$l_{ac}s_{ac}=l_{bd}s_{bd}\equiv v$。上式可以简化为

$$S^r:=\begin{cases}\$_1^r=(v;r\times v)\\ \$_2^r=(0;u\times v)\end{cases}\tag{8.19}$$

这样可求得杆 4 的等效 KP 旋量系。

$$S_e:=\begin{cases}\$_{e1}=(0;u\times v)\\ \$_{e2}=(0;(u\times v)\times v)\\ \$_{e3}=(u;r\times u)\\ \$_{e4}=(v;r\times v)\end{cases}\tag{8.20}$$

式（8.20）表明 4S 型平行四杆机构具有 2 个沿 $u\times v$、$(u\times v)\times v$ 方向的移动以及 2 个绕 u 轴和 v 轴转动的自由度，即包括沿垂直 v 轴方向的平面运动和 1 个绕 u 轴的转动运动。因此，可以将其等效为 4 自由度的复杂铰链。

不过，考虑到 4S 型子链在对边不平行的一般位形情况下，其等效运动将发生变化。因此，应保证初始装配位形下的对边平行，才能实现预期的运动。最典型的 4S 型子链应用实例是 Clavel 提出的 Delta 机构。

【例 8.4】 试分析 3-UU 型平行四边形运动链的等效运动。

3-UU 型平行四边形运动链如图 8.5 所示，当以 *abe* 为机架、以 *cdf* 为输出构件时，可视其为由 3 个分支组成的并联机构。

解：首先建立坐标系（原点任意选，为表达方便，使转动副轴线方向平行坐标轴），得到表示每个分支各自对应的 KP 旋量系。

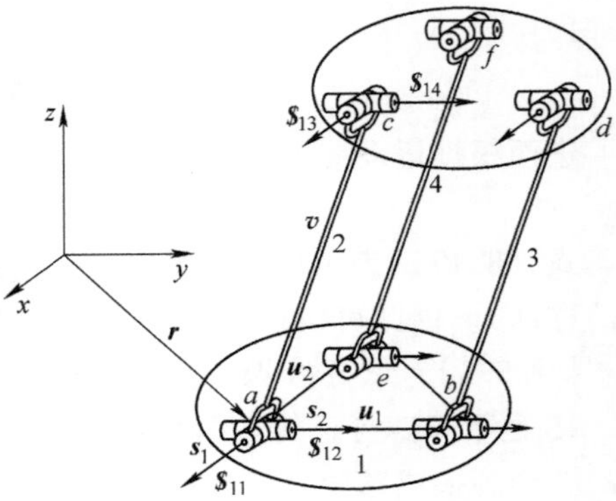

图 8.5　3-UU 型复杂铰链

$$S_1:=\begin{cases}\$_{11}=(s_a;r\times s_a)\\ \$_{12}=(s_{ab};r\times s_{ab})\\ \$_{13}=(s_c;(r+l_{ac}s_{ac})\times s_c)\\ \$_{14}=(s_{cd};(r+l_{ac}s_{ac})\times s_{cd})\end{cases}\tag{8.21}$$

$$S_2:=\begin{cases}\$_{21}=(s_b;(r+l_{ab}s_{ab})\times s_b)\\ \$_{22}=(s_{ab};r\times s_{ab})\\ \$_{23}=(s_d;(r+l_{ab}s_{ab}+l_{bd}s_{bd})\times s_d)\\ \$_{24}=(s_{cd};(r+l_{ab}s_{ab}+l_{bd}s_{bd})\times s_{cd})\end{cases}\tag{8.22}$$

$$S_3:=\begin{cases}\$_{31}=(s_e;(r+l_{ae}s_{ae}\cos60^\circ)\times s_e)\\ \$_{32}=(s_{ab};(r-l_{ae}s_{ae}\sin60^\circ)\times s_{ab})\\ \$_{33}=(s_f;(r+l_{ae}s_{ae}\cos60^\circ+l_{ef}s_{ef})\times s_f)\\ \$_{34}=(s_{cd};(rl_{ae}s_{ae}\cos60^\circ+l_{ef}s_{ef})\times s_{cd})\end{cases}\tag{8.23}$$

考虑到机构具有以下的几何关系，即$\boldsymbol{s}_a=\boldsymbol{s}_b=\boldsymbol{s}_c=\boldsymbol{s}_d=\boldsymbol{s}_e=\boldsymbol{s}_f=\boldsymbol{s}_1$，$\boldsymbol{s}_{ab}=\boldsymbol{s}_{cd}=\boldsymbol{s}_2$，$\boldsymbol{s}_{ae}=\boldsymbol{s}_{cf}=\boldsymbol{s}_3$，$\boldsymbol{s}_{ac}=\boldsymbol{s}_{bd}$，$l_{ab}=l_{cd}=l_{ae}=l_{cf}=l_{be}=l_{df}$，$l_{ac}=l_{bd}=l_{ef}$。因此，$l_{ab}\boldsymbol{s}_{ab}=l_{cd}\boldsymbol{s}_{cd}\equiv\boldsymbol{u}_1$，$l_{ae}\boldsymbol{s}_{ae}=l_{cf}\boldsymbol{s}_{cf}\equiv\boldsymbol{u}_2$，$l_{ac}\boldsymbol{s}_{ac}=l_{bd}\boldsymbol{s}_{bd}=l_{ef}\boldsymbol{s}_{ef}\equiv\boldsymbol{v}$。再通过线性组合，可得到等效KP旋量系。

$$\boldsymbol{S}_{e1}:=\begin{cases}\$_{e11}=(\boldsymbol{s}_1;\boldsymbol{r}\times\boldsymbol{s}_1)\\ \$_{e12}=(\boldsymbol{s}_2;\boldsymbol{r}\times\boldsymbol{s}_2)\\ \$_{e13}=(\boldsymbol{0};\boldsymbol{v}\times\boldsymbol{s}_1)\\ \$_{e14}=(\boldsymbol{0};\boldsymbol{v}\times\boldsymbol{s}_2)\end{cases}\tag{8.24}$$

$$\boldsymbol{S}_{e2}:=\begin{cases}\$_{e21}=(\boldsymbol{s}_1;(\boldsymbol{r}+\boldsymbol{u}_1)\times\boldsymbol{s}_1)\\ \$_{e22}=(\boldsymbol{s}_2;\boldsymbol{r}\times\boldsymbol{s}_2)\\ \$_{e23}=(\boldsymbol{0};\boldsymbol{v}\times\boldsymbol{s}_1)\\ \$_{e24}=(\boldsymbol{0};\boldsymbol{v}\times\boldsymbol{s}_2)\end{cases}\tag{8.25}$$

$$\boldsymbol{S}_{e3}:=\begin{cases}\$_{e31}=(\boldsymbol{s}_1;(\boldsymbol{r}+\boldsymbol{u}_2\cos60^\circ)\times\boldsymbol{s}_1)\\ \$_{e32}=(\boldsymbol{s}_2;(\boldsymbol{r}-\boldsymbol{u}_2\cos60^\circ)\times\boldsymbol{s}_2)\\ \$_{e33}=(\boldsymbol{0};\boldsymbol{v}\times\boldsymbol{s}_1)\\ \$_{e34}=(\boldsymbol{0};\boldsymbol{v}\times\boldsymbol{s}_2)\end{cases}\tag{8.26}$$

可直接通过求交得到输出杆的运动旋量系（代表等效运动）。

$$\boldsymbol{S}=\boldsymbol{S}_{e1}\cap\boldsymbol{S}_{e2}\cap\boldsymbol{S}_{e3}\tag{8.27}$$

$$\boldsymbol{S}:=\begin{cases}\$_1=(\boldsymbol{0};\boldsymbol{v}\times\boldsymbol{s}_1)\\ \$_2=(\boldsymbol{0};\boldsymbol{v}\times\boldsymbol{s}_2)\end{cases}\tag{8.28}$$

式（8.28）表示该机构具有2个分别沿$\boldsymbol{v}\times\boldsymbol{s}_1$、$\boldsymbol{v}\times\boldsymbol{s}_2$方向移动的自由度，因此可以将其等效为2自由度的复杂铰链，记作$(3\text{-UU})_{\mathrm{PP}}$或$\mathrm{U}^*$[35]。

【例8.5】　试分析3-URU/SPS并联机构的运动。3-URU/SPS平台机构如图8.6所示，它有4个分支，其中3个为URU分支，1个为SPS分支。每个URU分支由5个转动副组成。各分支第一、第五个转动副的轴线相互平行，且平行于Z轴。第二、三、四个转动副的轴线相互平行，且与Z轴垂直。各分支第四转动副的轴线位于上平台的同一平面内。

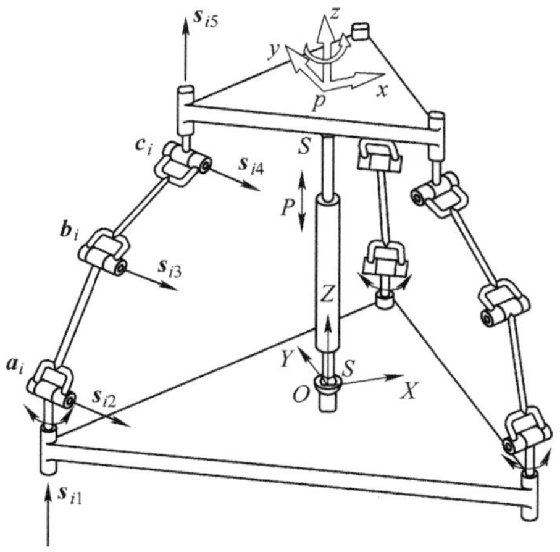

图8.6　3-URU/SPS并联平台机构

解：由于SPS分支是无约束分支，不提供约束。因此只考虑分支URU的运动。建立如图8.6所示的坐标系，得到表示分支URU的KP旋量系：

$$\begin{cases}\$_{i1}=(\boldsymbol{s}_{i1};\boldsymbol{r}_{ia}\times\boldsymbol{s}_{i1})\\ \$_{i2}=(\boldsymbol{s}_{i2};\boldsymbol{r}_{ia}\times\boldsymbol{s}_{i2})\\ \$_{i3}=(\boldsymbol{s}_{i3};\boldsymbol{r}_{ib}\times\boldsymbol{s}_{i3})\\ \$_{i4}=(\boldsymbol{s}_{i4};\boldsymbol{r}_{ic}\times\boldsymbol{s}_{i4})\\ \$_{i5}=(\boldsymbol{s}_{i5};\boldsymbol{r}_{ic}\times\boldsymbol{s}_{i5})\end{cases}\tag{8.29}$$

式中的下标 i 表示第 i 个分支（$i=1, 2, 3$）。$\boldsymbol{s}_{ij}$（$j=1, 2, 3, 4, 5$）表示相对应转动副轴线方向的单位矢量，其中 $\boldsymbol{s}_{i1}=\boldsymbol{s}_{i5}$，$\boldsymbol{s}_{i2}=\boldsymbol{s}_{i3}=\boldsymbol{s}_{i4}$。因此有

$$\boldsymbol{r}_{ib}=\boldsymbol{r}_{ia}+l_{iab}\boldsymbol{s}_{iab} \tag{8.30}$$

$$\boldsymbol{r}_{ic}=\boldsymbol{r}_{ib}+l_{ibc}\boldsymbol{s}_{ibc} \tag{8.31}$$

其中，$\boldsymbol{s}_{iab}$，$\boldsymbol{s}_{ibc}$ 和 l_{iab}，l_{ibc} 分别表示两个连杆的方向和长度。代入式（8.29）中，再通过线性组合，可以得到等效 KP 旋量系。

$$\begin{cases}\$_{ie1}=(\boldsymbol{s}_{i1};\boldsymbol{r}_{ia}\times\boldsymbol{s}_{i1})\\ \$_{ie2}=(\boldsymbol{s}_{i2};\boldsymbol{r}_{ia}\times\boldsymbol{s}_{i2})\\ \$_{ie3}=(\boldsymbol{0};\boldsymbol{s}_{iab}\times\boldsymbol{s}_{i2})\\ \$_{ie4}=(\boldsymbol{0};\boldsymbol{s}_{ibc}\times\boldsymbol{s}_{i2})\\ \$_{ie5}=(\boldsymbol{0};\boldsymbol{s}_{iac}\times\boldsymbol{s}_{i1})\end{cases} \tag{8.32}$$

其中，$\$_{ie1}=\$_{i1}, \$_{ie2}=\$_{i2}, \$_{ie3}=(\$_{i3}-\$_{i2})/l_{iab}, \$_{ie4}=(\$_{i4}-\$_{i3})/l_{ibc}, \$_{ie5}=(\$_{i5}-\$_{i1})/l_{iac}$。由此，可以很容易地导出对应该分支的约束旋量系。

$$\$_{\mathrm{i}}^{r}=(\boldsymbol{0};\boldsymbol{s}_{i1}\times\boldsymbol{s}_{i2}) \tag{8.33}$$

式（8.33）表示分支约束旋量系由 1 个力偶组成。则该机构的约束旋量系由 3 个力偶组成，这 3 个力偶都平行基平面，因此线性相关，它们共同限制了绕平行于基平面 XOY 轴线的转动。即这 3 个约束力偶的最大无关组是

$$\$_1^r=(\boldsymbol{0};\boldsymbol{x}) \tag{8.34}$$

$$\$_2^r=(\boldsymbol{0};\boldsymbol{y}) \tag{8.35}$$

它们共同组成了该机构的约束旋量系。由于 SPS 分支属于无约束分支，并不提供约束力。因此该机构丧失了 2 个转动自由度，可确定该机构具有 4 个自由度，其中 3 个移动自由度和 1 个绕 z 轴转动的自由度。

【例 8.6】 试通过等效 KP 旋量系方法构造与 RPP 运动链等效的运动链。已知 RPP 运动链的基运动旋量系为

$$\begin{cases}\$_1=(1,0,0;0,0,0)\\ \$_2=(0,0,0;0,1,0)\\ \$_3=(0,0,0;0,0,1)\end{cases} \tag{8.36}$$

解：对上式进行线性组合，可得到与之运动等效的等效 KP 旋量系

$$\begin{cases}\$_1'=\$_1=(1,0,0;0,0,0)\\ \$_2'=\$_1+Q_{21}\$_2+R_{21}\$_3=(1,0,0;0,Q_{21},R_{21})\\ \$_3'=Q_{31}\$_2+R_{31}\$_3=(0,0,0;0,Q_{31},R_{31})\end{cases} \tag{8.37}$$

式（8.37）表示所构造的等效运动链为 RRP，其中两个转动副相互平行。或者

$$\begin{cases}\$_1''=\$_1=(1,0,0;0,0,0)\\ \$_2''=\$_1+Q_{22}\$_2+R_{22}\$_3=(1,0,0;0,Q_{22},R_{22})\\ \$_3''=\$_1+Q_{32}\$_2+R_{32}\$_3=(1,0,0;0,Q_{32},R_{32})\end{cases} \tag{8.38}$$

式（8.38）表示所构造的等效运动链为 RRR，其中三个转动副相互平行。

从运动等效角度，以上三个运动链的末端都能产生同样的运动。因此可以称这三个分支

为等效运动链（图 8.7）。

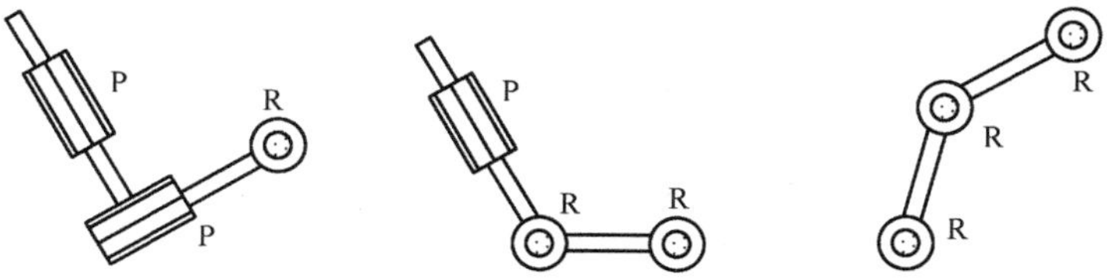

图 8.7　等效运动链

8.3　自由度空间与约束空间

8.3.1　自由度空间与约束空间的基本概念

三维空间中的自由物体具有 6 个独立的自由度，即 3 个移动（自由度）和 3 个转动（自由度）。像很多机构那样，如果受到约束作用，其自由度将会减少。有趣的是，对于某个受限刚体运动而言，其自由度与约束及其之间的关系还可用直观的几何方法来表征。

【自由度线的定义】　对于转动，自由度线可表示为和转动轴线重合的一条直线，如图 8.8a 所示。移动自由度线可表示为沿移动方向的带箭头的直线，由于移动只和方向有关，所以移动自由度线的起点不影响移动的效果，移动自由度线是一条自由矢量。移动可以看作是无穷远处的转动，如图 8.8b 所示。

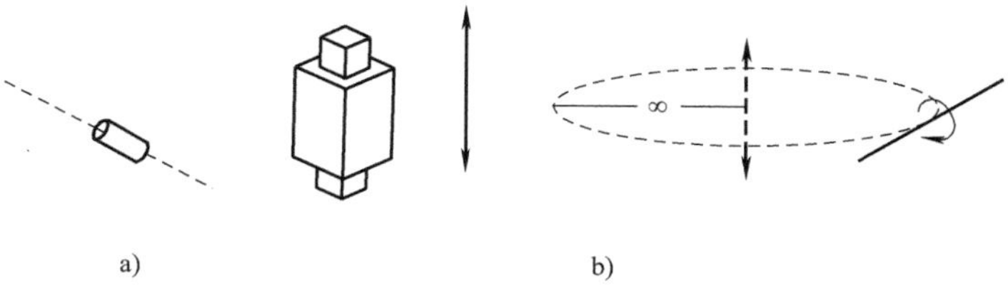

图 8.8　自由度线

a）转动自由度线　b）移动自由度线

【约束线的定义】　考虑两端连着球铰的连杆。对于这样的连杆，只有沿着连杆方向的运动被约束，其他方向的移动和转动都是自由的。可以看出，这个运动链的自由度数为 5，即仅提供一个约束，约束方向沿着连杆的轴线方向，这样可用一条约束力线（图 8.9a）来表示。与自由度线类似，约束线中也有对应移动自由度线的类型——约束力偶线（图 8.9b）。

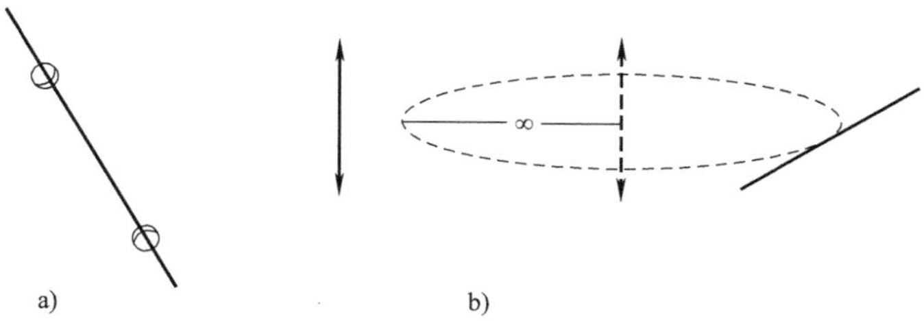

图 8.9　约束线

a）约束力线　b）约束力偶线

为区别自由度线和约束线，本章用细实线表示自由度线，粗实线表示约束线。

【自由度空间与约束空间的定义】　自由度空间是系统中所有运动副旋量所张成的空间，它表征了物体所允许的空间运动。当物体作基本运动（转动或移动）时，其运动副旋量可退化为线矢量及偶量，自由度空间可简单地描述成自由度线图的形式。相对地，约束空间是物体所受力旋量所张成的空间，它表征了物体受限的空间运动，即所受约束情况。当物体受基本约束（力或力偶）时，其力旋量也退化为线矢量及偶量，约束空间也可简单地描述成约束线图的形式，这时更便于几何表达使其可视化、图谱化，而且其中蕴含着局部自由度、冗余约束等诸多信息。

平面运动链中，多由转动副和移动副组合而成；而空间运动链中，除了转动副和移动副之外，还可能包括圆柱副、球面副、胡克铰、平面副等多自由度运动副类型。这些运动副的组合最终决定某一运动链的末端**运动模式**[69, 96]（motion pattern）或自由度类型。为此，我们定义运动链中所有运动副（轴线）的组合为**运动副空间**（kinematic pair space）；而其末端运动模式或自由度类型为自由度空间，所有约束组成约束空间。例如，平面3R机械手的运动副空间为三维空间平行线图（$F(s)$），其自由度空间为 $R(N,s)\cup T_2(s)(1R2T)$。两者实质是一样的。

事实上，与一个机构的自由度**空间及其约束空间对应的正是运动旋量系与其互易旋量系——约束旋量系**。这样，第7章介绍的互易旋量系线图表达方法正好可以用于描述自由度空间及其约束空间。图8.10所示为球面三自由度机构的自由度空间与其约束空间图谱表达。由第7章的分析可知，自由度空间与其约束空间从几何上应满足广义Blanding法则。

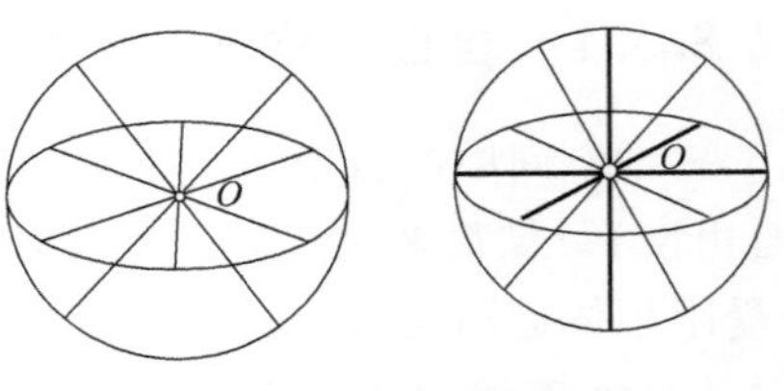

图8.10　自由度线图与约束线图

根据广义Blanding法则可进一步绘制出含线矢量和偶量元素的自由度 & 约束空间图谱，如表8.1所示。

表8.1　由典型自由度线空间与对偶约束空间组成的图谱（F&C线图空间图谱）

自由度数	类型	自由度线图	自由度线图特征	约束线图(只含直线)	约束线图(同时含直线和偶量)
0	刚性连接	$\varnothing$	空集	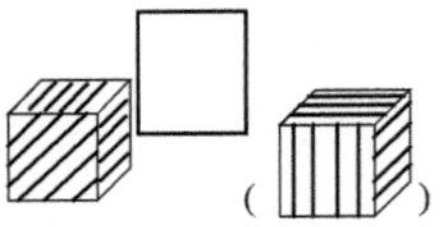	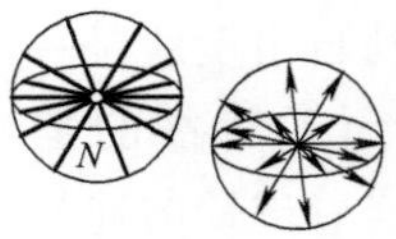
1	1R	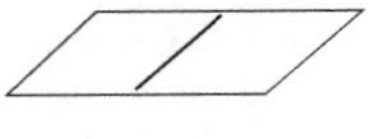	一维转动	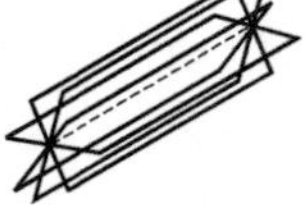	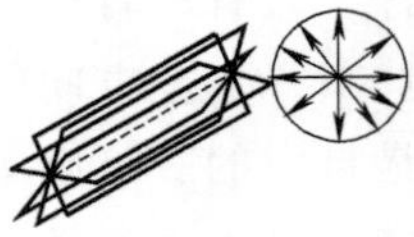
	1T	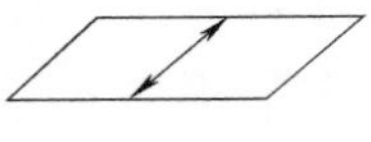	一维移动		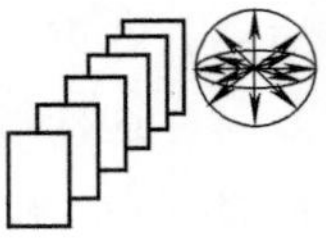
2	2R	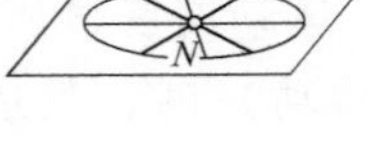	二维球面转动，且2个转动自由度轴线相交	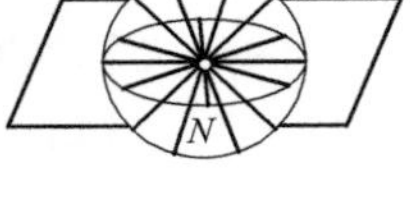	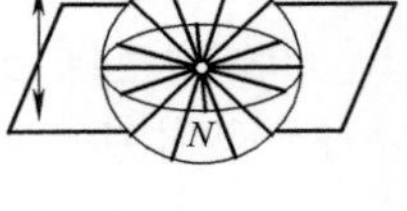

（续）

自由度数	类型	自由度线图	自由度线图特征	约束线图（只含直线）	约束线图（同时含直线和偶量）
2	2R	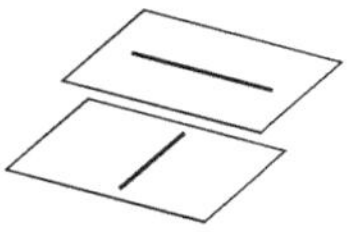	二维转动，且2个转动自由度轴线异面	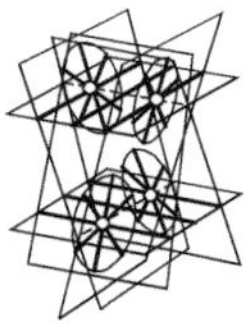	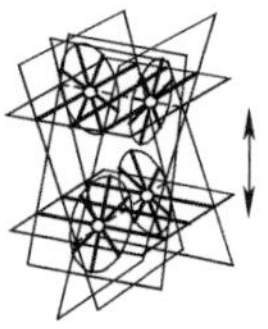
	2T	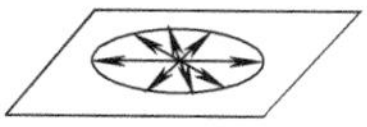	二维移动	不存在	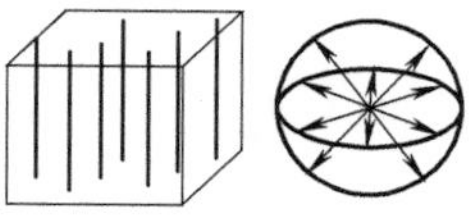
	1R1T	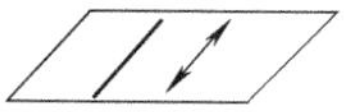	二维圆柱运动（转轴与移动方向平行）	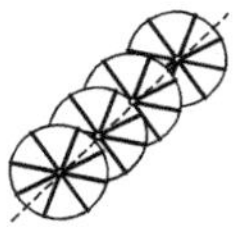	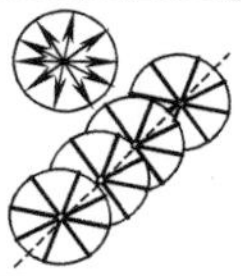
		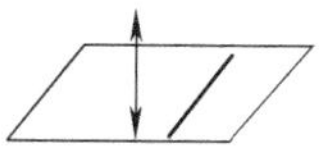	一维转动＋一维移动，且转轴与移动方向垂直	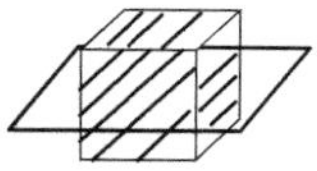	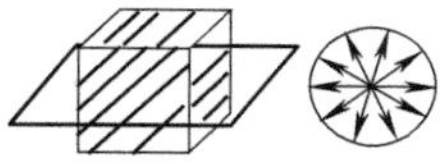
		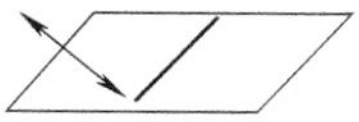	一维转动＋一维移动，且转轴与移动方向既不垂直也不平行		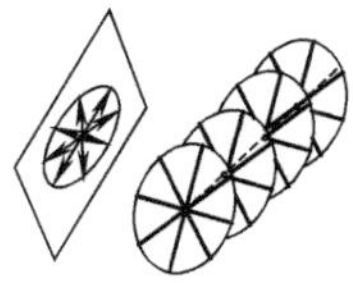
3	3R	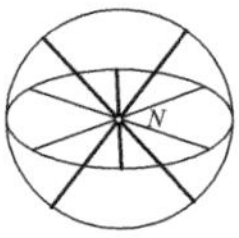	三维球面转动	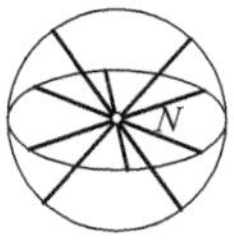	不存在
		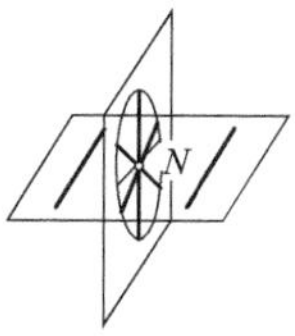	三维转动，其中2个转轴平面相交，第3个转轴在相交转轴平面之外，且与之平行	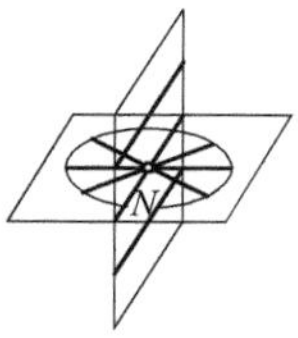	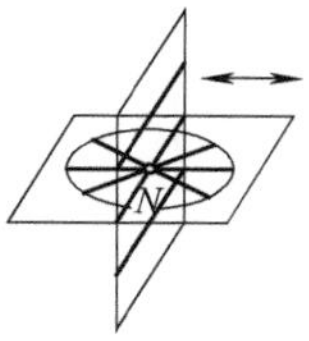
		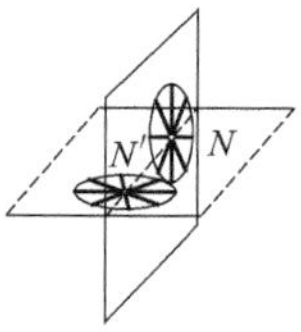	三维转动，其中2个转轴平面相交，第3个转轴在另一平面内，且通过两平面的交线	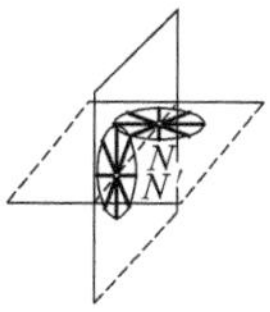	不存在
		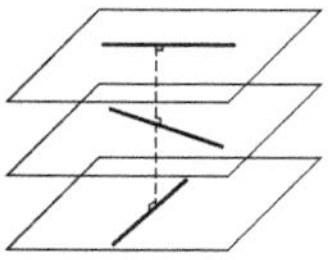	三维转动，其中3个转轴异面，但各自所在平面具有1条公法线	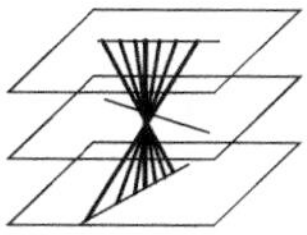	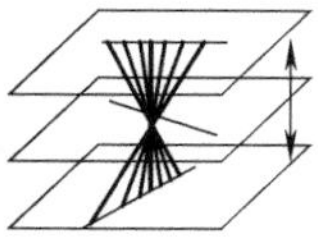

（续）

自由度数	类型	自由度线图	自由度线图特征	约束线图（只含直线）	约束线图（同时含直线和偶量）
3	3R	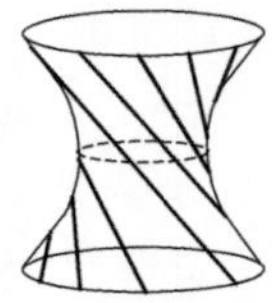	三维转动，其中 3 个转轴异面，且分布在同一单叶双曲面上	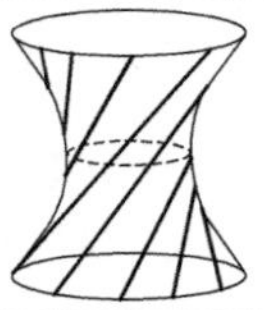	不存在
		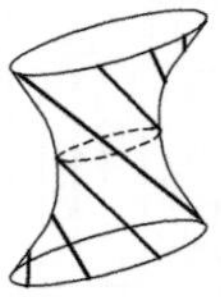	三维转动，其中 3 个转轴异面，且分布在同一椭圆双曲面上	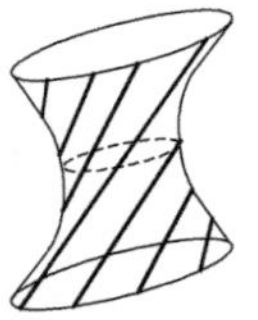	不存在
	3T	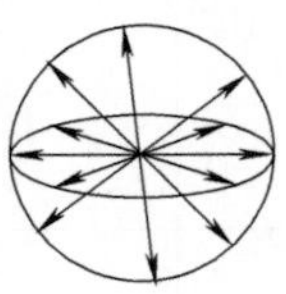	空间三维移动	不存在	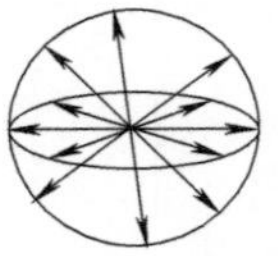
	2R1T	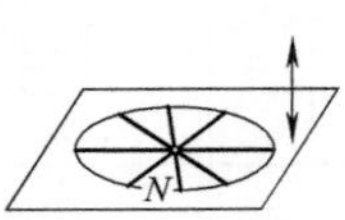	二维球面转动 + 1 维移动，且移动方向与两转轴所在平面垂直	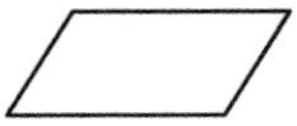	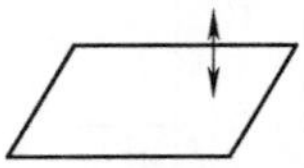
		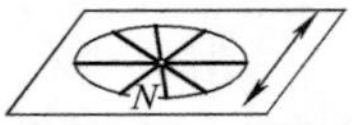	二维球面转动 + 一维移动，且移动方向与两转轴所在平面平行	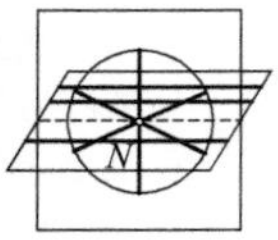	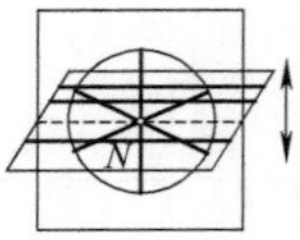
		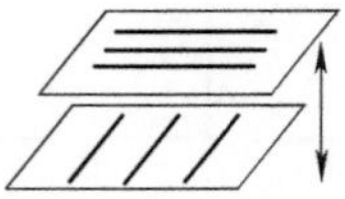	二维转动 + 一维移动，两转轴异面，且移动方向与两转轴所在平面均垂直	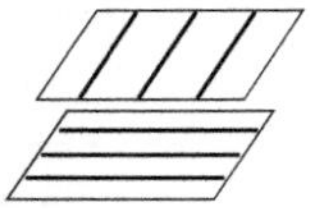	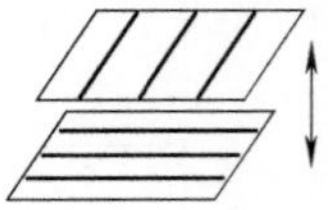
		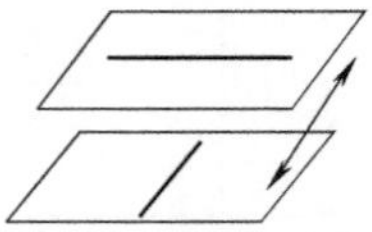	二维转动 + 一维移动，两转轴异面，且移动方向与两转轴所在平面均平行	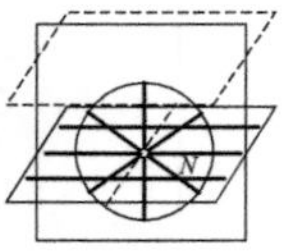	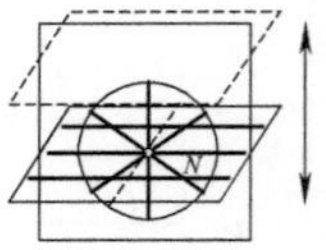
	2T1R	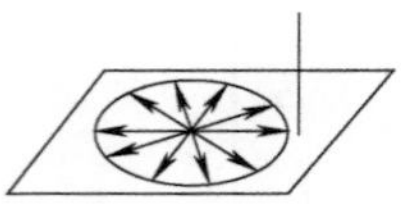	平面二维移动 + 一维转动，且转轴与移动平面垂直	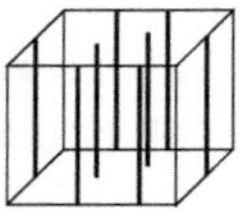	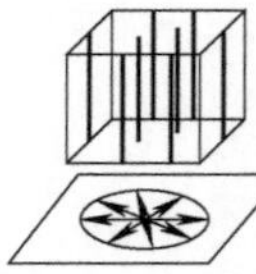
		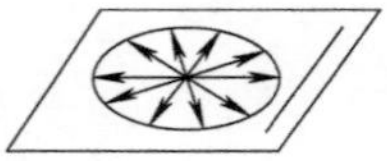	平面二维移动 + 一维转动，且转轴与移动平面平行	不存在	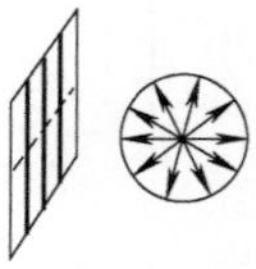

（续）

自由度数	类型	自由度线图	自由度线图特征	约束线图（只含直线）	约束线图（同时含直线和偶量）
4	3*R*1*T*	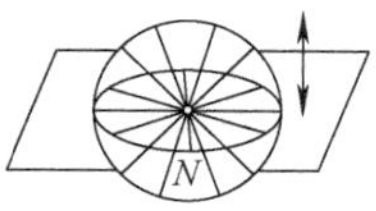	三维球面转动＋一维移动	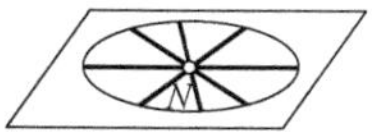	不存在
		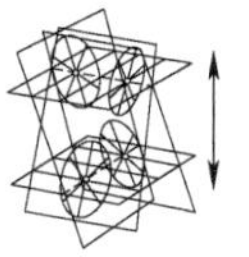	三维转动＋一维移动	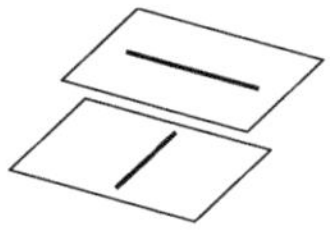	不存在
	3*T*1*R*	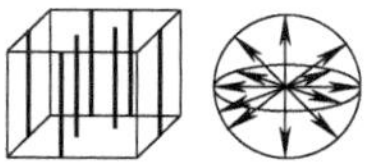	三维移动＋一维转动	不存在	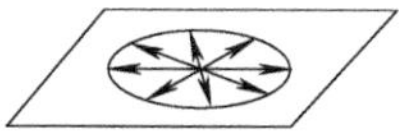
	2*R*2*T*	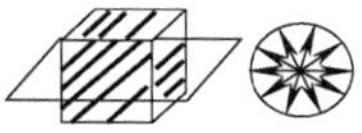	二维球面转动＋二维移动，且两移动方向与转轴平面垂直	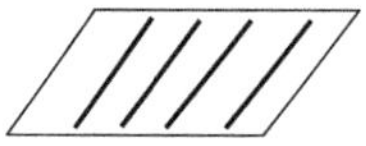	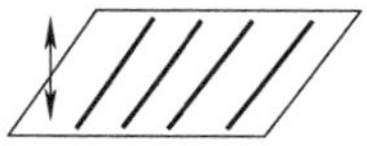
5	3*R*2*T*	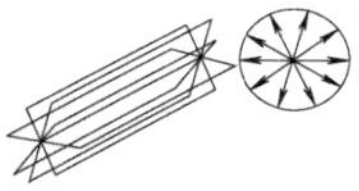	空间三维球面转动＋二维移动	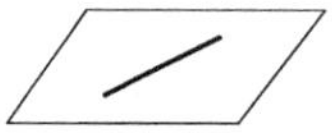	不存在
	3*T*2*R*	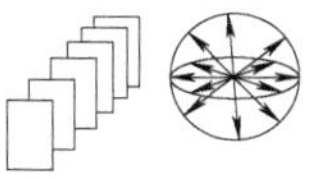	空间三维移动＋二维球面转动	不存在	
6	3*R*3*T*	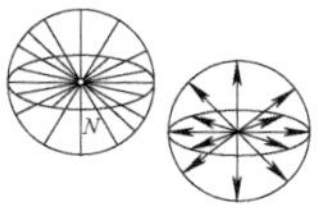	三维转动＋三维移动	∅	∅

8.3.2　常见运动副或运动链的自由度和约束线图

绪论中已对常见的简单运动副进行了详细介绍。同样，根据其自由度与约束特性，很容易绘制出各自对应的 F&C 线图，如表 8.2 所示。

运动副是组成机构的基本单元。单个运动副除了能以物理铰链的形式实现外，有时往往通过多个运动副以单开链[167-168]（single-open-chain）的组合方式来实现。例如，球面副 S 可通过空间汇交于一点的 3 个转动副 R 组合实现；胡克铰 U 可通过汇交于一点的 2 个转动副 R 组合实现；圆柱副 C 可通过平行的 1 个转动副 R 和 1 个移动副 P 组合实现，诸如此类。这类与某种运动副等效的运动副组合由于经常作为运动链的一部分，因此又称之为运动子链（kinematic sub-chain）㊀。

㊀ 这里运动子链的概念与杨廷力教授提出的**尺度约束型**以及孔宪文博士提出的**组成单元**有异曲同工之处。——作者注

常见的单开链式运动子链包括：**球面运动子链**（spherical kinematic sub-chain）、**平面运动子链**（planar kinematic sub-chain）、**平动运动子链**（translational kinematic sub-chain）和**圆柱运动子链**（cylindrical kinematic sub-chain），具体如表 8.3 所示。

表 8.2　常见（简单）运动副的自由度及对偶约束线图

类型	自由度	符号	图形	自由度线图	约束线图
转动副	1R	R		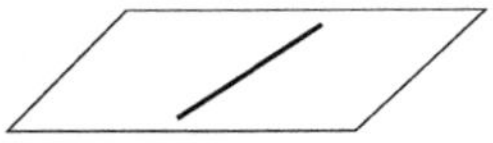 $R(N,\boldsymbol{u})$	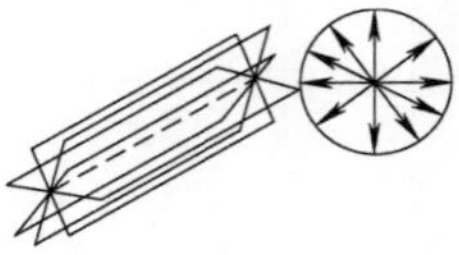
移动副	1T	P	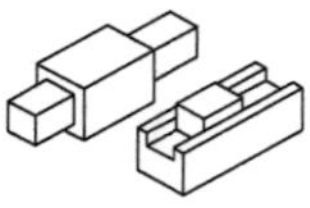	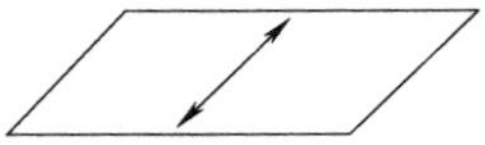 $T(\boldsymbol{u})$	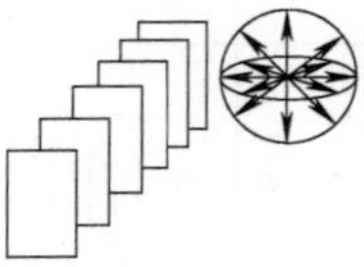
螺旋副	1R 或 1T	H	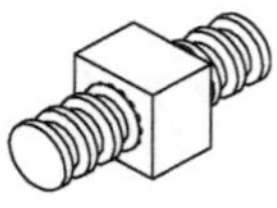	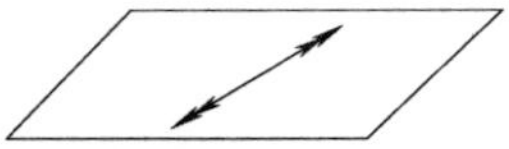 $H(\rho,N,\boldsymbol{u})$	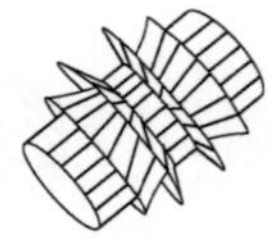
胡克铰	2R	U		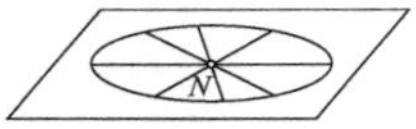 $U(N,\boldsymbol{n})$	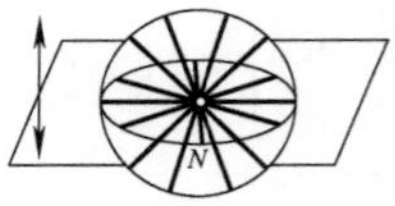
圆柱副	1R1T	C		 $C(N,\boldsymbol{u})$	
平面副	1R2T	E	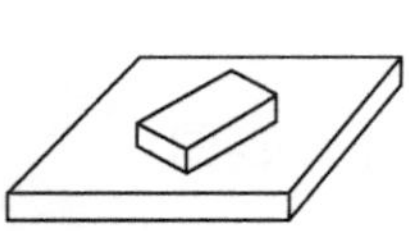	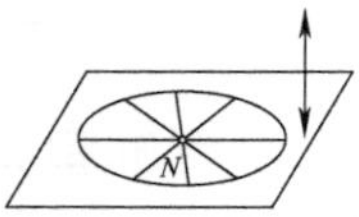 $F(\boldsymbol{u})$	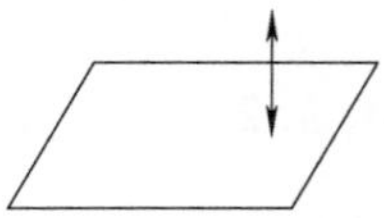
球面副	3R	S	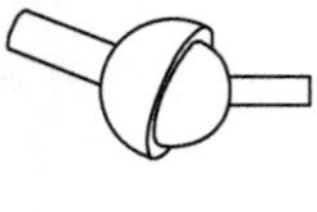	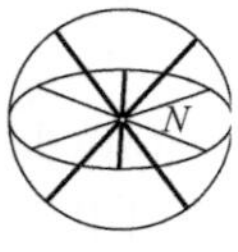 $S(\boldsymbol{N})$	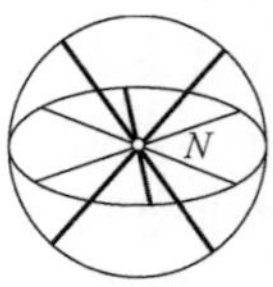

球面运动子链完全由转动副组成，各转动副之间可以实现绕子链中心点的球面转动。根据维度区分，球面运动子链包括三维球面运动子链和二维球面运动子链两种。根据广义 Blanding 法则可知，若有约束力作用在该运动子链上，**该约束力一定经过球面子链的中心点**，从而限定了约束力的作用点。

平面运动子链内的各运动副之间只发生平面运动。其中的转动副相互平行、转动副与移动副相互正交。同样它也包括三维平面运动子链和二维平面运动子链两种情况。我们在 8.3.2 节已经给出了三维平面运动子链的类型：RRR、PRR、RRP、RPR、PPR、RPP、PRP 等 7 种。二维平面运动子链包括 RR、RP、PR 等 3 种。根据广义 Blanding 法则可知，若有约束力作用在该类型运动子链上，**该约束力一定与平面运动子链内转动副的轴线平行、与移动副的轴线正交**，从而在某种程度上限定了约束力的方向。

表 8.3　与运动副等效的运动子链及其 F&C 线图

名称	自由度	符号	简图	等效运动副	自由度空间	约束空间
三维球面运动子链	$3R$	$(RRR)_S$	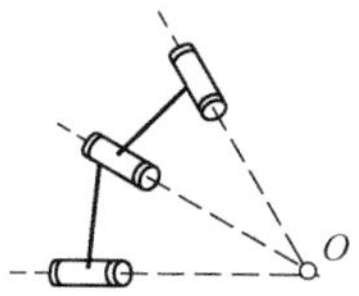	S	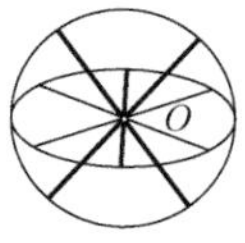 $S(O)$	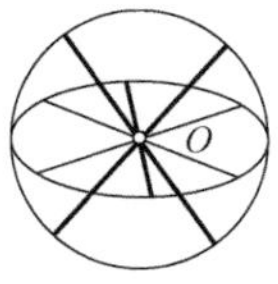
二维球面运动子链	$2R$	$(RR)_U$	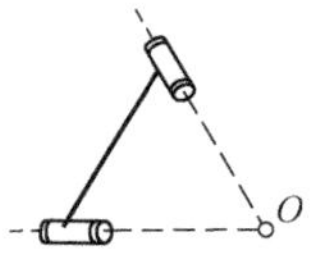	U	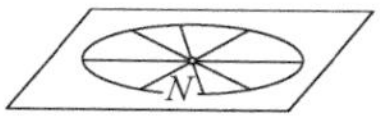 $U(N,\boldsymbol{n})$	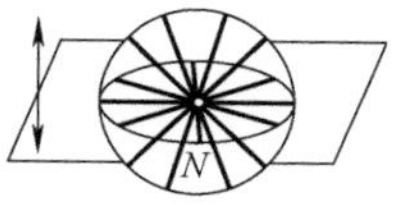
三维平面运动子链	$1R2T$	$(RRR)_E$	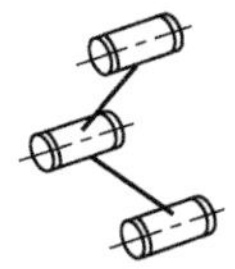	E	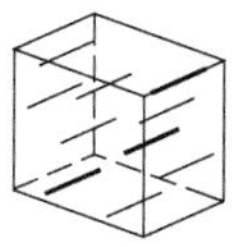 $F(\boldsymbol{u})$	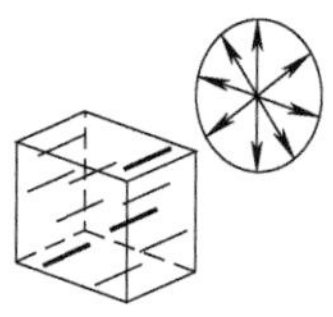
		$(PPR)_E$或$(RPP)_E$	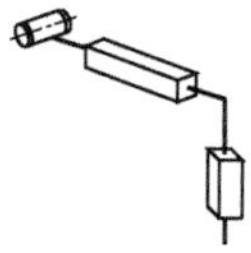		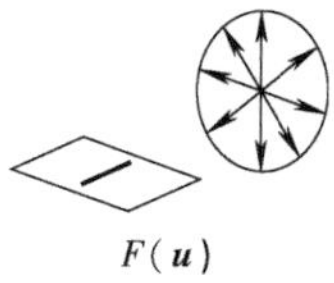 $F(\boldsymbol{u})$	
		$(PRP)_E$	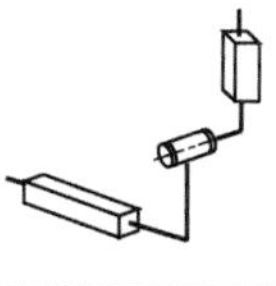			
		$(PRR)_E$或$(RRP)_E$	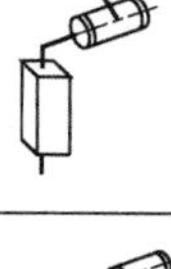		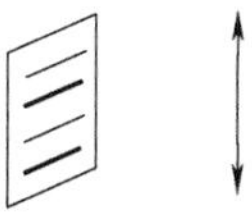 $F(\boldsymbol{u})$	
		$(RPR)_E$	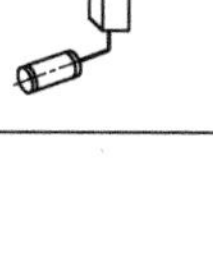			

（续）

名称	自由度	符号	简图	等效运动副	自由度空间	约束空间
二维平面运动子链	1*R*1*T*	$(RR)_E$	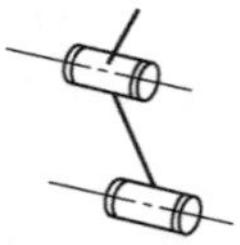		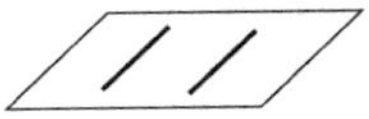 $F_2(N,\boldsymbol{u},\boldsymbol{n})$	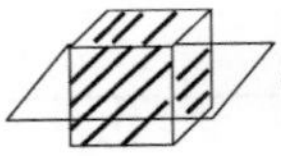
		$(RP)_E$或$(PR)_E$	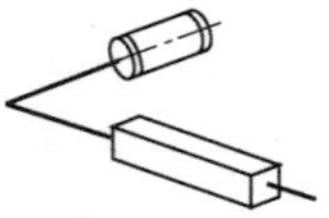		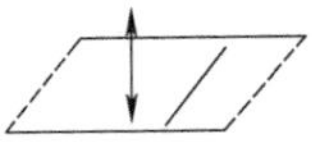 $F_2(N,\boldsymbol{u},\boldsymbol{n})$	
三维平动运动子链	3*T*	(PPP)	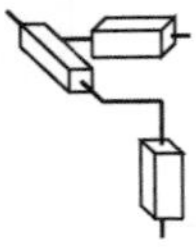		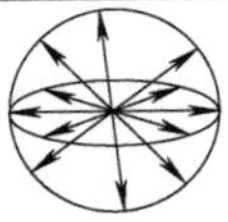 T	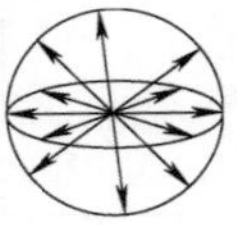
二维平动运动子链	2*T*	(PP)	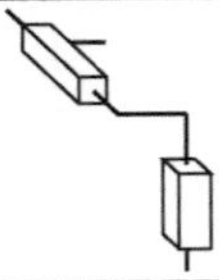		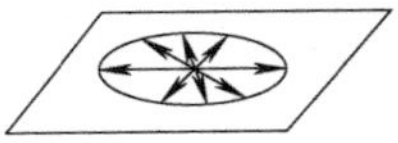 $T_2(\boldsymbol{n})$	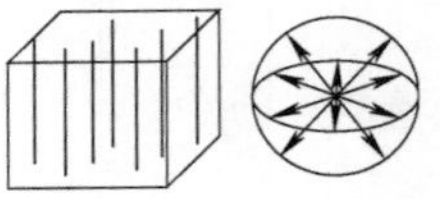
二维圆柱运动子链	1*R*1*T*	$(RP)_C$	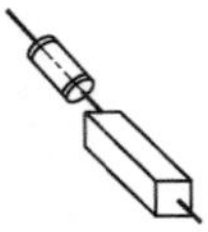	C	 $C(N,\boldsymbol{u})$	

平动运动子链完全由移动副组成，各移动副之间只能相互移动。同样，根据平动的维度区分，平动运动子链也包括三维平动运动子链和二维平动运动子链两种。其中二维平动运动子链中的各移动副之间不能相互平行，三维平动运动子链中的各移动副之间既不能相互平行也不能作用在同一平面。平动运动子链内移动副的最佳分布是彼此相互正交的。根据广义 Blanding 法则可知，三维平动运动子链中只能作用有约束力偶，而无约束力作用。约束力只能作用在二维平动运动子链上，**该约束力一定与该运动子链内移动副的轴线正交**，从而在某种程度上限定了约束力的方向。

圆柱运动子链内的转动副与移动副轴线相互平行，子链内部各点可实现绕转轴转动和沿转轴方向的移动。圆柱子链包括 RP 和 PR 两种类型。根据广义 Blanding 法则可知，若有约束力作用在该类型运动子链上，**该约束力一定与圆柱运动子链内转动副的轴线垂直相交**。

表 8.3 对这些常见的运动子链进行了总结。

除了简单运动副和运动子链外，还有一些复合运动副[145]或复杂铰链[133]。**复杂铰链**（complex joint）一般指在机构的运动链中存在的一类闭环或半闭环运动子链，如 4R 平行四边形机构、4U 平行四边形机构、4S 平行四边形机构以及 3-2S 机构等（图 8.11）都是闭环运动子链。在 4R 平行四边形机构中，输出构件相对于机架的姿态是保持不变的。因此，平行四边形机构常被用来消除机构的转动自由度（图 8.12a）。Zhao 等[174]提出的三自由度移动并联机构的分支中用到了 4U 平行四边形机构（图 8.12b），Clavel[11]将 4S 平行四边形机构用于 Delta 并联机器人的分支中（图 8.12c），而 Huang 等[54]在其提出的三自由度移动并联机构的分支中用到了 3-2S 机构（图 8.12d）。复杂铰链的引入不仅能丰富机构的构型，还能提高机构的刚度及其转动能力。除此之外，还有其他类型[133]。表 8.4 给出了这些运动副的 F&C 线图。

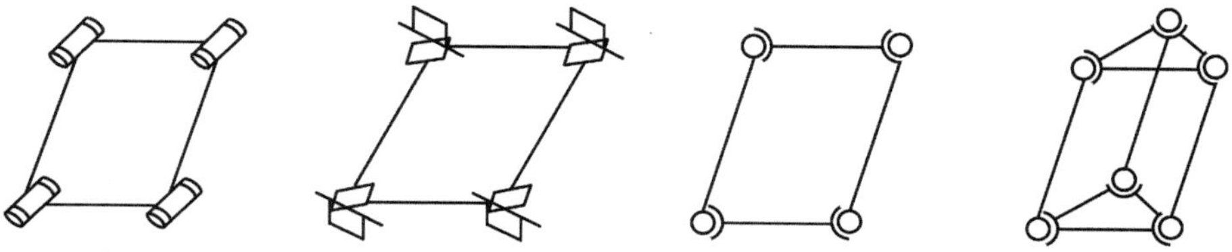

a)　b)　c)　d)

图 8.11　4 种典型的复杂铰链

a）4R 平行四边形子链　b）4U 平行四边形子链　c）4S 平行四边形子链　d）3-2S 平行四边形子链

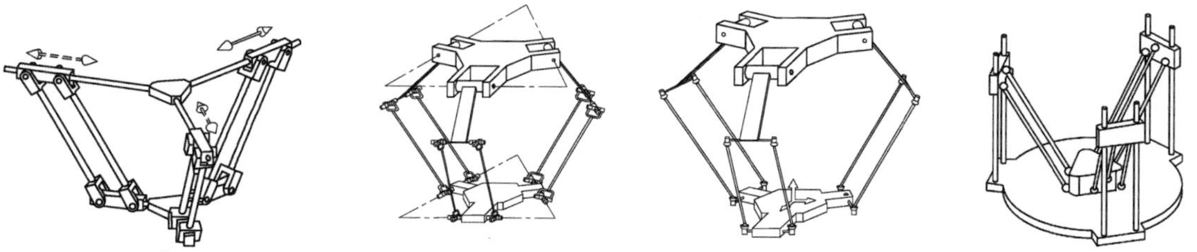

a)　b)　c)　d)

图 8.12　含复杂铰链的几种典型机构

a）含 4R 平行四边形子链的 Y-star 机构[47]　b）含 4U 平行四边形子链的 3-R（4U）并联机构[174]

c）含 4S 平行四边形子链的 Delta 机器人[11]　d）含 3-2S 平行四边形子链的三维并联平动机构[54]

表 8.4　复杂铰链及其等效自由度空间

类型	符号	结构简图	拓扑图	自由度	等效运动链	自由度空间
2-RR	P_a或 Ⅱ		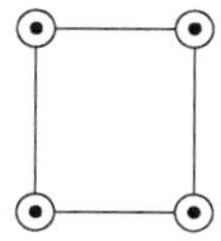	1	P	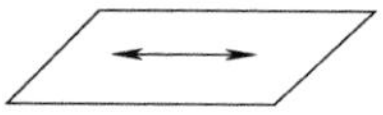
2-RR	R_a	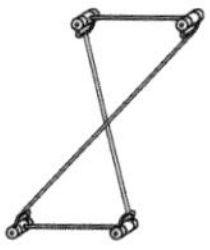	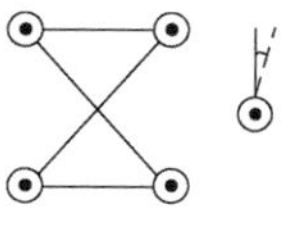	1	R	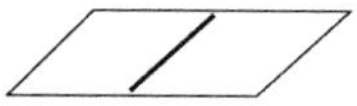
2-S(U)S	S^2	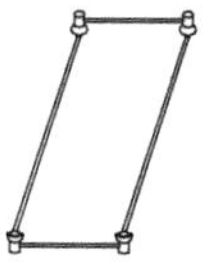	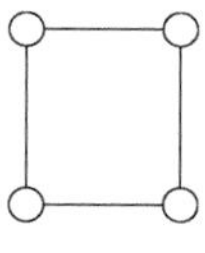	4	ER	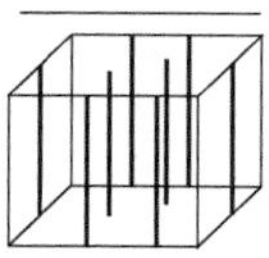

（续）

类型	符号	结构简图	拓扑图	自由度	等效运动链	自由度空间
2-UU	U^2		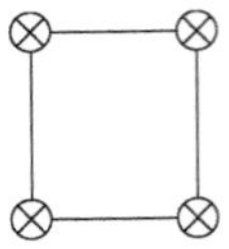	3	RRP 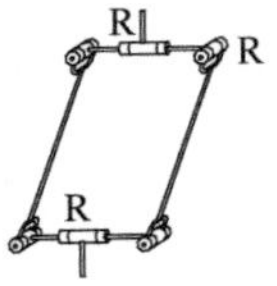	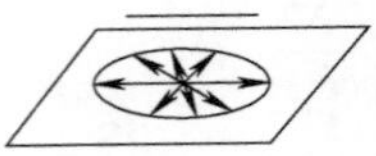
1-RR&1-US	P_a或 Ⅱ		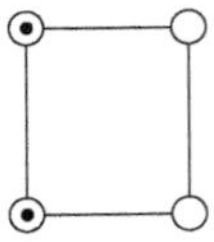	1	P_a	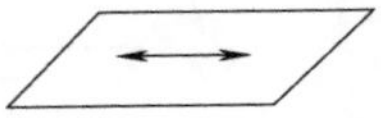
1-UU&1-S(U)S	U^2		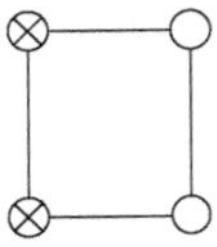	3	RPP	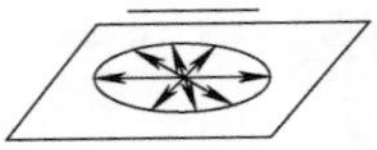
3-UU[3]	U^*或 Π^2	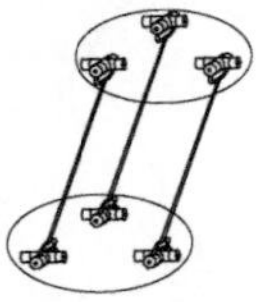	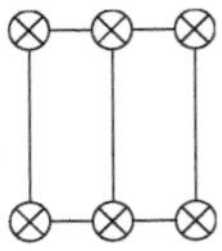	2	P_aP_a	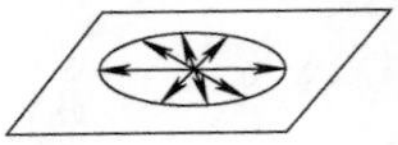
4-UU	U^*或 Π^2	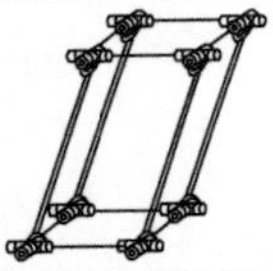	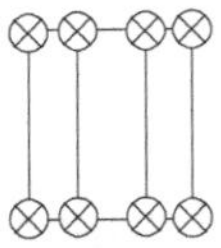	2	P_aP_a	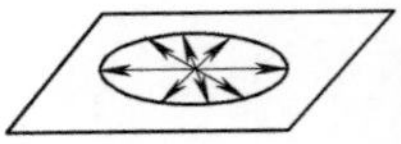
3-S(U)S	E^*	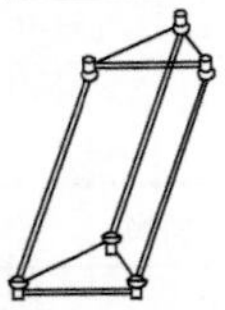	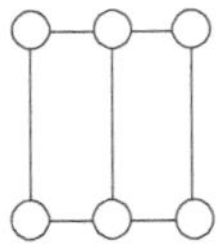	3	P_aP_aR 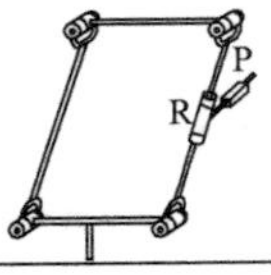	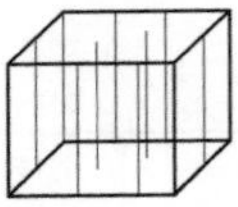
3-UPU	Π^3	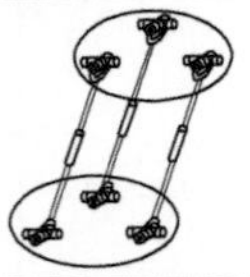	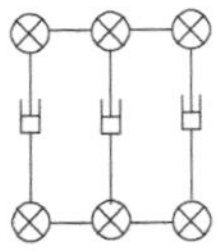	3	P_aP_aP	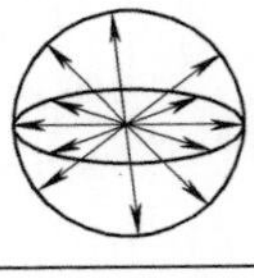
4-UPU	Π^3	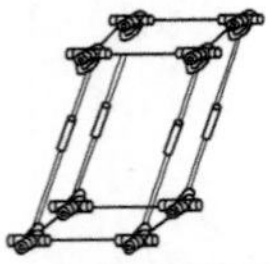	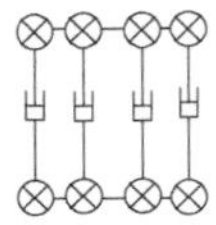	3	P_aP_aP	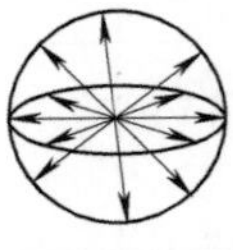
3(4)-RRR	E		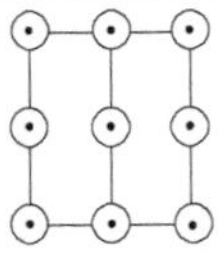	3	PPR	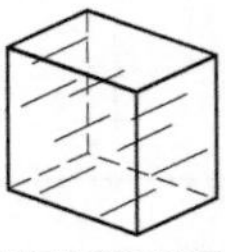
Bennett 机构	R_f	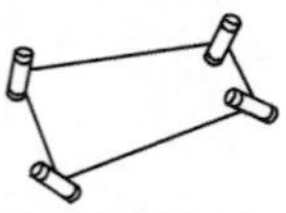	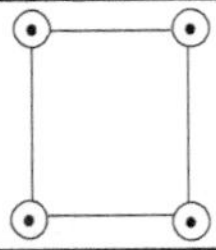	1	R	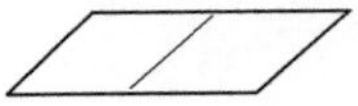

8.4　自由度与约束分析

自由度与约束是机构学研究中最重要的概念之一。机构的自由度与运动副、构件之间的定量关系一直是机构构型综合、运动性能分析中最基本的理论依据。而**约束设计**（constraint-based design）也已成为机械工程领域中一种重要的概念设计方法，并广泛应用于精密机械设计中。

8.4.1　与自由度和约束相关的基本概念

【局部自由度的定义】　某些构件中存在的局部的并不影响其他构件尤其是输出构件运动的自由度为**局部自由度**（passive DOF 或 idle DOF）。平面机构中，典型的局部自由度出现在滚子构件中；空间机构中，如运动副 S-S、S-E、E-E 等组成的运动链（图 8.13）中就各存在 1 个局部自由度。

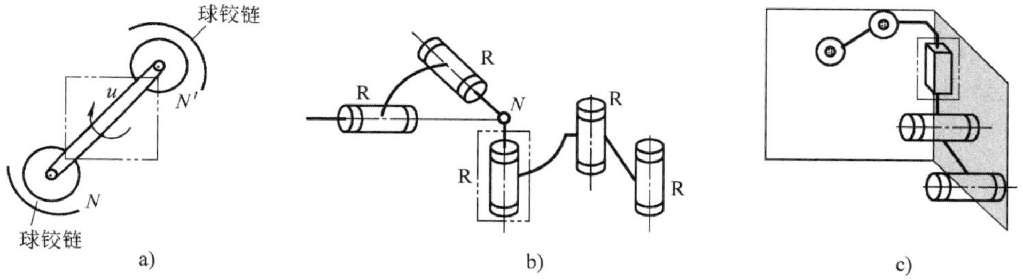

图 8.13　局部自由度图示

a) S-S　b) S-E　c) E-E

局部自由度的出现会导致机构的自由度数增加。例如 S-S 的运动副连接形式，理论上它有 6 个自由度，但实际上通过构件的连接，导致了其中一个自由度（移动自由度）的缺失，从而只有 5 个自由度。因此在实际计算机构自由度时应将局部自由度减掉。

具体可以从线空间的角度来解释局部自由度，由于

$$S(N)\cap S(N')=R(N,\boldsymbol{u})$$

$$F(\boldsymbol{u})\cap S(N)=R(N,\boldsymbol{u})$$

$$F(\boldsymbol{u})\cap F(\boldsymbol{v})=T(\boldsymbol{w})$$

【公共约束的定义】　用旋量系理论来解释。将机构所有的运动副均以单位旋量表示，并组成一个 KP 旋量集，进而可以找到一个 KP 旋量系，若存在一个与该旋量系中每一个旋量均互易的反旋量，这个反旋量就是该机构的一个**公共约束**（common constraint）。本书绪论对此已有详细介绍。

【冗余约束的定义】　由于机构中一部分运动副（不是全部）之间满足某种特殊的几何条件，使其中的有些约束对机构的运动不产生作用，不起作用的约束称为**冗余约束**（redundant constraint）。冗余约束实质上存在于去除公共约束后，机构中剩下的约束旋量数大于所组成旋量系阶数的情况。冗余约束都是在特定的几何条件下出现的，如果这些几何条件不被满足，则冗余约束就成为有效约束，机构就将不能运动。值得指出的是，机械设计中冗余约

束往往是根据某些实际需要采用的，如为了增强支承刚度，或为了改善受力，或为了传递较大功率等需要，只是在计算机构自由度时应去除冗余约束。

公共约束与冗余约束统称为**过约束**（overconstraint），相应的机构称之为过约束机构（overconstraint mechanism）。

【例 8.7】 试考察 Scott-Russell 机构（图 8.14）的虚约束情况。

根据第 1 章例题的方法很容易判断出该机构的公共约束数为 3，即为平面运动机构。进而通过判断构件 3 的受力情况来确定该机构是否存在冗余约束。其受力情况如图 8.14 所示，它受到 3 个平面汇交力线矢作用，根据第 7 章的有关结论，所组成的旋量系维数应为 2。因此该机构中存在冗余约束。

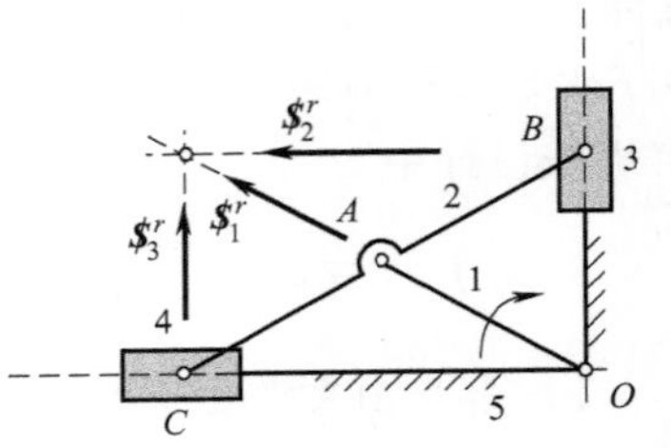

图 8.14　Scott-Russell 机构

【机构阶数的定义】 用来描述机构运动所需要的运动旋量系的阶数（Hunt 定义[62]），即机构运动旋量系的维数。在数值上，机构的阶数等于（6 - 机构的公共约束数）。例如，一般平面机构和球面机构的阶数都为 3，第 1 章例题中的斜面机构阶数为 2。

【冗余自由度机构/全自由度机构/少自由度机构的定义】[150] 可实现空间任意给定运动的 6 自由度机构称为**全自由度机构**。而当机构的自由度大于 6 时，称此机构为**冗余自由度机构**；当机构的自由度小于 6 时，称此机构为**少自由度机构**。

8.4.2　机构自由度计算的基本公式

若在三维空间中有 n 个完全不受约束的物体，并选中其中一个为固定参照物，这时，每个物体相对参照物都有 6 个自由度的运动。若将所有的物体之间用运动副连接起来，便构成了一个空间运动链。该运动链中含有（$n-1$）个活动构件，连接构件的运动副用来限制构件间的相对运动，它对自由度的约束可以视不同的运动副从 1 到 5。这样，便得到了传统的用于计算机构自由度的 Chebyshev-Grübler-Kutzbach（CGK）公式。

$$F = d(n-1) - \sum_{i=1}^{g}(d-f_i) = d(n-g-1) + \sum_{i=1}^{g} f_i \tag{8.39}$$

式中，F 为机构的自由度数；g 为运动副数；f_i 为第 i 个运动副的自由度数；d 为机构的阶数。

不过，还需考虑冗余约束和局部自由度对机构的影响，式（8.39）进一步修正为[21, 150, 151]

$$F = d(n-g-1) + \sum_{i=1}^{g} f_i + \nu - \zeta \tag{8.40}$$

式中，ν 表示机构的冗余约束数；ζ 表示机构的局部自由度数。

由上述内容可以看到：式（8.40）可以作为统一的计算机构自由度基本公式，而我们在《机械原理》中给出的平面机构自由度计算公式是它的一个特例。另外，还可以看到：计算正确的机构自由度数，其公共约束、虚约束和局部自由度的确定是真正关键所在。事实上，文献［21, 141, 150, 151］等已对此类问题进行了系统的研究，有效地解决了难题。对机构的公共约束和虚约束的确定采用的是旋量系理论。采用该理论不仅可以计算机构的自由度，还可以对机构的自由度进行定性地分析。

8.4.3 并联机构的自由度与过约束分析

本节以并联机构为例，介绍旋量理论在自由度分析中的应用。

并联机构是由基座、动平台，以及连接它们的若干分支所组成的多闭环机构。它是机器人机构族中一种复杂的结构类型。并联机构的公共约束、虚约束和局部自由度情况复杂多变，缺少直观性，因此对它的自由度分析也比较困难。相对而言，采用旋量理论可以有效地解决此类机构的自由度分析问题。

1. 并联机构中的几对基本旋量系[21]

(1) 分支运动旋量系$\boldsymbol{S}_{bi}$与分支约束旋量系$\boldsymbol{S}_{bi}^r$ 分支运动旋量系用来描述单个分支（或分支）从基座到动平台的运动旋量系，记为$\boldsymbol{S}_{bi}$，它是对应于该分支的 KP 旋量系；分支约束旋量系用来描述单个分支从基座到动平台的约束旋量系，记为$\boldsymbol{S}_{bi}^r$。分支运动旋量系与分支约束旋量系构成互易旋量系，记为

$$\boldsymbol{S}_{bi}\boldsymbol{\Delta}\boldsymbol{S}_{bi}^r=\boldsymbol{0} \tag{8.41}$$

$$\dim(\boldsymbol{S}_{bi})+\dim(\boldsymbol{S}_{bi}^r)=6 \tag{8.42}$$

(2) 平台运动旋量系$\boldsymbol{S}_f$与平台约束旋量系$\boldsymbol{S}^r$ 平台运动旋量系用来描述机构中所有 p 个分支对应运动旋量系的交集，记为$\boldsymbol{S}_f$，则

$$\boldsymbol{S}_f=\boldsymbol{S}_{b1}\cap\boldsymbol{S}_{b2}\cap\cdots\cap\boldsymbol{S}_{bp} \tag{8.43}$$

平台约束旋量系用来描述机构中所有 p 个分支对应约束旋量系的并集，记为$\boldsymbol{S}^r$，则

$$\boldsymbol{S}^r=\boldsymbol{S}_{b1}^r\cup\boldsymbol{S}_{b2}^r\cup\cdots\cup\boldsymbol{S}_{bp}^r \tag{8.44}$$

平台运动旋量系与平台约束旋量系构成互易旋量系，记为

$$\boldsymbol{S}_f\boldsymbol{\Delta}\boldsymbol{S}^r=\boldsymbol{0} \tag{8.45}$$

$$\dim(\boldsymbol{S}^r)+\dim(\boldsymbol{S}_f)=6 \tag{8.46}$$

(3) 机构运动旋量系 $\boldsymbol{S}_m$ 与机构约束旋量系$\boldsymbol{S}^c$ 机构运动旋量系用来描述机构中所有 p 个分支对应运动旋量系的并集，记为$\boldsymbol{S}_m$，则

$$\boldsymbol{S}_m=\boldsymbol{S}_{b1}\cup\boldsymbol{S}_{b2}\cup\cdots\cup\boldsymbol{S}_{bp} \tag{8.47}$$

机构约束旋量系用来描述机构中所有 p 个分支对应约束旋量系的交集，记为$\boldsymbol{S}^c$，则

$$\boldsymbol{S}^c=\boldsymbol{S}_{b1}^r\cap\boldsymbol{S}_{b2}^r\cap\cdots\cap\boldsymbol{S}_{bp}^r \tag{8.48}$$

实际上，$\boldsymbol{S}^c$ 反映了机构所受的公共约束情况。因此，定义公共约束数 λ 为

$$\lambda=\dim(\boldsymbol{S}^c) \tag{8.49}$$

机构运动旋量系与机构约束旋量系构成互易旋量系，记为

$$\boldsymbol{S}_m\boldsymbol{\Delta}\boldsymbol{S}^c=\boldsymbol{0} \tag{8.50}$$

$$\dim(\boldsymbol{S}^c)+\dim(\boldsymbol{S}_m)=6 \tag{8.51}$$

与机构公共约束数相对应的是机构的阶数 d，后者反映的是机构中各个构件共同具有的所有可能的相对运动。因此，可以得出

$$d=6-\lambda \tag{8.52}$$

除了以上所给的关系外，根据集合间的包含关系，可得到上述三对旋量系之间还存在如下关系：

$$S_f \subseteq S_{bi} \subseteq S_m \tag{8.53}$$

$$S^c \subseteq S_{bi}^r \subseteq S^r \tag{8.54}$$

对并联机构的自由度计算而言，仅有以上关系还难以完全表征，需要再引入几个新的旋量系。

(4) 分支补约束旋量系 S_{ci}^r　将分支 i 施加给动平台的约束 S_{bi}^r 分成两部分：一部分为机构所有构件（包括平台）所受的公共约束 S^c；另一部分为分支 i 施加给动平台的剩余部分约束 S_{ci}^r。这两部分无交集。称剩余部分的约束 S_{ci}^r 为**分支补约束旋量系**，用符号表示上述关系：

$$S_{bi}^r = S^c \cup S_{ci}^r, S^c \cap S_{ci}^r = \varnothing \tag{8.55}$$

(5) 平台补约束旋量系 S_c^r　将平台所受的约束 S^r 分成两部分：一部分为平台所受的公共约束 S^c；另一部分为所有分支施加给平台的剩余部分约束 S_c^r。这两部分无交集。这里将剩余部分的约束 S_c^r 称为**平台补约束旋量系**，用符号表示上述关系：

$$S^r = S^c \cup S_c^r, S^c \cap S_c^r = \varnothing \tag{8.56}$$

上述旋量系（对）在并联机构中普遍存在，如图 8.15 所示。

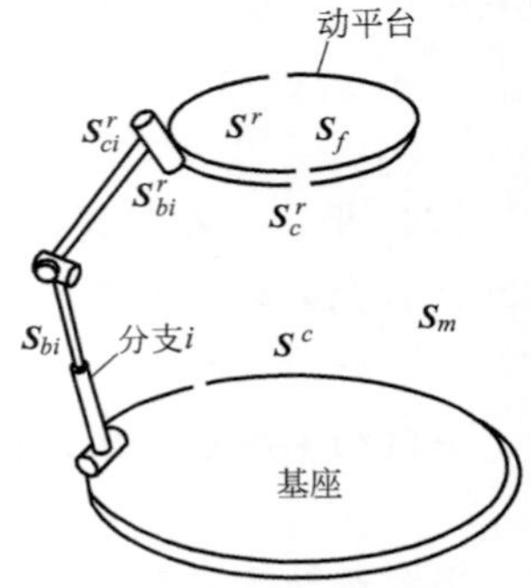

图 8.15　并联机构中的几对基本旋量系

2. 并联机构自由度分析与计算的一般过程

下面首先给出一个通用的自由度分析步骤。

1）判断机构是否含有局部自由度，并计算出具体数值 ζ；

2）建立参考坐标系，构造各个分支的运动旋量系 S_{bi}；

3）根据 $S_{bi} \boldsymbol{\Delta} S_{bi}^r = \mathbf{0}$，求取各个分支的约束旋量系 S_{bi}^r；

4）根据 $S^r = S_{b1}^r \cup S_{b2}^r \cup \cdots \cup S_{bp}^r$，得到动平台的约束旋量系 S^r；

5）根据 $S_f \boldsymbol{\Delta} S^r = \mathbf{0}$，计算得到动平台的运动旋量系 S_f；

6）观察 S_f 的特点，可确定机构的自由度分布情况；

7）改变机构的位形，重复上述步骤，以验证所求得的自由度是否为全周自由度。如果前后自由度性质不变，则为全周自由度；否则，为瞬时自由度。

通过以下步骤还可以进一步对机构进行过约束（包括公共约束和冗余约束）分析。

1）求取动平台的约束旋量集 $\langle S^r \rangle = S_{b1}^r \uplus S_{b2}^r \uplus \cdots \uplus S_{bp}^r$（$\uplus$表示所有元素相加，包含重复元素），集合中的元素个数记作 $\mathrm{card}(\langle S^r \rangle)$；

2）根据 $S_m = S_{b1} \cup S_{b2} \cup \cdots \cup S_{bp}$，求取整个机构的运动旋量系 S_m；

3）根据 $S_m \boldsymbol{\Delta} S^c = \mathbf{0}$，求取整个机构的约束旋量系 S^c；

4）根据 $\lambda = \dim(S^c)$，确定机构的公共约束数 λ；

5）根据 $d = 6 - \lambda$，确定机构的阶数 d；

6）根据 $S^r = S^c \cup S_c^r$，求得动平台补约束旋量系 S_c^r；

7）根据 $\langle S^r \rangle = S^c \uplus \langle S_c^r \rangle$，求得动平台补约束旋量集 $\langle S_c^r \rangle$ 及 $\mathrm{card}(\langle S_c^r \rangle)$；

8）根据 $\nu = \mathrm{card}(\langle S_c^r \rangle) - \dim(S_c^r)$，确定机构的虚约束数 ν；

9）根据自由度计算公式 $F = d(n - g - 1) + \sum_{i=1}^{g} f_i + \nu - \zeta$ 验证前面分析得到的自由度是否正确。

另外，为简化机构自由度的分析及计算，可遵循如下两点原则[150-151]：

1）基于旋量的相关性及互易性均与坐标系选择无关的原理，应该选择这样的坐标系，使其旋量坐标中的元素尽量简单，出现尽可能多的 0 或 1。

2）对于旋量坐标中与机构的尺寸或轴线位置有关的变量等，在自由度分析时不必解出其具体的数值。

3. 实例分析

根据对上述机构自由度分析过程的描述，下面举一些具体的分析实例。

【例 8.8】 计算空间 RCPP 机构的自由度（图 8.16），机构中 R 副与 C 副的轴线平行。

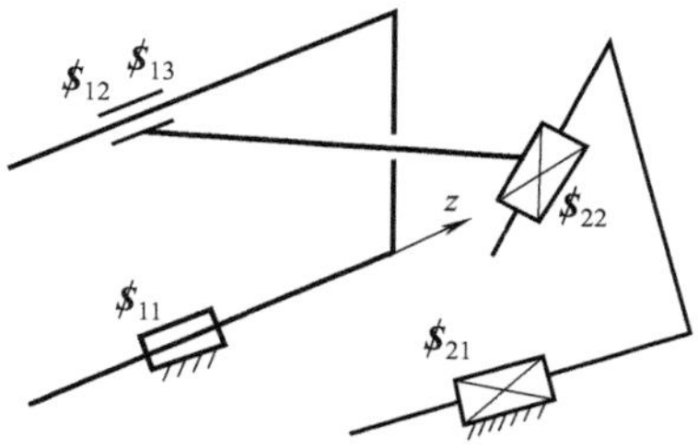

图 8.16　RCPP 机构

解：如果将顶部的连杆视为动平台，该机构可看成是由 2 个分支组成的并联机构。

1）判断机构是否含有局部自由度：很明显，该机构无局部自由度。

2）建立参考坐标系，构造各个分支的运动旋量系 $\boldsymbol{S}_{bi}$。

如果取 R 副轴线方向为坐标轴 z 的方向，建立各分支旋量系，各个旋量坐标用向量表示如下：

$$\boldsymbol{S}_{b1}=\begin{cases}\$_{11}=(0,0,1,0,0,0)^{\mathrm{T}}\\ \$_{12}=(0,0,1,P_{12},Q_{12},0)^{\mathrm{T}}\\ \$_{13}=(0,0,0,0,0,1)^{\mathrm{T}}\end{cases},\quad \boldsymbol{S}_{b2}=\begin{cases}\$_{21}=(0,0,0,P_{21},Q_{21},R_{21})^{\mathrm{T}}\\ \$_{22}=(0,0,0,P_{22},Q_{22},R_{22})^{\mathrm{T}}\end{cases}$$

3）根据 $\boldsymbol{S}_{bi}\boldsymbol{\Delta}\boldsymbol{S}^r_{bi}=\boldsymbol{0}$，求取各个分支的约束旋量系 $\boldsymbol{S}^r_{bi}$：

$$\boldsymbol{S}^r_{b1}=\begin{cases}\$^r_{11}=(0,0,0,1,0,0)^{\mathrm{T}}\\ \$^r_{12}=(0,0,0,0,1,0)^{\mathrm{T}}\\ \$^r_{13}=(Q_{12},-P_{12},0,0,1,0)^{\mathrm{T}}\end{cases},\quad \boldsymbol{S}^r_{b2}=\begin{cases}\$^r_{21}=(0,0,0,1,0,0)^{\mathrm{T}}\\ \$^r_{22}=(0,0,0,0,1,0)^{\mathrm{T}}\\ \$^r_{23}=(0,0,0,0,0,1)^{\mathrm{T}}\\ \$^r_{24}=(Q_{22},-P_{22},0,0,0,0)^{\mathrm{T}}\end{cases}$$

4）根据 $\boldsymbol{S}^r=\boldsymbol{S}^r_{b1}\cup\boldsymbol{S}^r_{b2}$，得到动平台的约束旋量系 $\boldsymbol{S}^r$：

$$\boldsymbol{S}^r=\boldsymbol{S}^r_{b1}\cup\boldsymbol{S}^r_{b2}=\begin{cases}\$^r_{11}=(0,0,0,1,0,0)^{\mathrm{T}}\\ \$^r_{12}=(0,0,0,0,1,0)^{\mathrm{T}}\\ \$^r_{13}=(Q_{12},-P_{12},1,0,0,0)^{\mathrm{T}}\\ \$^r_{23}=(0,0,0,0,0,1)^{\mathrm{T}}\\ \$^r_{24}=(Q_{22},-P_{22},0,0,0,0)^{\mathrm{T}}\end{cases}$$

5）根据 $\boldsymbol{S}_f\boldsymbol{\Delta}\boldsymbol{S}^r=\boldsymbol{0}$，计算得到动平台的运动旋量系 $\boldsymbol{S}_f$：

$$\boldsymbol{S}_f=(0,0,0,a,b,0)^{\mathrm{T}}$$

6）观察 $\boldsymbol{S}_f$ 的特点，可确定机构的自由度分布情况；很容易判断，该机构的自由度为一维移动。

7）由于机构位形改变后，运动副的基本参数未发生变化，因此计算结果仍然有效。由此可以判断该机构所具有的移动自由度为全周自由度。

通过以下步骤还可以进一步对该机构进行过约束（包括公共约束和冗余约束）分析。

1）求取动平台的约束旋量集$\langle \boldsymbol{S}^r \rangle = \boldsymbol{S}_{b1}^r \uplus \boldsymbol{S}_{b2}^r$以及集合中的元素个数 card($\langle \boldsymbol{S}^r \rangle$)：

$$\langle \boldsymbol{S}^r \rangle = \boldsymbol{S}_{b1}^r \uplus \boldsymbol{S}_{b2}^r = (\$_{11}^r, \$_{12}^r, \$_{13}^r, \$_{21}^r, \$_{22}^r, \$_{23}^r, \$_{24}^r)$$

$$c = \text{card}(\langle \boldsymbol{S}^r \rangle) - \dim(\boldsymbol{S}^r) = 7 - 5 = 2$$

2）根据 $\boldsymbol{S}_m = \boldsymbol{S}_{b1} \cup \boldsymbol{S}_{b2}$，求取整个机构的运动旋量系 $\boldsymbol{S}_m$：

$$\boldsymbol{S}_m = \boldsymbol{S}_{b1} \cup \boldsymbol{S}_{b2} = (\$_{11}, \$_{12}, \$_{13}, \$_{21})$$

3）根据 $\boldsymbol{S}_m \boldsymbol{\Delta} \boldsymbol{S}^c = \boldsymbol{0}$，求取整个机构的约束旋量系 $\boldsymbol{S}^c$：

$$\boldsymbol{S}^c = \begin{cases} \$_1^c = (0,0,0,1,0,0)^{\mathrm{T}} \\ \$_2^c = (0,0,0,0,1,0)^{\mathrm{T}} \end{cases}$$

机构约束旋量系是一个旋量二系。

4）根据 $\lambda = \dim(\boldsymbol{S}^c)$，确定机构的公共约束数 λ：

$$\lambda = \dim(\boldsymbol{S}^c) = 2$$

5）根据 $d = 6 - \lambda$，确定机构的阶数 d：

$$d = 6 - 2 = 4$$

6）根据 $\boldsymbol{S}^r = \boldsymbol{S}^c \cup \boldsymbol{S}_c^r$，求得动平台补约束旋量系 $\boldsymbol{S}_c^r$：

$$\boldsymbol{S}_c^r = (\$_{13}^r, \$_{23}^r, \$_{24}^r)$$

7）根据 $\langle \boldsymbol{S}^r \rangle = \boldsymbol{S}^c \uplus \langle \boldsymbol{S}_c^r \rangle$，求得动平台补约束旋量集$\langle \boldsymbol{S}_c^r \rangle$及 card($\langle \boldsymbol{S}_c^r \rangle$)：

$$\langle \boldsymbol{S}_c^r \rangle = \boldsymbol{S}_c^r = (\$_{13}^r, \$_{23}^r, \$_{24}^r)$$

$$\text{card}(\langle \boldsymbol{S}_c^r \rangle) = \dim(\boldsymbol{S}_c^r) = 3$$

8）根据 $\nu = \text{card}(\langle \boldsymbol{S}_c^r \rangle) - \dim(\boldsymbol{S}_c^r)$，确定机构的虚约束数 ν：

$$\nu = \text{card}(\langle \boldsymbol{S}_c^r \rangle) - \dim(\boldsymbol{S}_c^r) = 0$$

9）根据自由度计算公式 $F = d(n-g-1) + \sum_{i=1}^{g} f_i + \nu - \zeta$ 来验证前面自由度分析的正确性，即

$$F = d(n-g-1) + \sum_{i=1}^{g} f_i + \nu - \zeta = 4 \times (3-4) + 5 + 0 - 0 = 1$$

【例 8.9】 分析图 8.17 所示 Sarrus 机构的自由度。注意，这里取一种特殊的运动副分布形式：即每个分支中 R 副的轴线相互平行，但两个分支的运动副轴线相互垂直。

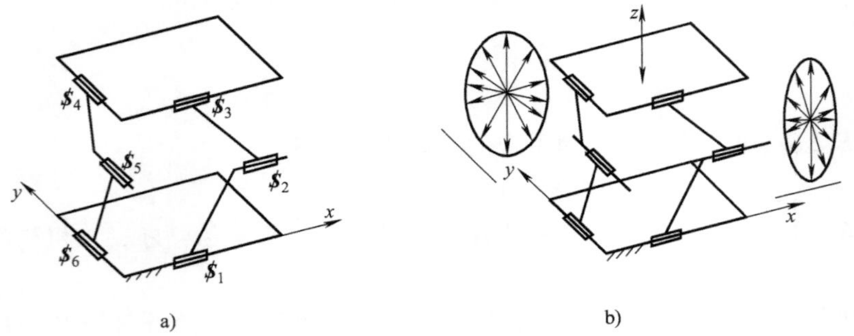

图 8.17 Sarrus 机构及其自由度分析

a）解析法 b）图谱法

解：该机构可看成是由 2 个分支组成的并联机构。

1）判断机构是否含有局部自由度：很明显，该机构无局部自由度。

2）建立参考坐标系，构造各个分支的运动旋量系 $\boldsymbol{S}_{bi}$。

建立如图 8.17a 所示的坐标系，各分支旋量系的坐标用向量表示如下：

$$\boldsymbol{S}_{b1}=\begin{cases}\$_1=(1,0,0,0,0,0)^{\mathrm{T}}\\ \$_2=(1,0,0,0,Q_2,R_2)^{\mathrm{T}}\\ \$_3=(1,0,0,0,Q_3,R_3)^{\mathrm{T}}\end{cases},\boldsymbol{S}_{b2}=\begin{cases}\$_4=(0,1,0,P_4,0,R_4)^{\mathrm{T}}\\ \$_5=(0,1,0,P_5,0,R_5)^{\mathrm{T}}\\ \$_6=(0,1,0,0,0,0)^{\mathrm{T}}\end{cases}$$

3）根据 $\boldsymbol{S}_{bi}\boldsymbol{\Delta}\boldsymbol{S}_{bi}^{r}=\boldsymbol{0}$，求取各个分支的约束旋量系 $\boldsymbol{S}_{bi}^{r}$：

$$\boldsymbol{S}_{b1}^{r}=\begin{cases}\$_{11}^{r}=(1,0,0,0,0,0)^{\mathrm{T}}\\ \$_{12}^{r}=(0,0,0,0,1,0)^{\mathrm{T}}\\ \$_{13}^{r}=(0,0,0,0,0,1)^{\mathrm{T}}\end{cases},\boldsymbol{S}_{b2}^{r}=\begin{cases}\$_{21}^{r}=(0,0,0,1,0,0)^{\mathrm{T}}\\ \$_{22}^{r}=(0,0,0,0,0,1)^{\mathrm{T}}\\ \$_{23}^{r}=(0,1,0,0,0,0)^{\mathrm{T}}\end{cases}$$

4）根据 $\boldsymbol{S}^{r}=\boldsymbol{S}_{b1}^{r}\cup\boldsymbol{S}_{b2}^{r}$，得到动平台的约束旋量系 $\boldsymbol{S}^{r}$：

$$\boldsymbol{S}^{r}=\boldsymbol{S}_{b1}^{r}\cup\boldsymbol{S}_{b2}^{r}=\begin{cases}\$_{11}^{r}=(1,0,0,0,0,0)^{\mathrm{T}}\\ \$_{12}^{r}=(0,0,0,0,1,0)^{\mathrm{T}}\\ \$_{13}^{r}=(0,0,0,0,0,1)^{\mathrm{T}}\\ \$_{21}^{r}=(0,0,0,1,0,0)^{\mathrm{T}}\\ \$_{23}^{r}=(0,1,0,0,0,0)^{\mathrm{T}}\end{cases}$$

5）根据 $\boldsymbol{S}_f\boldsymbol{\Delta}\boldsymbol{S}^{r}=\boldsymbol{0}$，计算得到动平台的运动旋量系 $\boldsymbol{S}_f$：

$$\boldsymbol{S}_f=(0,0,0,0,0,1)^{\mathrm{T}}$$

6）观察 $\boldsymbol{S}_f$ 的特点，可确定机构的自由度分布情况，该机构的自由度为一维移动。

7）由于机构位形改变后，各分支运动副之间的几何关系未发生变化，因此计算结果仍然有效。由此可以判断该机构所具有的移动自由度为全周自由度。

通过以下步骤还可以进一步对该机构进行过约束（包括公共约束和冗余约束）分析。

1）求取动平台的约束旋量集 $\langle\boldsymbol{S}^{r}\rangle=\boldsymbol{S}_{b1}^{r}\uplus\boldsymbol{S}_{b2}^{r}\uplus\cdots\uplus\boldsymbol{S}_{bp}^{r}$ 以及集合中的元素个数 card（$\langle\boldsymbol{S}^{r}\rangle$）：

$$\langle\boldsymbol{S}^{r}\rangle=\boldsymbol{S}_{b1}^{r}\uplus\boldsymbol{S}_{b2}^{r}=(\$_{11}^{r},\$_{12}^{r},\$_{13}^{r},\$_{21}^{r},\$_{22}^{r},\$_{23}^{r})$$

$$c=\mathrm{card}(\langle\boldsymbol{S}^{r}\rangle)-\dim(\boldsymbol{S}^{r})=6-5=1$$

2）根据 $\boldsymbol{S}_m=\boldsymbol{S}_{b1}\cup\boldsymbol{S}_{b2}$，求取整个机构的运动旋量系 $\boldsymbol{S}_m$：

$$\boldsymbol{S}_m=\boldsymbol{S}_{b1}\cup\boldsymbol{S}_{b2}=\boldsymbol{S}^{r}$$

3）根据 $\boldsymbol{S}_m\boldsymbol{\Delta}\boldsymbol{S}^{c}=\boldsymbol{0}$，求取整个机构的约束旋量系 $\boldsymbol{S}^{c}$：

$$\boldsymbol{S}^{c}=\$_{13}^{r}=(0,0,0,0,0,1)^{\mathrm{T}}$$

4）根据 $\lambda=\dim(\boldsymbol{S}^{c})$，确定机构的公共约束数 λ；

$$\lambda=\dim(\boldsymbol{S}^{c})=1$$

5）根据 $d=6-\lambda$，确定机构的阶数 d：

$$d=6-1=5$$

6）根据 $\boldsymbol{S}^{r}=\boldsymbol{S}^{c}\cup\boldsymbol{S}_{c}^{r}$，求得动平台补约束旋量系 $\boldsymbol{S}_{c}^{r}$：

$$S_c^r = (\$_{11}^r, \$_{12}^r, \$_{21}^r, \$_{23}^r)$$

$$\dim(S_c^r) = 4$$

7）根据$\langle S^r \rangle = S^c \uplus \langle S_c^r \rangle$，求得动平台补约束旋量集$\langle S_c^r \rangle$及$\mathrm{card}(\langle S_c^r \rangle)$：

$$\langle S_c^r \rangle = (\$_{11}^r, \$_{12}^r, \$_{21}^r, \$_{23}^r)$$

$$\mathrm{card}(\langle S_c^r \rangle) = 4$$

8）根据$\nu = \mathrm{card}(\langle S_c^r \rangle) - \dim(S_c^r)$，确定机构的虚约束数$\nu$：

$$\nu = \mathrm{card}(\langle S_c^r \rangle) - \dim(S_c^r) = 0$$

9）根据自由度计算公式$F = d(n-g-1) + \sum_{i=1}^{g} f_i + \nu - \zeta$来验证前面自由度分析的正确性：

$$F = d(n-g-1) + \sum_{i=1}^{g} f_i + \nu - \zeta = 5 \times (6-6-1) + 6 + 0 - 0 = 1$$

【例8.10】　计算3-RPS并联平台机构（图8.18）的自由度。其中3个R副的轴线关于中心O点切向分布。

解： 这里只作简单分析。机构中，每个分支运动旋量系中各由5个线性无关的线矢量组成，3个分支中每个分支对平台各产生1个约束力，这3个线性无关的约束力共同组成平台约束旋量系S^r，且$\dim(S^r)=3$。这样，根据$F=\dim(S_f)$，机构的自由度为$6-\dim(S^r)=3$。

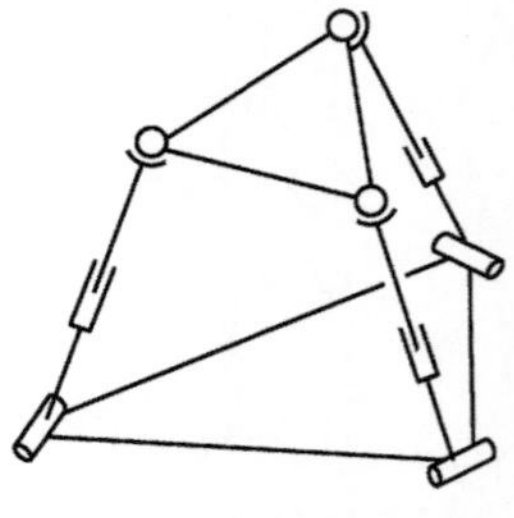

图8.18　3-RPS并联机构

8.4.4　基于几何图谱法的自由度分析

实际上，旋量法还可以根据其代数、几何特性细分成解析法和图谱法，虽然具体步骤完全可以统一在一起，但相对而言，图谱法无需写出各个旋量坐标，也省却了旋量系间的运算，而通过简单的法则（广义Blanding法则）直接确定。换句话说，利用自由度空间与约束空间的几何关系有时可使机构的自由度分析变得更加简单直观。

下面采用图谱法来分析Sarrus机构的自由度分布情况，具体如图8.17b所示。可将该机构看作一个由2个分支组成的并联机构，动平台的运动可看作是2个分支共同运动的结果。这样，动平台的运动（自由度）可通过对2个分支末端的自由度求交得到。很显然，该机构只有1个$x-y$平面法线方向（即z轴）的移动。由于机构在运动过程中，自由度特征并没有发生变化，因此该移动自由度始终保持不变。

下面再举一个例子。

【例8.11】　试分析Omni-Wrist Ⅲ并联机构的自由度。机构由动平台、基平台和四条结构相同的分支组成。每条分支中，转动副R_{14}和R_{13}轴线相交于动平台中点；转动副R_{11}和R_{12}的轴线交于基平台中心点O；转动副R_{12}和R_{13}的轴线交于点J_1。4个分支的结构相同，间隔90°排布。如图8.19所示，每个分支中R副的轴线相互平行。其中分支1和3的运动副轴线相互平行，分支2和4的运动副轴线相互平行，而分支1和2的运动副轴线相互垂直。

首先可以证明转动副R_{14}和基平台转动副R_{11}的轴线交于一点（忽略，详见文献

[135]）。这样可以得到 Omni-Wrist Ⅲ机构一条分支上的自由度线分布，如图 8.20a 所示。转动副 R_{13} 的自由度线 $\$_{13}$ 与转动副 R_{12} 的自由度线 $\$_{12}$ 相交于点 J_1；转动副 R_{11} 的自由度线 $\$_{11}$ 与转动副 R_{14} 的自由度线 $\$_{14}$ 相交于一点 J_2。根据 Blanding 法则，所有的自由度线和约束线相交，由此可以得到该分支的约束线分布，如图 8.20a 所示。其中，自由度线 $\$_{11}$，$\$_{12}$，$\$_{13}$ 和 $\$_{14}$ 与约束线 $\$_{11}^r$ 分别相交于点 J_1，J_2；与约束线 $\$_{12}^r$ 分别相交于点 O，O'。通过上述分析可以发现，每条分支为动平台提供了两个约束，即每条分支有两条约束线 $\$_{11}^r$ 和 $\$_{12}^r$，一条约束线在机构的对称面$\Pi$内，一条约束线垂直对称面 H 交对称面Π于点 C。同理，其他各个分支为动平台提供相同的约束。由此我们可以得到整个机构的约束线与自由度线图谱情况，如图 8.20b 所示，其中 4 条约束线在机构的对称面Π内，另外 4 条约束线重合并与对称面Π正交于点 C。

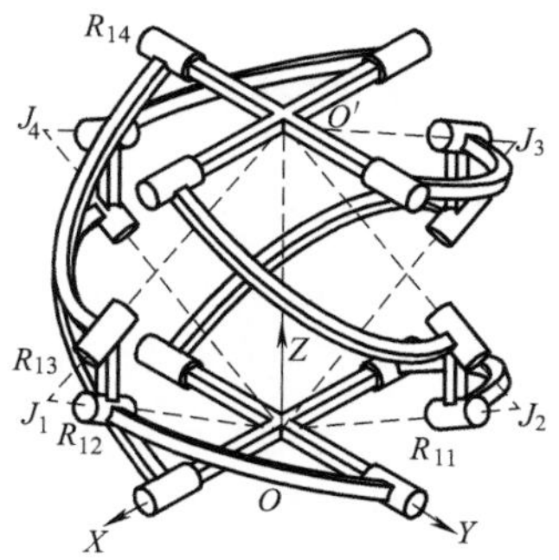

图 8.19　Omni-Wrist Ⅲ机构简图

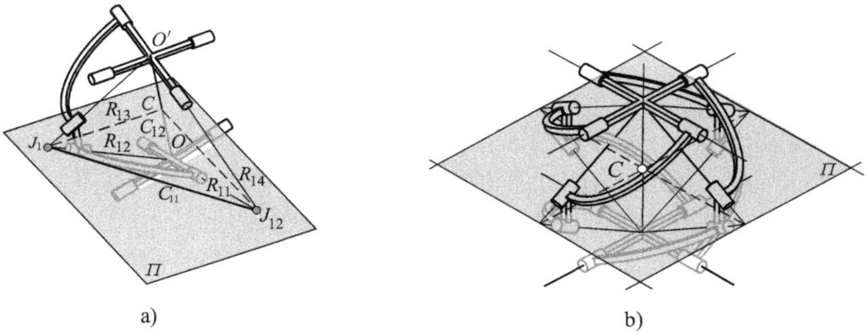

图 8.20　自由度与约束图谱

a）一个分支简图　b）动平台

由于垂直于对称面Π的 4 条约束线重合，所以这 4 条约束线只为动平台提供 1 个独立约束，另外 3 条约束线为冗余约束；在平面内的 3 条不相关直线可以确定一个平面，所以在对称面Π内的约束线为动平台提供 3 个独立约束。根据上述分析，动平台一共受到 4 个独立的约束，则该机构动平台具有 2 个自由度。动平台的约束图谱如图 8.21 所示。其中，动平台的转动轴线为与每条约束线都相交的两条直线，即在对称面Π内过点 C 的任意两条直线 $\$_1^m$ 与 $\$_2^m$。

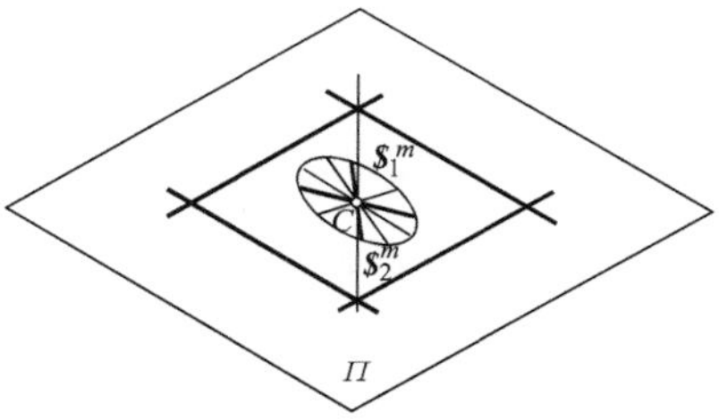

图 8.21　Omni-Wrist Ⅲ动平台自由度与约束图谱

由此，根据修正的 CGK 自由度计算公式得到该机构的自由度

$$F = d(n-g-1) + \sum_{i=1}^{g} f_i + \nu - \zeta = 5 \times (14-16-1) + 16 + 1 - 0 = 2$$

改变机构位形后，重复上述分析过程，所得结论不变。由此证明该机构的 2 个转动自由度为全周自由度。

8.5 构型综合

综合与分析通常具有互逆性。机构的构型综合与自由度分析就是这样一个互逆过程。

我们不妨以并联机构为例简单回顾一下机构自由度分析的一般过程：为确定并联机构的自由度，首先取出机构中的一条分支，由这个分支的每个运动副组成 KP 旋量集（为便于分析，多自由度的运动副分解成单自由度运动副形式），进而得到**分支运动旋量系**（LTS），再根据**分支约束旋量系**（LWS）与分支运动旋量系之间的互易关系，得到与该分支运动旋量系相对应的互易旋量。该互易旋量系的物理意义可反映在该分支上的约束情况。同理可求得其他分支的互易旋量，这样将各个分支约束旋量组合在一起得到的所有旋量就代表了对整个运动平台的约束情况，并称之为**平台约束旋量系**（PWS）。再通过求其互易积，得到的**平台运动旋量系**（PTS）就反映了运动平台的运动输出情况，也就是并联机构的自由度。

将上述过程逆过来，便可实现可并联机构的构型综合。换句话说，旋量系理论在机构的构型综合过程中仍然有效。

8.5.1 一般步骤

下面以并联机构的构型综合为例，给出一般步骤[29-31, 58-59, 69-74, 78, 130-131, 136-137, 154, 174]。

1）首先根据给定目标机构的自由度，确定 PTS，通过求其互易旋量系，可以得到 PWS。有关互易旋量及互易旋量系的求法在本书第 7 章已有介绍。

2）平台约束旋量系确定后，可以根据具体的几何条件确定对应的 LWS，然后再对 LWS 求其互易旋量系，即可获得 LTS。这时得到的可以是旋量系的标准基表达，也可以是旋量系中各个旋量的通用表达式。前者可通过本章 8.1 节介绍的等效 KP 旋量系法生成不同结构的分支运动链，而后者采用的是解析法进行推演，导出分支运动链的几何特性。

3）构造与配置运动学分支进而确定并联机构的构型是并联机构构型综合过程中一个十分重要的步骤。一旦得到了满足某种几何条件的 LTS，便可根据其旋量表达构造和配置涵盖所有运动副的运动学分支。

4）约束综合法本质上属于瞬时范畴，必须对综合出的机构进行瞬时性的判别。例如，可以利用平台约束旋量系的基在动平台连续运动前后是否保持不变来判别瞬时性。这时由于并联机构的自由度是由平台约束旋量系决定的，如自由度数或性质改变，则平台约束旋量系的基必发生改变。

5）其他条件分析：包括奇异性、主动输入选取等。

8.5.2 构型综合举例

下面以三自由度平动并联机构（TPM）为例，来说明一下基于旋量系理论在少自由度并联机构构型综合中的应用。在分支运动旋量系的构造过程中采用的是解析推演法[29, 131]。

步骤 1：确定平台约束旋量系 PWS。

对于任何的 TPM，动平台只有三维移动，失去了 3 个方向的转动，动平台上相应地作用有 3 个线性无关的约束力偶，这 3 个力偶就构成了 PWS。

$$\begin{cases} \$_1^r = (0,\ 0,\ 0\ ;\ 1,\ 0,\ 0) \\ \$_2^r = (0,\ 0,\ 0\ ;\ 0,\ 1,\ 0) \\ \$_3^r = (0,\ 0,\ 0\ ;\ 0,\ 0,\ 1) \end{cases} \tag{8.57}$$

步骤 2：分析与 PWS 相对应的 LWS 应满足的几何条件。

并联机构中，不同的 PWS 源于不同几何条件下所有 LWS 的组合。因此，为综合出所有可能的分支结构，有必要分析对应特定 PWS 的 LWS 应满足的几何条件。

TPM 家族中可分为两类：独立约束机构和过约束机构。过约束机构的特点是分支中含有的基本副数量少于 5 个。因此，通过分别分析独立约束机构和过约束机构中的 LWS 应满足的几何条件，即可找到对应的 PWS。

表 8.5 给出了 LWS 在不同几何条件下，LWS 和 PWS 之间的特定关系。由表中可知，TPM 中的任一分支可向动平台提供不同数量的约束力偶。因此，为构造可用的分支结构，需要考虑对应不同数量约束力偶的 LTS 应满足的几何条件。

表 8.5 LWS 与 PWS 之间特定的关系

类别	LWS	LWS 中各旋量的几何关系	PWS 的标准基	动平台的约束运动
C1	$\$_{bi}^r=(0,0,0;0,0,1)$	同轴	$\$^r=(0,0,0;0,0,1)$	绕 Z 轴的转动
C2	$\$_{bi}^r=(0,0,0;P_i,Q_i,0)$	共面	$\begin{cases}\$_1^r=(0,0,0;1,0,0)\\ \$_2^r=(0,0,0;0,1,0)\end{cases}$	绕 X，Y 轴的转动
C3	$\begin{cases}\$_{i1}^r=(0,0,0;P_{i1},Q_{i1},0)\\ \$_{i2}^r=(0,0,0;P_{i2},Q_{i2},0)\end{cases}$			
C4	$\$_{bi}^r=(0,0,0;P_i,Q_i,R_i)$	既不同轴也不共面	$\begin{cases}\$_1^r=(0,0,0;1,0,0)\\ \$_2^r=(0,0,0;0,1,0)\\ \$_3^r=(0,0,0;0,0,1)\end{cases}$	绕 X，Y，Z 轴的转动
C5	$\begin{cases}\$_{i1}^r=(0,0,0;P_{i1},Q_{i1},R_{i1})\\ \$_{i2}^r=(0,0,0;P_{i2},Q_{i2},R_{i2})\end{cases}$			
C6	$\begin{cases}\$_{i1}^r=(0,0,0;P_{i1},Q_{i1},R_{i1})\\ \$_{i2}^r=(0,0,0;P_{i2},Q_{i2},R_{i2})\\ \$_{i3}^r=(0,0,0;P_{i3},Q_{i3},R_{i3})\end{cases}$			

步骤 3：对与 LWS 互易的 LTS 进行求解。

根据旋量理论，LTS 中的每一个旋量都与 LWS 互易。一种简单的确定 LTS 的方法是找到 LTS 的一个基础解系，再通过这些基旋量的组合，得到其他类型的 LTS，每一种 LTS 可表示一种特定类型的分支结构。

1. 1 个约束力偶作用在动平台上时，LTS 和 LWS 应满足的几何条件

首先考虑 LWS 中只存在 1 个约束力偶的情况，其旋量的一般表示为

$$\$_{bi}^r=(\mathbf{0};\boldsymbol{s}^r)=(0,0,0;P_r,Q_r,R_r) \tag{8.58}$$

式中，$P_r^2+Q_r^2+R_r^2=1$。不失一般性，假定 $P_r\neq 0$，对应的 LTS 构成一个旋量五系。通过求解式（8.1），得到 5 个基运动旋量。

$$\begin{cases} \$_{i1}=(-Q_r,P_r,0;0,0,0) \\ \$_{i2}=(-R_r,0,P_r;0,0,0) \\ \$_{i3}=(0,0,0;1,0,0) \\ \$_{i4}=(0,0,0;0,1,0) \\ \$_{i5}=(0,0,0;0,0,1) \end{cases} \tag{8.59}$$

通过对以上5个基本旋量进行线性组合可得到运动旋量通用的表示形式。

$$\$_{bi}=a\,\$_{i1}+b\,\$_{i2}+c\,\$_{i3}+d\,\$_{i4}+e\,\$_{i5}=\left(-(aQ_r+bR_r),aP_r,bP_r;c,d,e\right) \tag{8.60}$$

式中，a，b，c，d 和 e 为任意常值，但不能同时为零。下面考虑几种特例：

【特例1】 $a=b=0$ 并正则化矢量，式（8.60）退化为一具有无限大节距的单位运动旋量。

$$\$_{bi}=(\mathbf{0};\boldsymbol{s})=\frac{1}{w}(0,0,0;c,d,e) \tag{8.61}$$

式中，$w=\sqrt{c^2+d^2+e^2}$。式（8.61）表示一移动副。由于 c，d 和 e 为任意常值，因此，只要分支中各移动副的轴线线性无关，它们可沿任意方向。

【特例2】 满足条件 $\boldsymbol{s}^{\mathrm{T}}\boldsymbol{s}^0=0$ 且 $\boldsymbol{s}^{\mathrm{T}}\boldsymbol{s}=1$，式（8.60）退化为一具有零节距的单位运动旋量。

$$\$_{bi}=(s;s^0)=\frac{1}{w}\left(-(aQ_r+bR_r),aP_r,bP_r;c,d,\frac{acQ_r-adP_r+bcR_r}{bP_r}\right) \tag{8.62}$$

式中，$w=\sqrt{(aQ_r+bR_r)^2+a^2P_r^2+b^2P_r^2}$。式（8.62）表示一转动副。此外，根据式（8.58）和式（8.60），可导出 $\boldsymbol{s}^{\mathrm{T}}\boldsymbol{s}^r=0$，这意味着转动副的轴线与约束力偶的轴线相互垂直（验证了广义 Blanding 法则）。

由此可导出只提供1个约束力偶的分支应满足的几何条件：

条件1. 只要分支中各移动副的轴线线性无关，它们可沿任意方向。

条件2. 分支中所有转动副轴线平行于一个平面，且与给定的约束力偶轴线方向垂直。

由于旋量五系中零节距运动旋量最大线性独立的数目是5，导出分支中转动副数目的上限也是5；而旋量五系中无穷节距运动旋量最大线性独立的数目是3，导出分支中移动副数目的上限也是3。因此，若将转动副与移动副作为基本铰链类型，可获得5R、4R1P、3R2P和2R3P等4种四杆五副型的分支结构。运用运动副等效替代的原则，可以得到三杆四副、二杆三副以及一杆二副型等3种分支形式。

2. 2个约束力偶作用在动平台上时，LTS和LWS应满足的几何条件

考虑分支LWS中存在2个约束力偶的情况，其旋量表示为

$$\begin{cases}\$_{i1}^r=(\mathbf{0};\boldsymbol{s}_{i1}^r)=(0,0,0;P_{r1},Q_{r1},R_{r1})\\ \$_{i2}^r=(\mathbf{0};\boldsymbol{s}_{i2}^r)=(0,0,0;P_{r2},Q_{r2},R_{r2})\end{cases} \tag{8.63}$$

式中，$P_{ri}^2+Q_{ri}^2+R_{ri}^2=1\quad(i=1,2)$ 且 $\boldsymbol{s}_{i1}^r\neq\boldsymbol{s}_{i2}^r$。不失一般性，假定 $P_{ri}\neq0$，对应的LTS将形成一个旋量四系。通过求解式（8.63），得到4个基运动旋量。

$$\begin{cases}\$_{i1}=(0,0,0;1,0,0)\\ \$_{i2}=(0,0,0;0,1,0)\\ \$_{i3}=(0,0,0;0,0,1)\\ \$_{i4}=(Q_{r1}R_{r2}-Q_{r2}R_{r1},R_{r1}P_{r2}-R_{r2}P_{r1},P_{r1}Q_{r2}-P_{r2}Q_{r1};0,0,0)\end{cases} \tag{8.64}$$

通过以上4个基本旋量的线性组合，可得到其运动旋量的通用表示形式。

$$\begin{aligned}\$_{bi}&=a\,\$_{i1}+b\,\$_{i2}+c\,\$_{i3}+d\,\$_{i4}\\&=\left(a(Q_{r1}R_{r2}-Q_{r2}R_{r1}),a(R_{r1}P_{r2}-R_{r2}P_{r1}),a(P_{r1}Q_{r2}-P_{r2}Q_{r1});b,c,d\right)\end{aligned} \tag{8.65}$$

式中，a，b，c 和 d 为任意常值，但不能同时为零。下面考虑几种特例：

【特例 3】 $a=0$ 并正则化矢量，式（8.65）退化为一具有无限大节距的单位运动旋量。

$$\$_{bi}=(\mathbf{0};\boldsymbol{s})=\frac{1}{w}(0,0,0;b,c,d) \tag{8.66}$$

式中，$w=\sqrt{b^2+c^2+d^2}$。式（8.66）表示一移动副。由于 b，c 和 d 为任意常值，因此，只要分支中各移动副的轴线线性无关，它们可沿任意方向。

【特例 4】 满足条件 $\boldsymbol{s}^{\mathrm{T}}\boldsymbol{s}^0=0$ 且 $\boldsymbol{s}^{\mathrm{T}}\boldsymbol{s}=1$，式（8.65）退化为一零节距的单位运动旋量。

$$\$_{bi}=(\boldsymbol{s};\boldsymbol{s}^0)=\frac{1}{w}(Q_{r1}R_{r2}-Q_{r2}R_{r1},R_{r1}P_{r2}-R_{r2}P_{r1},P_{r1}Q_{r2}-P_{r2}Q_{r1};b,c,d') \tag{8.67}$$

式中，

且

$$w=\sqrt{(Q_{r1}R_{r2}-Q_{r2}R_{r1})^2+(R_{r1}P_{r2}-R_{r2}P_{r1})^2+(P_{r1}Q_{r2}-P_{r2}Q_{r1})^2}$$

$$d'=[-b(Q_{r1}R_{r2}-Q_{r2}R_{r1})-c(R_{r1}P_{r2}-R_{r2}P_{r1})]/(P_{r1}Q_{r2}-P_{r2}Q_{r1})$$

式（8.67）表示一转动副。

注意到根据式（8.63）和式（8.67），可导出 $\boldsymbol{s}^{\mathrm{T}}\boldsymbol{s}_{ij}^r=0$（$j=1,2$），这意味着转动副轴线与两个约束力偶的轴线都垂直。这样，分支中所有转动副的轴线应相互平行。

根据式（8.66）和式（8.67），导出提供 2 个约束力偶的分支应满足的几何条件：

条件 3. 只要分支中各移动副的轴线线性无关，它们可沿任意方向。

条件 4. 分支中所有转动副轴线应相互平行，其方向与 2 个约束力偶轴线方向相垂直。

通常意义上，旋量四系中零节距运动旋量的最大线性独立数是 4，但由于分支中所有转动轴线的方向都平行，因此分支中转动副数不应超过 3，这样可避免冗余约束的存在；而旋量四系中无穷节距运动旋量的最大线性独立数是 3，因此分支中所有移动副数目的上限是 3。因此，若将转动副与移动副作为基本铰链类型，可获得 3R1P，2R2P 和 1R3P 等 3 种三杆四副型的分支结构。运用运动副等效替代的原则，可以得到二杆三副以及一杆二副型等 2 种分支形式。

3. 3 个约束力偶作用在动平台上时，LTS 和 LWS 应满足的几何条件

考虑到分支 LWS 中存在 3 个约束力偶的情况，其单位力旋量表示为

$$\begin{cases}\$_{i1}^r=(\mathbf{0};\boldsymbol{s}_{i1}^r)=(0,0,0;P_{r1},Q_{r1},R_{r1})\\ \$_{i2}^r=(\mathbf{0};\boldsymbol{s}_{i2}^r)=(0,0,0;P_{r2},Q_{r2},R_{r2})\\ \$_{i3}^r=(\mathbf{0};\boldsymbol{s}_{i3}^r)=(0,0,0;P_{r3},Q_{r3},R_{r3})\end{cases} \tag{8.68}$$

式中，$P_{ri}^2+Q_{ri}^2+R_{ri}^2=1$　$(i=1,2,3)$。不失一般性，假定 $P_{ri}\neq 0$　$(i=1,2,3)$，对应的 LTS 将形成一个旋量三系。通过求解式（8.68），得到 3 个基运动旋量。

$$\begin{cases}\$_{i1}=(0,0,0;1,0,0)\\ \$_{i2}=(0,0,0;0,1,0)\\ \$_{i3}=(0,0,0;0,0,1)\end{cases} \tag{8.69}$$

通过以上 3 个基本旋量的线性组合，可得到运动旋量的通用表示形式。

$$\$_{bi}=a\,\$_{i1}+b\,\$_{i2}+c\,\$_{i3}=(0,0,0;a,b,c) \tag{8.70}$$

式中，a，b 和 c 为任意常值，但不能同时为零。正则化方向矢量，式（8.70）退化为一具有无限大节距的单位运动旋量。

$$\boldsymbol{\$}_{bi}=(\mathbf{0};\boldsymbol{s})=\frac{1}{w}(0,0,0;a,b,c) \tag{8.71}$$

式中，$w=\sqrt{a^2+b^2+c^2}$。式（8.71）表示一移动副。由于 a，b 和 c 为任意常值，因此，只要分支中各移动副的轴线线性无关，它们可沿任意方向。

由此根据式（8.71），可导出提供 3 个约束力偶的分支应满足的几何条件：

条件 5. 只要分支中各移动副的轴线线性无关，它们可沿任意方向。

步骤 4：分析对应不同 LWS 的 LTS 应满足的几何条件。

TPM 中，每一个分支提供给动平台的约束力偶数量可从 0 到 3，因此，通过分析对应不同 LWS 的 LTS 应满足的几何条件来确定 LTS 中各运动副应满足的几何关系，进而构造分支结构。此外，为确保动平台能实现连续的运动，每一分支的运动副还应满足一定的几何条件，这也是一项重要的研究议题。

以上给出的几何条件（条件 1 ~条件 5）只考虑了 TPM 的瞬时运动特性，下面讨论 TPM 做连续运动时各分支应满足的几何条件。

由于动平台的转动受到限制，故需满足下列条件：

$$\boldsymbol{\omega}_P=\sum_{i=1}^{n}\omega_i\boldsymbol{s}_i=\mathbf{0} \tag{8.72}$$

式中，$\boldsymbol{\omega}_P$ 表示动平台的角速度；$\boldsymbol{s}_i$ 表示第 i 个转动副的转轴方向；ω_i 是第 i 个转动副的角速率。

如上所述，分支中至多存在 5 个转动副，且转动轴线位居平行平面之内。如果转动轴线随机分布，式（8.72）将无法满足，除非所有的转动副的角速率满足$\omega_i=0$。因此，如果要保证动平台实现连续的运动，只有保证分支中的转动副存在 2 组或者 2 组以上的平行转轴，以使动平台沿其他轴线的瞬时转动被消除掉。由于分支中最多有 5 个转动副，因此所有运动副的轴线应为两组平行线，它们之间并不平行，其中一组沿固定轴线转动而另一组随着机构的运动而改变转轴方向。此外，由于下一转轴的方向要受到前一铰链的转动影响，因此可以得出结论：除了最靠近基座的转轴与最靠近动平台的转轴以及不考虑中间的移动副以外，每组平行转轴必须连续分布。

经过以上讨论，可以总结出 TPM 连续运动时 LTS 所应满足的几何条件：

条件 6. 分支中所有转动副的转轴是两组平行线，但每一组平行轴线的数量不超过 3 个以避免冗余铰链的存在。

条件 7. 除了最靠近基座的转轴与最靠近动平台的转轴以及不考虑中间的移动副以外，每组平行转轴必须连续分布。

步骤 5：构造与配置运动学分支。

构造与配置运动学分支是并联机构构型综合过程中一个十分重要的组成部分。一旦得到了满足某种几何条件的 LTS，我们便可根据其旋量表达构造涵盖所有运动副的运动学分支。另一方面，注意到 LTS 中每一个旋量的位置是可以交换的，这就意味着运动学分支中铰链的位置分布也是可变的，但也间接地引入了瞬时运动机构。

(1) 具有3个相同单约束分支的TPM　分成四种：2R3P型（R_A-R_B-P-P-P）、3R2P型（R_A-R_A-R_B-P-P）、4R1P型（R_A-R_A-R_B-R_B-P或者R_A-R_A-R_A-R_B-P）、5R型（R_A-R_A-R_B-R_B-R_A）。

包含复杂铰链在内的所有可能的分支结构如表8.6~表8.9所示。注意到并没有考虑表中所有运动副的组合顺序；此外，表中所示的下标A和B表示两种不同轴的转动。

表8.6　2R3P型分支结构

分支类型	4杆型	3杆型	2杆型	1杆型
只含简单副	R_A-R_B-P-P-P	P-P-P-U_{AB} C_A-R_B-P-P	C_A-C_B-P P-$(SS)_{AB}$	—
含复杂铰链	R_A-R_B-(4R)-P-P R_A-R_B-(4R)-(4R)-P R_A-R_B-(4R)-(4R)-(4R)	P-P-(4R)-U_{AB} P-(4R)-(4R)-U_{AB} (4R)-(4R)-(4R)-U_{AB} C_A-R_B-(4R)-P C_A-R_B-(4R)-(4R)	R_A-P-$(4U)_B$ R_A-(4R)-$(4U)_B$ R_A-P-$(3\text{-}2S)_B$ R_A-(4R)-$(3\text{-}SS)_B$	P-$(4S)_{AB}$ C_A-$(4U)_B$ C_A-$(3\text{-}SS)_B$

表8.7　3R2P型分支结构

分支类型	4杆型	3杆型	2杆型	1杆型
只含简单副	R_A-R_A-R_B-P-P	P-P-R_A-U_{AB} C_A-R_B-R_A-P C_A-R_B-R_B-P	U_{AB}-C_A-P C_A-C_B-R_A	—
含复杂铰链	R_A-R_A-R_B-(4R)-P R_A-R_A-R_B-(4R)-(4R)	P-(4R)-R_A-U_{AB} (4R)-(4R)-R_A-U_{AB} C_A-R_B-R_A-(4R) C_A-R_B-R_B-(4R)	R_A-R_A-$(4U)_B$ R_A-R_B-$(4U)_B$ R_A-R_A-$(3\text{-}SS)_B$ R_A-R_B-$(3\text{-}SS)_B$ C_A-U_{AB}-(4R)	R_A-$(4S)_{AB}$

表8.8　4R1P型分支结构

分支类型	4杆型	3杆型	2杆型
只含简单副	R_A-R_A-R_B-R_B-P R_A-R_A-R_A-R_B-P	U_{AB}-R_A-R_B-P U_{AB}-R_A-R_A-P C_A-R_B-R_A-R_B C_A-R_A-R_A-R_B	U_{AB}-C_A-R_B U_{AB}-C_A-R_A U_{AB}-U_{AB}-P
含复杂铰链	R_A-R_A-R_B-R_B-(4R) R_A-R_A-R_A-R_B-(4R)	U_{AB}-R_A-R_B-(4R) U_{AB}-R_A-R_A-(4R)	U_{AB}-U_{AB}-(4R)

表8.9　5R型分支结构

分支类型	4杆型	3杆型	2杆型
只含简单副	R_A-R_A-R_B-R_B-R_A	U_{AB}-R_A-R_A-R_B	U_{AB}-U_{AB}-R_A

(2) 具有3个相同双约束分支的TPM 可细分为3种：1R3P型分支（R-P-P-P）、2R2P型分支（R_A-R_A-P-P）、3R1P型分支（R_A-R_A-R_A-P）。所有可能的分支结构如表8.10～表8.12所示。

表8.10 1R3P型分支结构

分支类型	3杆型	2杆型	1杆型
只含简单副	P-P-P-R	C-P-P	—
含复杂铰链	P-P-(4R)-R P-(4R)-(4R)-R (4R)-(4R)-(4R)-R	C-P-(4R) C-(4R)-(4R)	P-(4U) P-(3-2S)

表8.11 2R2P型分支结构

分支类型	3杆型	2杆型	1杆型
只含简单副	P-P-R_A-R_A	P-C_A-R_A	—
含复杂铰链	P-(4R)-R_A-R_A (4R)-(4R)-R_A-R_A	(4R)-C_A-R_A	R_A-$(4U)_A$ R_A-$(3\text{-}2S)_A$

表8.12 可行的3R1P型分支结构

分支类型	3杆型	2杆型
只含简单副	P-R_A-R_A-R_A	C_A-R_A-R_A
含复杂铰链	(4R)-R_A-R_A-R_A	(4R)-C_A-R_A

(3) 具有3个相同三约束分支的TPM 由式（8.71）可以得到3P型分支结构（表8.13）。

表8.13 3P型分支结构

分支类型	2杆型
只含简单副	P-P-P
含复杂铰链	(4R)-P-P (4R)-(4R)-P (4R)-(4R)-(4R)

步骤6：构造所需要的TPM。

■ 具有2R3P型分支结构的TPM包括：3-P（4S）机构、3-H（4S）机构、3-RP（4U）机构、3-PR（4U）机构、3-H（4U）机构、3-C（4U）机构、3-RP（3-SS）机构、3-PR（3-SS）机构、3-H（3-SS）机构、3-C（3-SS）机构等。典型机构如直线驱动Delta机构（3-P（4S））。

■ 具有3R2P型分支结构的TPM包括：3-CCR机构、3-RCC机构、3-PCU机构、3-CPU机构、3-UPC机构、3-P（4R）RRR机构、3-C（4R）RR机构、3-C（4R）U机构、3-R（4S）机构、3-RR（4U）机构和3-RR（3-SS）机构等。典型机构为Delta机构（3-R（4S））。

■ 具有4R1P型分支结构的TPM包括：3-UPU机构、3-PUU机构、3-RCU机构、3-

RUC 机构、3-CRU 机构、3-PSS 机构和 3-HSS 机构等。

- 具有 5R 型分支结构的 TPM 包括：3-RUU 机构和 3-URU 机构等。
- 具有 1R3P 型分支结构的 TPM 包括：3-CPP 机构、3-C（4R）（4R）机构、3-CP（4R）机构、3-C（4R）P 机构、3-PPC 机构、3-PCP 机构、3-PC（4R）机构、3-P（4U）机构、3-H（3-SS）机构和 3-P（3-SS）机构等。
- 具有 2R2P 型分支结构的 TPM 包括：3-RPRP 机构、3-RRPP 机构、3-PRRP 机构、3-PPRR 机构、3-PRPR 机构、3-RPPR 机构、3-CPR 机构、3-CRP 机构、3-R（4R）（4R）R 机构、3-（R（4R）R（4R）机构、3-RR（4R）（4R）机构、3-R（4U）机构和 3-R（3-SS）机构等。典型机构如 Star 机构（3-RH（4R）R，图 8.22a）和 Orthoglide 机构（3-PR（4R）R，图 8.22b）。
- 具有 3R1P 型分支结构的 TPM 包括：3-RPRR 机构、3-R（4R）RR 机构、3-RRRP 机构、3-RRR（4R）机构、3-RRPR 机构、3-RR（4R）R 机构、3-PRRR 机构、3-（4R）RRR 机构、3-RRRH 机构、3-RRC 机构、3-CRR 机构和 3-RCR 机构等。这类机构中最为典型的机构为 Tsai 氏机构（3-RR（4R）R，图 8.22c）。
- 具有 3P 型分支结构的 TPM 包括 3-PPP 机构和 3-P（4R）（4R）机构等。

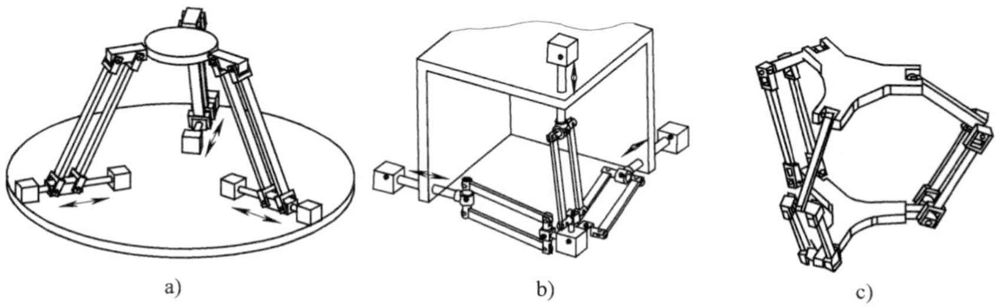

图 8.22　三种典型的 TPM 机构

至此我们完成了对称型 TPM 机构的构型综合。实际上，还存在机构主动输入选取等问题。此外，还有一些具有特殊结构的 TPM，分支数可以是 2 个、3 个或者多于 3 个，分支结构可以相同，也可以不同，等等。这里不再赘述，具体可参考文献［69］。

8.5.3　图谱法构型综合的基本思想

8.4.4 节给出了图谱法进行机构自由度分析的实例，体现出某些便捷之处。反过来，是否也可以利用图谱法来实现对机构或某类机械装置的构型综合呢？答案是肯定的。与图谱法自由度分析功能相比，该方法在综合方面较之解析法的优势更加明显。因为除了保留图谱法简单直观等优点外，简单的线图中还蕴含着足够丰富的信息，如等效空间导致的等效运动链等。例如，假设要求对 3-DOF 平面运动的开链式机械手进行构型综合。若采用图谱法，完成这个任务则变得非常简单。图 8.23 给出了具体的过程示意。

该思想同样可以用于并联机构的构型综合。下面以一类 $2R1T$（$R_xR_yT_z$）并联机构为例，首先简单给出对该类机构构型综合的整体思路。

第 1 步，根据机构的自由度特征确定该机构动平台的自由度线图，进而根据广义 Blanding 法则（或表 8.1 给出的 F&C 线图空间图谱）确定其约束线图（或约束空间）。

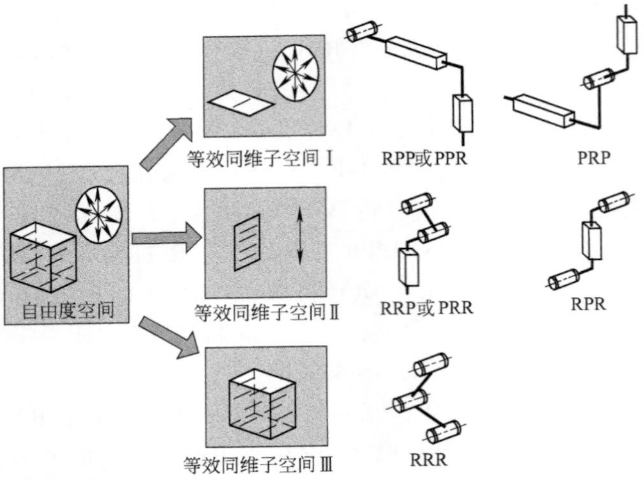

图 8.23　图谱法对 3-DOF 平面开式运动链构型综合的过程示意

$2R1T$（$R_xR_yT_z$）并联机构动平台的自由度线图与约束线图如表 8.14 所示。可以看出两种线图都与三维平面约束线图空间 L（N，$\boldsymbol{n}$）等效。

表 8.14　$2R1T$ 并联机构的自由度与对偶约束线图

自由度线图	约束线图	符号表示
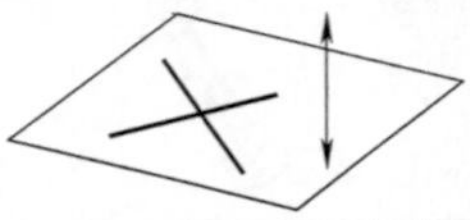	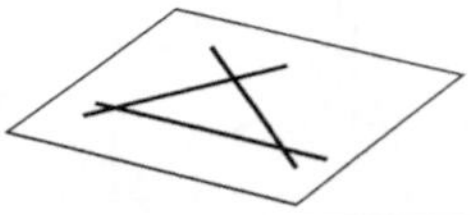	$L(N,\boldsymbol{n})$

第 2 步，根据支链数对平台的约束线图进行分解，即根据约束线图中各约束的分布特性为各支链合理选配约束，从而得到每个支链的约束线图。这时，各支链的约束线图一定是平台约束线图的子空间。

如果只考虑该机构中含有 3 个支链分布和非过约束的情况，则每个支链中都只受 1 条力约束（线）作用，且它们总是分布在同一平面内（但彼此之间不能共线、共点、平行），如图 8.24 所示。

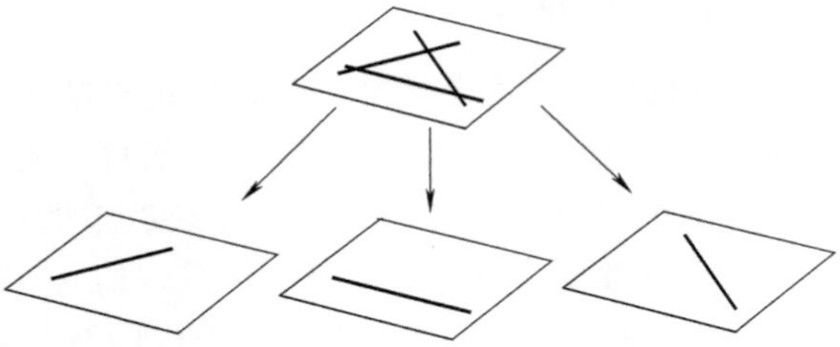

图 8.24　对动平台约束线图进行分解

第 3 步，然后再通过广义 Blanding 法则求得与各支链约束线图互易的自由度空间（即运动副空间）。

由于每条支链所受的约束都是一维直线，因此其运动副空间中的各元素特征都是一样的。相应的约束线图及其对应的自由度空间如图 8.25 所示。

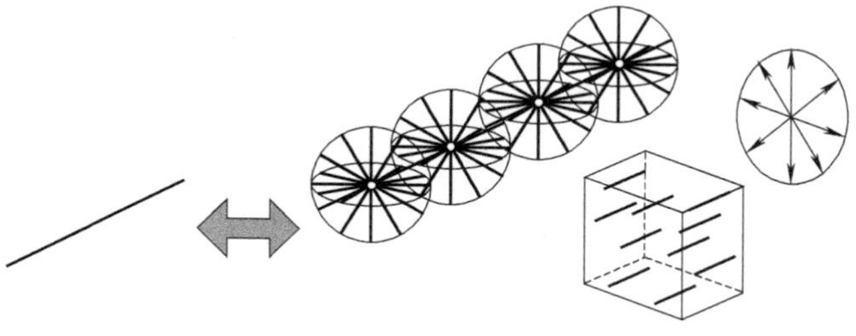

图 8. 25　一维约束线图及其对应的运动副空间

第 4 步，在各支链的运动副空间内选择合适的运动副配置。

从图 8. 25 所示的运动副空间中，我们可以很容易地配置出支链的运动副分布。如果选用 5 副连接的支链结构，可选用的类型很多，部分如图 8. 26 所示。根据运动副的等效性，可在 5 副支链结构基础上，进一步选用 3 副连接的支链结构，如 PPS（两个 P 副不能平行）、PRS（R 副与 P 副不能平行）、RRS（两个 R 副必须平行）、PCU 等，并且各运动副之间没有顺序的限制。这样可以综合出多种可用的支链类型。

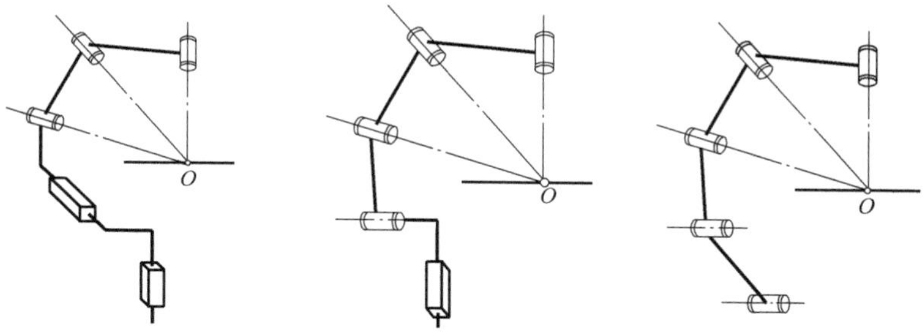

a)　　b)　　c)

图 8. 26　三种典型的 5 副支链结构

a）PPS 运动链　b）PRS 运动链　c）RRS 运动链

第 5 步，将各支链组装成运动链和并联机构。

在第 4 步基础上，进一步将支链组装成运动链和并联机构。图 8. 27 给出了其中三种典型的 2*R*1*T* 型并联机构。

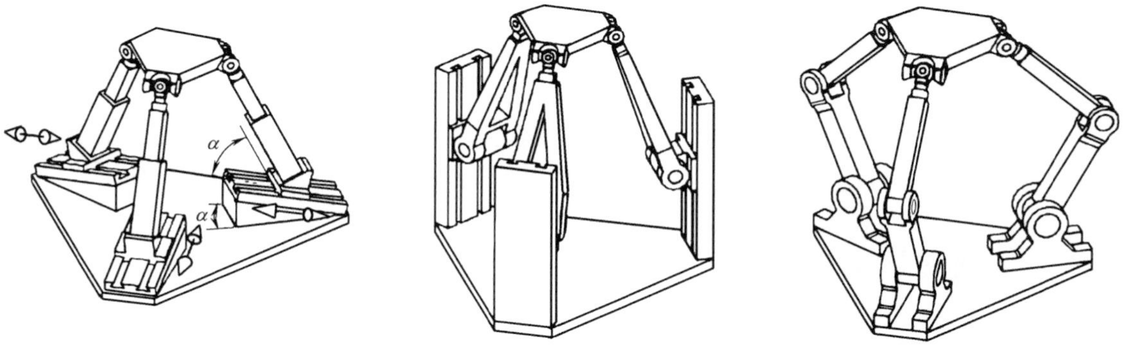

a)　　b)　　c)

图 8. 27　三种典型的 2*R*1*T* 型并联机构

a）3-PPS　b）3-PRS　c）3-RRS

在上面这个例子的基础上，可以给出一个更详细的并联机构构型综合流程图，如图 8.28 所示。

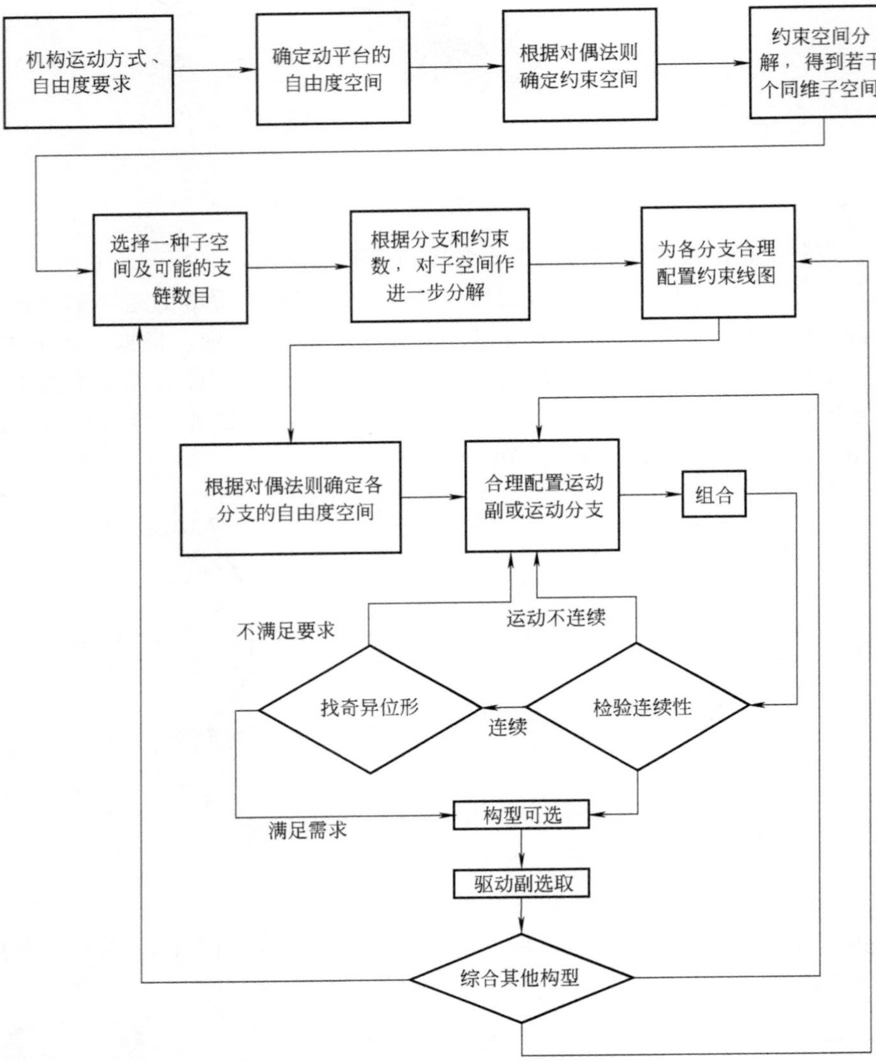

图 8.28　图谱法综合并联机构的一般流程图

实际上，图谱法与解析法一样，不仅可以用在并联机构的构型综合方面，还可以用于小变形条件下的柔性机构构型综合。有关这方面更为详细的介绍，可参考文献［171］。

8.6　扩展阅读文献

1. 戴建生. 机构学与机器人学的几何基础与旋量代数［M］. 北京：高等教育出版社，2014.
2. 高峰，杨家伦，葛巧德. 并联机器人型综合的 G_F 集理论［M］. 北京：科学出版社，2011.

3. 黄真，赵永生，赵铁石．高等空间机构学［M］．北京：高等教育出版社，2006.
4. 黄真，刘婧芳，李艳文．论机构自由度——寻找了 150 年的自由度通用公式［M］．北京：科学出版社，2011.
5. 李秦川．对称少自由度并联机器人型综合理论及新机型综合［D］．秦皇岛：燕山大学，2003.
6. 杨廷力，刘安心，罗玉峰，等．机器人机构拓扑结构设计［M］．北京：科学出版社，2012.
7. 于靖军，刘辛军，丁希仑，等．机器人机构学的数学基础［M］．北京：机械工业出版社，2008.
8. 于靖军，裴旭，宗光华．机械装置的图谱化创新设计［M］．北京：科学出版社，2014.
9. 赵景山，冯之敬，褚福磊．机器人机构自由度分析理论［M］．北京：科学出版社，2009.
10. 赵铁石．空间少自由度并联机器人机构分析与综合的理论研究［D］．秦皇岛：燕山大学，2000.
11. Dai J S, Huang Z, Lipkin H. Mobility of overconstrained parallel mechanisms [J]. Transactions of the ASME: Journal of Mechanical Design, 2006, 128(1): 220-229.
12. Fang Y F, Tsai L W. Structure synthesis of a class of 4-DOF and 5-DOF parallel manipulators with identical limb structures [J]. The International Journal of Robotics Research, 2002, 21(9): 799-810.
13. Fang Y F, Tsai L W. Enumeration of a class of overconstrained mechanisms using the theory of reciprocal screws [J]. Mechanism and Machine Theory, 2004, 39: 1175-1187.
14. Gogu G. Structural Synthesis of Parallel Robots, Part 1: Methodology [M]. Berlin: Springer-Verlag, 2009.
15. Hopkins J B. Design of Parallel Flexure System via Freedom and Constraint Topologies (FACT) [D], Cambridge: Massachusetts Institute of Technology, 2007.
16. Kong X W, Gosselin C. Type Synthesis of Parallel Mechanisms [M]. Heidelberg: Springer-Verlag, 2007.
17. Yu J J, Dong X, Pei X, et al. Mobility And Singularity Analysis Of A Class Of 2-DOF Rotational Parallel Mechanisms Using A Visual Graphic Approach [J]. ASME DETC, 2012, 4 (4): 041006.
18. Zhao T S, Dai J S, Huang Z. Geometric analysis of overconstrained parallel manipulators with three and four degrees of freedom [J], JSME International Journal, Series C, Mechanical Systems, Machines Elements and Manufacturing, 2002, 45(3): 730-740.

习　题

8.1　试运用等效 KP 旋量系法分析 4U 型平行四杆机构（图 8.29）的等效运动。

8.2　试运用等效 KP 旋量系法分析 3-CPR 并联平台机构（图 8.30）的运动。

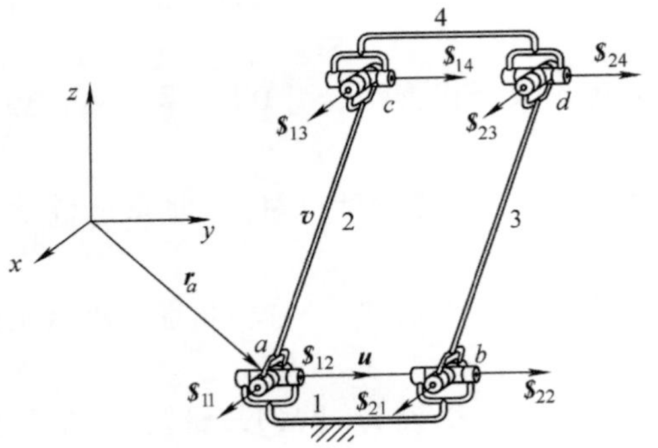

图 8.29　习题 8.1 图

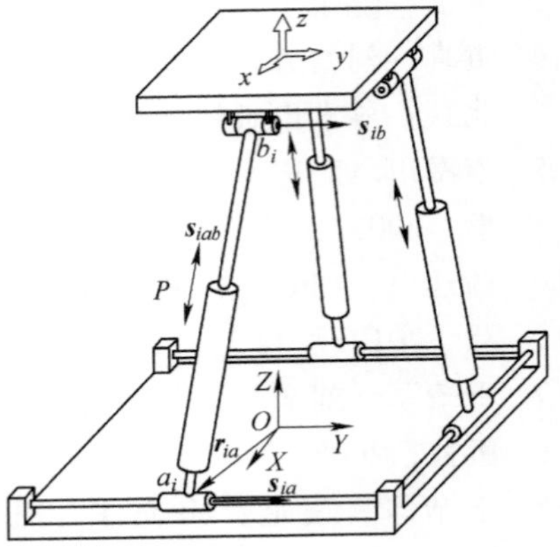

图 8.30　习题 8.2 图

8.3　试运用等效 KP 旋量系法分析 4-UPU 并联平台机构（图 8.31）的运动。

8.4　试利用构造等效 KP 旋量系的方法对三维球面转动并联机构进行构型综合。

8.5　利用修正的 CGK 公式计算 6-PSS 型并联平台机构的自由度。

8.6　试分析 4-RRR 的自由度（图 8.32）：每个分支中 R 副的轴线相互平行，但相邻两个分支的运动副轴线相互垂直。

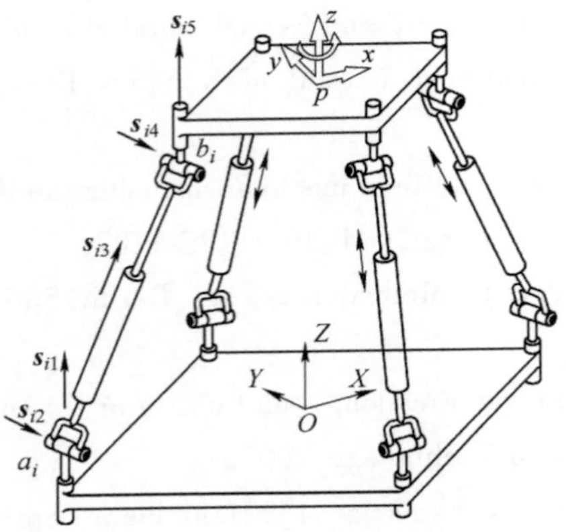

图 8.31　习题 8.3 图

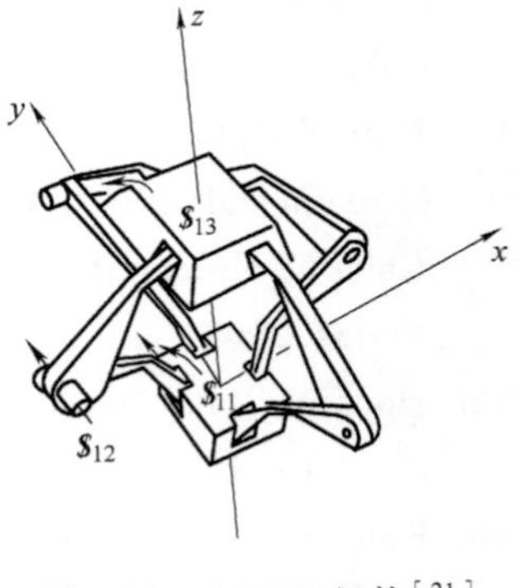

图 8.32　4-RRR 机构[21]

8.7　计算并分析平面 3-RRR 并联机构（图 8.33）的自由度，注意每个分支中转动副的轴线方向相互平行。

8.8　对于例 8.8 所给的 RCPP 机构，如果将 C 副换成 H 副，再分析一下所生成新机构的自由度。

8.9　试分析 4-UPU 并联机构（图 8.34）的自由度。

8.10　试分析 3-RRRH 并联机构（图 8.35）的自由度与公共约束：分支中的各运动副轴线相互平行，3 个分支分布在正三角形上，呈对称分布。

8.11　试分析 3-SPR 并联机构（图 8.36）的自由度，并区分该机构的运动与图 8.18 所示 3-RPS 机构的运动类型。

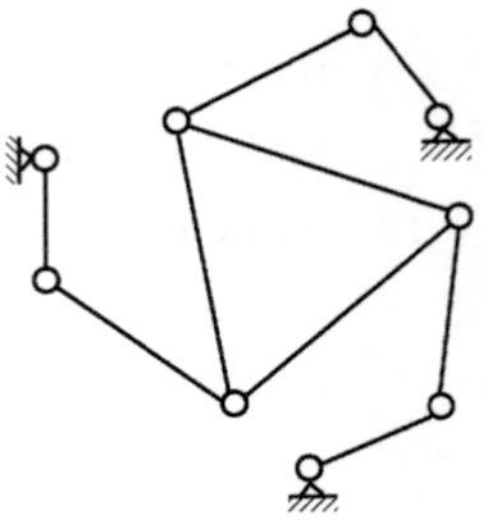

图 8.33　平面 3-RRR 并联机构

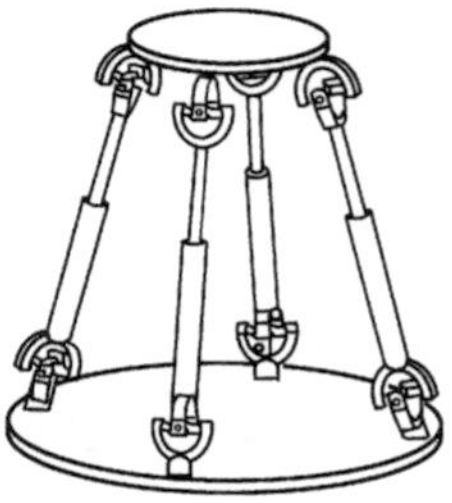

图 8.34　4-UPU 并联机构[150]

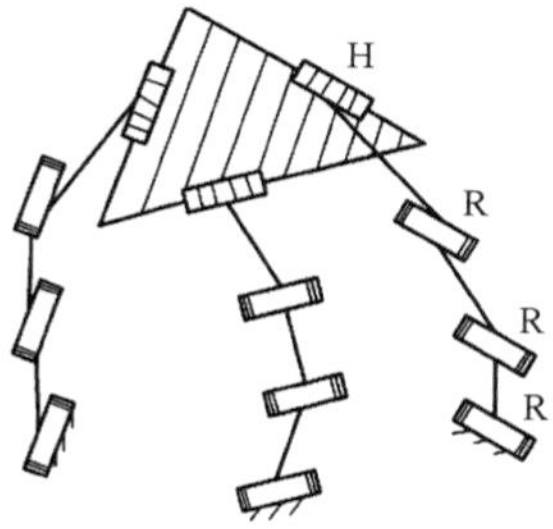

图 8.35　3-RRRH 并联机构[149]

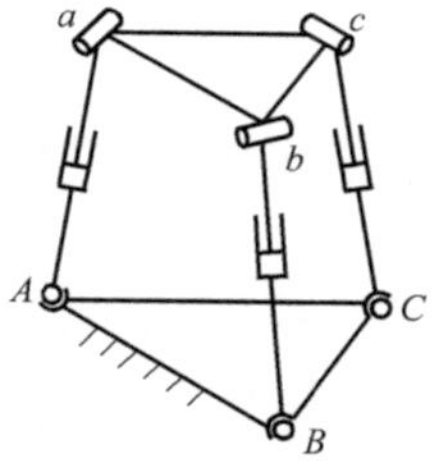

图 8.36　习题 8.11 图

8.12　试分析 3-RPS 并联角台机构（图 8.37）的自由度，并区分该机构的运动与图 8.18所示 3-RPS 并联平台机构的运动类型。

8.13　对 4-RRCR 型并联机构（图 8.38）的自由度进行分析。

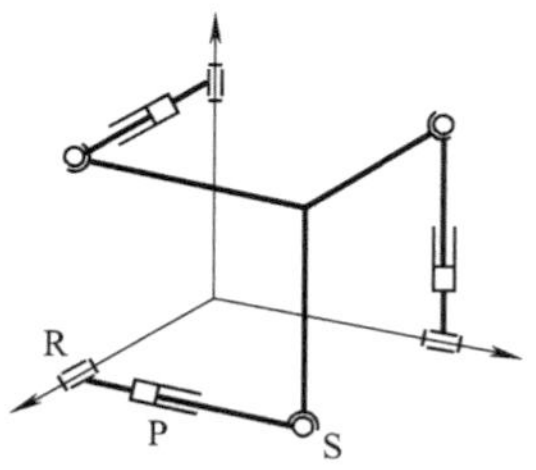

图 8.37　习题 8.12 图

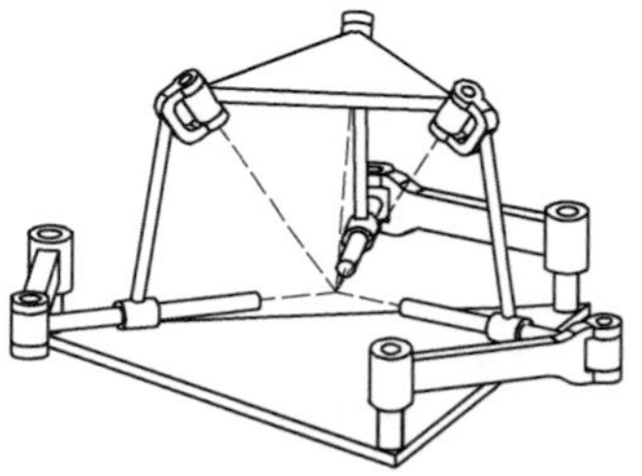

图 8.38　4-RRCR 型并联平台机构

8.14　试分析 3-UPU 并联机构的自由度、公共约束与冗余约束。

（1）每个分支中，和基平台相连的第一个转动副轴线平行于基平台，与动平台相连的第一个转动副轴线平行于动平台；移动副两端的转动副轴线相互平行，且斜交于基平台。装配构型如图 8.39a 所示。

（2）所有三个分支中，和基平台相连的第一个转动副轴线都平行于基平台且汇交于一点，和动平台相连的第一个转动副轴线斜交于动平台，且汇交于一点，两个汇交点彼此重合；移动副两端的转动副轴线相互平行，且平行于基平台。装配构型如图 8.39b 所示。

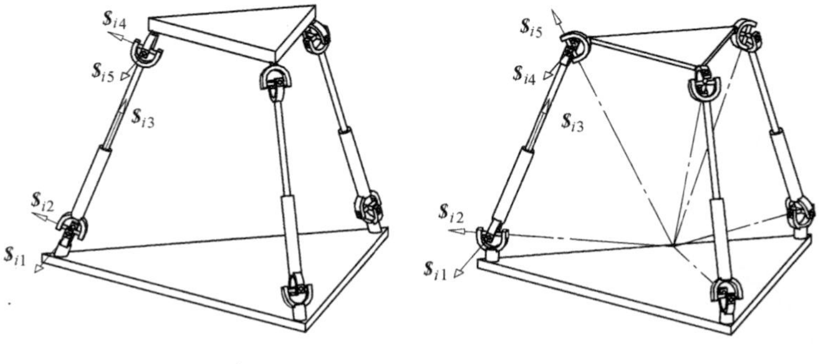

a)　　b)

图 8.39　3-UPU 并联机构[154]

8.15　图 8.40 所示为一并联式的变胞机构。试分析该机构变自由度原理。

8.16　试采用图谱法分析图 8.41 所示 SCARA 机器人的自由度。

8.17　试采用图谱法分析球面 5R 机构（图 8.42）的自由度。

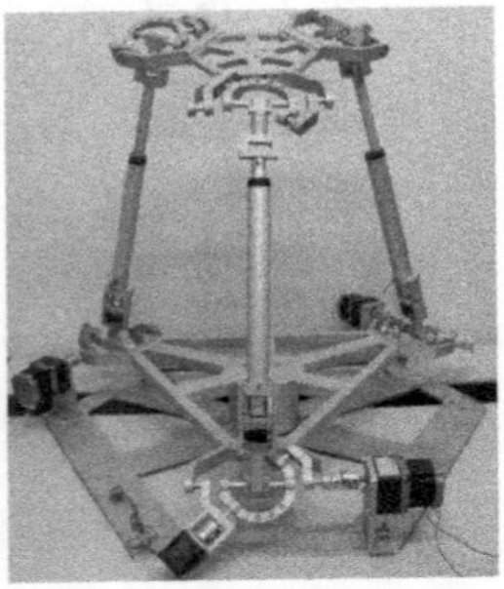

图 8.40　并联变胞机构[172]

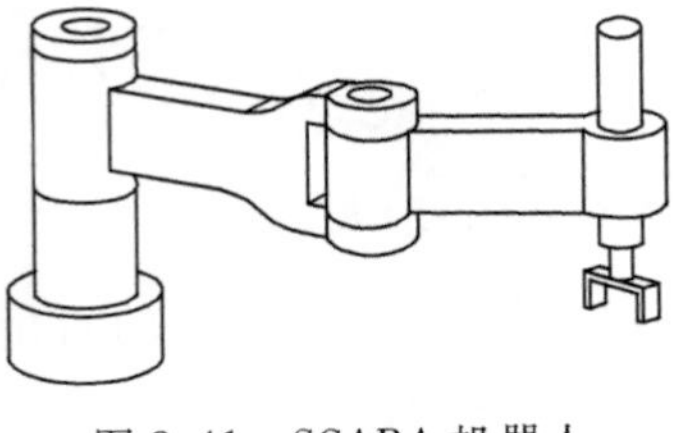

图 8.41　SCARA 机器人

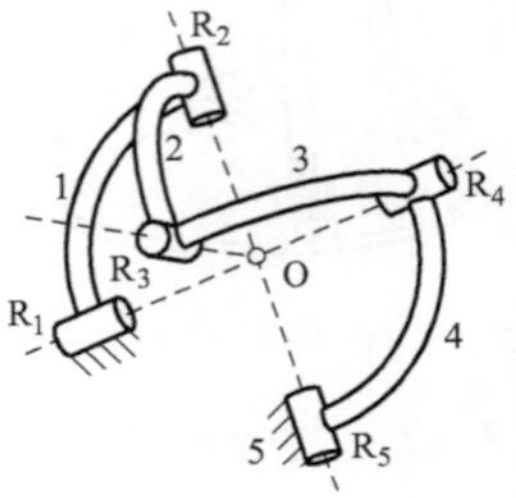

图 8.42　球面 5R 机构

8.18　试采用图谱法分析 3-RR（4R）R 并联机构（图 8.43）的自由度。

8.19　试采用图谱法分析 3-RRRR 并联机构（图 8.44）的自由度。三个分支呈均匀对称分布，并且每个分支的结构分布与 Omni-Wrist Ⅲ的分支结构相同。

8.20　试采用图谱法分析 Delta 机构（图 8.45）的自由度。

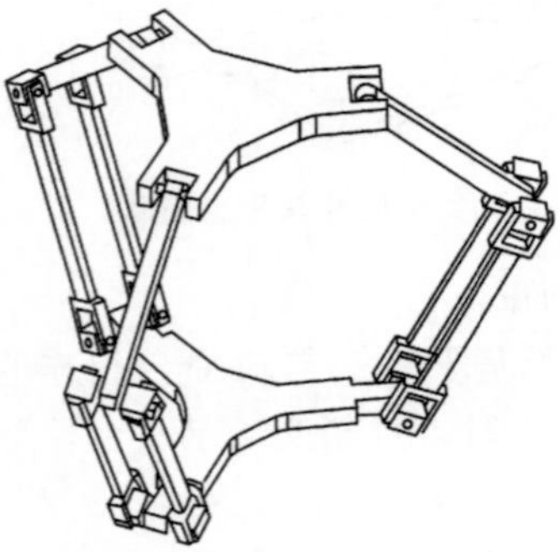

图 8.43　3-RR(4R)R 并联机构

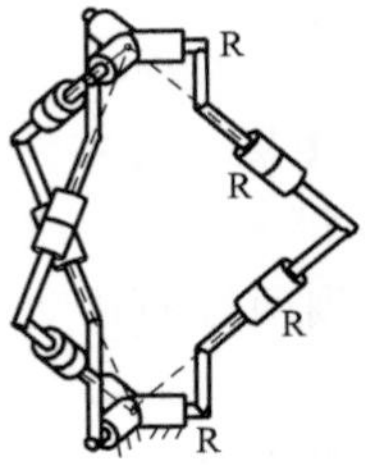

图 8.44　3-RRRR 并联机构

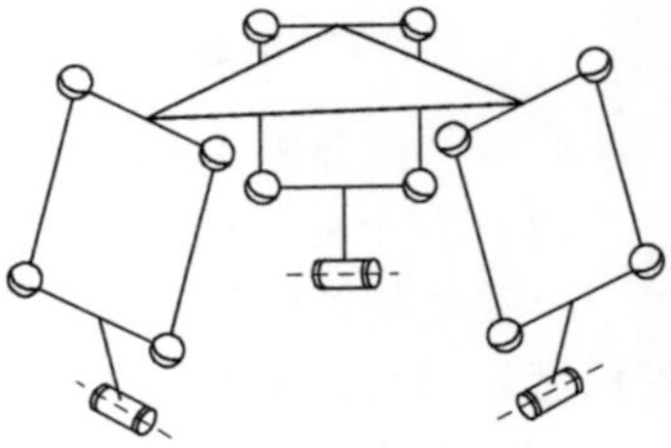

图 8.45　Delta 机构

8.21　试采用图谱法分析 H4 机构（图 8.46）的自由度。

8.22　试采用图谱法分析图 8.47 所示两种并联机构的自由度。

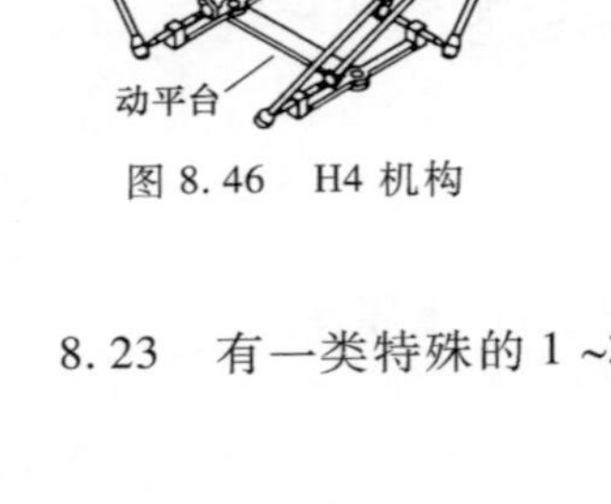

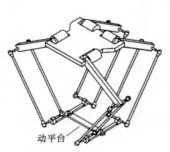

图 8.46　H4 机构

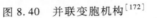

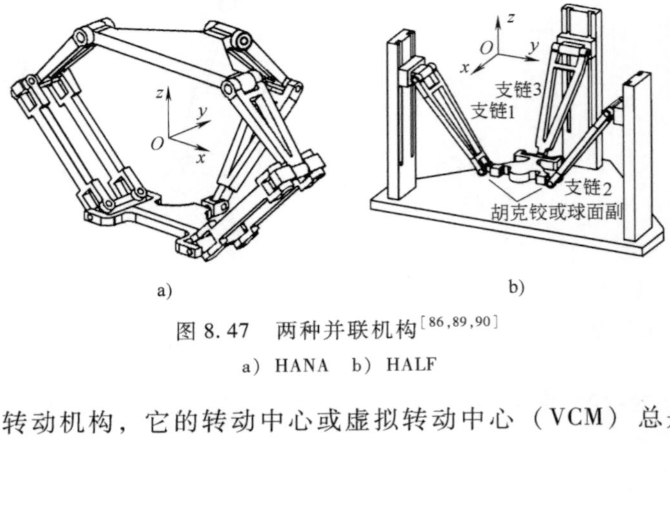

图 8.47　两种并联机构[86,89,90]

a）HANA　b）HALF

8.23　有一类特殊的 1 ~3DOF 转动机构，它的转动中心或虚拟转动中心（VCM）总是固定不动的，我们称这类机构为球面转动机构或 VCM 机构[158]。对于并联式 VCM 机构而言，由于具有固定的转动中心，有助于简化该并联机构的正逆运动学，非常有利于机构的运动控制；当应用于要求有精确指向等功能的场合时，可以提高机构的指向精度机构。图 8.48 所示的两种机构都是 2-DOF VCM 机构。试用图谱法分析该机构的工作原理。

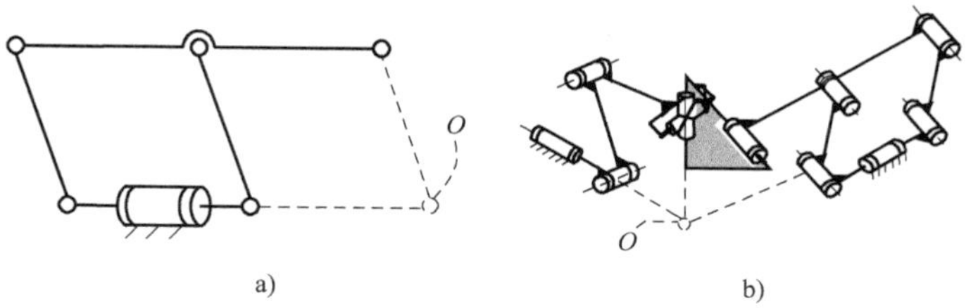

图 8.48　两种 2-DOF VCM 机构

a）串联式　b）并联式

8.24　有一类特殊的 2-DOF 转动机构，它在运动瞬时总是存在虚拟转动中心（VCM），但随着运动发生改变，该转动中心发生变化。这类非定转心转动机构中还存在有一种具有特殊运动的子类型，其末端平台能绕静平台基座作 2-DOF 等径球面纯滚运动[127]。图 8.19 所示的 Omni-Wrist Ⅲ就属于这类机构。试用图谱法分析该机构的工作原理。

8.25　图 8.49 所示的各条端部带圆点的线代表约束线，正方体表示刚体。试通过自由度与约束对偶关系分析图中各刚体的自由度。

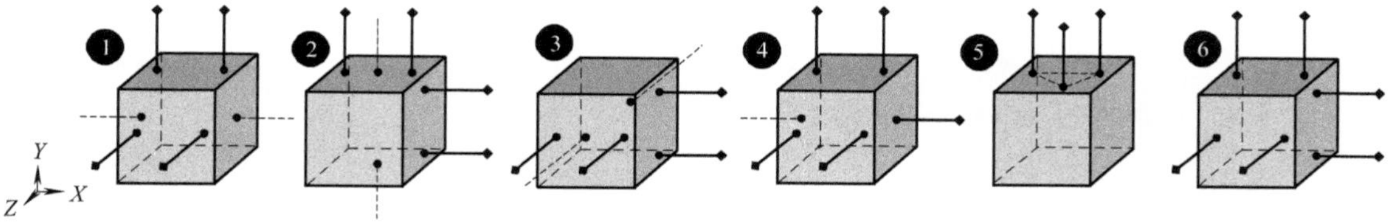

图 8.49　习题 8.25 图

8.26　图 8.50 所示的 4 条细长柔性杆表示 4 条各沿其轴线的理想约束力线矢（即不能沿轴线方向产生移动），试利用图谱法确定该柔性机构动平台的自由度分布情况。

8.27　图 8.51 所示的机构中各含有两个板簧，每个板簧提供 1 个板簧所在平面的三维平面约束力。试利用图谱法确定每个柔性机构动平台的自由度分布情况。

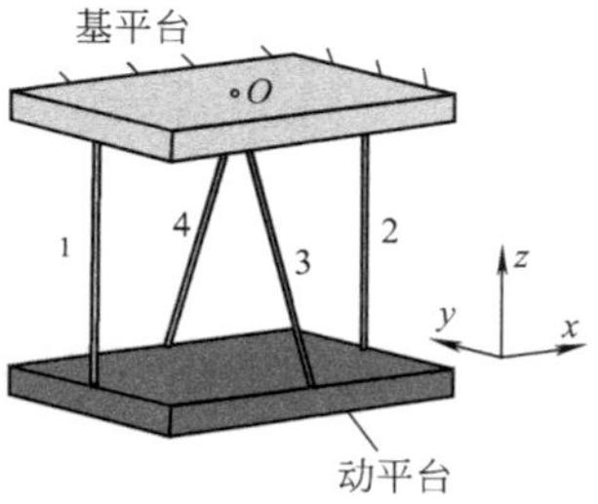

图 8.50　习题 8.26 图

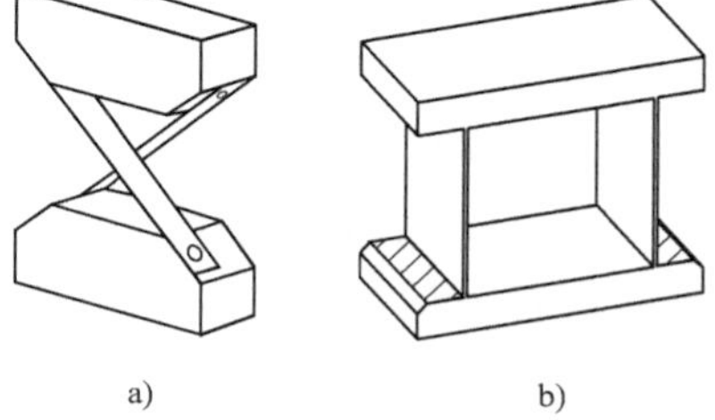

图 8.51　习题 8.27 图

a）交叉簧片式　b）平行簧片式

8.28　试利用图谱法分析图 8.52 所示几种柔性机构动平台的自由度分布是否相同。图中粗实线表示细长型柔性杆。

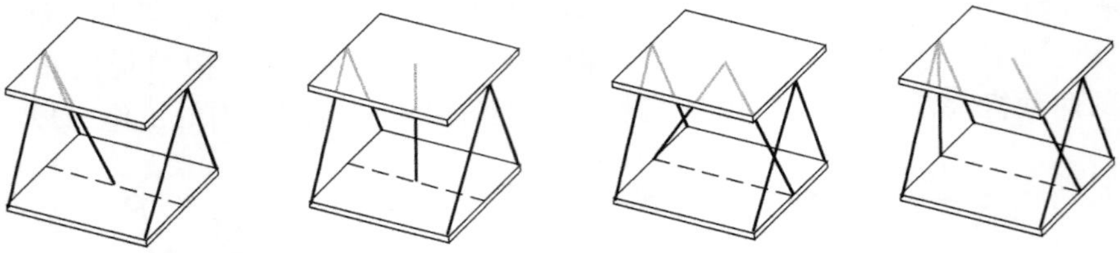

图 8.52　习题 8.28 图

8.29　利用图谱法分析图 8.53 所示各柔性机构的自由度。

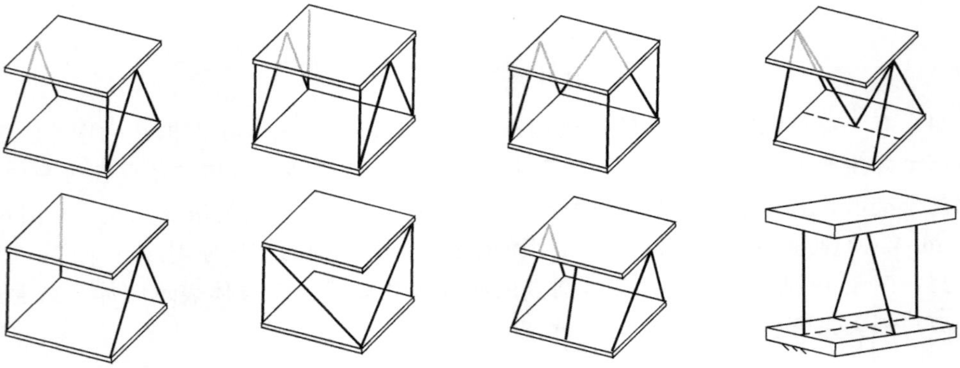

图 8.53　习题 8.29 图

注：上述构型中，粗实线代表细长柔性杆约束。

8.30　试分析 3-DOF 球面转动并联机构的各分支应满足的几何条件，并利用互易旋量系理论对 3-DOF 球面转动并联机构进行构型综合。

8.31　试对具有 2 个移动自由度的空间过约束并联机构进行构型综合。

8.32　试分别利用解析法和图谱法对 2-DOF 球面转动并联机构进行构型综合。除了球面转动，你还能列举出其他 2-DOF 转动的类型吗？如果存在，能否找出 1～2 种满足这种运动类型的并联机构？

8.33　试采样图谱法对结构对称型 3-DOF 并联平动机构进行构型综合。

8.34　并联机构中，多采用完全对称结构（即各分支呈对称分布，且分支数与驱动数相同）。不过，为了实现某种特殊的运动性能，如更大的运动转角等，有时也采用非对称结构（各分支不完全相同）或准对称结构构型（如增加分支数）。图 8.54 所示的 Tricept 机械手（3-UPS&1-UP）就是这样一类机构。试分析该机构的自由度类型，并利用图谱法综合得到 1～2 种新的 Tricept 变异构型。

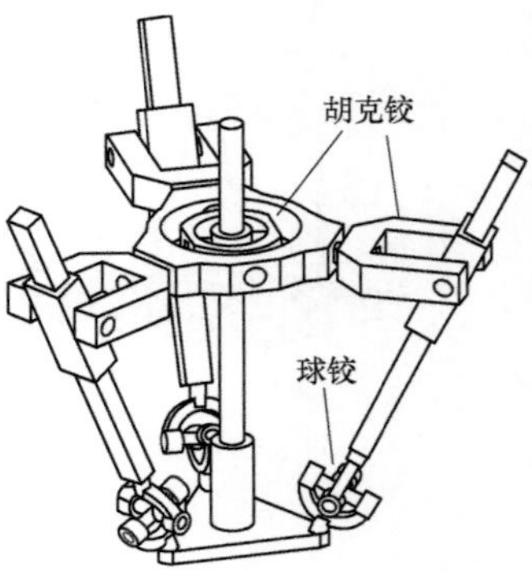

图 8.54　习题 8.34 图

8.35　并联机构中，为实现更好的综合性能，多采用完全对称结构（即各分支呈对称分布，且分支数与驱动数相同）。但对 4-DOF（$3T1R$ 或 $3R1T$）和 5-DOF（$3T2R$ 或

$3R2T$）的并联机构而言，满足运动要求的构型则相对较少。试采用图谱法对上述四种机构中的一种进行构型综合，期望找到一种新的完全对称构型。

8.36 目前并联机构构型综合的方法有多种：如位移子群法、位移流形法、旋量解析法、图谱法、虚拟链法、单开链法、G_F集法、线性变换法、推演法等。试以某一类并联机构（如3－DOF平动并联机构）为例，通过查阅文献，分析每种方法的优缺点。

第9章 性能分析

【内容提示】

速度雅可比矩阵是机器人性能分析的基础。通过分析雅可比矩阵的秩，可以探究机器人的奇异性；另外，许多有关设计的运动性能指标也都是基于雅可比矩阵来构造的，如工作空间、灵巧度、运动解耦性、各向同性、刚度等。

在机构与机器人设计中，性能指标是一项十分关键的内容，它是设计的依据和实现目标。然而，在过去的20多年的研究中，大家普遍采用雅可比矩阵、条件数和灵巧度等作为性能评价和设计指标。这些指标最初是在串联机器人领域被提出，并且在串联机器人的设计中得到了成功的应用。在并联机器人领域，目前普遍采用的性能指标是雅可比矩阵局部条件数倒数以及全局条件性指标，但现有研究表明采用该指标存在一定的局限性，因此本章将从机构的传动性能角度给出一些初步的、合理的解释。

当机器人（或机械手）执行某项任务时，末端执行器会对周围环境施加一定的力旋量（力或力矩）；反过来，这种接触力（或力矩）也可能会使末端执行器偏离理想的位置，由此衍生出机器人中一项重要的性能指标——刚度。

从几何与物理意义上，刚度矩阵（或柔度矩阵）是连接运动旋量与力旋量之间的纽带。无论刚性机器人还是柔性机器人，对其刚度的研究都是非常重要的。

因此，本章的学习重点是了解机器人的各种性能指标及分析评价方法。

9.1 速度雅可比矩阵

研究机器人运动学的目的是为了更好地控制机器人，而机器人控制中有时仅仅控制机器人的位置是不够的，还需要很好地控制机器人的速度。因此研究机器人的速度（有时也称为一阶运动学）问题变得十分有意义。而且对机器人一阶运动学的研究是进行运动学特性分析、加速度分析、精度分析进而静/动力学分析及综合的基础，而一阶运动学分析的核心是建立速度雅可比（Jacobian）矩阵。

9.1.1 基于螺旋运动方程的串联机器人速度雅可比矩阵

本书第5章已利用POE公式给出了串联机器人的速度雅可比矩阵表达。下面再从旋量系的角度重新演绎一下。

考虑n自由度的串联机器人的手臂是由n个连杆经单自由度运动副（关节）[⊖]依次串接于基座构成的开链系统，n个连杆之间的相对运动可以分别用n个运动旋量表示：$\omega_1 \boldsymbol{\$}_1$，…，$\omega_n \boldsymbol{\$}_n$。其末端相对惯性坐标系的瞬时运动则为各关节角速度运动旋量在当前位形下的

⊖如果机器人中所用的运动副是转动副或移动副之外的运动副形式，在用运动副旋量表征时，只需要进行运动学等效代换即可。例如，圆柱副可以写成一个转动副和一个同轴移动副的组合。

线性组合，称为该机器人的螺旋运动方程，即

$$V_n = \begin{pmatrix} \boldsymbol{\omega}_n \\ \boldsymbol{v}_n \end{pmatrix} = \sum_{i=1}^{n} \dot{\boldsymbol{\theta}}_i \$_i = (\$_1, \$_2, \cdots, \$_n) \begin{pmatrix} \dot{\boldsymbol{\theta}}_1 \\ \dot{\boldsymbol{\theta}}_2 \\ \vdots \\ \dot{\boldsymbol{\theta}}_n \end{pmatrix} \tag{9.1}$$

令

$$\boldsymbol{J}(\boldsymbol{\theta}) = (\$_1, \$_2, \cdots, \$_n), \boldsymbol{V}_n = (\boldsymbol{\omega}_n^{\mathrm{T}}, \boldsymbol{v}_n^{\mathrm{T}})^{\mathrm{T}}, \dot{\boldsymbol{\theta}} = (\dot{\boldsymbol{\theta}}_1, \dot{\boldsymbol{\theta}}_2, \cdots, \dot{\boldsymbol{\theta}}_n)^{\mathrm{T}}$$

上式简化为

$$\boldsymbol{V}_n = \boldsymbol{J}(\boldsymbol{\theta})\dot{\boldsymbol{\theta}} \tag{9.2}$$

式中，$\boldsymbol{V}_n$ 表示末端执行器的空间广义速度；$\boldsymbol{\omega}_n$ 表示末端执行器的角速度；$\boldsymbol{v}_n$ 表示末端执行器上任一点的线速度；$\dot{\boldsymbol{\theta}}_i$ 为关节速度；$\boldsymbol{J}(\boldsymbol{\theta})$ 称为机器人的雅可比矩阵（与本书第5章推导出的末端执行器空间速度雅可比一致）；$\$_i$ 为机器人各运动副旋量在当前位形下的 Plücker 坐标（相对惯性坐标系）。

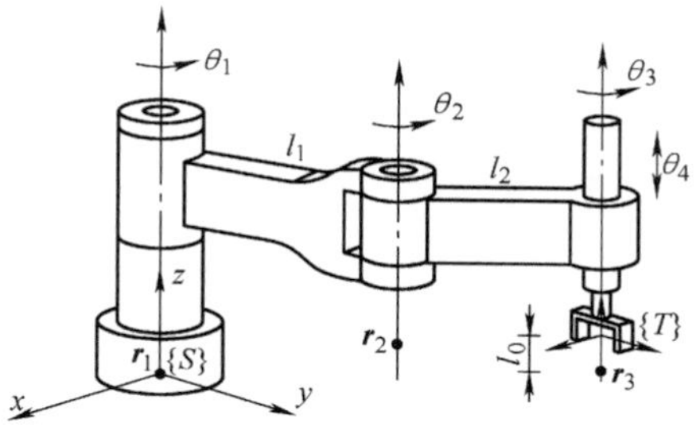

图 9.1 SCARA 机器人

【例 9.1】 采用机器人螺旋运动方程计算 SCARA 机器人（见图 9.1）的雅可比矩阵。

解：采用机器人螺旋运动方程求解，为此建立惯性坐标系$\{S\}$，各个关节对应的运动副旋量坐标表示如下：

$$\boldsymbol{s}_1 = \boldsymbol{s}_2 = \boldsymbol{s}_3 = \boldsymbol{s}_4 = \boldsymbol{s} = \begin{pmatrix} 0 \\ 0 \\ 1 \end{pmatrix}, \ \boldsymbol{r}_1 = \begin{pmatrix} 0 \\ 0 \\ 0 \end{pmatrix}, \ \boldsymbol{r}_2 = \begin{pmatrix} -l_1 \mathrm{s}\theta_1 \\ l_1 \mathrm{c}\theta_1 \\ 0 \end{pmatrix}, \ \boldsymbol{r}_3 = \begin{pmatrix} -l_1 \mathrm{s}\theta_1 - l_2 \mathrm{s}\theta_{12} \\ l_1 \mathrm{c}\theta_1 + l_2 \mathrm{c}\theta_{12} \\ 0 \end{pmatrix}$$

则

$$\begin{cases} \$_1 = (\boldsymbol{s};\ \boldsymbol{0}) = (0,\ 0,\ 1;\ 0,\ 0,\ 0) \\ \$_2 = (\boldsymbol{s};\ \boldsymbol{r}_2 \times \boldsymbol{s}) = (0,\ 0,\ 1;\ l_1 \mathrm{c}\theta_1,\ l_1 \mathrm{s}\theta_1,\ 0) \\ \$_3 = (\boldsymbol{s};\ \boldsymbol{r}_3 \times \boldsymbol{s}) = (0,\ 0,\ 1;\ l_1 \mathrm{c}\theta_1 + l_2 \mathrm{c}\theta_{12},\ l_1 \mathrm{s}\theta_1 + l_2 \mathrm{s}\theta_{12},\ 0) \\ \$_4 = (\boldsymbol{0};\ \boldsymbol{s}) = (0,\ 0,\ 0;\ 0,\ 0,\ 1) \end{cases}$$

因此，机器人的雅可比矩阵为

$$\boldsymbol{J}(\boldsymbol{\theta}) = (\$_1,\ \$_2,\ \$_3,\ \$_4)$$

注意：为了便于正则化机器人中各运动副旋量的坐标，在更多的情况下，我们并不一定将参考坐标系（即惯性坐标系）选择在基座上，而是选择在某一中间连杆坐标系中。

【例 9.2】 采用机器人螺旋运动方程计算 Stanford 机器人的雅可比矩阵。

解：采用机器人螺旋运动方程求解，不过这时的参考坐标系$\{S\}$取在关节4处（图9.2），原点为$\boldsymbol{r}_w$，并与关节4的物体坐标系重合。这时，各个关节对应的运动副旋量坐标

表示如下：

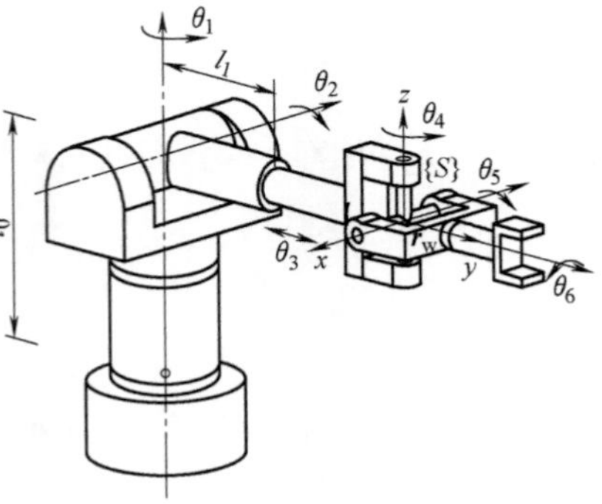

图 9.2　Stanford 机器人

$$\$_4=\begin{pmatrix}s_4\\ r_w\times s_4\end{pmatrix}=\begin{pmatrix}0\\0\\1\\0\\0\\0\end{pmatrix},\qquad \$_5=\begin{pmatrix}s_5\\ r_w\times s_5\end{pmatrix}=\begin{pmatrix}e^{\theta_4\hat{z}}\begin{pmatrix}-1\\0\\0\end{pmatrix}\\ \mathbf{0}\end{pmatrix}=\begin{pmatrix}-c\theta_4\\-s\theta_4\\0\\0\\0\\0\end{pmatrix}$$

$$\$_6=\begin{pmatrix}s_6\\ r_w\times s_6\end{pmatrix}=\begin{pmatrix}e^{\theta_4\hat{z}}e^{-\theta_5\hat{x}}\begin{pmatrix}1\\0\\0\end{pmatrix}\\ \mathbf{0}\end{pmatrix}=\begin{pmatrix}-s\theta_4c\theta_5\\-c\theta_4c\theta_5\\-s\theta_5\\0\\0\\0\end{pmatrix},\qquad \$_3=\begin{pmatrix}\mathbf{0}\\ s_3\end{pmatrix}=\begin{pmatrix}0\\0\\0\\0\\1\\0\end{pmatrix},$$

$$\$_2=\begin{pmatrix}s_2\\ r_2\times s_2\end{pmatrix}=\begin{pmatrix}\begin{pmatrix}-1\\0\\0\end{pmatrix}\\ \begin{pmatrix}0\\0\\-l_1-\theta_3\end{pmatrix}\times s_2\end{pmatrix}=\begin{pmatrix}1\\0\\0\\0\\0\\-l_1-\theta_3\end{pmatrix},$$

$$\$_1=\begin{pmatrix}s_1\\ r_2\times s_1\end{pmatrix}=\begin{pmatrix}e^{-\theta_2\hat{x}}\begin{pmatrix}0\\0\\1\end{pmatrix}\\ \begin{pmatrix}0\\-l_1-\theta_3\\0\end{pmatrix}\times\left(e^{-\theta_2\hat{x}}\begin{pmatrix}0\\0\\1\end{pmatrix}\right)\end{pmatrix}=\begin{pmatrix}0\\-s\theta_2\\c\theta_2\\-(l_1+\theta_3)c\theta_2\\0\\0\end{pmatrix}$$

因此，机器人的雅可比矩阵${}^4\boldsymbol{J}$（表示相对关节 4 所在的连杆坐标系）可以表示为

$$
{}^{4}\boldsymbol{J}=(\$_1,\ \$_2,\ \$_3,\ \$_4,\ \$_5,\ \$_6)=\begin{pmatrix} 0 & 1 & 0 & 0 & -\mathrm{c}\theta_4 & -\mathrm{s}\theta_4\mathrm{c}\theta_5 \\ -\mathrm{s}\theta_2 & 0 & 0 & 0 & -\mathrm{s}\theta_4 & -\mathrm{c}\theta_4\mathrm{c}\theta_5 \\ \mathrm{c}\theta_2 & 0 & 0 & 1 & 0 & -\mathrm{s}\theta_5 \\ -(l_1+\theta_3)\mathrm{c}\theta_2 & 0 & 0 & 0 & 0 & 0 \\ 0 & 0 & 1 & 0 & 0 & 0 \\ 0 & -l_1-\theta_3 & 0 & 0 & 0 & 0 \end{pmatrix}
$$

9.1.2　并联机器人的速度雅可比矩阵

相比串联机器人而言，并联机器人的速度雅可比矩阵求解要复杂得多，这主要是并联机器人所具有的多环结构特点决定的。有关求解的方法有多种，其中有两种主流的方法：运动影响系数法[148-150]和旋量法[124]。这里重点介绍旋量法。

典型的并联机构由 m 个分支组成，每个分支中通常至少存在一个驱动关节（主动副），而其余关节为消极副。同样为了便于表征，需要将多自由度运动副运动学等效成单自由度运动副的组合形式。这样可以将每一分支看成是由若干单自由度运动副组成的开环运动链，其末端与运动平台连接。因此，表征运动平台的瞬时速度旋量可以写成

$$
\boldsymbol{V}_P=\begin{pmatrix}\boldsymbol{\omega}_P\\ \boldsymbol{v}_P\end{pmatrix}=\sum_{j=1}^{n}\dot{\boldsymbol{\theta}}_{ji}\$_{ji}=(\$_{1i}\$_{2i},\cdots,\$_{ni})\begin{pmatrix}\dot{\boldsymbol{\theta}}_{1i}\\ \dot{\boldsymbol{\theta}}_{2i}\\ \vdots\\ \dot{\boldsymbol{\theta}}_{ni}\end{pmatrix}\quad(i=1,2,\cdots,m) \tag{9.3}
$$

式（9.3）中消极副所对应的运动副旋量可以通过互易旋量系理论消除掉。假设每个分支中的最先 g 个关节为驱动副。因此每个分支中至少存在 g 个反旋量与该分支中所有消极副所组成的旋量系互易，为此我们将它们的单位旋量表示成 $\$_{ji}^{r}$（$j=1,\ 2,\ \cdots,\ g$）。对式（9.3）的两边与 $\$_{ji}^{r}$进行正交运算，得到如下关系式：

$$
\boldsymbol{J}_{ri}\boldsymbol{V}_P=\boldsymbol{J}_{\theta i}\boldsymbol{\Theta}_i \tag{9.4}
$$

式中，

$$
\boldsymbol{J}_{ri}=\begin{pmatrix}\$_{r1,i}^{\mathrm{T}}\\ \$_{r2,i}^{\mathrm{T}}\\ \vdots\\ \$_{rg,i}^{\mathrm{T}}\end{pmatrix}_{g\times 6},\quad \boldsymbol{J}_{\theta i}=\begin{pmatrix}\$_{r1,i}^{\mathrm{T}}\$_{1i} & \$_{r1,i}^{\mathrm{T}}\$_{2i} & \cdots & \$_{r1,i}^{\mathrm{T}}\$_{gi}\\ \$_{r2,i}^{\mathrm{T}}\$_{1i} & \$_{r2,i}^{\mathrm{T}}\$_{2i} & \cdots & \$_{r2,i}^{\mathrm{T}}\$_{gi}\\ \vdots & \vdots & & \vdots\\ \$_{rg,i}^{\mathrm{T}}\$_{1i} & \$_{rg,i}^{\mathrm{T}}\$_{2i} & \cdots & \$_{rgi}^{\mathrm{T}}\$_{g,i}\end{pmatrix}_{g\times g},\quad \boldsymbol{\Theta}_i=\begin{pmatrix}\dot{\boldsymbol{\theta}}_{1i}\\ \dot{\boldsymbol{\theta}}_{2i}\\ \vdots\\ \dot{\boldsymbol{\theta}}_{gi}\end{pmatrix}
$$

式（9.4）包含 m 个方程，写成矩阵形式为

$$
\boldsymbol{J}_{ri}\boldsymbol{V}_P=\boldsymbol{J}_{\theta i}\boldsymbol{\Theta} \tag{9.5}
$$

式中，

$$
\boldsymbol{J}_r=\begin{bmatrix}\boldsymbol{J}_{r1}\\\boldsymbol{J}_{r2}\\\vdots\\\boldsymbol{J}_{rm}\end{bmatrix},\quad \boldsymbol{J}_\theta=\begin{pmatrix}\boldsymbol{J}_{\theta1}&0&\cdots&0\\0&\boldsymbol{J}_{\theta2}&\cdots&0\\\vdots&\vdots&&\vdots\\0&0&\cdots&J_{\theta m}\end{pmatrix},\quad \boldsymbol{\Theta}=(\dot{\boldsymbol{\theta}}_{11},\ \cdots,\ \dot{\boldsymbol{\theta}}_{g1},\ \dot{\boldsymbol{\theta}}_{12},\ \cdots,\ \dot{\boldsymbol{\theta}}_{g2},\ \cdots,\ \dot{\boldsymbol{\theta}}_{gm})^{\mathrm{T}}
$$

【例 9.3】　试计算 Stewart-Gough 平台（图 9.3）的速度雅可比矩阵。

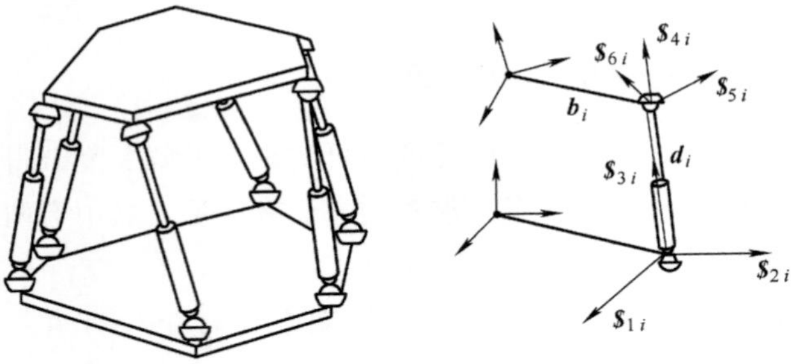

图 9.3　Stewart-Gough 平台

解：Stewart-Gough 平台中分支的等效运动链为 UPS，即每个分支由 6 个单自由度的运动副组成，因此对应 6 个运动副旋量，其中第 3 个为驱动副（为移动副）。

$$
\boldsymbol{\$}_{1i}=\begin{pmatrix}\boldsymbol{s}_{1i}\\(\boldsymbol{b}_i-\boldsymbol{d}_i)\times\boldsymbol{s}_{1i}\end{pmatrix},\quad \boldsymbol{\$}_{2i}=\begin{pmatrix}\boldsymbol{s}_{2i}\\(\boldsymbol{b}_i-\boldsymbol{d}_i)\times\boldsymbol{s}_{2i}\end{pmatrix},\quad \boldsymbol{\$}_{3i}=\begin{pmatrix}0\\\boldsymbol{s}_{3i}\end{pmatrix}
$$

$$
\boldsymbol{\$}_{4i}=\begin{pmatrix}\boldsymbol{s}_{4i}\\\boldsymbol{b}_i\times\boldsymbol{s}_{4i}\end{pmatrix},\quad \boldsymbol{\$}_{5i}=\begin{pmatrix}\boldsymbol{s}_{5i}\\\boldsymbol{b}_i\times\boldsymbol{s}_{5i}\end{pmatrix},\quad \boldsymbol{\$}_{6i}=\begin{pmatrix}\boldsymbol{s}_{6i}\\\boldsymbol{b}_i\times\boldsymbol{s}_{6i}\end{pmatrix}
$$

注意到分支中所有消极副的轴线均与驱动副的轴线相交，因此可以直接得到消极副旋量系的一个互易旋量。

$$
\boldsymbol{\$}_{ri}=\begin{pmatrix}\boldsymbol{s}_{3i}\\\boldsymbol{b}_i\times\boldsymbol{s}_{3i}\end{pmatrix}
$$

这样，满足

$$
\boldsymbol{\$}_{ri}^{\mathrm{T}}\boldsymbol{V}_P=d_i
$$

写出矩阵形式为

$$
\boldsymbol{J}_r\boldsymbol{V}_P=\boldsymbol{E}_6\boldsymbol{\Theta}
$$

或者

$$
\boldsymbol{V}_P=\boldsymbol{J}_r^{-1}\boldsymbol{\Theta}
$$

其中，

$$
\boldsymbol{J}_r=\begin{pmatrix}\boldsymbol{\$}_{r1}^{\mathrm{T}}\\\boldsymbol{\$}_{r2}^{\mathrm{T}}\\\vdots\\\boldsymbol{\$}_{r6}^{\mathrm{T}}\end{pmatrix}=\begin{pmatrix}\boldsymbol{s}_{31}^{\mathrm{T}}&(\boldsymbol{b}_1\times\boldsymbol{s}_{31})^{\mathrm{T}}\\\boldsymbol{s}_{32}^{\mathrm{T}}&(\boldsymbol{b}_2\times\boldsymbol{s}_{32})^{\mathrm{T}}\\\vdots&\vdots\\\boldsymbol{s}_{36}^{\mathrm{T}}&(\boldsymbol{b}_6\times\boldsymbol{s}_{36})^{\mathrm{T}}\end{pmatrix},\quad \boldsymbol{\Theta}_i=\begin{pmatrix}\dot{d}_1\\\dot{d}_2\\\vdots\\\dot{d}_6\end{pmatrix}
$$

9.2 运动性能分析

9.2.1 奇异性分析

奇异位形（singular configuration）又称**特殊位形**（special configuration），对它的研究已有数百年的历史。同样机构的奇异也有两面性，它也有好的一面，而且很早就为人类所利用，如实际应用中的增力机械、自锁机械都是很好的例子。但是更多情况下，奇异位形的存在对机构的控制是十分不利的。从《机械原理》中我们已经知道：在一般机构的运动过程中总会或多或少地遇到特殊的位置，在这些位置，机构会出现某种特殊的现象，或者处于死点不能继续运动、或者失去稳定，甚至自由度也发生改变；奇异位形下还会出现受力状态变坏，损坏机构的情况，这些都会影响机构的正常工作。我们把发生这种现象的机构位形都统称为机构的奇异位形。奇异是几乎所有机构都会发生的一种现象。对于空间多自由度机构，最典型的代表是机器人机构，奇异位形更是十分常见同时也更为复杂。

【奇异位形的定义】*机构在主动件的驱动下运动，在运动过程中如果机构的运动学、动力学性能瞬时发生突变，机构或处于死点、或失去稳定、或自由度发生变化，使得机构传递运动和动力的能力失常，机构此时的位形称为***奇异位形**。

由于关节空间的复杂性，机构中可能同时存在几种不同的奇异位形。因此，对奇异位形进行分类并分析各类奇异位形的特点，是进一步研究奇异位形的基础。

以并联机构为例。最早对一般并联机构进行分类研究的是把并联机构的驱动关节看成输入，记为 $\boldsymbol{\theta}$，而动平台看成输出，记为 $\boldsymbol{X}$。根据速度约束方程 $\boldsymbol{A}\dot{\boldsymbol{X}}=\boldsymbol{B}\dot{\boldsymbol{\theta}}$，把并联机构的奇异位形分为三种类型，即 $\boldsymbol{A}$ 降秩型、$\boldsymbol{B}$ 降秩型以及 $\boldsymbol{A}$，$\boldsymbol{B}$ 皆降秩型[43]。这种分类方法比较简单直观，因此它成为以后研究并联机构奇异位形的基础。

根据并联机构的结构特点，还可以将并联机构的奇异位形分为结构奇异、位形奇异和构型奇异三种类型[43]。其中结构奇异是指与机构的结构参数有关的奇异，有时又称几何奇异；位形奇异就是指以上提到的三种奇异位形，而构型奇异则只是一种数学表示上的奇异。

还有将并联机构的位形空间作为流形来研究，根据流形的特点以及驱动器和末端执行器的选择，可将并联机构的奇异位形也分为三种类型：即**位形空间奇异、驱动奇异和末端执行器奇异**[104]。其中位形空间奇异位形是只与并联机构的位形空间有关的奇异位形，与驱动器和末端执行器的选择无关。驱动奇异与末端执行器奇异则分别是由于驱动器和末端执行器的选择引入的奇异位形。与这种分类相对应的另外一种分类方法是**分支奇异、驱动奇异和平台奇异**。分支奇异是由于分支中的运动旋量系发生不必要的线性相关，造成该分支的运动旋量系降秩，最终导致动平台的约束旋量系的秩数增加。从而引入了意外的约束，导致对分支运动控制的失效。驱动奇异是指由于驱动器安装的数目和位置不尽合理，造成机构在运动过程中发生载荷上的突变，其后果可能造成机构运动锁死甚至烧毁电动机。平台奇异是指动平台的约束旋量系发生线性相关，造成该旋量系降秩，即所谓的约束奇异状态。这时，机构的自由度瞬时增加，造成机构失稳。同时，其受力状态、运动学及动力学性能也会发生突变。

在分析某一个具体机器人的奇异位形时，需要求出所有奇异位形满足的条件。研究并联机构的奇异位形求解方法较多，采用的方法也有很多种。

一般比较直接且应用比较广泛的是**代数法**。机构的奇异位形最终可用一个或某些矩阵（典型的莫过于机器人的雅可比矩阵）是否满秩来判断，代数法就是计算这些矩阵的行列式为零时的条件，奇异位形是行列式所对应的非线性方程的解。虽然对于一般的机器人都可以写出判断行列式所对应的非线性方程，但是对于多自由度的并联机构，即使采用符号运算软件，这样的非线性方程还是非常复杂。对于这样复杂的非线性方程，计算它的解则是更为复杂的事情。因此代数的方法只适用于比较简单或者比较特殊的机构。

鉴于一般代数方法的复杂性，**旋量系理论**开始被应用到奇异位形的分析。通过利用旋量系的线性相关性及互易性与坐标系选择无关的特性，可以大大简化雅可比矩阵的解析形式进而简化计算。因此，旋量系理论已广泛用于复杂机构尤其并联机构奇异位形的分析中。

由于在串联或并联机构中，驱动关节多采用转动副，它对应节距为零的旋量，即线矢量，因此线**几何理论**可以应用在这些机构的奇异位形分析中。可以说，线几何理论是旋量系理论的一个特例，但几何意义更加明显。

这里仅以 Stanford 机器人为例，讨论一下应用旋量系理论求解串联机器人的奇异问题。实际上，求解串联机器人奇异位形的关键是建立最简单形式的机器人雅可比矩阵，即如何选取合适的参考坐标系。注意到组成机器人雅可比矩阵的运动副旋量可以在任何坐标系下进行描述，但如果参考坐标系选在与某一个刚体坐标系重合的位置，雅可比矩阵解析形式会大大得以简化，而这时参考坐标系通常取在第 3 或 4 杆的物体坐标系上[23]。我们知道，串联机器人的奇异位形表现在雅可比矩阵上就是降秩的发生，即各运动副旋量线性相关，而旋量的相关性与坐标系选择无关。因此说，无论参考坐标系选在哪里，都不会影响对奇异位形分析的结果。

下面我们讨论一下 Stanford 机器人的奇异位形。例 9.2 已给出了它的速度雅可比矩阵。因此，这里直接给出该机器人的雅可比矩阵。

$$
{}^4\boldsymbol{J}=(\boldsymbol{\$}_1,\ \boldsymbol{\$}_2,\ \boldsymbol{\$}_3,\ \boldsymbol{\$}_4,\ \boldsymbol{\$}_5,\ \boldsymbol{\$}_6)=\begin{pmatrix} 0 & 1 & 0 & 0 & -\mathrm{c}\theta_4 & -\mathrm{s}\theta_4\mathrm{c}\theta_5 \\ -\mathrm{s}\theta_2 & 0 & 0 & 0 & -\mathrm{s}\theta_4 & -\mathrm{c}\theta_4\mathrm{c}\theta_5 \\ \mathrm{c}\theta_2 & 0 & 0 & 1 & 0 & -\mathrm{s}\theta_5 \\ -(l_1+\theta_3)\mathrm{c}\theta_2 & 0 & 0 & 0 & 0 & 0 \\ 0 & 0 & 1 & 0 & 0 & 0 \\ 0 & -l_1-\theta_3 & 0 & 0 & 0 & 0 \end{pmatrix}
$$

令 $\det({}^4\boldsymbol{J})=0$，则得

$$
-(l_1+\theta_3)^2\cos\theta_2\cos\theta_5=0
$$

假设 $l_1+\theta_3\neq 0$，则可以得到以下几点结论：

1）如果 $\cos\theta_2=0$ 或者 $\cos\theta_5=0$，则机器人失去 1 个自由度；

2）如果 $\cos\theta_2=\cos\theta_5=0$，则机器人失去 2 个自由度；

3）如果 2）发生在其工作空间边界处，则机器人失去 3 个自由度。

【例 9.4】 对图 9.4 所示不同位形下的平面 **3-RRR** 并联机构进行自由度分析。

解：图 9.4a（位形 Ⅰ）所示为一般位形下的平面 3-RRR 并联机构，很容易确定它的自

由度与 3R 开链机构一样，都有 3 个自由度（2T1R）。但对处于位形Ⅱ（图 9.4b）和位形Ⅲ（图 9.4c）的平面 3-RRR 并联机构而言，情况就变得复杂些。

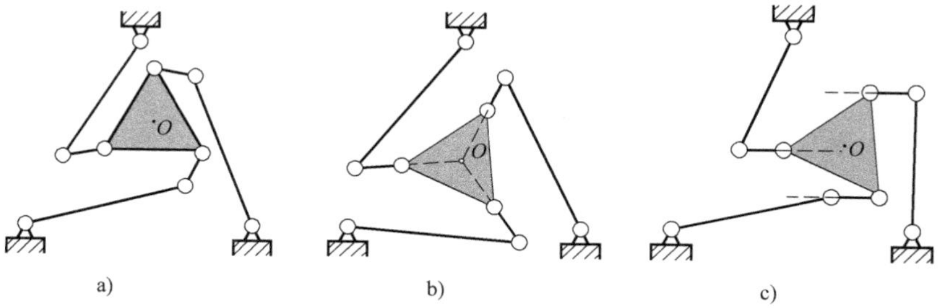

图 9.4　平面 3-RRR 机构
a）位形Ⅰ　b）位形Ⅱ　c）位形Ⅲ

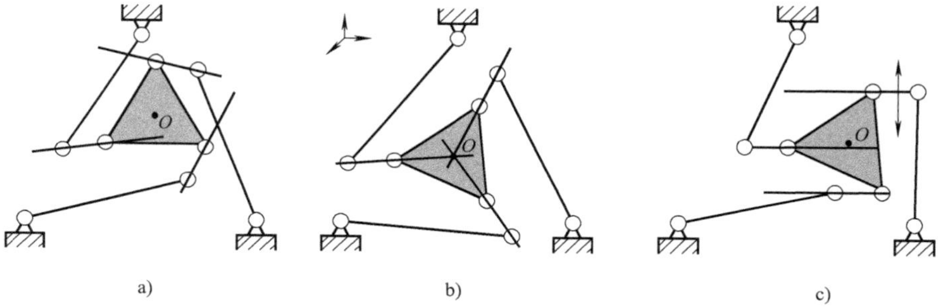

图 9.5　锁住驱动后动平台所受约束分布
a）位形Ⅰ　b）位形Ⅱ　c）位形Ⅲ

下面我们采用另外一种思路来考量机构的瞬时自由度。根据并联机构学理论，当把机构的驱动副全部锁住后，动平台将不会产生任何运动。否则，机构的自由度会增加[69,174]。假设图 9.5 所示的机构中与机架相连的运动副为驱动副，下面来分析三种位形下锁住全部驱动副后动平台所受约束情况。对于位形Ⅰ（图 9.5a），动平台受到 3 个既不相交也不平行的平面力约束作用（均为二力杆），因此力约束维数为 3，为平面约束；而对于位形Ⅱ（图 9.5b）中的动平台，受到 3 个平面共点的约束力作用（因为与动平台直接相连的 3 个杆都是二力杆）；位形Ⅲ（图 9.5c）中的动平台，受到 3 个平面平行的约束力作用。这两种情况下的约束都包含有一个冗余约束，因此，动平台的约束空间退化为平面二维力约束。这时，所对应动平台的自由度为 4（平面内为 1），位形Ⅱ下平面 3-RRR 并联机构动平台所增加的自由度为过力约束汇交点且垂直纸面的一维转动（1R）；位形Ⅲ下平面 3-RRR 并联机构动平台所增加的自由度为运动平面内垂直力约束作用线的一维移动（1T）。

9.2.2　灵巧度分析

机器人速度雅可比矩阵的奇异性只是定性地描述了机器人的运动性能（如运动灵巧性）。我们在前面已经知道，当串联机器人处于奇异位形时，其速度雅可比矩阵降秩；对于并联机器人，其奇异位形情况要复杂一些。机器人的雅可比矩阵的行列式为零或趋于无穷大，这时，机器人被刚化或存在多余的自由度。但从实际的机器人操作及精度控制角度出发，机构不仅要避开奇异，还要尽量远离奇异位形区域。这主要是因为当机器人接近奇异位形时，其雅可比矩阵呈病态分布，其逆矩阵的精度降低，从而使运动输入与输出之间的传递关系失真。我们把这种可以定量地来衡量这种运动失真程度的指标称为**灵巧度**（dexterity）。目前衡量机器人灵巧度主要有两类指标：一是**雅可比条件数**（Jacobian - based condition number）；另外一个是**可操作度**（manipulability）。

1. 雅可比条件数

对于**纯移动**或**纯转动**的机构，可采用条件数的概念[124]。

我们知道，对于一般矩阵的条件数 c 是这样定义的。

$$c = \|\boldsymbol{A}\| \ \|\boldsymbol{A}^{-1}\| \tag{9.6}$$

其中，如果采用矩阵的谱范数形式，则

$$\|\boldsymbol{A}\| = \max_{\boldsymbol{x}\neq \boldsymbol{0}}\frac{\|\boldsymbol{Ax}\|}{\|\boldsymbol{x}\|} \tag{9.7}$$

或者

$$\|\boldsymbol{Ax}\| \leqslant \|\boldsymbol{A}\| \ \|\boldsymbol{x}\| \tag{9.8}$$

如果令 $\|\boldsymbol{x}\|=1$，式（9.7）可化简为

$$\|\boldsymbol{A}\| = \max_{\|\boldsymbol{x}\|=1}\|\boldsymbol{Ax}\| \tag{9.9}$$

因此，雅可比矩阵的条件数可以定义为

$$\kappa(\boldsymbol{J}) = \|\boldsymbol{J}\| \ \|\boldsymbol{J}^{-1}\| \tag{9.10}$$

且

$$\|\boldsymbol{J}\| = \max_{\|\boldsymbol{x}\|=1}\|\boldsymbol{Jx}\| \tag{9.11}$$

等式两边取平方，得

$$\|\boldsymbol{J}\|^2 = \max_{\|\boldsymbol{x}\|=1}\boldsymbol{x}^{\mathrm{T}}\boldsymbol{J}^{\mathrm{T}}\boldsymbol{Jx} \tag{9.12}$$

由此可知，$\|\boldsymbol{J}\|^2$ 是矩阵$\boldsymbol{J}^{\mathrm{T}}\boldsymbol{J}$ 的最大特征值。如果 $\boldsymbol{J}$ 为非奇异矩阵，则$\boldsymbol{J}^{\mathrm{T}}\boldsymbol{J}$ 为正定矩阵，其特征值均为正数。因此 $\boldsymbol{J}$ 的谱范数是该矩阵的最大奇异值 $\sigma_{\max}$（大小等于$\boldsymbol{J}^{\mathrm{T}}\boldsymbol{J}$ 最大特征值的开方）；同理，$\boldsymbol{J}^{-1}$的谱范数是 $\boldsymbol{J}$ 的最小奇异值的倒数（$1/\sigma_{\min}$）。因此，

$$\kappa(\boldsymbol{J}) = \frac{\sigma_{\max}}{\sigma_{\min}} \tag{9.13}$$

由于速度雅可比是一个与机构几何尺寸及位形有关的量，因此，雅可比条件数也与机构几何尺寸及位形有关，不同位形下末端执行器所对应的条件数一般不同，但其最小值为 1。工作空间内雅可比条件数为 1 时所对应的点为**各向同性**（isotropic）点，相应的位形称为运**动学各向同性**（kinematics isotropy）。这时，机构处于最佳的运动传递性能。反之，如果条件数的值为无穷大，机构处于奇异位形。事实上，有些机构可能在整个工作空间内都没有各向同性点。

由式（9.12）可以推导出一种简单判断机构各向同性的方法：如果$\boldsymbol{J}^{\mathrm{T}}\boldsymbol{J}$ 与单位矩阵 $\boldsymbol{E}$ 成正比，即为各向同性。

【例 9.5】 试判断图 9.6 所示具有正交结构的 3-CPR 型 TPM 是否具有各向同性。

解：由于该正交型 TPM 在整个工作空间内的速度雅可比 $\boldsymbol{J}$ 为对角阵，因此$\boldsymbol{J}^{\mathrm{T}}\boldsymbol{J}$ 与单位矩阵 $\boldsymbol{E}$ 成正比，由前面可知，该机器人为全局各向同性。

2. 可操作度

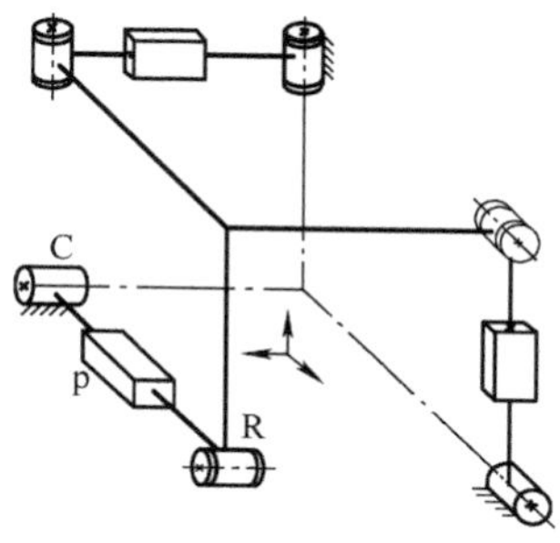

图 9.6 正交型 3-CPR 机构

将雅可比矩阵与其转置矩阵乘积的行列式定义为机器人可操作度的度量指标，即

$$w=\sqrt{\det(\boldsymbol{J}\boldsymbol{J}^{\mathrm{T}})} \tag{9.14}$$

利用 $\boldsymbol{J}$ 的奇异值，式（9.14）也可以写成

$$w=\sigma_1\sigma_2\cdots\sigma_m \tag{9.15}$$

显然，当机器人处于正常位形时，可操作度就是速度雅可比矩阵行列式的值；当机器人处于奇异位形时，这时的可操作度为0。

以上两种度量指标从不同角度反映了机器人的灵巧度，但也都有各自的优缺点。文献［124］对此进行了分析，这里不再赘述。总之，一方面可应用可操作度直接判别奇异位形，但对评定灵巧性指标有缺陷；而应用雅可比条件数在评定纯移动或纯转动的灵巧性方面比较合理，但对于一类既有转动又有移动的少自由度并联机器人机构，无法保证其结论的正确性。另外，也有采用雅可比条件数的倒数作为衡量机器人尤其并联机器人性能指标的，例如**局部条件指标**（local condition index，简称 LCI）和**全局条件指标**（global condition index，简称 GCI）[156-157]。

9.3 传动性能分析

与一般机构设计一样，机器人的设计必须考虑其传动性能的影响。那么何谓机器人的传动性能呢？它是指可以定量衡量机器人功率输入与输出有效性的指标。因此总体传动性能应当同时考虑**传动比**（speed ratio）以及输入可操作性的影响。

传统衡量传动性能的指标包括：**传动角**（transmission angle）、**压力角**（pressure angle）以及**传动系数**（transmission factor）等。但也都有各自的优缺点：传动角更适合用于平面连杆机构中，而压力角对衡量凸轮、齿轮机构的传动性能比较有效，但共同存在的问题是仅适合纯力的衡量。传动系数被用于衡量空间连杆机构的传动性能中，它是指传动过程中约束力旋量与输出运动旋量的比值。

1. 传动角与压力角

在《机械原理》中我们学过传动角与压力角的概念。其中压力角是指从动件受力方向与其绝对速度方向所夹的锐角，而传动角是压力角的余角。如图 9.7 所示，μ 即为该机构的传动角。一般情况下，传动角越大，传动性能越好。

这里对机构的传动角作进一步扩展：前向传动角与反向传动角。前向传动角即为通常意义上的传动角，而反向传动角是指当以原机构的输出当作输入时的传动角。例如，图 9.7 中的铰链四杆机构，μ 为前向传动角，而 γ 为反向传动角。为保证机构具有较好的传动（或传力）性能，这两个传动角的取值最好在 $\mu,\ \gamma\in[45°,\ 135°]$ 范围内取值。

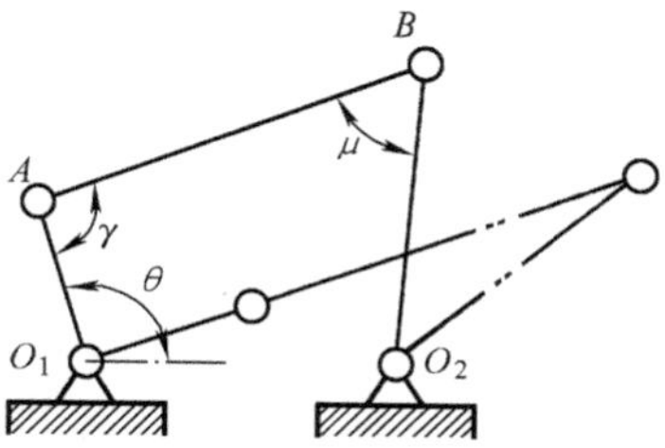

图 9.7 机构传动角的概念

类似局部条件指标和全局条件指标的概念，也可以

基于传动角给出局部传动指标和全局传动指标的定义来衡量机构的传动性能[86,162]。前后两者之间的最主要区别是后者为坐标系不变量。

局部传动指标：

$$\chi=\sin(TA),\ TA=\gamma\ \text{或}\ TA=\mu,\ \sin\frac{\pi}{4}\leqslant\chi\leqslant 1 \tag{9.16}$$

全局传动指标：

$$\Gamma=\frac{\displaystyle\int_W \frac{\sum_i^n \chi_i}{n\mathrm{d}W}}{\displaystyle\int_W \mathrm{d}W},\ \sin\frac{\pi}{4}\leqslant\Gamma\leqslant 1 \tag{9.17}$$

式中，W 为工作空间。

利用局部传动指标和全局传动指标可以实现对一些并联机构的性能评价及优化设计[86,162]。

2. 广义传动力旋量与传动系数[125]

如图 9.8 所示，在一个单自由度的闭链机构中，驱动副旋量为 $\$_{\mathrm{i}}$，输出副旋量为 $\$_{\mathrm{o}}$，中间铰链（除去驱动副和输出副之外的运动副）所对应的运动副旋量分别用 $\$_1$，$\$_2$，…，$\$_r$ 表示，一般情况下它们线性无关，这样可构成旋量 r 系 $\{\$_1, \$_2, \cdots, \$_r\}$。由旋量系理论可以得到与之互易的（6-$r$）阶约束旋量系 $\{\$_1^r, \$_2^r, \cdots, \$_{6-r}^r\}$，这里称之为**广义传动力旋量**（generalized transmission wrench，简称 GTW）。

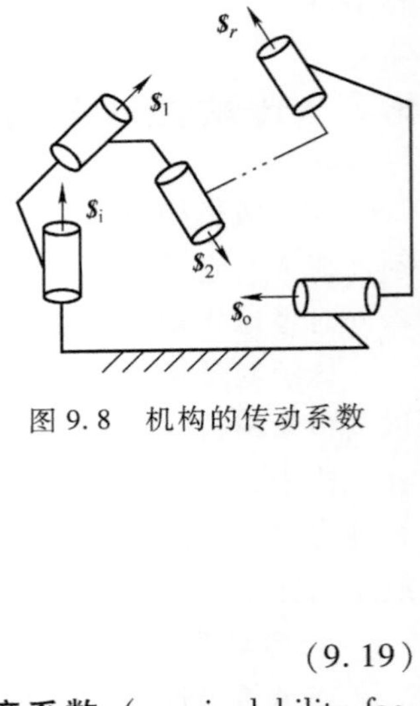

图 9.8　机构的传动系数

我们知道，图 9.8 所示机构可动的充要条件是其上的所有旋量线性相关，即

$$\omega_{\mathrm{i}}\$_{\mathrm{i}}+\sum_{j=1}^{r}\omega_j\$_j+\omega_{\mathrm{o}}\$_{\mathrm{o}}=\mathbf{0} \tag{9.18}$$

由于 GTW 的任一项 $\$_t^r$ 都与 $\sum_{j=1}^{r}\omega_j\$_j$ 正交，因此上式可以写成

$$\omega_{\mathrm{i}}\$_{\mathrm{i}}\circ\$_t^r+\omega_{\mathrm{o}}\$_{\mathrm{o}}\circ\$_t^r=0 \tag{9.19}$$

为此定义**传动系数**（transmission factor，简称 TF）和**可操作度系数**（manipulability factor，简称 MF）分别为

$$\mathrm{TF}=|\$_{\mathrm{i}}\circ\$_t^r| \tag{9.20}$$

$$\mathrm{MF}=|\$_{\mathrm{o}}\circ\$_t^r| \tag{9.21}$$

下面举一个简单例子来说明这两个性能指标在实际中的应用。

【例 9.6】　试分析曲柄滑块机构（图 9.9）的传动系数和可操作度系数。

解：建立如图 9.9 所示的坐标系，写成对应的运动副旋量坐标表达。

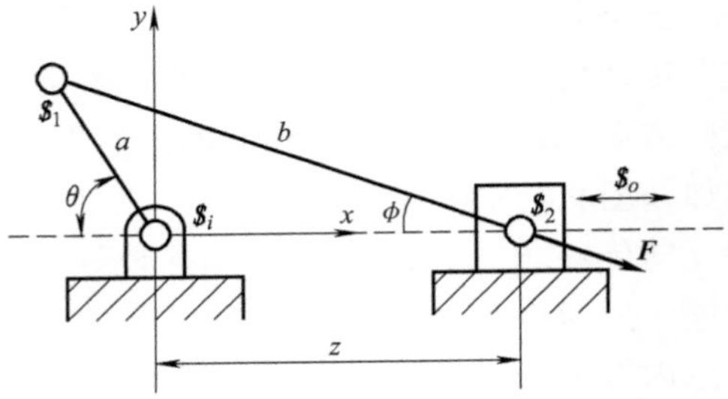

图 9.9　曲柄滑块机构

$$
\begin{cases}
\$_{\mathrm{i}} = (0,\ 0,\ 1;\ 0,\ 0,\ 0) \\
\$_{1} = (0,\ 0,\ 1;\ a\sin\theta,\ a\cos\theta,\ 0) \\
\$_{2} = (0,\ 0,\ 1;\ 0,\ -z,\ 0) \\
\$_{\mathrm{o}} = (0,\ 0,\ 0;\ 1,\ 0,\ 0)
\end{cases}
$$

其中，$z = b\cos\phi - a\cos\theta$，由此可求出该机构的 GTW。

$$\$_t^r = (0,\ 0,\ -z\sin\phi;\ \cos\phi,\ -\sin\phi,\ 0) \tag{9.22}$$

由式（9.22）可以看出该机构的 GTW 实质上就是一个纯力，这样由式（9.20）和式（9.21）可以得到曲柄滑块机构的传动系数和可操作度系数分别为

$$\mathrm{TF} = |\$_{\mathrm{i}} \circ \$_t^r| = |\cos\phi| = \sqrt{1 - \frac{\sin^2\theta}{(b/a)^2}}$$

$$\mathrm{MF} = |\$_{\mathrm{o}} \circ \$_t^r| = |-z\sin\phi|$$

上述思想可扩展到并联机构传动性能分析与评价中，并进一步指导并联机构的优化设计[86,162]。

9.4　刚度性能分析

当机器人执行某项任务时，末端执行器会对周围环境施加一定的力或力矩；反过来，这种接触力（或力矩）也可能会使末端执行器偏离理想的位置，而偏移量的大小与该机器人的静力学刚度（简称静刚度）有关。因此，机器人的静刚度直接会影响该机器人的定位精度。

机器人的静刚度与多种因素有关：如各组成构件的材料及几何特性、传动机构类型、驱动器、控制器等。每一因素对机器人静刚度的影响都有所不同。例如，对于空间机器人，由于杆件多为细长杆，势必会影响机构的整体刚度；对于工业机器人，柔度的根源可能更多来自于传动机构及控制系统；而对于柔性机器人，柔度的根源会更多。

9.4.1　刚性体机器人机构的静刚度映射[124]

刚性体机器人机构的静刚度映射是指机构驱动系统与传动系统等的输入刚度与机器人末端（或并联机构的动平台）输出刚度之间的映射关系。在刚性体机器人的静刚度分析中，首先假设机器人的各杆件完全刚性，只有驱动及传动系统是机器人中唯一的柔性源。

1. 串联机器人的静刚度映射

对于**串联机器人**，将驱动与传动系统的刚度合在一起用弹簧刚度系数 k_i 表示，以反映关节 i 的变形与所传递力矩（或力）的关系，即

$$\tau_i = k_i \Delta q_i \tag{9.23}$$

式中，τ_i 为关节力矩；Δq_i 为各关节的变形。式（9.23）写成矩阵的形式为

$$\boldsymbol{\sigma} = \boldsymbol{\chi} \Delta \boldsymbol{q} \tag{9.24}$$

式中，

$$\boldsymbol{\sigma} = (\tau_1,\ \tau_2,\ \cdots,\ \tau_n)^{\mathrm{T}},\ \Delta\boldsymbol{q} = (\Delta q_1,\ \Delta q_2,\ \cdots,\ \Delta q_n)^{\mathrm{T}},\ \boldsymbol{\chi} = \mathrm{diag}(k_1,\ k_2,\ \cdots,\ k_n)$$

由速度雅可比矩阵（$m \times n$ 阶）及力雅可比矩阵的定义可得

$$\Delta \boldsymbol{X}=\boldsymbol{J}\Delta \boldsymbol{q},\ \boldsymbol{\sigma}=\boldsymbol{J}^{\mathrm{T}}\boldsymbol{F}$$

式中，$\Delta \boldsymbol{X}$ 为机器人末端的变形；$\boldsymbol{F}$ 为机器人末端的等效力旋量。并定义

$$\Delta \boldsymbol{X}=\boldsymbol{C}\boldsymbol{F} \tag{9.25}$$

式中，

$$\boldsymbol{C}=\boldsymbol{J}\boldsymbol{\chi}^{-1}\boldsymbol{J}^{\mathrm{T}} \tag{9.26}$$

$\boldsymbol{C}$ 即为机器人的柔度矩阵（$m\times m$ 阶），而它的逆为机器人的刚度矩阵。

$$\boldsymbol{K}=\boldsymbol{C}^{-1}=\boldsymbol{J}^{-\mathrm{T}}\boldsymbol{\chi}\boldsymbol{J}^{-1} \tag{9.27}$$

由式（9.26）和式（9.27）可以看出，柔度矩阵和刚度矩阵都是对称矩阵，且结果与机构的驱动刚度和雅可比矩阵有关。而雅可比矩阵与机器人的位形参数包括参考坐标系的选择都有关，因此机器人的柔度（刚度）矩阵也与机器人的位形参数包括参考坐标系的选择有关。

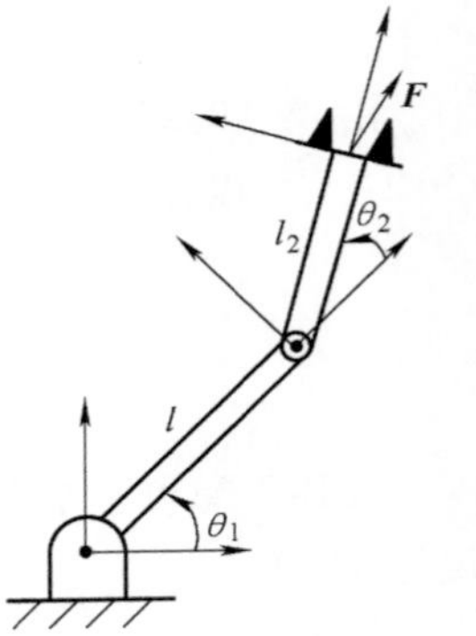

图 9.10　平面 2 自由度 2R 机器人

【例 9.7】　试计算平面 2 自由度 2R 机器人（见图 9.10）的静刚度。

解：假设该机器人末端的变形 $\Delta \boldsymbol{X}=(\Delta x,\ \Delta y)^{\mathrm{T}}$，输出平衡力 $\boldsymbol{F}=(F_x,\ F_y)^{\mathrm{T}}$。则该机器人的速度雅可比矩阵为

$$J=\begin{pmatrix}-l_1\mathrm{s}\theta_1-l_2\mathrm{s}\theta_{12} & -l_2\mathrm{s}\theta_{12}\\ l_1\mathrm{c}\theta_1+l_2\mathrm{c}\theta_{12} & l_2\mathrm{c}\theta_{12}\end{pmatrix}$$

且

$$\chi=\begin{pmatrix}k_1 & 0\\ 0 & k_2\end{pmatrix}$$

由式（9.26）可得该机器人的柔度矩阵

$$\boldsymbol{C}=\boldsymbol{J}\boldsymbol{\chi}^{-1}\boldsymbol{J}^{\mathrm{T}}=\begin{pmatrix}\dfrac{(l_1\mathrm{s}_1+l_2\mathrm{s}_{12})^2}{k_1}+\dfrac{(l_2\mathrm{s}_{12})^2}{k_2} & -\dfrac{(l_1\mathrm{c}_1+l_2\mathrm{c}_{12})(l_1\mathrm{s}_1+l_2\mathrm{s}_{12})}{k_1}-\dfrac{l_2^2\mathrm{c}_{12}\mathrm{s}_{12}}{k_2}\\ -\dfrac{(l_1\mathrm{c}_1+l_2\mathrm{c}_{12})(l_1\mathrm{s}_1+l_2\mathrm{s}_{12})}{k_1}-\dfrac{l_2^2\mathrm{c}_{12}\mathrm{s}_{12}}{k_2} & \dfrac{(l_1\mathrm{c}_1+l_2\mathrm{c}_{12})^2}{k_1}+\dfrac{(l_2\mathrm{c}_{12})^2}{k_2}\end{pmatrix}$$

2. 并联机器人的静刚度映射

对于**并联机器人**，其静刚度是指动平台处的输出刚度。因此求解并联机器人的静刚度问题实质上是建立驱动传动系统的输入刚度与动平台输出刚度之间的映射关系。具体过程与串联机器人的刚度矩阵建立过程类似。同样，首先假设机器人的各杆件没有柔性，只有驱动及传动系统是机器人中唯一的柔性源。

令 $\boldsymbol{\sigma}=(\tau_1,\ \tau_2,\ \cdots,\ \tau_n)^{\mathrm{T}}$ 为各分支中主动副处的驱动力旋量，Δq_i 为相应关节的变形。同样设 $\boldsymbol{\chi}=\mathrm{diag}(k_1,\ k_2,\ \cdots,\ k_n)$，$k_i$ 为等效弹簧刚度系数。则写成矩阵的形式为

$$\boldsymbol{\sigma}=\boldsymbol{\chi}\Delta \boldsymbol{q} \tag{9.28}$$

我们在 9.1 节已经分析了并联机构的速度雅可比矩阵，其中可以写成

$$\boldsymbol{J}_r\boldsymbol{V}_P=\boldsymbol{J}_\theta\boldsymbol{\Theta} \tag{9.29}$$

令并联机器人的速度雅可比矩阵

$$\boldsymbol{J}=\boldsymbol{J}_\theta^{-1}\boldsymbol{J}_r \tag{9.30}$$

将式（9.29）用微分形式表示，可以写成

$$\Delta \boldsymbol{q} = \boldsymbol{J}\Delta \boldsymbol{X} \tag{9.31}$$

式中，$\Delta \boldsymbol{X}$ 为动平台的微小变形。并定义

$$\boldsymbol{F} = \boldsymbol{K}\Delta \boldsymbol{X} \tag{9.32}$$

由此可以导出

$$\boldsymbol{K} = \boldsymbol{J}^{\mathrm{T}}\boldsymbol{\chi}\boldsymbol{J} \tag{9.33}$$

如果各个分支完全一样，则各分支的等效弹簧刚度系数完全相同，上式可作进一步简化，从而为

$$\boldsymbol{K} = k\,\boldsymbol{J}^{\mathrm{T}}\boldsymbol{J} \tag{9.34}$$

由式（9.33）可以看出，并联机器人的刚度（柔度）矩阵也是对称矩阵，且结果与机器人的位形参数包括参考坐标系的选择有关。

【例 9.8】　试计算 Stewart-Gough 平台（图 9.3）的静刚度。

解：由例 9.3 可直接得到该机器人的速度雅可比矩阵

$$\boldsymbol{J} = \boldsymbol{J}_r = \begin{pmatrix} \boldsymbol{\$}_{r1}^{\mathrm{T}} \\ \boldsymbol{\$}_{r2}^{\mathrm{T}} \\ \vdots \\ \boldsymbol{\$}_{r6}^{\mathrm{T}} \end{pmatrix} = \begin{pmatrix} \boldsymbol{s}_{31}^{\mathrm{T}} & (\boldsymbol{b}_1 \times \boldsymbol{s}_{31})^{\mathrm{T}} \\ \boldsymbol{s}_{32}^{\mathrm{T}} & (\boldsymbol{b}_2 \times \boldsymbol{s}_{32})^{\mathrm{T}} \\ \vdots & \vdots \\ \boldsymbol{s}_{36}^{\mathrm{T}} & (\boldsymbol{b}_6 \times \boldsymbol{s}_{36})^{\mathrm{T}} \end{pmatrix}$$

假设每个分支的等效弹簧刚度系数完全相同，因此该机器人的刚度矩阵

$$\boldsymbol{K} = k\,\boldsymbol{J}^{\mathrm{T}}\boldsymbol{J}$$

9.4.2　柔性机构的静刚度分析

刚度（或柔度）是设计和评价柔性机构的一项重要指标，因为刚度（柔度）很大程度上影响着机器人的动态性能和末端的定位精度。柔性机构的高精度性能指标更是决定了其静刚度的重要性。因此建立柔性机构的静刚（柔）度矩阵更为重要。这里以柔度分析为例，采用旋量理论来讨论柔度矩阵建模的问题。

1. 空间柔度矩阵的建模

首先以简单的柔性单元为例，说明空间柔度矩阵的建模过程[26,132,143]。

鉴于大多数的柔性单元实际上都可以看作是一柔性梁。因此，我们不能仅考虑纯粹的弯曲变形，还要考虑拉压、扭转、剪切等其他形式的变形。

不妨考虑一种简单的柔性变形单元——长为 l、密度为 ρ、横截面面积为 A 的均质梁。静止状态下，杆件的中心轴线为 z，如图 9.11 所示。假设杆件的左端固定，当梁处于平衡状态时，只有末端作用一广义力（即力旋量）$\boldsymbol{F} = (\boldsymbol{\tau};\ \boldsymbol{f})$，用轴线坐标表示。与自由状态下相比，受末端力的作用沿着梁 z 轴的任一点的变形被定义为一个运动旋量 $\boldsymbol{\zeta}(z) = (\boldsymbol{\theta}(z);\ \boldsymbol{\delta}(z))$。因此，杆件末端点的变形能够写成一个六维向量的形式 $\boldsymbol{\zeta}(l) = (\theta_x(l),\ \theta_y(l),\ \theta_z(l),\ \delta_x(l),\ \delta_y(l),\ \delta_z(l)^{\mathrm{T}})$。$\boldsymbol{\theta}_{3\times1}(l)$ 和 $\boldsymbol{\delta}_{3\times1}(l)$ 分别是关于末端坐标系坐标轴的 3 个角位移变形分量和线位移变形分量。

当系统处在平衡状态下，如图 9.12 所示，在 yOz 投影平面中，根据经典的梁理论，由

边界条件通过积分得到力与弯曲变形的关系方程。

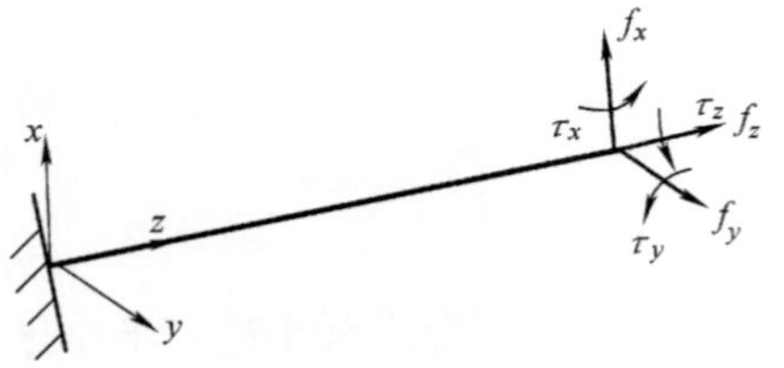

图 9.11　静止状态下梁杆件的描述（未变形）

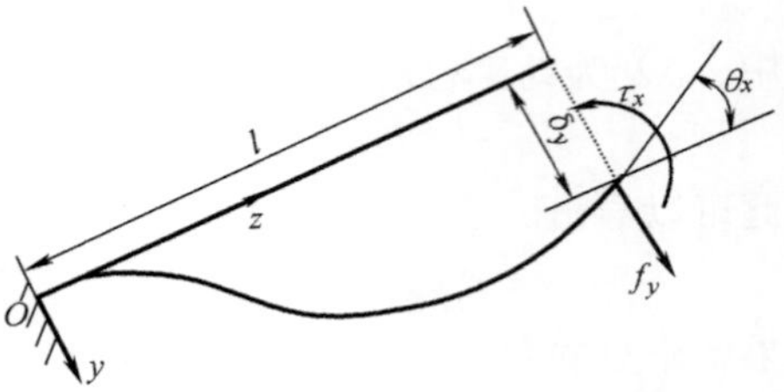

图 9.12　在 yOz 投影平面的梁杆件的弯曲变形

$$\delta_y(0)=\frac{\partial\delta_y(0)}{\partial z}=0,\ z=0 \tag{9.35}$$

$$EI_x\frac{\partial^2\delta_y(z)}{\partial z^2}=-\tau_x+(l-z)f_y \tag{9.36}$$

$$EI_x\frac{\partial\delta_y(z)}{\partial z}=-z\tau_x+z\left(l-\frac{z}{2}\right)f_y \tag{9.37}$$

$$EI_x\delta_y(z)=-\frac{z^2}{2}\tau_x+\frac{z^2}{2}\left(l-\frac{z}{3}\right)f_y \tag{9.38}$$

注意到

$$\frac{\partial\delta_y(z)}{\partial z}=-\theta_x(z)$$

所以式（9.36）可以写成

$$EI_x\theta_x(z)=z\tau_x-z\left(l-\frac{z}{2}\right)f_y \tag{9.39}$$

同样，通过观察能够发现，在 xOz 投影平面的弯曲可以描述为

$$EI_y\frac{\partial^2\delta_x(z)}{\partial z^2}=\tau_y+(l-z)f_x \tag{9.40}$$

$$EI_y\frac{\partial\delta_x(z)}{\partial z}=z\tau_y+z\left(l-\frac{z}{2}\right)f_x \tag{9.41}$$

$$EI_y\delta_x(z)=\frac{z^2}{2}\tau_y+\frac{z^2}{2}\left(l-\frac{z}{3}\right)f_x \tag{9.42}$$

同时，注意到

$$\frac{\partial\delta_x(z)}{\partial z}=\theta_y(z)$$

由式(9.41)，得到如下方程：

$$EI_y\theta_y(z)=z\tau_y+z\left(l-\frac{z}{2}\right)f_x \tag{9.43}$$

沿着 z 轴的长度方向上的分量 $\delta_z(z)$，f_z 和 θ_z（z），τ_z 的关系式可以得到

$$GJ\theta_z(z)=z\tau_z \tag{9.44}$$

$$EA\delta_z(z)=zf_z \tag{9.45}$$

以上各式中，E 为柔性梁的弹性模量；G 为柔性单元的切变模量；I_x 为柔性单元 x 轴截面惯

性矩；I_y表示 y 轴截面惯性矩；J 表示截面极惯性矩。

这样，由式(9.40)~式(9.45)，可以建立起杆件变形 $\boldsymbol{\zeta}(z)$ 和力 $\boldsymbol{F}$ 之间的关系为

$$\boldsymbol{\zeta}(z)=\boldsymbol{C}(z)\boldsymbol{F} \tag{9.46}$$

这里，沿 z 轴的任一点 P 处的柔度矩阵为

$$\boldsymbol{C}(z)=\begin{pmatrix} \dfrac{z}{EI_x} & 0 & 0 & 0 & \dfrac{-z\left(l-\dfrac{z}{2}\right)}{EI_x} & 0 \\ 0 & \dfrac{z}{EI_y} & 0 & \dfrac{z\left(l-\dfrac{z}{2}\right)}{EI_y} & 0 & 0 \\ 0 & 0 & \dfrac{z}{GJ} & 0 & 0 & 0 \\ 0 & \dfrac{z^2}{2EI_y} & 0 & \dfrac{z^2}{2EI_y}\left(l-\dfrac{z}{3}\right) & 0 & 0 \\ \dfrac{z^2}{2EI_x} & 0 & 0 & 0 & \dfrac{z^2}{2EI_x}\left(l-\dfrac{z}{3}\right) & 0 \\ 0 & 0 & 0 & 0 & 0 & \dfrac{z}{EA} \end{pmatrix} \tag{9.47}$$

令 $z=l$，我们就可以得到整个均质梁的空间柔度矩阵为

$$\boldsymbol{C}_E=\mathrm{Ad}\boldsymbol{C}_C\mathrm{Ad}^{\mathrm{T}}=\begin{pmatrix} \dfrac{l}{EI_x} & 0 & 0 & 0 & -\dfrac{l^2}{2EI_x} & 0 \\ 0 & \dfrac{l}{EI_y} & 0 & \dfrac{l^2}{2EI_y} & 0 & 0 \\ 0 & 0 & \dfrac{l}{GJ} & 0 & 0 & 0 \\ 0 & \dfrac{l^2}{2EI_y} & 0 & \dfrac{l^3}{3EI_y} & 0 & 0 \\ -\dfrac{l^2}{2EI_x} & 0 & 0 & 0 & \dfrac{l^3}{3EI_x} & 0 \\ 0 & 0 & 0 & 0 & 0 & \dfrac{l}{EA} \end{pmatrix} \tag{9.48}$$

2. 柔度矩阵的坐标变换

众所周知，当对机构的动平台施加载荷时，动平台会产生运动。根据旋量理论，在给定如图 9.13 所示的坐标系下，动平台的微小运动可以用运动旋量 $\boldsymbol{\xi}=(\boldsymbol{\theta};\ \boldsymbol{\delta})=(\theta_x,\ \theta_y,\ \theta_z;\ \delta_x,\ \delta_y,\ \delta_z)$来表示；施加在其上的载荷可以用力旋量 $\boldsymbol{F}=(\boldsymbol{\tau};\ \boldsymbol{f})=(\tau_x,\ \tau_y,\ \tau_z;\ f_x,\ f_y,\ f_z)$来表示。这里，$\boldsymbol{\theta}$，$\boldsymbol{\delta}$ 分别代表动平台的角变形和线变形，而 $\boldsymbol{\tau}$，$\boldsymbol{f}$ 则代表了施加在动平台上的力矩和纯力。

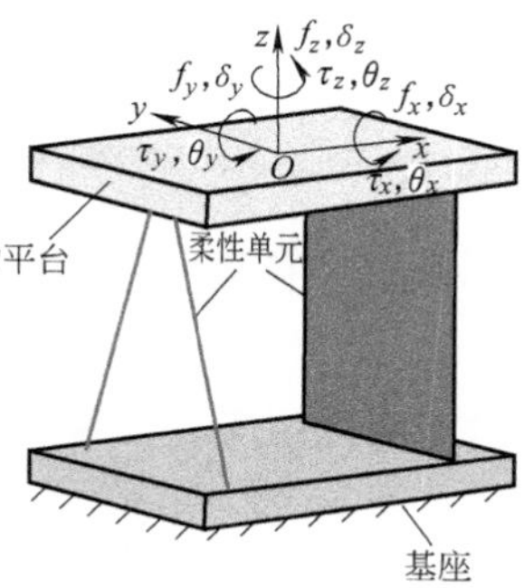

图 9.13　柔性机构的受力与变形

根据线弹性理论，动平台上的运动旋量与力旋量之间

存在如下关系：

$$\boldsymbol{\xi}=\boldsymbol{CF},\ \boldsymbol{F}=\boldsymbol{K}\xi,\ \boldsymbol{C}=\boldsymbol{K}^{-1} \tag{9.49}$$

式中，$\boldsymbol{C}$ 和 $\boldsymbol{K}$ 分别表示机构的 6×6 阶柔度矩阵和刚度矩阵。

显然，对柔度矩阵或刚度矩阵的讨论只有在同一个坐标系下才有意义。例如，为了建立机构的整体柔度（或刚度）矩阵，一般需要将各局部坐标系下的柔度（或刚度）矩阵转化到统一的参考坐标系下，即涉及柔度（或刚度）矩阵的坐标变换。

首先来推导柔度（或刚度）矩阵在不同坐标系下的映射关系[26,132,143,155]。

假设在参考坐标系下，机构运动旋量和力旋量分别表示为$\boldsymbol{\xi}^S=(\boldsymbol{\theta}^S;\ \boldsymbol{\delta}^S)$和 $\boldsymbol{F}^S=(\boldsymbol{\tau}^S;\ \boldsymbol{f}^S)$；而在与动平台固连的物体坐标系下，运动旋量和力旋量分别表示为$\boldsymbol{\xi}^B=(\boldsymbol{\theta}^B;\ \boldsymbol{\delta}^B)$和 $\boldsymbol{F}^B=(\boldsymbol{\tau}^B;\ \boldsymbol{f}^B)$；其中运动旋量是旋量的射线坐标表达，而力旋量则是旋量的轴线坐标表达。

由式（9.49）可得

$$\boldsymbol{\xi}^S=\boldsymbol{C}^S\boldsymbol{F}^S,\boldsymbol{\xi}^B=\boldsymbol{C}^B\boldsymbol{F}^B \tag{9.50}$$

另设物体坐标系与参考坐标系之间坐标变换的旋转矩阵为 $\boldsymbol{R}$，平移向量为 $\boldsymbol{t}=(x,\ y,\ z)^{\mathrm{T}}$，则坐标变换的伴随矩阵为$\mathrm{Ad}_g=\begin{pmatrix}\boldsymbol{R} & \boldsymbol{0}\\ \hat{\boldsymbol{t}}\boldsymbol{R} & \boldsymbol{R}\end{pmatrix}$。利用算子 $\boldsymbol{\Delta}$，可以将轴线坐标表达的力旋量转化成射线坐标形式 $\boldsymbol{\Delta F}$。因此，在射线坐标下，运动旋量和力旋量的坐标变换如下：

$$\boldsymbol{\xi}^S=\mathrm{Ad}_g\,\boldsymbol{\xi}^B,\boldsymbol{\Delta F}^S=\mathrm{Ad}_g\boldsymbol{\Delta F}^B \tag{9.51}$$

由式(9.50)和式(9.51)可以导出柔度矩阵在不同坐标系下的变换关系式。具体推导过程如下：

$$\boldsymbol{\xi}^S=\boldsymbol{C}^S\boldsymbol{F}^S=\mathrm{Ad}_g\,\boldsymbol{\xi}^B=\mathrm{Ad}_g\boldsymbol{C}^B\boldsymbol{F}^B \tag{9.52}$$

由于，$\boldsymbol{\Delta}^{-1}=\boldsymbol{\Delta}$，于是

$$\boldsymbol{F}^S=\boldsymbol{\Delta}\ \mathrm{Ad}_g\boldsymbol{\Delta F}^B \tag{9.53}$$

将式（9.53）代入式（9.52），得到

$$\boldsymbol{C}^S\boldsymbol{\Delta}\ \mathrm{Ad}_g\boldsymbol{\Delta F}^B=\mathrm{Ad}_g\boldsymbol{C}^B\boldsymbol{F}^B \tag{9.54}$$

整理得到

$$\boldsymbol{C}^S=\mathrm{Ad}_g\boldsymbol{C}^B\boldsymbol{\Delta}\ \mathrm{Ad}_g^{-1}\boldsymbol{\Delta} \tag{9.55}$$

注意到

$$\mathrm{Ad}_g^{-1}=\begin{pmatrix}\boldsymbol{R}^{\mathrm{T}} & 0\\ -\boldsymbol{R}^{\mathrm{T}}\hat{\boldsymbol{t}} & \boldsymbol{R}^{\mathrm{T}}\end{pmatrix},\ \mathrm{Ad}_g^{\mathrm{T}}=\begin{pmatrix}\boldsymbol{R}^{\mathrm{T}} & -\boldsymbol{R}^{\mathrm{T}}\hat{\boldsymbol{t}}\\ \boldsymbol{0} & \boldsymbol{R}^{\mathrm{T}}\end{pmatrix} \tag{9.56}$$

因此，

$$\boldsymbol{\Delta}\ \mathrm{Ad}_g^{-1}\boldsymbol{\Delta}=\begin{pmatrix}\boldsymbol{0} & \boldsymbol{E}\\ \boldsymbol{E} & \boldsymbol{0}\end{pmatrix}\begin{pmatrix}\boldsymbol{R}^{\mathrm{T}} & \boldsymbol{0}\\ -\boldsymbol{R}^{\mathrm{T}}\hat{\boldsymbol{t}} & \boldsymbol{R}^{\mathrm{T}}\end{pmatrix}\begin{pmatrix}\boldsymbol{0} & \boldsymbol{E}\\ \boldsymbol{E} & \boldsymbol{0}\end{pmatrix}=\mathrm{Ad}_g^{\mathrm{T}} \tag{9.57}$$

将式（9.57）代入式（9.55），得到柔度矩阵在不同坐标系下的变换关系为

$$\boldsymbol{C}^S=\mathrm{Ad}_g\boldsymbol{C}^B\ \mathrm{Ad}_g^{\mathrm{T}} \tag{9.58}$$

对于刚度矩阵，变换关系可根据 $\boldsymbol{K}=\boldsymbol{C}^{-1}$直接得到

$$\boldsymbol{K}^S=(\mathrm{Ad}_g^{-1})^{\mathrm{T}}\boldsymbol{K}^B\ \mathrm{Ad}_g^{-1} \tag{9.59}$$

式(9.58)和式(9.59)分别给出了柔度矩阵和刚度矩阵在不同坐标系下的映射关系。

【例 9.9】 试求图 9.14 所示矩形截面均质悬臂梁的柔度矩阵。

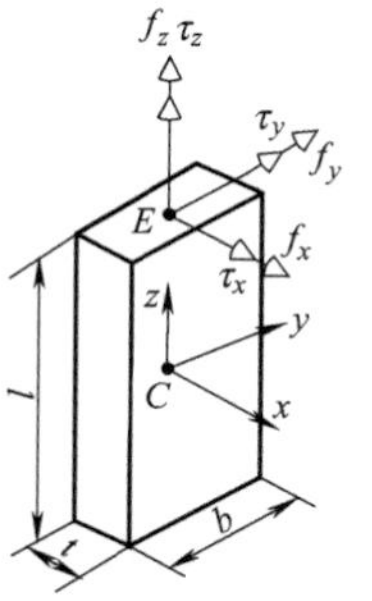

图 9.14 坐标系的建立

解：参考坐标系选在梁的质心（中点）处，一力旋量作用在该点。根据 Von Mises 的梁变形理论[126]，对一空间的均质梁，在力旋量作用下柔度矩阵为对角阵。

$$C_C = \operatorname{diag}\begin{pmatrix} \dfrac{l}{EI_x} & \dfrac{l}{EI_y} & \dfrac{l}{GJ} & \dfrac{l^3}{12EI_y} & \dfrac{l^3}{12EI_x} & \dfrac{l}{EA} \end{pmatrix} \tag{9.60}$$

其中，E 为弹性模量，G 为剪切模量，$A = tb$ 为截面积，$I_x = tb^3/12$ 和 $I_y = bt^3/12$ 分别表示截面相对轴线 x 和 y 的惯性矩，$J = I_x + I_y = tb(t^2 + b^2)/12$ 表示极惯性矩。

由于通常情况下，力旋量通常作用在梁的末端。这时，有必要进行柔度矩阵的坐标变换，即将梁在中点处的柔度矩阵转换成在其末端处的柔度矩阵表达。为此，需采用伴随矩阵

$$\mathrm{Ad}_g = \begin{pmatrix} \boldsymbol{E} & \boldsymbol{0} \\ \hat{\boldsymbol{t}} & \boldsymbol{E} \end{pmatrix} \tag{9.61}$$

其中，

$$\hat{\boldsymbol{t}} = \begin{pmatrix} 0 & \dfrac{l}{2} & 0 \\ -\dfrac{l}{2} & 0 & 0 \\ 0 & 0 & 0 \end{pmatrix} \tag{9.62}$$

这样，新坐标系下的柔度矩阵表达为

$$\boldsymbol{C}_E = \mathrm{Ad}_g \boldsymbol{C}_C \, \mathrm{Ad}_g^{\mathrm{T}} = \begin{pmatrix} \dfrac{l}{EI_x} & 0 & 0 & 0 & -\dfrac{l^2}{2EI_x} & 0 \\ 0 & \dfrac{l}{EI_y} & 0 & \dfrac{l^2}{2EI_y} & 0 & 0 \\ 0 & 0 & \dfrac{l}{GJ} & 0 & 0 & 0 \\ 0 & \dfrac{l^2}{2EI_y} & 0 & \dfrac{l^3}{3EI_y} & 0 & 0 \\ -\dfrac{l^2}{2EI_x} & 0 & 0 & 0 & \dfrac{l^3}{3EI_x} & 0 \\ 0 & 0 & 0 & 0 & 0 & \dfrac{l}{EA} \end{pmatrix} \tag{9.63}$$

可以看到式(9.48)与式(9.63)是完全一致的。

3. 柔性机构的柔（刚）度分析

式（9.48）给出了基本均质梁单元的柔度矩阵模型，式(9.58)和式(9.59)又分别给出了柔性机构的柔度和刚度在不同坐标系下的映射关系，因此，我们可以将各个柔性单元的柔度矩阵转换到统一的参考坐标系下。随后，在参考坐标系下可以将单元柔度矩阵组合成柔性机构的柔度矩阵。但是，串联机构与并联机构的组合方式又有所不同。

简言之，串联式柔性机构末端变形是各柔性单元变形的总和，因此**在参考坐标系下串联式柔性机构柔度矩阵为各柔性单元柔度矩阵的总和**。设串联式柔性机构各柔性单元的柔度矩阵为 C_{si}，则整个串联式柔性机构的柔度矩阵计算如下：

$$\boldsymbol{C}_{s} = \sum_{i=1}^{m} \mathrm{Ad}_{gi}\boldsymbol{C}_{si}\mathrm{Ad}_{gi}^{\mathrm{T}} \tag{9.64}$$

式中，Ad_{gi}为串联式柔性机构中第 i 个柔性单元到参考坐标系的坐标变换运算；m 为柔性单元的数量。

并联式柔性机构动平台产生相同变形所需载荷为各柔性单元所需载荷的总和，因此**在参考坐标系下并联式柔性机构的刚度矩阵为各柔性单元刚度矩阵的总和**。设并联式柔性机构各柔性单元柔度矩阵为 $\boldsymbol{C}_{pj}$，则整个并联式柔性机构的柔度矩阵计算如下：

$$\boldsymbol{C}_{p} = \left(\sum_{j=1}^{n} (\mathrm{Ad}_{gj}\boldsymbol{C}_{pj}\,\mathrm{Ad}_{gj}^{\mathrm{T}})^{-1}\right)^{-1} \tag{9.65}$$

式中，Ad_{gj}为并联式柔性机构中第 j 个柔性单元到参考坐标系的坐标变换运算；n 为柔性单元的数量。

式(9.64)和式(9.65)分别给出了串联式柔性机构和并联式柔性机构的柔度矩阵计算方法。利用这两个式子可以对各种柔性机构进行柔度矩阵建模。

【例 9.10】　试对如图 9.15 所示柔性远程柔顺中心（RCC）装置进行柔度分析。

RCC 装置由平动与旋转两部分组成。当受到环境力旋量作用时，机构发生偏移或旋转变形，可以吸收位置及角度误差，在一定误差范围内，可以顺利地完成装配作业。从理论上讲，RCC 装置可以将其下端所夹持零件的运动瞬心配置在空间上的任一点，故能满足零件任何方式的柔顺运动要求。但实际上，如果 RCC 装置的刚度配置不甚合理，该装置将难以实现装配，因此其刚度性能十分重要。

具体参数如下：柔性单元均为均质圆形截面积，半径 $r=5\mathrm{mm}$，长 $l=1000\mathrm{mm}$，柔性单元分布圆半径 $a=40\mathrm{mm}$，$p=400\mathrm{mm}$，安装倾角 $\beta=5°$。假设柔顺中心处所受合力与合力矩分别为 5000N 和 5000N · m，材料选择铝。弹性模量为 70MPa，泊松比为 0.33。

解：RCC 装置中有 3 个同样的柔性杆单元，均匀分布在上下端盘之间。参考坐标系原点取在其柔顺中心 C 处，z 轴沿着夹持工件方向，x 轴在柔性单元 1 和中心轴线所在的平面

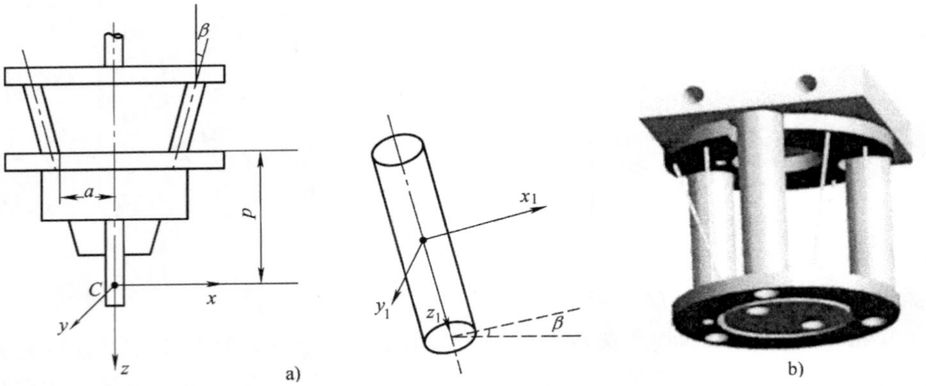

图 9.15　柔性 RCC 装置

a）机构简图　b）模型样机

内，且垂直中心轴线，y 轴由右手定则来确定。

首先确定柔性单元 1 的空间柔度矩阵，为此取物体坐标系于其几何中心处，具体如图 9.15a 所示。这样可根据式（9.60）直接得到柔性单元 1 在物体坐标系下的柔度矩阵（为对角阵）；若将坐标系平移到单元末端与下端盘接触点处，可根据式（9.63）得到柔性单元 1 在新坐标系下的柔度矩阵为

$$\boldsymbol{C}'=\begin{pmatrix} \dfrac{l}{EI_x} & 0 & 0 & 0 & -\dfrac{l^2}{2EI_x} & 0 \\ 0 & \dfrac{l}{EI_y} & 0 & \dfrac{l^2}{2EI_y} & 0 & 0 \\ 0 & 0 & \dfrac{l}{GJ} & 0 & 0 & 0 \\ 0 & \dfrac{l^2}{2EI_y} & 0 & \dfrac{l^3}{3EI_y} & 0 & 0 \\ -\dfrac{l^2}{2EI_x} & 0 & 0 & 0 & \dfrac{l^3}{3EI_x} & 0 \\ 0 & 0 & 0 & 0 & 0 & \dfrac{l}{EA} \end{pmatrix}$$

$$=\begin{pmatrix} 727.565 & 0 & 0 & 0 & -363.783 & 0 \\ 0 & 727.565 & 0 & 363.783 & 0 & 0 \\ 0 & 0 & 967.662 & 0 & 0 & 0 \\ 0 & 363.783 & 0 & 242.522 & 0 & 0 \\ -363.783 & 0 & 0 & 0 & 242.522 & 0 \\ 0 & 0 & 0 & 0 & 0 & 181.891 \end{pmatrix}\times 10^{-9}$$

通过伴随变换可进一步得到柔性中心 C 处柔性单元 1 的柔度矩阵，其中伴随矩阵

$$\mathrm{Ad}_{g_1}=\mathrm{Ad}_{g(-a,0,-p;0,\beta,\alpha_1)}=\mathrm{Ad}_{t(-a,0,-p)}\mathrm{Ad}_{R(0,\beta,\alpha_1)}=\mathrm{Ad}_{t(-a,0,-p)}\mathrm{Ad}_{R(0,0,\alpha_1)}\mathrm{Ad}_{R(0,\beta,0)}$$

$$=\begin{pmatrix} 0.996195 & 0 & 0.0871557 & 0 & 0 & 0 \\ 0 & 1 & 0 & 0 & 0 & 0 \\ -0.0871557 & 0 & 0.996195 & 0 & 0 & 0 \\ 0 & 0.04 & 0 & 0.996195 & 0 & 0.0871557 \\ -0.0442056 & 0 & 0.0463235 & 0 & 1 & 0 \\ 0 & -0.05 & 0 & -0.0871557 & 0 & 0.996195 \end{pmatrix}$$

其中，$\mathrm{Ad}_{t(t_x,t_y,t_z)}$，$\mathrm{Ad}_{R(\theta_x,\theta_y,\theta_z)}$ 和 $\mathrm{Ad}_{g(t_x,t_y,t_z;\theta_x,\theta_y,\theta_z)}$ 分别表示纯移动、纯转动及旋量运动的伴随变换。因此，

$$\boldsymbol{C}_1=\mathrm{Ad}_{g_1}\boldsymbol{C}'\mathrm{Ad}_{g_1}^{\mathrm{T}}=\begin{pmatrix} 729.389 & 0 & 20.8462 & 0 & 334.265 & 0 \\ 0 & 727.565 & 0 & -333.296 & 0 & -4.67252 \\ 20.8462 & 0 & 965.838 & 0 & 15.7523 & 0 \\ 0 & -333.296 & 0 & 214.233 & 0 & 12.6688 \\ 334.265 & 0 & 15.7523 & 0 & 213.858 & 0 \\ 0 & -4.67252 & 0 & 12.6688 & 0 & 181 \end{pmatrix}\times 10^{-9}$$

同理，可以得到第 2、第 3 个柔性单元的变换矩阵。

$$\mathrm{Ad}_{g_2}=\mathrm{Ad}_{g(a\cos\gamma,a\sin\gamma,-p;0,\beta,\alpha_2)}=\mathrm{Ad}_{t(a\cos\gamma,a\sin\gamma,-p)}\mathrm{Ad}_{R(0,\beta,\alpha_2)}$$

$$= \mathrm{Ad}_{t(a\cos\gamma, a\sin\gamma, -p)} \mathrm{Ad}_{R(0,0,\alpha_2)} \mathrm{Ad}_{R(0,\beta,0)}$$

$$\mathrm{Ad}_{g_3} = \mathrm{Ad}_{g(a\cos\gamma, -a\sin\gamma, -p;0,\beta,\alpha_3)} = \mathrm{Ad}_{t(a\cos\gamma, -a\sin\gamma, -p)} \mathrm{Ad}_{R(0,\beta,\alpha_2)}$$

$$= \mathrm{Ad}_{t(a\cos\gamma, -a\sin\gamma, -p)} \mathrm{Ad}_{R(0,0,\alpha_3)} \mathrm{Ad}_{R(0,\beta,0)}$$

$$\boldsymbol{C}_2 = \mathrm{Ad}_{g_2} \boldsymbol{C}' \mathrm{Ad}_{g_2}^{-\mathrm{T}} = \begin{pmatrix} 728.021 & 0.78973 & -10.423 & 0.48292 & 333.017 & 58.9625 \\ 0.78973 & 728.933 & -18.053 & -332.459 & -0.48292 & -34.042 \\ -10.423 & -18.053 & 965.838 & -70.002 & 40.4158 & 0 \\ 0.48292 & -332.459 & -70.002 & 218.833 & -2.6553 & 10.3304 \\ 333.017 & -0.48292 & 40.4158 & -2.6553 & 215.766 & 17.8927 \\ 58.9625 & -34.042 & 0 & 10.3304 & 17.8927 & 187.341 \end{pmatrix} \times 10^{-9}$$

$$\boldsymbol{C}_3 = \mathrm{Ad}_{g_3} \boldsymbol{C}' \mathrm{Ad}_{g_3}^{-\mathrm{T}} = \begin{pmatrix} 728.021 & -0.78973 & -10.423 & -0.48292 & 333.017 & -58.9625 \\ -0.78973 & 728.933 & 18.053 & -332.459 & 0.48292 & -34.042 \\ -10.423 & 18.053 & 965.838 & 70.002 & 40.4158 & 0 \\ -0.48292 & -332.459 & 70.002 & 218.833 & 2.6553 & 10.3304 \\ 333.017 & 0.48292 & 40.4158 & 2.6553 & 215.766 & -17.8927 \\ -58.9625 & -34.042 & 0 & 10.3304 & -17.8927 & 187.341 \end{pmatrix} \times 10^{-9}$$

以上各式中，E 为柔性单元的弹性模量，G 为柔性单元的切变模量，$A = \pi r^2$ 为截面积，$I_x = \pi r^4/4$ 为柔性单元 x 轴截面惯性矩，$I_y = \pi r^4/4$ 表示 y 轴截面惯性矩，$J = I_x + I_y = \pi r^4/2$ 表示截面极惯性矩。其他参数：$\gamma = \pi/3$，$\alpha_1 = 0$，$\alpha_2 = \pi/3$，$\alpha_3 = 2\pi/3$。

由于采用并联方式，因此可根据 $\boldsymbol{K} = \sum\limits_i \boldsymbol{K}_i = \sum\limits_i (\mathrm{Ad}_g^{-1})^{\mathrm{T}} \boldsymbol{k}_i \mathrm{Ad}_g^{-1}$ 得到系统的刚度矩阵。即

$$\boldsymbol{K} = \sum_i \boldsymbol{K}_i = \boldsymbol{K}_1 + \boldsymbol{K}_2 + \boldsymbol{K}_3$$

或者

$$\boldsymbol{C}^{-1} = \sum_i \boldsymbol{C}_i^{-1} = \boldsymbol{C}_1^{-1} + \boldsymbol{C}_2^{-1} + \boldsymbol{C}_3^{-1} = \begin{pmatrix} 238.527 & 0 & 0 & 0 & 109.927 & 0 \\ 0 & 242.396 & 0 & -111.23 & 0 & -8.0799 \\ 0 & 0 & 299.182 & 0 & 10.1453 & 0 \\ 0 & -111.23 & 0 & 71.3025 & 0 & 0 \\ 109.927 & 0 & 10.1453 & 0 & 71.2562 & 0 \\ 0 & -8.0799 & 0 & 0 & 0 & 59.9925 \end{pmatrix} \times 10^{-9}$$

因此，根据式(9.49)可得

$$\boldsymbol{\zeta} = \boldsymbol{CF} = \begin{pmatrix} \boldsymbol{\theta} \\ \boldsymbol{\delta} \end{pmatrix} = \begin{pmatrix} 1.74387 \\ 0.61543 \\ 1.54824 \\ -0.18109 \\ 0.956642 \\ 0.278101 \end{pmatrix} \times 10^{-3}$$

通过计算，给出了柔性 RCC 装置柔顺中心处的平移变形 $\boldsymbol{\delta}$ 和旋转变形 $\boldsymbol{\theta}$。

4. 柔性机构的自由度分析

在力旋量 $\boldsymbol{F}=(\boldsymbol{\tau};\ \boldsymbol{f})$ 的作用下，机构的动平台产生微小变形 $\boldsymbol{\xi}=(\boldsymbol{\theta};\ \boldsymbol{\delta})$，二者满足

$$\boldsymbol{\xi}=\boldsymbol{CF} \tag{9.66}$$

假设力旋量与运动旋量是同一个旋量的标量积，则可以得到下面的特征值方程：

$$\lambda\bar{\boldsymbol{e}}=\boldsymbol{\Delta C\Delta}\bar{\boldsymbol{e}} \tag{9.67}$$

一般地，式（9.67）中有 6 个特征值 λ_i 和 6 个特征向量 $\bar{\boldsymbol{e}}_i$。其中特征值 λ_i 称为**特征柔度**（Eigen-compliance），它是运动旋量与力旋量的比值。与特征值对应的特征向量 $\bar{\boldsymbol{e}}_i$ 称为柔度的**特征旋量**（Eigen-screw）。这些特征旋量可表示柔性机构的基本运动模式，柔性机构的所有运动均可由这些特征旋量线性表示。

由式（9.48）可知，转动柔度和移动柔度具有不同的量纲，因此，不能直接对二者进行比较。为此，可将转动柔度除以 l/EI_y，移动柔度除以 l^3/EI_y，从而将转动柔度和移动柔度转化为无量纲量。这里，l 为机构中梁单元的长度（不妨取最长者作为标准），I_y 为其截面惯性矩。

下面给出解析法确定柔性机构自由度的一般过程。

1）计算机构的柔度矩阵 $\boldsymbol{C}$，单位统一采用国际单位制；

2）计算柔度矩阵 $\boldsymbol{\Delta C\Delta}$ 的特征值及特征向量；

3）将特征值按柔度类型（转动柔度或移动柔度）进行无量纲化；

4）对无量纲的特征值进行比较；

比较方法如下：取无量纲特征值中的最大者，记为 $\lambda_{\max}$；将其余特征值 λ_i 与 $\lambda_{\max}$ 相比，若 $|\lambda_i/\lambda_{\max}|\ll 1$，则该特征值近似为 0。

5）处理后，非零特征值的数目即为柔性机构的自由度数目；

6）寻找与零特征值对应的特征向量（旋量），这些特征向量构成了约束旋量系（或旋量空间）；

7）根据运动旋量系与约束旋量系的互易性，求得机构（动平台）的自由度分布。

按照上述方法，可以对实际柔性机构的自由度特性进行分析。下面通过实例来验证。

【例 9.11】　车轮形**柔性铰链**的自由度**分析**

车轮形柔性铰链的两个板簧单元相交于点 O，且关于 O 点对称。参考坐标系及各结构参数如图 9.16 所示。

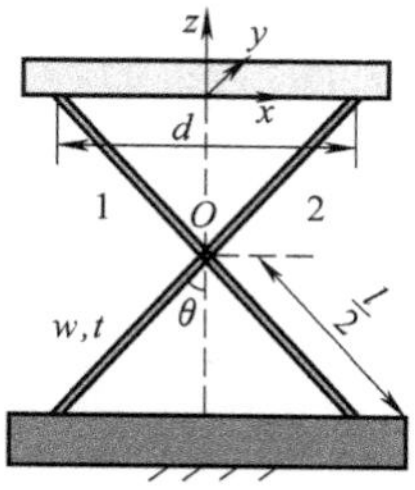

图 9.16　车轮形柔性铰链

板簧单元 1，2 坐标变换的伴随矩阵如下：

$$\mathrm{Ad}_{g_1}=\begin{pmatrix}\boldsymbol{R}_1 & \boldsymbol{0}\\ \hat{\boldsymbol{t}}_1\boldsymbol{R}_1 & \boldsymbol{R}_1\end{pmatrix},\ \mathrm{Ad}_{g_2}=\begin{pmatrix}\boldsymbol{R}_2 & \boldsymbol{0}\\ \hat{\boldsymbol{t}}_2\boldsymbol{R}_2 & \boldsymbol{R}_2\end{pmatrix} \tag{9.68}$$

其中，

$$\boldsymbol{R}_1=\begin{pmatrix}\cos\theta & 0 & \sin\theta\\ 0 & 1 & 0\\ -\sin\theta & 0 & \cos\theta\end{pmatrix},\ \boldsymbol{R}_2=\begin{pmatrix}\cos\theta & 0 & -\sin\theta\\ 0 & 1 & 0\\ \sin\theta & 0 & \cos\theta\end{pmatrix},\ \hat{\boldsymbol{t}}_1=\hat{\boldsymbol{t}}_2=\begin{pmatrix}0 & \dfrac{l\cos\theta}{2} & 0\\ -\dfrac{l\cos\theta}{2} & 0 & 0\\ 0 & 0 & 0\end{pmatrix}$$

因此，该车轮形柔性模块在参考坐标系下的柔度矩阵为

$$\boldsymbol{C} = [(\mathrm{Ad}_{g_1}\boldsymbol{C}_b\mathrm{Ad}_{g_1}^{\mathrm{T}})^{-1} + (\mathrm{Ad}_{g_2}\boldsymbol{C}_b\mathrm{Ad}_{g_2}^{\mathrm{T}})^{-1}]^{-1} \tag{9.69}$$

给定该车轮形柔性铰链参数如下：

$l = 200\mathrm{mm}$，$d = 100\mathrm{mm}$，$w = 50\mathrm{mm}$，$t = 2\mathrm{mm}$，$\theta = 30°$，$E = 70\mathrm{GPa}$，泊松比 $\mu = 0.346$

将上述参数代入到式（9.68）和式（9.69）中可计算得到柔度矩阵 $\boldsymbol{C}$。

$$\boldsymbol{C} = \begin{pmatrix} 0.8134 & 0 & 0 & 0 & -0.0704 & 0 \\ 0 & 428.5714 & 0 & 37.1154 & 0 & 0 \\ 0 & 0 & 1.2962 & 0 & 0 & 0 \\ 0 & 37.1154 & 0 & 3.2149 & 0 & 0 \\ -0.0704 & 0 & 0 & 0 & 0.0084 & 0 \\ 0 & 0 & 0 & 0 & 0 & 0.0002 \end{pmatrix} \times 10^{-4}$$

$\boldsymbol{\Delta C \Delta}$ 的特征值矩阵与特征向量矩阵分别为

$$\lambda = \mathrm{diag}(1.2962,\ 431.7857,\ 0.8195,\ 0.0023,\ 0.0006,\ 0.0002) \times 10^{-4}$$

$$\boldsymbol{V} = \begin{pmatrix} 0 & 0.086 & 0 & 0 & 1 & 0 \\ 0 & 0 & -0.086 & 1 & 0 & 0 \\ 0 & 0 & 0 & 0 & 0 & 1 \\ 0 & 0 & 1 & 0.086 & 0 & 0 \\ 0 & 1 & 0 & 0 & -0.086 & 0 \\ 1 & 0 & 0 & 0 & 0 & 0 \end{pmatrix}$$

将特征值进行无量纲化后，得到

$$\begin{aligned} \lambda &= \mathrm{diag}(1.5,\ 503.8,\ 0.9561,\ 0.06617,\ 0.01654,\ 0.00555) \times 10^{-3} \\ &\approx \mathrm{diag}(0,\ 503.8,\ 0,\ 0,\ 0,\ 0) \times 10^{-3} \end{aligned}$$

与零特征值对应的特征向量组成机构的约束空间（列向量表示约束力旋量）。

$$\boldsymbol{W} = \begin{pmatrix} 0 & 0 & 0 & 1 & 0 \\ 0 & -0.086 & 1 & 0 & 0 \\ 0 & 0 & 0 & 0 & 1 \\ 0 & 1 & 0.086 & 0 & 0 \\ 0 & 0 & 0 & -0.086 & 0 \\ 1 & 0 & 0 & 0 & 0 \end{pmatrix}$$

根据运动旋量系与约束旋量系的互易性，可得动平台的自由度分布。

$$\boldsymbol{\xi} = (0, 1, 0; 0.086, 0, 0)$$

上式表明车轮型柔性铰链具有 1 个转动自由度，转动轴线平行于 y 轴，且通过点(0，0，-0.086)。注意到理想情况下，O 点坐标为$(0,\ 0,\ -l\sin\theta/2) = (0,\ 0,\ -0.0866)$。因此，车轮形柔性铰链的转动轴线通过 O 点。

9.5　扩展阅读文献

1. 丁希仑，Selig J M. 空间弹性变形构件的李群、李代数分析方法［J］. 机械工程学报，2005，41(1)：16-23.

2. 李守忠. 基于旋量理论的柔性精微机构综合［D］. 北京：北京航空航天大学，2012.

3. Liu X J, Wang J S. Parallel Kinematics: Type, Kinematics and Optimal Design［M］. Berlin: Springer-Verlag, 2013.

4. Merlet J P. Parallel Robots［M］. Dordrecht: Kluwer Academic Publishers, 2000.

5. Murray R, Li Z X, Sastry S. A Mathematical Introduction to Robotic Manipulation［M］. Boca Raton: CRC Press, 1994.

6. Selig J, Ding X. A screw theory of static beams［C］//Proc. of the 2001 IEEE/RSJ International Conference on Intelligent Robots and Systems. Piscataway: IEEE Computer Society Press, 2001: 312-317.

7. Tsai L W. Robot Analysis: The Mechanics of Serial and Parallel Manipulators. New York: Wiley-Interscience Publication, 1999.

习　　题

9.1　已知图 9.17 所示的机器人机构。

（1）在图示位形下，通过选取合适的坐标系，建立与之对应的运动副旋量集，计算该旋量集的秩，进而给出与之对应的一组运动副旋量系，并给出该机构的一组约束旋量系。

（2）试通过等效运动副旋量系方法构造与图 9.17 所示运动链等效的运动链（给出至少 3 组）。

（3）试利用 POE 公式计算该机构的正反解运动学，并导出该机构的雅可比矩阵。

（4）该机构是否存在奇异位形？如果存在，试给出奇异位形存在的几何条件。

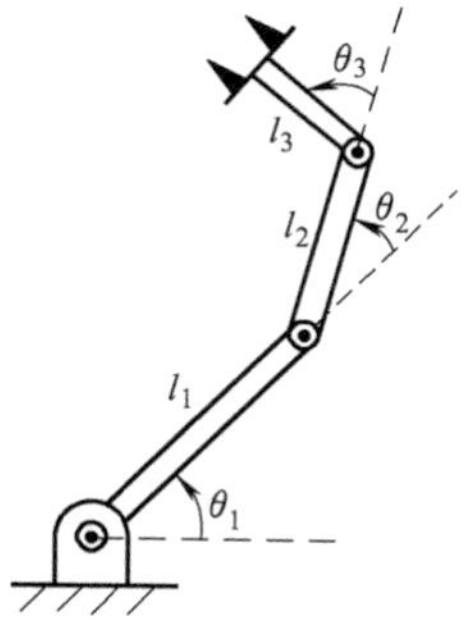

图 9.17　习题 9.1 图

9.2　利用螺旋运动方程求解图 9.18 所示串联机器人的速度雅可比矩阵。

9.3　试推导图 9.19 所示对称分布的平面 5R 机构的速度雅可比矩阵，并讨论其中是否存在奇异位形。

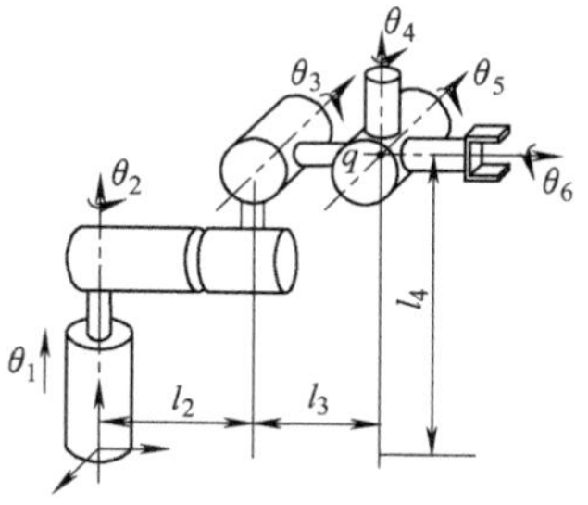

图 9.18　习题 9.2 图

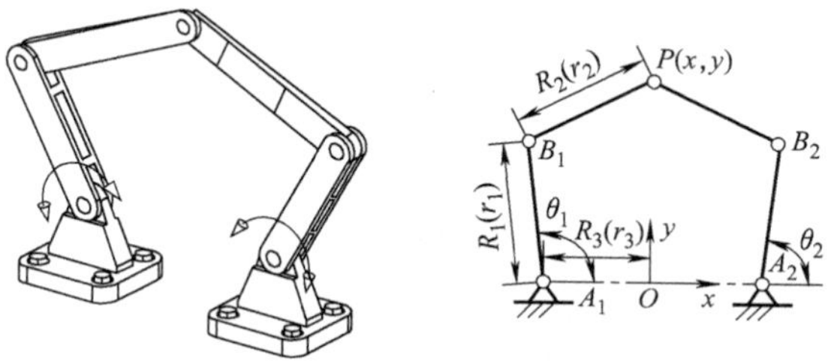

图 9.19　习题 9.3、习题 9.8 图

9.4　试推导图 9.20 所示 3-RPS 平台机构的速度雅可比矩阵，并讨论其中是否存在奇异位形。

9.5　试推导平面串联式 2R 型机器人各向同性点存在的条件。

9.6　试推导平面串联式 3R 型机器人奇异性与各向同性点存在的条件。

9.7　本章介绍了多种衡量机器人运动性能的指标，如速度雅可比矩阵、灵巧性、各向同性、条件数、可操作性、压力角、传动角、LCI/GCI、LTI/GTI 等。试确定哪些参数是坐标系不变量。

9.8　试推导图 9.19 所示对称分布的平面 5R 机构的静刚度矩阵。

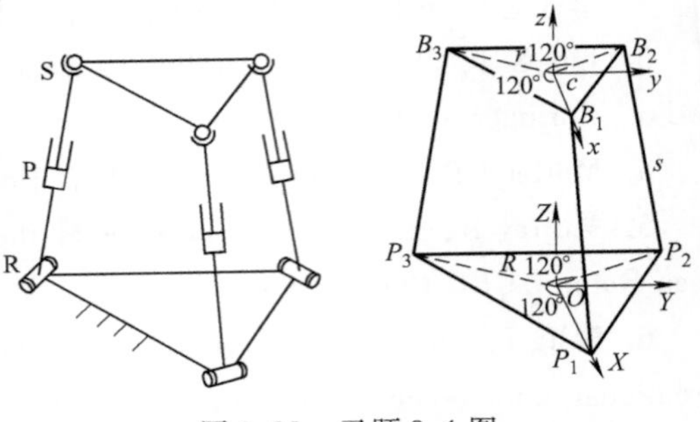

图 9.20　习题 9.4 图

9.9　试推导图 9.21 所示平面并联 3-RRR 机器人的静刚度矩阵。

9.10　试对图 9.22 所示的平行四杆式柔性运动副进行空间柔度矩阵建模。给定机构参数如下：$w=20\text{mm}$，$t=5\text{mm}$，$H=10\text{cm}$，$D=6\text{cm}$，$E=70\text{GPa}$。

9.11　试求图 9.23 所示柔性机构的柔度矩阵。该柔性机构由多个相同的平行板簧以并联方式均匀分布在动平台与基座之间。板簧单元从左到右编号为 1，2，…，n。物体坐标系建立在各板簧单元质心，参考坐标系建立在动平台的中心。坐标系中各个坐标轴方向及结构参数如图 9.23 所示。

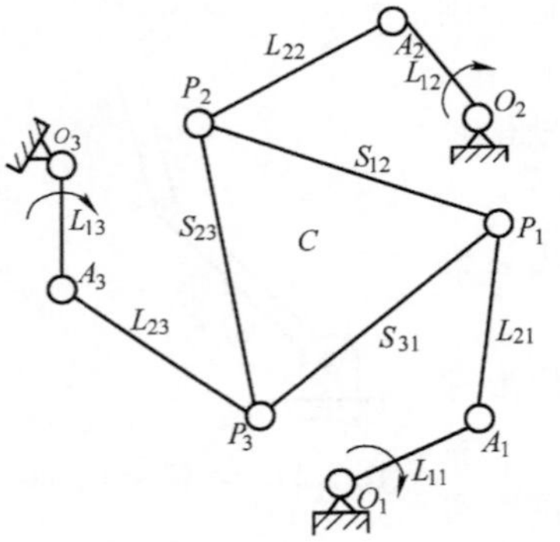

图 9.21　习题 9.9 图

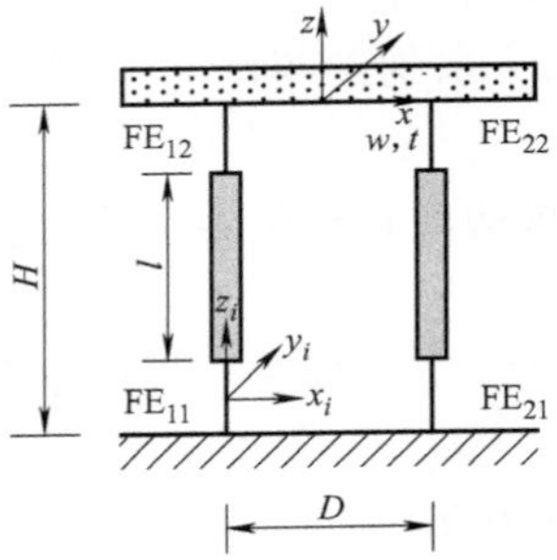

图 9.22　平行四杆式柔性运动副

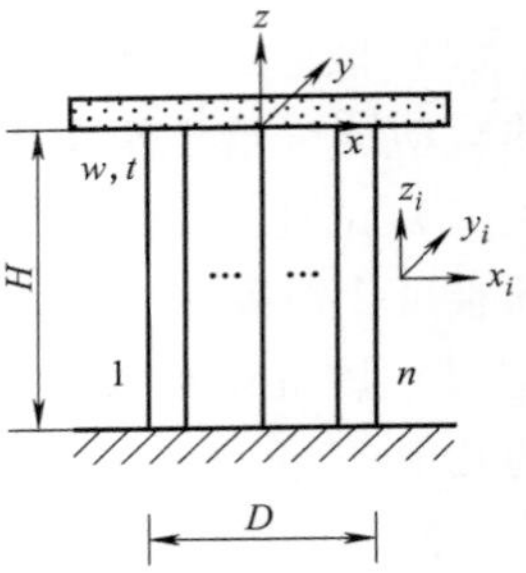

图 9.23　柔性机构

9.12　试对图 9.24 所示的等腰梯形柔性铰链进行空间柔度矩阵参数化建模。

9.13　试对图 9.25 所示的平行板簧式柔性运动副进行自由度分析。相关参数如下：$l=100\text{mm}$，$d=80\text{mm}$，$w=50\text{mm}$，$t=2\text{mm}$，$E=70\text{GPa}$，泊松比 $\mu=0.346$。

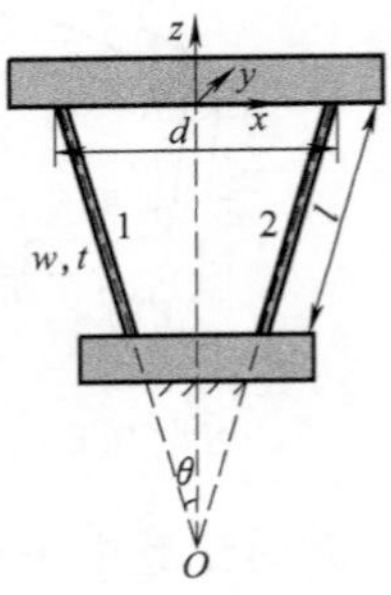

图 9.24　等腰梯形柔性铰链

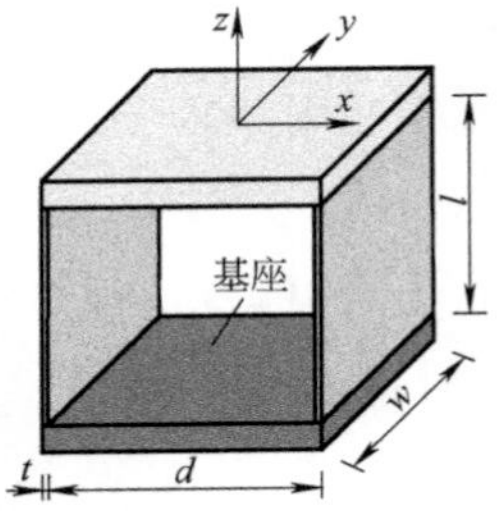

图 9.25　平行板簧式柔性运动副

参 考 文 献

[1] Agrawal S K. Study of an in-parallel mechanism using reciprocal screws [C]. Proceedings of the Ninth World Congress on the Theory of Machines and Mechanisms. Berlin: Springer-Verlag, 1991: 405-408.

[2] Angeles J. Fundamentals of robotic mechanical systems theory, method, and algorithms [M]. Berlin: Springer-Verlag, 1997.

[3] Angeles J. The qualitative synthesis of parallel manipulators [J]. Transactions of the ASME, Journal of Mechanical Design, 2004, 126: 617-624.

[4] Ball R S. The theory of screws [M]. Cambridge : Cambridge University Press, 1998.

[5] Blanding D L. Exact constraint: Machine design using kinematic principle [M]. New York: ASME Press, 1999.

[6] Bonev I A. Geometric analysis of parallel mechanisms [D]. Quebec : Laval University, 2002.

[7] Bonev I A, Zlatanov D, Gosselin C M. Singularity analysis of 3-DOF planar parallel mechanisms via screw theory [J]. Transactions of the ASME, Journal of Mechanical Design, 2003, 125: 573-581.

[8] Boothby W. An introduction to differentiable manifolds and Riemannian geometry [M]. New York: Academic Press, 1986.

[9] Brockett R W. Robotic manipulators and the product of exponential formula [C]. International Symposium in Mathematic Theory of Network and Systems. Berlin: Springer-Verlag, 1983: 120-129.

[10] Carricato M. Fully isotropic four-degrees-of-freedom parallel mechanisms for Schoenflies motion [J]. International Journal of Robotics Research, 2005, 24 (5): 397-414.

[11] Clavel R. Delta, A fast robot with parallel geometry [C]. Proceedings. 18th International Symposium on Industrial Robots. Lausanne : ISIR, 1988: 91-100.

[12] Collins C L, Long G L. On the duality of twist/wrench distributions in serial and parallel chain robot manipulators [C]. Proceedings of the 1995 International Conference on Robotics and Automation. Piscataway: IEEE Computer Society Press, 1995: 526-531.

[13] Craig J J. Introduction to robotics, mechanics, and control [M]. Boston: Addison-Wesley, MA, 1986.

[14] Dai J S, Rees J J. Interrelationship between screw systems and corresponding reciprocal systems and applications [J]. Mechanism and Machine Theory, 2001, 36 (5): 633-651.

[15] Dai J S, Rees J J. Null space construction using cofactors from a screw algebra context [J]. Proc eedings of the Royal Society A: Mathematical, Physical and Engineering Sciences, 2002, 458 (2024): 1845-1866.

[16] Dai J S, Rees J J. A linear algebraic procedure in obtaining reciprocal screw systems [J]. Journal of Robotic Systems, 2003, 20 (7): 401-412.

[17] Dai J S. An historical review of the theoretical development of rigid body displacements from Rodrigues parameters to the finite twist [J]. Mechanism and Machine Theory, 2006, 41 (1): 41-52.

[18] Dai J S. Finite displacement screw operators with embedded Chasles' motion [J]. Transactions of the ASME, Journal of Mechanisms and Robotics, 2012, 4 (4): 041002.

[19] Dai J S, Rees J J. Mobility in metamorphic mechanisms of foldable/erectable kinds [J]. Transactions of the ASME, Journal of Mechanical Design, 1999, 121 (3): 375-382.

[20] Dai J S, Li D, Zhang Q, et al. Mobility analysis of a complex structured ball based on mechanism decomposition and equivalent screw system analysis [J]. Mechanism and Machine Theory, 2004, 39 (4): 445-458.

[21] Dai J S, Huang Z, Lipkin H. Mobility of overconstrained parallel mechanisms [J]. Transactions of the

ASME, Journal of Mechanical Design, 2006, 128 (1): 220-229.

[22] Dai J S, Ding X L. Compliance analysis of a three-legged rigidly-connected platform device [J]. Transactions of the ASME: Journal of Mechanical Design, 2006, 128 (4): 755-764.

[23] Davidson J K, Hunt K H. Robots and screw theory: applications of kinematics and statics to robotics [M]. Oxford: Oxford University Press, 2004.

[24] Ding X L, Selig J M. On the compliance of coiled springs [J]. International Journal of Mechanical Science, 2004, 46 (5): 703-727.

[25] Ding X L, Dai J S. Characteristic equation-based dynamics analysis of vibratory bowl feeders with three spatial compliant legs [J]. IEEE Transactions on Automation Science and Engineering, 2008, 5 (1): 164-175.

[26] Ding X L, Dai J S. Compliance analysis of mechanisms with spatial continuous compliance in the context of screw theory and Lie groups [J]. Proceedings of the Institution of Mechanical Engineers Part C: Journal of Mechanical Engineering Science, 2010, 224 (11): 2493-2504.

[27] Duffy J. Statics and kinematics with applications to robotics [M]. Cambridge: Cambridge University Press, 1996.

[28] Ebert-Uphoff I, Lee J K, Lipkin H. Characteristic tetrahedron of wrench singularities for parallel manipulators with three legs [J]. Proc eedings of the Institution of Mechanical Engineers, 2002, 216 (1): 81-93.

[29] Fang Y F, Tsai L W. Structure synthesis of a class of 4-DOF and 5-DOF parallel manipulators with identical limb structures [J]. The International Journal of Robotics Research, 2002, 21 (9): 799-810.

[30] Fang Y F, Tsai L W. Enumeration of a class of overconstrained mechanisms using the theory of reciprocal screws [J]. Mechanism and Machine Theory, 2004, 39: 1175-1187.

[31] Fang Y F, Tsai L W. Structure synthesis of a class of 3-DOF rotational parallel manipulators [J]. IEEE Transactions on Robotics and Automation, 2004, 20 (1): 117-121.

[32] Fanghella P. Kinematics of spatial linkages by group algebra: a structure-based approach [J]. Mechanism and Machine Theory, 1988, 23: 171-183.

[33] Fanghella P, Galletti C. Metric relations and displacement groups in mechanism and robot kinematic [J]. Transactions of the ASME, Journal of Mechanical Design, 1995, 117: 470-478.

[34] Frisoli A, Checcaci D, Salsedo F, et al. Synthesis by screw algebra of translating in-parallel actuated mechanisms [C]. Advances in Robot Kinematics. Dordrecht: Kluwer Academic Publishers, 2000.

[35] Gao F, Li W M, Zhao X C, et al. New kinematic structures for 2-, 3-, 4-, and 5-DOF parallel manipulator designs [J]. Mechanism and Machine Theory, 2002, 37: 1395-1411.

[36] Gao Y. Decomposable closed-form inverse kinematics for reconfigurable robots using product-of-exponentials [D]. Singapore: Nanyang Technological University, 2000.

[37] Gibson C G, Hunt K H. Geometry of screw systems-Ⅰ, classification of screw systems [J]. Mechanisms and Machine Theory, 1990, 25 (1): 1-10.

[38] Gibson C G, Hunt K H. Geometry of screw systems-Ⅱ, classification of screw systems [J]. Mechanisms and Machine Theory, 1990, 25 (1): 11-27.

[39] Gogu G. Structural synthesis of parallel robots, part 1: Methodology [M]. Berlin: Springer-Verlag, 2009.

[40] Gogu G. Structural synthesis of parallel robots, part 2: Translational topologies with two and three degrees of freedom [M]. Berlin: Springer-Verlag, 2009.

[41] Gogu G. Structural synthesis of parallel robots, part 3: Topologies with planar motion of the moving platform [M]. Berlin: Springer-Verlag, 2010.

[42] Gogu G. Structural synthesis of parallel robots, part 4: other topologies with two and three degrees of freedom [M]. Berlin: Springer-Verlag, 2012.

[43] Gosselin C, Angeles J. Singularity analysis of closed loop kinematic chains [J]. IEEE Transactions on Robotics and Automation, 1990, 6 (3): 281-290.

[44] Gosselin C. Stiffness mapping for parallel manipulators [J]. IEEE Transactions on Robotics and Automation, 1990, 6 (3): 377-382.

[45] Hao F, McCarthy J M. Conditions for line-based singularities in spatial platform manipulators [J]. Journal of Robotic Systems, 1998, 15 (1): 43-55.

[46] Hartenberg R S, Denavit J. Kinematic synthesis of linkages [M]. New York: McGraw-Hill, 1964.

[47] Hervé J M. Analyze structurelle des mécanismes par groupe des déplacements [J]. Mechanisms and Machine Theory, 1978, 13: 437-450.

[48] Hervé J M, Sparacino F. Structural synthesis of parallel robots generating spatial translation [C]. Proceedings of IEEE International Conference on Robotics and Automation. AnnArbor: IEEE Computer Society Press, 1991: 808-813.

[49] Hervé J M. The Lie group of rigid body displacements, a fundamental tool for mechanism design [J]. Mechanism and Machine Theory, 1999, 34: 719-730.

[50] Hervé J M. Uncoupled actuation of pan-tilt wrists [J]. IEEE Transactions on Robotics, 2006, 22 (1): 56-64.

[51] Hopkins J B. Design of parallel flexure system via freedom and constraint topologies (FACT) [D]. Cambridge: Massachusetts Institute of Technology, 2007.

[52] Hopkins J B, Culpepper M L. Synthesis of multi-degree of freedom, parallel flexure system concepts via freedom and constraint topology (FACT). Part I: Principles [J]. Precision Engineering, 2010, 34 (2): 259-270.

[53] Howell L L. Compliant Mechanisms [M]. New York: John Wiley & Sons Inc., 2001.

[54] Huang T, Zhao X Y, Zhou L H, et al. Stiffness estimation of a parallel kinematic machine [J]. Science in China Series E: Technological Sciences, 2001, 44 (5): 473-478.

[55] Huang T, Li M, Zhao X M, et al. Conceptual design and dimensional synthesis for a 3-DOF Module of the TriVarian: a novel 5-DOF reconfigurable hybrid robot [J]. IEEE Transactions on Robotics, 2005, 21 (3): 449-456.

[56] Huang Z, Li Q C, Ding H F. Theory of parallel mechanisms [M]. Berlin: Springer-Verlag, 2013.

[57] Huang Z, Fang Y F, Tao W S. Studying on the kinematic characteristics of 3-DOF in-parallel actuated platform mechanisms [J]. Mechanism and Machine Theory, 1996, 31 (8): 1009-1018.

[58] Huang Z, Li Q C. General methodology for type synthesis of lower-mobility symmetrical parallel manipulators and several novel manipulators [J]. The International Journal of Robotics Research, 2002, 21 (2): 131-145.

[59] Huang Z, Li Q C. Type synthesis of symmetrical lower-mobility parallel mechanisms using the constraint-synthesis method [J]. The International Journal of Robotics Research, 2003, 22 (1): 59-79.

[60] Huang Z, Chen L H, Li Y W. The singularity principle and property of Stewart parallel manipulator [J]. Journal of Robotic Systems, 2003, 20 (4): 163-176.

[61] Huang Z, Li S H, Zuo R G. Feasible instantaneous motions and kinematic characteristics of a special 3-DOF 3-UPU parallel manipulator [J]. Mechanism and Machine Theory, 2004, 39 (9): 957-970.

[62] Hunt K H. Kinematic geometry of mechanisms [M]. Oxford: Oxford University Press, 1978.

[63] Hunt K H. Structural kinematics of in-parallel-actuated robot-arms [J]. Transactions of the ASME, Jour-

nal of Mechanisms, Transmissions, and Automation in Design, 1983, 105: 705-712.

[64] Huynh P, Hervé J M. Equivalent kinematic chains of three degree-of-freedom tripod mechanisms with planar-spherical bonds [J]. Transactions of the ASME, Journal of Mechanical Design, 2005, 127 (1): 95-102.

[65] Jin Q, Yang T L. Theory for topology synthesis of parallel manipulators and its application to three-dimension-translation parallel manipulators [J]. Transactions of the ASME, Journal of Mechanical Design, 2004, 126: 625-639.

[66] Karger A, Novark J. Space kinematics and Lie group [M]. New York: Gordon & Breach, 1985.

[67] Kim D, Chung W K. Kinematic condition analysis of three-DOF pure translational parallel manipulators [J]. Transactions of the ASME, Journal of Mechanical Design, 2003, 125 (2): 323-331.

[68] Kim H S, Tsai LW. Design optimization of a Cartesian parallel manipulator [J]. Transactions of the ASME, Journal of Mechanical Design, 2003, 125 (1): 43-51.

[69] Kong X W, Gosselin C M. Type synthesis of parallel mechanisms [M]. Berlin: Springer-Verlag, 2007.

[70] Kong X W, Gosselin C M. Generation of parallel manipulators with three translational degrees of freedom based on screw theory [C]. Proc 2001 CCToMM Symposium on Mechanisms, Machines and Mechatronics. Montreal: Canadian Space Agency, 2001.

[71] Kong X W, Gosselin C M. Type synthesis of $3T1R$ 4-DOF parallel manipulators based on screw theory [J]. IEEE Transactions on Robotics and Automation, 2004, 20 (2): 181-190.

[72] Kong X W, Gosselin C M. Type synthesis of 3-DOF translational parallel manipulators based on screw Theory [J]. Transactions of the ASME, Journal of Mechanical Design, 2004, 126: 83-92.

[73] Kong X W, Gosselin C M. Type synthesis of 3-DOF spherical parallel manipulators based on screw Theory [J]. Transactions of the ASME, Journal of Mechanical Design, 2004, 126: 101-108.

[74] Kong X W, Gosselin C M. Type synthesis of three-degrees-of-freedom spherical parallel manipulators [J]. International Journal of Robotics Research, 2004, 23 (3): 237-245.

[75] Kumar V, Waldron K J, Chrikjian G, et al. Applications of screw system theory and Lie theory to spatial kinematics: a tutorial [C]. 2000 ASME Design Engineering Technical Conferences. Portland: ASME, 2000.

[76] Lee C C, Hervé J M. Translational parallel manipulators with doubly planar limbs [J]. Mechanism and Machine Theory, 2006, 41: 433-455.

[77] Li Q C, Huang Z. Mobility analysis of lower-mobility parallel manipulators based on screw theory [C]. Proceedings of the 2003 IEEE International Conference on Robotics & Automation. Piscataway: IEEE Computer Society Press, 2003.

[78] Li Q C, Huang Z. A family of symmetrical lower-mobility parallel mechanism with spherical and parallel subchains [J]. Journal of Robotic Systems, 2003, 20 (6): 297-305.

[79] Li Q C, Huang Z. Mobility analysis of a novel 3-5R parallel mechanism family [J]. Transactions of the ASME, Journal of Mechanical Design, 2004, 126: 79-82.

[80] Li Q C, Huang Z, Hervé J M. Type synthesis of $3R2T$ 5-DOF parallel mechanisms using the Lie group of displacements [J]. IEEE Transactions on Robotics and Automation, 2004, 20 (2): 173-180.

[81] Li Q C, Huang Z, Hervé J M. Displacement manifold method for type synthesis of lower-mobility parallel mechanisms [J]. Science in China Serices. E: Technology Science, 2004, 47 (6): 641-650.

[82] Lipkin H, Duffy J. The elliptic polarity of screws [J]. Transactions of the ASME, Journal of Mechanisms, Transmissions, and Automationin Design, 1985, 107: 377-387.

[83] Lipkin H. Geometry and mappings of screws with applications to the hybrid control of robotic manipulators

[D]. Gainesville: University of Florida, 1985.

[84] Lipkin H, Duffy J. Sir Robert Stawell Ball and methodologies of modern screw theory [J]. Proceeding of Institution of Mechanical Engineers Part C: Journal of Mechanical Engineering Science, 2002, 216: 1-12.

[85] Liu G, Lou Y, Li Z. Singularities of parallel manipulators: a geometric treatment [J]. IEEE Transactions on Robotics and Automation, 2003, 19 (4): 579-594.

[86] Liu X J, Wang J S. Parallel kinematics: type, kinematics and optimal design [M]. Berlin: Springer-Verlag, 2013.

[87] Liu X J, Jeong J, Kim J W. A three translational DOFs parallel cube-manipulator [J]. Robotica, 2003, 21 (6): 645-653.

[88] Liu X J, Wang J S. Some new parallel mechanisms containing the planar four-bar parallelogram [J]. International Journal of Robotics Research, 2003, 22 (9): 717-732.

[89] Liu X J, Pruschek P, Pritschow G. A new 3-DOF parallel mechanism with full symmetrical structure and parasitic motions [C]. Proceeding of International Conference on Intelligent Manipulation and Grasping. Piscataway: IEEE Computer Society Press, 2004: 389-394.

[90] Liu X J, Kim J W. A new spatial three-DOF parallel manipulator with high rotational capability [J]. IEEE/ASME Transactions on Mechatronics, 2005, 10 (5): 502-512.

[91] Liu X J, Tang X Q, Wang J S. HANA: a novel spatial parallel manipulator with one rotational and two translational degrees of freedom [J]. Robotica, 2005, 23 (2): 257-270.

[92] Liu X J, Wang J S, Pritschow G. Kinematics, singularity and workspace of planar 5R symmetrical parallel mechanisms [J]. Mechanism and Machine Theory, 2006, 41 (2): 145-169.

[93] Ma O, Angeles J. Architecture singularities of parallel manipulators [J]. The International Journal of Robotics and Automation, 1992, 7 (1): 23-29.

[94] Maxwell J C, Niven W D. General considerations concerning scientific apparatus [M]. New York: Courier Dover Publications, 1890.

[95] McCarthy J M. An introduction to theoretical kinematics [M]. Cambridge : MIT Press, 1990.

[96] Meng J, Liu G F, Li Z X. A geometric theory for analysis and synthesis of Sub-6 DOF parallel manipulators [J]. IEEE Transactions on Robotics, 2007, 23 (4): 625-649.

[97] Merlet J P. Parallel robots [M]. Dordrecht : Kluwer Academic Publishers, 2000.

[98] Merlet J P. Singular configurations of parallel manipulators and Grassmann geometry [J]. International Journal of Robotics Research, 1989, 8 (5): 45-56.

[99] Merlet J P. Jacobian, manipulability, condition number, and accuracy of parallel robots [J]. Transactions of the ASME, Journal of Mechanical Design, 2006, 128 (1): 199-206.

[100] Mohamed M G, Duffy J. A direct determination of the instantaneous kinematics of fully parallel robot manipulators [J]. Transactions of the ASME, Journal of Mechanisms, Transmissions, and Automation in Design, 1985, 107: 226-229.

[101] Murray R, Li Z X, Sastry S. A mathematical introduction to robotic manipulation [M]. Boca Raton: CRC Press, 1994.

[102] Neumann K E. Tricept applications [C]. Proc. 3rd Chemnitz Parallel Kinematics Seminar. Zwickau : Verlag Wissen schaftliche Scripten, 2002: 547-551.

[103] Park F C, Kim J W. Manipulability of closed kinematic chains [J]. Transactions of the ASME, Journal of Mechanical Design, 1998, 120 (4): 542-548.

[104] Park F C, Kim J W. Singularity analysis of closed kinematic chains [J]. Transactions of the ASME, Journal of Mechanical Design, 1999, 121 (1): 32-38.

[105] Pashkevich A, Wenger P, Chablat D. Design strategies for the geometric synthesis of Orthoglide-type mechanisms [J]. Mechanism and Machine Theory, 2005, 40: 907-930.

[106] Patterson T, Lipkin H. Structure of robot compliance [J]. Transactions of the ASME, Journal of Mechanical Design, 1993, 115: 576-580.

[107] Patterson T, Lipkin H. A classification of robot compliance [J]. Transactions of the ASME, Journal of Mechanical Design, 1993, 115: 581-584.

[108] Phillips J. Freedom in Machinery: Volume 1, Introducing Screw Theory [M]. Cambridge: Cambridge University Press, 1984.

[109] Phillips J. Freedom in Machinery: Volume 2, Screw Theory Exemplified [M]. Cambridge: Cambridge University Press, 1990.

[110] Pierrot F, Company O. H4: a new family of 4-DOF parallel robots [C]. Proc. 1999 IEEE/ASME Int. Conf. on Advanced Intelligent Mechatronics. Ann-Arbor: IEEE Computer Society Press, 1999: 508-513.

[111] Pottmann H, Peternell M, Ravani B. An introduction to line geometry with applications [J]. Computer-Aided Design, 1999, 31: 3-16.

[112] Reuleaux F. Kinematics of machinery [M]. New York: Dover Publications, 1963.

[113] Rico J M, Duffy J. Classification of screw systems-Ⅰ: one- and two-systems [J]. Mechanism and Machine Theory, 1992, 27 (4): 459-470.

[114] Rico J M, Duffy J. Classification of screw systems-Ⅱ: three-systems [J]. Mechanism and Machine Theory, 1992, 27 (4): 471-490.

[115] Rico J M, Gallardo J, Ravani B. Lie algebra and the mobility of kinematic chains [J]. Journal of Robotic System, 2003, 20: 477-499.

[116] Rico J M, Gallardo J, Duffy J. Screw theory and higher order analysis of open serial and closed chains [J]. Mechanism and Machine Theory, 1999, 34 (4): 559-586.

[117] Samuel A E, McAree P R, Hunt K H. Unifying screw geometry and matrix transformations [J]. The International Journal of Robotics Research, 1991, 10 (5): 454-471.

[118] Selig J M. Geometrical methods in robotics [M]. Berlin: Springer-Verlag, 1996.

[119] Selig J M. Geometry foundations in robotics [M]. Hong Kong: World Scientific Publishing Co. Pte. Ltd., 2000.

[120] Selig J M. Three problems in robotics [J]. Proceedings of Institution of Mechanical Engineers Part C: Journal of Mechanical Engineering Science, 2002, 216: 71-80.

[121] Stramigioli S, Maschke B, Bidard C. On the geometry of rigid-body motions: the relation between Lie groups and screws [J]. Proceedings of Institution of Mechanical Engineers Part C: Journal of Mechanical Engineering Science, 2002, 216: 13-23.

[122] Stramigioli S, Bruynickx H. Geometry and screw theory for robotics: a tutorial [C]. ICRA2001, Ann Arbor: IEEE Computer Society Press, 2001.

[123] Su H J, Dorozhkin D V, Vance J M. A screw theory approach for the conceptual design of flexible joints for compliant mechanisms [J]. Transactions of the ASME, Journal of Mechanisms and Robotics, 2009, 1 (4): 041009.

[124] Tsai L W. Robot analysis: The mechanics of serial and parallel manipulators [M]. New York: Wiley-Interscience Publication, 1999.

[125] Tsai M J, Lee H W. Generalized evaluation for the transmission performance of mechanisms [J]. Mechanism and Machine Theory, 1994, 29 (4): 607-618.

[126] Von M. Motorrechnung: ein neues hilfsmittel in der mechanic [J]. zeitschrift fur angewandte mathematic

und mechanic, 1924, 4 (2): 155-181.

[127] Wu K, Yu J J, Zong G H, et al. Type synthesis of 2-DOF rotational parallel mechanisms with an equal-diameter spherical pure rolling motion [C]. ASME International DETC2013. Portland: ASME, 2013: DETC2013-12305.

[128] Wu Y Q, Wang H, Li Z X, et al. Quotient kinematics machines: concept, analysis and synthesis [J]. Transactions of the ASME, Journal of Mechanism and Robotics, 2011, 3 (3): 041004.

[129] Yang G L, Chen I M, Lin W, et al. Singularity analysis of three-legged parallel robots based on passive-joint velocities [J]. IEEE Transactions on Robotics and Automation, 2001, 17 (4): 413-422.

[130] Yu J J, Zhao T S, Bi S S, et al. Type synthesis of parallel mechanisms with three translational degrees of freedom [J]. Progress in Natural Science, 2003, 13 (7): 536-545.

[131] Yu J J, Bi S S, Zong G H, et al. Geometric synthesis and enumeration of the family of 3-DOF translational parallel manipulators via the screw theory [C]. ASME International DETC2004, Volume 2: 28th Biennial Mechanisms and Robotics Conference. Portland: ASME, 2004: 733-742.

[132] Yu J J, Bi S S, Zong G H, et al. A method to evaluate and calculate the mobility of a general compliant parallel manipulator [C]. ASME International DETC2004, Volume 2: 28th Biennial Mechanisms and Robotics Conference. Portland: ASME, 2004: 743-748.

[133] Yu J J, Dai J S, Zhao T S, et al. Mobility analysis of complex joints by means of screw theory [J]. Robotica, 2009, 27 (6): 915-927.

[134] Yu J J, Li S Z, Su H J, et al. Screw theory based methodology for the deterministic type synthesis of flexure mechanisms [J]. Transactions of the ASME, Journal of Mechanism and Robotics, 2011, 3 (3): 031008.

[135] Yu J J, Dong X, Pei X, et al. Mobility and singularity analysis of a class of two degrees of freedom rotational parallel mechanisms using a visual graphic approach [J]. Transactions of the ASME, Journal of Mechanisms and Robotics, 2012, 4 (4): 041006.

[136] Zhao T S, Dai J S, Huang Z. Geometric analysis of overconstrained parallel manipulators with three and four degrees of freedom [J]. JSME International Journal, Series C: Mechanical Systems, Machines Elements and Manufacturing, 2002, 45 (3): 730-740.

[137] Zhao T S, Dai J S, Huang Z. Geometric synthesis of spatial parallel manipulators with fewer than six degrees of freedom [J]. Proceedings of the Institution of Mechanical Engineers, Part C: Journal of Mechanical Engineering Science, 2002, 216 (C12): 1175-1186.

[138] 蔡自兴. 机器人学 [M]. 北京：清华大学出版社，2000.

[139] 陈维恒. 微分流形初步 [M]. 北京：高等教育出版社，2001.

[140] 戴建生. 旋量代数与李群、李代数 [M]. 北京：高等教育出版社，2014.

[141] 戴建生. 机构学与机器人学的几何基础与旋量代数 [M]. 北京：高等教育出版社，2014.

[142] 戴建生. 旋量理论与旋量系理论的新角度研究 [J]. 机械设计与研究，2013 (2)：23-32.

[143] 丁希仑，Selig J M. 空间弹性变形构件的李群李代数分析方法 [J]. 机械工程学报，2005，41 (1)：16-23.

[144] 方跃法，黄真. 三自由度 3-RPS 并联机器人机构的运动分析 [J]. 机械科学与技术，1997，16 (1)：82-88.

[145] 高峰，杨家伦，葛巧德. 并联机器人型综合的 G_F 集理论 [M]. 北京：科学出版社，2011.

[146] 高峰. 机构学研究现状与发展趋势的思考 [J]. 机械工程学报，2005，41 (8)：3-17.

[147] 顾沛. 对称与群 [M]. 北京：高等教育出版社，2011.

[148] 黄真. 空间机构学 [M]. 北京：机械工业出版社，1989.

[149] 黄真，孔令富，方跃法. 并联机器人机构学理论及控制［M］. 北京：机械工业出版社，1997.
[150] 黄真，赵永生，赵铁石. 高等空间机构学［M］. 北京：高等教育出版社，2006.
[151] 黄真，刘婧芳，李艳文. 论机构自由度——寻找了150年的自由度通用公式［M］. 北京：科学出版社，2011.
[152] 理查德·摩雷，李泽湘，夏恩卡·萨思特里. 机器人操作的数学导论［M］. 徐卫良，钱瑞明，译. 北京：机械工业出版社，1998.
[153] 李曚. 可重构混联机械手模块 TriVariant 的设计理论与方法［D］. 天津：天津大学，2005.
[154] 李秦川. 对称少自由度并联机器人型综合理论及新机型综合［D］. 秦皇岛：燕山大学，2003.
[155] 李守忠. 基于旋量理论的柔性精微机构综合［D］. 北京：北京航空航天大学，2012.
[156] 刘辛军. 并联机器人机构尺寸与性能关系分析及其设计理论研究［D］. 秦皇岛：燕山大学，1999.
[157] 刘辛军. 少自由度并联机器人机构的机械设计与运动学设计［D］. 北京：清华大学，2001.
[158] 裴旭. 基于虚拟转动中心概念的机构设计理论与方法［D］. 北京：北京航空航天大学，2009.
[159] 王国彪，刘辛军. 初论现代数学在机构学研究中的作用与影响［J］. 机械工程学报，2013，49（3）：1-9.
[160] 王晶. 欠秩三自由度并联机构瞬时运动的主螺旋分析［D］. 秦皇岛：燕山大学，2000.
[161] 王宪平，戴一帆，李圣怡. 一般机构的解耦运动［J］. 国防科学技术大学学报，2002，24（2）：85-90.
[162] 吴超. 并联机构运动和力传递特性分析及应用研究［D］. 北京：清华大学，2011.
[163] 谢富贵. 高灵活度五轴联动混联铣床的设计理论及实验研究［D］. 北京：清华大学，2012.
[164] 熊有伦，丁汉，刘恩沧. 机器人学［M］. 北京：机械工业出版社，1993.
[165] 熊有伦. 机器人技术基础［M］. 武汉：华中科技大学出版社，1996.
[166] 熊有伦，尹周平，熊蔡华. 机器人操作［M］. 武汉：湖北科学技术出版社，2002.
[167] 杨廷力. 机器人机构拓扑结构学［M］. 北京：机械工业出版社，2004.
[168] 杨廷力，刘安心，罗玉峰，等. 机器人机构拓扑结构设计［M］. 北京：科学出版社，2012.
[169] 于靖军. 全柔性机器人机构分析及设计方法研究［D］. 北京：北京航空航天大学，2002.
[170] 于靖军，刘辛军，丁希仑，等. 机器人机构学的数学基础［M］. 北京：机械工业出版社，2008.
[171] 于靖军，裴旭，宗光华. 机械装置的图谱化创新设计［M］. 北京：科学出版社，2014.
[172] 张克涛. 变胞并联机构的结构设计方法与运动特性研究［D］. 北京：北京交通大学，2010.
[173] 张启先. 空间机构的分析与综合：上册［M］. 北京：机械工业出版社，1984.
[174] 赵铁石. 空间少自由度并联机器人机构分析与综合的理论研究［D］. 秦皇岛：燕山大学，2000.
[175] 赵景山，冯之敬，褚福磊. 机器人机构自由度分析理论［M］. 北京：科学出版社，2009.
[176] 邹慧君，高峰. 现代机构学进展［M］. 北京：高等教育出版社，2007.

部分习题答案或提示

第 2 章　李群与李子群

2.2　不是，考虑零元素

2.6　满足，是平面运动群

2.7　满足，是 Schönflies 群

2.20　该机构为两转一移机构

第 3 章　李群与刚体变换

3.1　提示：注意绕固定坐标轴连续旋转时，遵循左乘的原则。

3.2　提示：注意绕动坐标轴连续旋转时，遵循右乘的原则。

3.20　$\begin{pmatrix} \boldsymbol{p}_0 \\ 1 \end{pmatrix} = \begin{pmatrix} \boldsymbol{R}^{\mathrm{T}} & -\boldsymbol{R}^{\mathrm{T}}\boldsymbol{t} \\ \boldsymbol{0} & 1 \end{pmatrix} \begin{pmatrix} \boldsymbol{p} \\ 1 \end{pmatrix}$

第 4 章　刚体运动群的李代数

4.13　提示：仿照教材 pp55-58 的内容，进行证明。(1) 分两种情况（$\boldsymbol{\omega}=0$ 和 $\boldsymbol{\omega}\neq 0$）直接计算 $\mathrm{e}^{\theta\hat{\xi}}$，以证明 $\mathrm{e}^{\theta\hat{\xi}} \in SE$ (2)。

4.16　(2) $\boldsymbol{X}' = g\boldsymbol{X}g^{-1} = \begin{bmatrix} \boldsymbol{\omega}' & \boldsymbol{v}' \\ \boldsymbol{0} & 0 \end{bmatrix} = \begin{bmatrix} \boldsymbol{R}\hat{\boldsymbol{\omega}} & \boldsymbol{R}\boldsymbol{v} + \hat{\boldsymbol{t}}\boldsymbol{R}\boldsymbol{\omega} \\ \boldsymbol{0} & 0 \end{bmatrix}$；(3) $3T1R$ 机构，例如 SCARA、H4 等。

第 5 章　机器人运动学基础

5.2　D-H 参数如下表所示。

i	α_i	a_i	d_i	θ_i
1	90°	0	0	θ_1
2	90°	0	0	θ_2
3	90°	0	0	θ_3
4	β	0	0	θ_4

5.3　提示：虎克铰实质上是一个球面 $4R$ 机构，其 D-H 参数见题 5.2 结果。首先建立两个相邻构件之间的相对位姿矩阵，然后根据建立 $\boldsymbol{T}_{12}\boldsymbol{T}_{23}\boldsymbol{T}_{34}\boldsymbol{T}_{41} = \boldsymbol{I}$ 运动学模型。

5.9　$\boldsymbol{J}^S = [\boldsymbol{\xi}'_1 \quad \boldsymbol{\xi}'_2 \quad \boldsymbol{\xi}'_3]$，　$\boldsymbol{\xi}'_1 = \begin{pmatrix} 0 \\ 0 \\ 1 \\ 0 \\ 0 \\ 0 \end{pmatrix}$，$\boldsymbol{\xi}'_2 = \begin{pmatrix} 0 \\ 0 \\ 1 \\ -l_1\sin\theta_1 \\ l_1\cos\theta_1 \\ 0 \end{pmatrix}$，$\boldsymbol{\xi}'_3 = \begin{pmatrix} 0 \\ 0 \\ 1 \\ -l_1\sin\theta_1 - l_2\sin(\theta_{12}) \\ l_1\cos\theta_1 + l_2\cos(\theta_{12}) \\ 0 \end{pmatrix}$

第 6 章　旋量及其运算

6.2　提示：线矢量的节距 $h=0$，即 $\boldsymbol{s}\cdot\boldsymbol{s}^0=0$，但方向向量 $\boldsymbol{s}\neq 0$。

结果如下：(1)0；(2)−1；(3)0；(4)1

6.3　提示：线矢量的节距 $h=\boldsymbol{s}\cdot\boldsymbol{s}^0/\boldsymbol{s}\cdot\boldsymbol{s}$。

结果如下：(1) 1；(2) 0；(3) 不存在；(4) 0

6.17　提示：按照旋量互易的定义，并在 r 已知的条件下求解互易旋量。

6.19　$^{B}\xi=\left(\dfrac{\sqrt{6}+\sqrt{2}}{4}\quad \dfrac{\sqrt{6}-\sqrt{2}}{4}\quad 0\quad \dfrac{5\sqrt{6}-5\sqrt{2}+2}{4}\quad \dfrac{-5\sqrt{6}-5\sqrt{2}+2\sqrt{3}}{4}\quad -5\sqrt{2}+1\right)^{\mathrm{T}}$

6.20　$^{S}\boldsymbol{\sigma}=(\boldsymbol{J}^{S})^{\mathrm{T}\,S}\boldsymbol{F}$

第 7 章　线几何与旋量系

7.5　提示：可以，只要写出一组由 6 个线性无关的线矢量构成的旋量系即可。

7.6　提示：可根据维数定理求解，也可用 6 减去其对偶线图的维数。

结果如下：(1) 4；(2) 4；(3) 5

7.7　提示：根据自互易旋量系的定义，组成元素都是线矢量，因此组合结果也是自互易旋量系。

7.8　提示：根据自互易旋量系的定义，组成元素都是线矢量，因此组合结果也是自互易旋量系。

7.9　提示：图中双箭头的直线代表旋量，即其既能代表线矢量又能代表偶量。

结果如下：(a) 1 或 2；(b) 1 或 2 或 3；(c) 2 或 3 或 4；(d) 1 或 3 或 4；(e) 2 或 3 或 4 或 5；(f) 3 或 4 或 5 或 6；(g) 3 或 4 或 5 或 6；(h) 2 或 3 或 4 或 5

7.14　提示：根据旋量系的定义，列出方程组，求解一组线性无关的基即可。

第 8 章　运动与约束

8.5　$F=d(n-g-1)+\sum_{i=1}^{g}f_i+v-\zeta=6\times(14-18-1)+42+0-6=6$

8.12　提示：3 维空间正交异面轴线的转动。

8.16　提示：串联机构的自由度分析：串联机构末端执行器的自由度等于机构中所有关节自由度的总和。本题主要考核等效自由度线图的概念。

8.19　与 Omni Wrist III 自由度类型相同，自由度计算公式为

$$F=d(n-g-1)+\sum_{i=1}^{g}f_i+v-\zeta=5\times(11-12-1)+12+0-0=2$$

8.20　提示：先分析每个支链上的 4S 子链等效自由度。

结果是 $3T$

8.21　提示：先分析每个支链上的 4S 子链等效自由度。

结果是 $3T1R$

8.22　(1) 动平台具有沿 Y、Z 轴方向的移动和绕 Y 轴转动的自由度；(2) 动平台具有沿 Z 轴方向的移动和绕 Y 轴转动的自由度。

8.25　提示：注意（2）和（6）中具有冗余约束线。

8.26　提示：根据自由度与约束对偶法则分析即可。动平台具有沿 X 轴的平移和绕 X 轴和 Z 轴转动的自由度。

8.28　提示：注意判断每种构型中是否含有冗余约束线，不妨可根据不同模块组合维数定理来判断。

8.34　3-UPS 支链只提供驱动不提供约束（非约束支链），因此自由度类型即为 UP 支链完全相同。根据自由度计算公式可以验证。

$$F = d(n-g-1) + \sum_{i=1}^{g} f_i + v - \zeta = 6\times(9-11-1) + 21 + 0 - 0 = 3$$

第 9 章　性能分析

9.3　$\boldsymbol{J} = \boldsymbol{A}^{-1}\boldsymbol{B}$

其中，$A = \begin{pmatrix} y\cos\theta_1 - (x+r_3)\sin\theta_1 & 0 \\ 0 & y\cos\theta_2 + (r_3 - x)\sin\theta_2 \end{pmatrix} r_1$，$B = \begin{pmatrix} x + r_3 - r_1\cos\theta_1 & y - r_1\sin\theta_1 \\ x - r_3 - r_1\cos\theta_2 & y - r_1\sin\theta_2 \end{pmatrix}$

9.10　提示：仿照教材 pp190 - 192 的内容，进行柔度建模。

$$c_x = \frac{H^3(1-\lambda)}{2Ewt^3}\left(\frac{3D^2(1+\lambda+\lambda^2) + t^2(4+\lambda+\lambda^2)}{3D^2+t^2}\right) \approx \frac{H^3(1-\lambda)(1+\lambda+\lambda^2)}{2Ewt^3}。$$

9.11　提示：仿照例 9.7，进行柔度建模。

$$c_x \approx \frac{H^3}{nEwt^3}(t \ll D)$$

9.13　提示：仿照例 9.7，进行自由度分析。

结果如下：$\boldsymbol{W} = \begin{pmatrix} 0 & 0 & 0 & 0 & 0 \\ 0.05 & 0 & 0 & 1 & 0 \\ 0 & 0 & 0 & 0 & 1 \\ -1 & 0 & 0 & 0.05 & 0 \\ 0 & 1 & 0 & 0 & 0 \\ 0 & 0 & 1 & 0 & 0 \end{pmatrix}$　$\boldsymbol{\xi}$ = （0，0，0；1，0，0）。表明机构具有一个沿 x 方向的移动自由度。

《机器人机构学的数学基础》第2版

于靖军　刘辛军　丁希仑　编著

读者信息反馈表

尊敬的老师：

您好！感谢您多年来对机械工业出版社的支持和厚爱！为了进一步提高我社教材的出版质量，更好地为我国高等教育发展服务，欢迎您对我社的教材多提宝贵意见和建议。另外，如果您在教学中选用了本书，欢迎您对本书提出修改建议和意见。

一、基本信息

姓名：________ 性别：________ 职称：________ 职务：__________

邮编：__________ 地址：______________________________

工作单位：____________校/院__________系　任教课程：______________

学生层次、人数/年：________ 电话：_____-________（H）________（O）

电子邮箱：______________________________ 手机：______________

二、您对本书的意见和建议

（欢迎您指出本书的疏误之处）

三、您对我们的其他意见和建议

请与我们联系：

邮编及邮寄方式：100037　北京市百万庄大街22号·机械工业出版社·高等教育分社　舒编辑　收

电话：010-8837 9217　　传真：010-68997455

电子邮箱：shutiancmp@ gmail. com